토목기사 · 산업기사 필기 완벽 대비

상하수도공학

박재성 지음

핵심 시리즈 **6**

Civil Engineering Series

BM (주)도서출판 **성안당**

독자 여러분께 알려드립니다

토목기사/산업기사 필기시험을 본 후 그 문제 가운데 "상하수도공학" 10여 문제를 재구성해서 성안당 출판사로 보내주시면, 채택된 문제에 대해서 성안당 도서 중 "7개년 과년도 토목기사 [필기]" 1부를 증정해 드립니다. 독자 여러분이 보내주시는 기출문제는 더 나은 책을 만드는 데 큰 도움이 됩니다. 감사합니다.

 e-mail coh@cyber.co.kr (최옥현)

★ 메일을 보내주실 때 성명, 연락처, 주소를 기재해 주시기 바랍니다.
★ 보내주신 기출문제는 집필자가 검토한 후에 도서를 증정해 드립니다.

■ 도서 A/S 안내

성안당에서 발행하는 모든 도서는 저자와 출판사, 그리고 독자가 함께 만들어 나갑니다.

좋은 책을 펴내기 위해 많은 노력을 기울이고 있습니다. 혹시라도 내용상의 오류나 오탈자 등이 발견되면 "좋은 책은 나라의 보배"로서 우리 모두가 함께 만들어 간다는 마음으로 연락주시기 바랍니다. 수정 보완하여 더 나은 책이 되도록 최선을 다하겠습니다.

성안당은 늘 독자 여러분들의 소중한 의견을 기다리고 있습니다. 좋은 의견을 보내주시는 분께는 성안당 쇼핑몰의 포인트(3,000포인트)를 적립해 드립니다.

잘못 만들어진 책이나 부록 등이 파손된 경우에는 교환해 드립니다.

저자 문의 홈페이지 : http://www.pass100.co.kr(게시판 이용)
본서 기획자 e-mail : coh@cyber.co.kr(최옥현)
홈페이지 : http://www.cyber.co.kr   전화 : 031) 950-6300

CHAPTER	Section	1회독	2회독	3회독
제1장 상수도시설 계획	1-1 상수도의 개요	1일	1일	1일
	1-2 계획급수량의 산정			
	1-3 수원	2일		
	1-4 취수			
	예상 및 기출문제	3일		
제2장 수질관리 및 수질기준	2-1 수질관리	4일	2일	2일
	2-2 음용수의 수질기준			
	예상 및 기출문제	5~6일		
제3장 상수관로시설	3-1 도수 및 송수시설	7일	3일	3일
	3-2 배수시설	8일		
	3-3 급수시설			
	예상 및 기출문제	9~10일	4일	
제4장 정수장시설	4-1 정수장시설의 개론	11~13일	5~6일	4~5일
	4-2 정수방법			
	4-3 정수시설 및 배출수처리시설			
	예상 및 기출문제	14~16일	7일	
제5장 하수도시설 계획	5-1 하수도의 개요	17~18일	8일	6일
	5-2 계획하수량의 산정			
	5-3 하수배제방식			
	예상 및 기출문제	19~20일	9일	
제6장 하수관로시설	6-1 하수관로계획	21~22일	10일	7일
	6-2 하수관거의 부대시설			
	6-3 우수조정지시설			
	예상 및 기출문제	23일		
제7장 하수처리장시설	7-1 하수처리방법	24~25일	11일	8일
	7-2 슬러지 처리방법			
	예상 및 기출문제	26일	12일	
제8장 펌프장시설	8-1 펌프장시설 및 계획	27일	13일	9일
	8-2 펌프의 계산			
	8-3 펌프운전 시 관련 사항			
	예상 및 기출문제			
부록 I 과년도 출제문제	2018~2020년 토목기사·토목산업기사	28~29일	14일	10일
	2021~2022년 토목기사			
부록 II CBT 대비 실전 모의고사	토목기사 실전 모의고사 1~9회	30일	15일	
	토목산업기사 실전 모의고사 1~9회			

" 수험생 여러분을 성안당이 응원합니다! "

30일 완성! **15일 완성!** **10일 완성!**

" 수험생 여러분을 성안당이 응원합니다! "

머리말

인류 최고의 발명기술이라고 해도 과언이 아닐 만큼 우리의 삶과 밀접한 관계가 있는 상하수도공학이 토목기사·산업기사의 자격시험과목으로 추가된 지 벌써 30여 년이 되었습니다. 그동안 상하수도공학의 기출문제들은 점점 강화되는 수질기준에 따라 새로운 기준을 적용하여 왔고 상수도와 하수도의 비중도 달라지고 있습니다.

이 책은 상하수도공학의 출제기준에 부합하도록 내용을 구성하였고, 이론서의 장점과 문제집의 장점만을 요약하여 이론과 실전문제를 접할 수 있도록 함으로써 목표로 설정한 점수대에 맞추어 학습할 수 있도록 체계적으로 구성하였습니다.

각 장의 서두에는 출제경향과 최소 목표점수를 위한 내용요약을 수록하였고, 본문내용은 보다 고득점을 요하는 독자로 하여금 기본이론을 충분히 이해하고 숙지할 수 있도록 구성하였습니다.

아울러 최근 기출문제를 보충하고 개정하였으나 부족한 점은 앞으로도 성실하게 수정·보완할 것을 약속합니다.

끝으로 이 책이 나올 수 있도록 많은 도움을 주시고 좋은 책 편찬에 애쓰시는 성안당 편집부 관계자 여러분께 감사의 말씀을 드립니다.

저자 씀

출제기준

• **토목기사** (적용기간 : 2022. 1. 1. ~ 2025. 12. 31.) : 20문제

과목명	주요 항목	세부항목	세세항목	
상하수도공학	1. 상수도 계획	(1) 상수도시설 계획	① 상수도의 구성 및 계통 ③ 수원	② 계획급수량의 산정 ④ 수질기준
		(2) 상수관로시설	① 도수, 송수 계획 ③ 펌프장 계획	② 배수, 급수 계획
		(3) 정수장시설	① 정수방법 ③ 배출수처리시설	② 정수시설
	2. 하수도 계획	(1) 하수도시설 계획	① 하수도의 구성 및 계통 ③ 계획하수량의 산정	② 하수의 배제방식 ④ 하수의 수질
		(2) 하수관로시설	① 하수관로 계획 ③ 우수조정지 계획	② 펌프장 계획
		(3) 하수처리장시설	① 하수처리방법 ③ 오니(Sludge)처리시설	② 하수처리시설

• **토목산업기사** (적용기간 : 2023. 1. 1. ~ 2025. 12. 31.) : 10문제

과목명	주요 항목	세부항목	세세항목	
수자원 설계	2. 상수도 계획	(1) 상수도시설 계획	① 상수도의 구성 및 계통 ③ 수원	② 계획급수량의 산정 ④ 수질기준
		(2) 상수관로시설	① 도수, 송수 계획 ③ 펌프장 계획	② 배수, 급수 계획
		(3) 정수장시설	① 정수방법 ③ 배출수처리시설	② 정수시설
	3. 하수도 계획	(1) 하수도시설 계획	① 하수도의 구성 및 계통 ③ 계획하수량의 산정	② 하수의 배제방식 ④ 하수의 수질
		(2) 하수관로시설	① 하수관로 계획 ③ 우수조정지 계획	② 펌프장 계획
		(3) 하수처리장시설	① 하수처리방법 ③ 오니(Sludge)처리시설	② 하수처리시설

출제빈도표

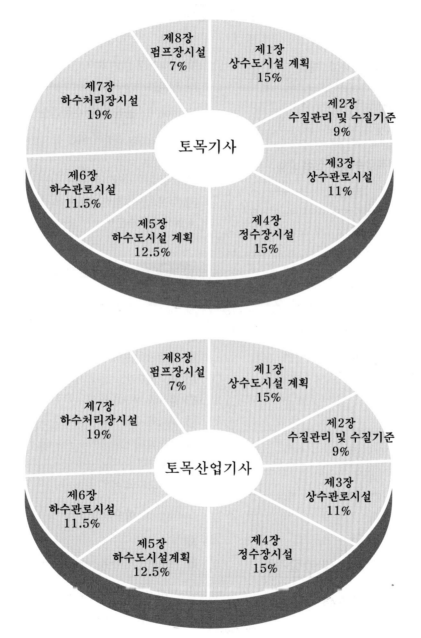

차 례

[상수도공학편]

[하수도공학편]

00 CHAPTER 기본 암기사항

01 | 계산문제 풀이를 위한 단위환산

무게	ton $\underset{10^{-3}}{\overset{10^3}{\rightleftarrows}}$ kg $\underset{10^{-3}}{\overset{10^3}{\rightleftarrows}}$ g $\underset{10^{-3}}{\overset{10^3}{\rightleftarrows}}$ mg
부피	$m^3 \underset{10^{-3}}{\overset{10^3}{\rightleftarrows}}$ L $\underset{10^{-3}}{\overset{10^3}{\rightleftarrows}}$ mL $= cm^3 = cc$

02 | 농도

$C[\text{ppm}=\text{mg/L}]$

$1\text{mg/L} = \dfrac{10^{-9}\text{ton}}{10^{-3}\text{m}^3} = 10^{-6}\text{ton/m}^3 = \dfrac{1}{1,000,000}$

03 | Lpcd = L/인 · day

01 CHAPTER 상수도시설 계획

01 | 상수도시설의 기본계획

① 계획연차 : 5~15년

② 계획 1인 1일 최대급수량 : 300~400Lpcd

③ 급수보급률 $= \dfrac{\text{급수인구}}{\text{총인구}} \times 100 [\%]$

④ 계획급수인구추정 : 과거 20년 자료

02 | 상수도계통도

수원 → 취수 → 도수 → 정수 → 송수 → 배수 → 급수

03 | 인구추정

① 등차급수법 : $P_n = P_0 + na$, $a = \dfrac{P_0 - P_t}{t}$

② 등비급수법 : $P_n = P_0(1+r)^n$, $r = \left(\dfrac{P_o}{P_t}\right)^{\frac{1}{t}} - 1$

③ 논리곡선법=이론곡선법=S곡선법

$P_n = \dfrac{K}{1 + e^{a-bn}}$

여기서, K : 포화인구

04 | 계획급수량 산정

① 계획급수량=급수인구×Lpcd×급수보급률

② 급수량의 종류 : 농업용수는 급수량이 아니다.

③ 급수량의 특징

  ㉠ 대도시일수록, 공업이 발달할수록 높다.

  ㉡ 기온이 높을수록 높다.

  ㉢ 정액급수일 때 높다.

  ㉣ 하루 중 물 사용패턴이 다르다.

④ 계획급수량의 종류

  ㉠ 계획 1일 평균급수량 : 각종 요금 산정의 지표

  ㉡ 계획 1일 최대급수량 : 상수도시설설계기준

  ㉢ 계획시간 최대급수량 : 배수관구경, 배수펌프 용량 결정

05 | 수원

① 수원의 종류 : 천수, 지표수(하천수, 호소수, 저수지수), 지하수(천층수, 심층수, 용천수, 복류수)

② 성층현상 : 여름과 겨울

③ 전도현상 : 봄과 가을

④ 수원의 구비조건

  ㉠ 상수소비자에 가까울 것

  ㉡ 가급적 자연유하로 도수할 수 있을 것

  ㉢ 평수위 : 연중 185일보다 저하하지 않는 수위

  ㉣ 저수위 : 연중 275일보다 저하하지 않는 수위

  ㉤ 갈수위 : 연중 355일보다 저하하지 않는 수위

06 | 취수

① 계획취수량＝계획 1일 최대급수량×1.05~1.1
② 하천수 취수방법
  ㉠ 취수관 : 수위변동이 적은 하천, 중규모 취수에 적용
  ㉡ 취수문 : 농업용수 취수에 적합
  ㉢ 취수탑 : 대량취수 가능, 좋은 수질의 물로 선택 취수 가능, 연간 안정적인 취수 가능, 건설비가 많이 소요
③ 저수지용량 결정
  ㉠ 경험식
    • 강수량이 많은 경우 : 120일
    • 강수량이 적은 경우 : 200일
  ㉡ 가정법 : $C = \dfrac{5,000}{\sqrt{0.8R}}$
  ㉢ 유출량누가곡선법(Ripple법) : 유효저수량, 필요저수량, 저수시작일
④ 지하수 취수방법
  ㉠ 천층수 : 천정, 심정
  ㉡ 심층수 : 굴착정
  ㉢ 용천수 : 집수매거
  ㉣ 복류수 : 집수매거
⑤ 상수침사지 제원

내용	침사지의 제원
계획취수량	10~20분
침사지 내의 유속	2~7cm/s
유효수심	3~4m

02 CHAPTER 수질관리 및 수질기준

01 | 수질용어

① $pH = -\log[H^+] = \log\dfrac{1}{[H^+]}$
  ㉠ 산성과 알칼리성을 구분할 수 있어야 한다.
  ㉡ 조류가 많은 하천수는 알칼리성이다.
② DO(용존산소)를 높이기 위한 조건과 자정계수를 높이기 위한 조건 : 온도 ↓, 수심 ↓, 수압 ↓, 경사 ↑, 유속 ↑

③ BOD
  ㉠ 잔존BOD : $L_t = L_a \cdot 10^{-k_1 t}$, $L_t = L_a e^{-k_1 t}$
  ㉡ 소비BOD
    • $BOD_t = L_a - L_t = L_a(1 - 10^{-k_1 t})$
    • $BOD_t = L_a - L_t = L_a(1 - e^{-k_1 t})$
④ 경도(물의 세기)
  ㉠ 유발물질 : Ca, Mg
  ㉡ 음용수 수질기준 : 1,000mg/L를 넘지 않을 것 (수돗물의 경우 300mg/L)
  ㉢ 경수의 연수법 : 비등법, 이온교환법(Zeolite법), 석회소다법
⑤ 색도 제거법 : 전염소처리, 오존처리, 활성탄처리
⑥ 하천의 자정작용(생물학적 작용) : 용존산소부족곡선(임계점, 변곡점)
⑦ 확산에 의한 오염물질의 희석 : $C_m = \dfrac{C_1 Q_1 + C_2 Q_2}{Q_1 + Q_2}$
⑧ 부영양화
  ㉠ 원인물질 : 질소(N), 인(P)
  ㉡ 부영양화 결과 : 조류 발생
  ㉢ 방지대책 : $CuSO_4$(황산구리) 살포

02 | 수질기준

① 미생물에 관한 기준 : 1mL 중 100CFU를 넘지 않을 것
② 대장균 검출이유
  ㉠ 병원균 추정의 간접지표 이용
  ㉡ 타 세균의 존재 유무 추정
  ㉢ 검출방법 용이
③ 건강상 유해영향 무기물질에 관한 기준
  ㉠ 수은 : 0.001mg/L를 넘지 아니할 것
  ㉡ 카드뮴 0.005mg/L를 넘지 아니할 것
  ㉢ 암모니아성 질소, 질산성 질소
④ 건강상 유해영향 유기물질에 관한 기준 : 페놀 0.005mg/L를 넘지 아니할 것.
⑤ 소독부산물에 관한 기준 : THM 0.1mg/L를 넘지 아니할 것(염소 과다주입 시 발생)
⑥ 심미적 영향물질에 관한 기준 : 철, 구리, 아연, 알루미늄
⑦ 소독제 및 소독부산물, 방사능에 관한 기준은 신설되었음

03 CHAPTER 상수관로시설

01 | 도수 및 송수시설

① 계획도수량 : 계획취수량 기준
② 계획송수량 : 계획 1일 최대급수량 기준
③ 도·송수관로 결정 시 고려사항
   ㉠ 관로 도중에 감압을 위한 접합정을 설치
   ㉡ 최소동수경사선 이하가 되도록 설계
④ 수로의 평균유속
   ㉠ 도수관, 송수관 : 0.3~3m/s
   ㉡ 원형관 : 유속 최대 81~84%, 유량 최대 91~94%
   ㉢ 관두께 : $t = \dfrac{pD}{2\sigma_w}$
   ㉣ 관수로 계산공식(h_L, f, V, R_h, I 구하기)
⑤ 상수도 밸브
   ㉠ 제수밸브(gate valve) : 사고 시 통수량 조절
   ㉡ 역지밸브(check valve) : 물의 역류 방지
   ㉢ 안전밸브(safety valve) : 수격작용, 이상수압

02 | 배수시설

① 계획배수량 : 계획시간 최대급수량 기준
② 배수지의 위치 : 배수구역의 중앙
③ 배수지의 용량
   ㉠ 표준 : 8~12시간
   ㉡ 최소 : 6시간 이상
④ 배수관의 수압 : 1.5~4.0kgf/cm²
   • 최소동수압 150kPa, 최대정수압 700kPa
⑤ 배수관 배치방식(격자식)
   ㉠ 제수밸브가 많다.
   ㉡ 사고 시 단수구간이 좁다.
   ㉢ 건설비가 많이 소요된다.
⑥ 관망 해석
   ㉠ 등가길이관법=등치관법
   $$L_2 = L_1 \left(\dfrac{D_2}{D_1}\right)^{4.87}$$
   ㉡ Hardy cross법의 가정
     • 들어간 유량은 모두 나간다.

   • 각 폐합관의 마찰손실은 약 0이다.
   • 미소손실은 무시한다.
   ㉢ $h_L = KQ^{1.85}$(Hazen-Williams공식)

03 | 급수시설

① 탱크식 급수방식을 적용하는 경우
   ㉠ 배수관의 수압이 소요수압에 비해 부족할 경우
   ㉡ 일시에 많은 수량을 필요로 하는 경우
   ㉢ 단수 시에도 어느 정도의 급수를 지속시킬 필요가 있는 경우
   ㉣ 재해 시, 단수 시, 강수 시 물을 반드시 확보해야 할 경우
② 교차연결 : 음료수를 공급하는 수도와 음용수로 사용될 수 없는 다른 계통의 수도 사이에 관이 서로 물리적으로 연결된 것

04 CHAPTER 정수장시설

01 | 응집제

① 명반(황산반토, 황산알루미늄) : 가볍고 pH폭이 좁다.
② 응집제 주입량= $CQ \times \dfrac{1}{순도}$ [kg/day]
③ Jar-test(약품교반실험, 응집교반실험) : 응집제의 적정량 및 적정 농도 결정
④ 급속교반 후 완속교반하는 이유 : 플록을 깨뜨리지 않고 크기를 증가시키기 위하여

02 | 침전

① Stokes의 법칙(중력)
$$V_s = \dfrac{(\rho_s - \rho_w)g\,d^2}{18\mu} = \dfrac{(s-1)g\,d^2}{18\nu}$$

[참고] 가정 3조건
• 입자의 크기는 일정하다.
• 입자의 모양은 구형(원형)이다.
• 물의 흐름은 층류상태($R_e < 0.5$)이다.

② 침전지에서 100% 제거할 수 있는 입자의 최소침강속도 : $V_0 = \dfrac{Q}{A} = \dfrac{h}{t}$

③ 침전속도가 V_0보다 작은 입자의 평균제거율(침전효율, 침전효과)

$$E = \dfrac{V_s}{V_0} \times 100 = \dfrac{V_s}{Q/A} \times 100 = \dfrac{V_s}{h/t} \times 100 \, [\%]$$

④ 표면부하율＝수면적부하＝SLR

⑤ 평균제거율＝침전효율＝침전효과

⑥ 고속응집침전

03 | 여과

① 여과면적 : $A = \dfrac{Q}{Vn}$

② 완속여과와 급속여과

구분	완속여과	급속여과
여과속도	4~5m/day	120~150m/day
모래층두께	70~90cm	60~70cm
모래유효경	0.3~0.45mm	0.45~1.0mm
균등계수	2.0 이하	1.7 이하

③ Micro-floc여과 : 직접여과법으로 응집침전을 행하지 않고 급속여과를 행하는 것

04 | 소독

① 염소소독과 전염소처리

구분	염소소독	전염소처리
색도 제거	안 된다	된다
잔류염소	생성	비생성
THM	발생	발생

② 유리잔류염소 : HOCl, OCl⁻

② 유리잔류염소 : $HOCl$, OCl^-

③ 결합잔류염소 : Chloramine(클로라민)

④ 살균력세기 : 오존＞$HOCl$＞OCl^-＞클로라민

⑤ 염소요구량＝(염소주입량－잔류염소량)×Q×$\dfrac{1}{순도}$

05 | 배출수처리시설

① 처리순서 : 조정 → 농축 → 탈수 → 건조 → 최종처분

② 조정시설 : 슬러지균등화시설

③ 농축시설 : 부피감소시설

④ 탈수(건조)시설 : 함수율감소시설

05 CHAPTER 하수도시설 계획

01 | 하수도의 개요

① 하수도의 계획목표연도 : 20년

② 계획오수량 : 180~250L/인·day(계획급수량의 60~70%)

02 | 계획오수량 산정

① 계획오수량＝생활오수량＋공장폐수량＋지하수량

② 생활오수량＝1인 1일 최대오수량×계획배수인구

③ 지하수량
  ㉠ 1인 1일 최대오수량의 10~20%
  ㉡ 하수관의 길이 1km당 0.2~0.4L/s
  ㉢ 1인 1일당 17~25L로 가정

④ 계획오수량의 종류
  ㉠ 계획 1일 평균오수량 : 하수도요금 산정의 지표
  ㉡ 계획 1일 최대오수량 : 하수처리장의 설계기준
  ㉢ 계획 1일 시간 최대오수량 : 오수관의 구경, 오수펌프의 용량 결정

03 | 계획우수량 산정(합리식 적용)

① A가 km²일 경우 : $Q = \dfrac{1}{3.6} CIA$

② A가 ha일 경우 : $Q = \dfrac{1}{360} CIA$

③ 유달시간 : $T = t_1 + t_2 \dfrac{L}{V}$

04 | 하수배제방식

① 분류식
  ㉠ 오수와 우수를 따로 배제
  ㉡ 위생적인 관점에서 유리

② 합류식
  ㉠ 오수와 우수를 하나의 관으로 배제
  ㉡ 경제적인 관점에서 유리

05 | 하수관거배치방식

① 직각식(수직식) : 하천유량이 풍부할 때, 하천이 도시의 중심을 지나갈 때 적당한 방식
② 선형식(선상식) : 지형이 한쪽 방향으로 경사되어 있을 때 전 하수를 1개의 간선으로 모아 배제하는 방식

 06 하수관로시설
CHAPTER

01 | 계획하수량

① 오수관거 : 계획시간 최대오수량
② 우수관거 : 계획우수량
③ 합류식 관거 : 계획시간 최대오수량＋계획우수량
④ 차집관거 : 우천 시 계획오수량 또는 계획시간 최대오수량의 3배 이상

02 | 하수관로시설

① 유속과 경사 : 유속은 하류로 갈수록 빠르게, 경사는 완만하게
② 유속범위
  ㉠ 오수관거, 차집관거 : 0.6~3m/s
  ㉡ 우수관거, 합류관거 : 0.8~3m/s
  ㉢ 이상적인 유속 : 1~1.8m/s
③ 하수관거의 경사
  ㉠ 평탄지 경사 : $\dfrac{1}{관경(\text{mm})}$
  ㉡ 적당한 경사 : $\dfrac{1}{관경(\text{mm})} \times 1.5$
  ㉢ 급경사 : $\dfrac{1}{관경(\text{mm})} \times 2.0$
④ 최소관경
  ㉠ 오수관 : 200mm
  ㉡ 우수관 : 250mm
⑤ 최소토피 : 1m

03 | 하수관거의 특성

① 관거 내면이 매끈하여 조도계수가 작아야 한다.
② 수밀성과 신축성이 높아야 한다.

04 | 하수관거의 단면형상

① 원형 : 대구경인 경우 운반비 ↑, 지하수침투량 ↑
② 직사각형＝장방형＝구형 : 대규모 공사에 가장 많이 이용
③ 마제형＝제형＝말굽형 : 대구경 관거에 유리

05 | 하수관거의 접합

① 수면접합 : 수리학적으로 가장 유리한 방법, 관거의 연결부, 합류, 분기관에 적합
② 관정접합 : 굴착깊이 증가, 토공량 증가
③ 관저접합 : 가장 부적절한 방법, 가장 많이 이용하는 방법, 굴착깊이 감소, 공사비 감소, 토공량 감소, 펌프를 이용한 하수배제 시 적합

06 | 관정부식

① 관련 물질 : 황화합물(S)
② 생성물질
  ㉠ 환원 : H_2S(황화수소가스) 발생
  ㉡ 산화 : H_2SO_4(황산) 발생
③ 관정부식 방지대책 : 유속 증가, 폭기장치 설치, 염소 살포, 관내 피복

07 | 부대시설

① 맨홀의 직선부 설치간격

관경(mm)	300 이하	600 이하
최대간격(m)	50	75

② 역사이펀 : 하수관거 시공 중 장애물 횡단방법

08 | 우수조정지(유수지)

① 우수를 임시로 저장하여 유량을 조절함으로써 하류지역의 우수유출이나 침수를 방지하는 시설

② 설치장소
  ㉠ 하수관거의 유하능력(용량)이 부족한 곳
  ㉡ 하류지역의 펌프장능력이 부족한 곳
  ㉢ 방류수역의 유하능력이 부족한 곳

 하수처리장시설
CHAPTER

01 | 물리적 처리시설

① 하수침사지
  ㉠ 평균유속 : 0.3m/s
  ㉡ 체류시간 : 30~60초
  ㉢ 오수의 수면적부하 : $1,800\text{m}^3/\text{m}^2 \cdot \text{day}$
② 유량조정조 : 유량 및 수질 균등화

02 | 화학적 처리시설

① 중화 : pH 조절
② 산화와 환원 : 중금속 제거
③ 응집 : 용해성 물질 제거
④ 이온교환 : 특정 이온 제거
⑤ 흡착 : 일반적으로 활성탄 사용

03 | 하수고도처리

① 3차 처리대상 : 영양염류(N, P)
② 생물학적 제거방법
  ㉠ 질소 제거법 : A/O법(Anoxic Oxic, 무산소호기법)
  ㉡ 인 제거법 : A/O법(Anaerobic Oxic, 혐기호기법)
  ㉢ 질소, 인 동시 제거법 : A^2/O법(혐기무산소호기법)

04 | 생물학적 처리시설

① 생물학적 처리를 위한 운영조건(호기성 처리 시)
  ㉠ 영양물질 : BOD : N : P=100 : 5 : 1
  ㉡ pH : 6.5~8.5로 유지
  ㉢ 수온 : 높게 유지
② 활성슬러지법
  ㉠ BOD 용적부하 $= \dfrac{\text{BOD} \cdot Q}{V} = \dfrac{\text{BOD}}{t}$
  ㉡ BOD 슬러지부하 $= \dfrac{\text{BOD} \cdot Q}{\text{MLSS} \cdot V} = \dfrac{\text{BOD}}{\text{MLSS} \cdot t}$
  ㉢ 슬러지 팽화현상(sludge bulking) : 사상균의 과도한 성장, 활성슬러지가 최종 침전지로 넘어갈 때 잘 침전되지 않고 부풀어 오르는 현상
    ※ 원인 : 높은 C/N비(과도한 질산화)
  ㉣ 슬러지 용적지수
    $$\text{SVI} = \dfrac{30\text{분간 침전 후 슬러지부피(mL/L)}}{\text{MLSS농도(mg/L)}} \times 1,000$$
    $$\text{SDI} = \dfrac{100}{\text{SVI}} \rightarrow \text{SDI} \times \text{SV} = 100$$
  ㉤ 슬러지 반송율
    $$r = \dfrac{\text{MLSS농도} - \text{유입수의 SS}}{\text{반송슬러지의 SS} - \text{MLSS농도}} \times 100 [\%]$$
  ㉥ 활성슬러지변법 : 산화구법≠산화지법, 계단식 폭기법, 장시간 폭기법
③ 살수여상법, 회전원판법, 생물막법
  ㉠ 슬러지반송이 없다.
  ㉡ 폭기장치가 필요 없다.
  ㉢ 슬러지 팽화가 없다.

05 | 하수슬러지 처리시설

① 슬러지 처리목적
  ㉠ 생화학적 안정화(유기물→무기물)
  ㉡ 병원균 제거(위생적으로 안정화)
  ㉢ 부피의 감량화
  ㉣ 부패와 악취냄새의 감소 및 제거
② 슬러지 함수율과 부피와의 관계 : $\dfrac{V_2}{V_1} = \dfrac{100 - W_1}{100 - W_2}$
③ 슬러지 처리계통
  ㉠ 농축(부피가 1/3 감소) → 소화(부피가 1/6 감소) → 개량 → 탈수 → 건조 → 최종 처분
  ㉡ 소화 : 안정화시설
  ㉢ 최종 처분의 소각 : 가장 안전한 처리
  ㉣ 퇴비화 : 가장 바람직한 처리

④ 호기성과 혐기성 슬러지 소화방법의 비교

구분	호기성
BOD	처리수의 BOD가 낮다.
동력	동력이 소요된다.
냄새	없다.
비료	비료가치가 크다.
생성물	가치 있는 부산물이 없다.
시설비	적게 든다.
운전	운전이 쉽다.
질소	질소가 산화되어 NO_2로 방출된다.
규모	소규모 활성슬러지에 좋다.
병원균	사멸률이 낮다.

※ 혐기성은 호기성과 반대이다.

08 CHAPTER 펌프장시설

01 | 펌프의 결정기준

① 펌프대수는 줄여 사용한다(단, 2지 이상).
② 동일용량의 것을 사용한다.
③ 대용량의 것을 사용한다.
④ 펌프의 특성 : 양정, 효율, 동력

02 | 펌프의 종류

① 원심력펌프 : 상하수도에 주로 많이 사용하는 펌프이다.
② 축류펌프 : 가장 저양정용이고 비교회전도가 가장 크다.
③ 사류펌프 : 양정, 수위의 변화가 큰 곳에 적합하다.

03 | 펌프의 계산

① 펌프의 구경 : $D = 146\sqrt{\dfrac{Q}{V}}$
② 펌프의 축동력

$$P = \frac{13.33QH}{\eta}[\text{HP}], \quad P = \frac{9.8QH}{\eta}[\text{kW}]$$

③ 비교회전도 : $N_s = N\dfrac{Q^{1/2}}{H^{3/4}}$

04 | 펌프의 토출량(양수량) 조절방법

① 펌프의 회전수와 운전대수를 조절
② 토출측 밸브의 개폐 정도를 변경
③ 토출구로부터 흡입구로 일부를 변경
④ 왕복펌프 플랜지의 스트로크(stroke)를 변경

05 | 운전방식

① 직렬운전 : 양정 2배 증가
② 병렬운전 : 양수량 2배 증가

06 | 수격작용

① 펌프의 급정지, 급가동으로 관로 내 유속의 급격한 변화가 생기고 관로 내 압력이 급상승 또는 급강하는 현상
② 수격작용의 방지대책
   ㉠ 관내 유속을 저하시킨다.
   ㉡ 펌프의 급정지를 피한다.
   ㉢ 압력조정수조(surge tank)를 설치한다.
   ㉣ 안전밸브를 설치한다.

07 | 공동현상

① 압력의 저하가 포화증기압 이하로 하강하면 양수되는 액체가 기화하여 공동이 생기는 현상
② 공동현상 방지방법
   ㉠ 펌프의 설치위치를 되도록 낮게 한다.
   ㉡ 흡입양정을 작게 한다.
   ㉢ 흡입관의 길이를 짧게 한다.
   ㉣ 흡입관의 직경을 크게 한다.
   ㉤ 펌프의 회전수를 작게 한다.
   ㉥ 임펠러를 수중에 위치시켜 잠기도록 한다.

상수도공학편

chapter 1

상수도시설 계획

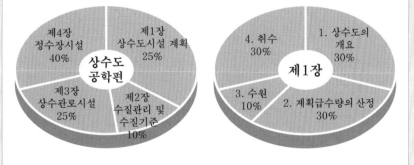

1 상수도시설 계획

1-1 상수도의 개요

알•아•두•기•

전년도 출제경향 및 학습전략 포인트

☞ **전년도 출제경향**
- 상수도의 계통도

☞ **학습전략 포인트**
- 상수도 구성 3요소 : 수량, 수질, 수압
- 상수도 계통도 : 수원 → 취수 → 도수 → 정수 → 송수 → 배수 → 급수

01 상수도의 구성 및 계통

① 총론

(1) 상수도의 정의, 목적 및 효과

① **정의** : 상수도라 함은 도관(導管) 및 기타의 공작물로서 물을 정수(淨水)하여 공급하는 총체를 말하며, 수도는 인간생활에 있어서 절대로 필요한 음료수, 조리용수(調理用水), 살수(撒水)・소화(消火)용수, 공장용수 등을 위생적으로 처리하여 풍부한 수량을 연속 공급하여야 한다.

② **목적** : 안전한 수질 확보 및 충분한 수량 확보, 상수의 효율적 이용, 적절한 유지관리비 등

③ **효과** : 보건위생상의 효과, 생활환경 개선, 소방상의 문제점 해소, 생산성 증가의 효과

④ **상수도의 구성 3요소**
- ㉮ 충분한 수량
- ㉯ 양호한 수질
- ㉰ 적절한 수압

➡ **상수도의 구성 3요소**
수량, 수질, 수압

(2) 상수도의 분류

① 수도 : 음용수를 공급하는 시설의 총칭으로 관 이외에 댐, 정수장 등 모든 구조물, 공작물, 부속시설을 총망라하여 수도라 칭한다.

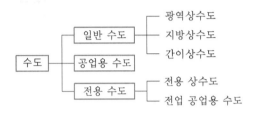

【그림 1-1】 수도의 분류

② **광역상수도** : 국가·지자체·한국수자원공사·국토교통부장관이 인정하는 자가 2 이상의 지자체에 공급하는 일반 수도

③ **지방상수도** : 지방자치단체가 관할 지역주민, 인근 지방자치단체 또는 그 주민에게 원수 또는 정수를 공급하는 수도

④ **간이상수도** : 지자체가 대통령령이 정하는 간이수도시설에 의해 101명 이상 5,001명 이내에 공급하거나 $1,000m^3/day$ 미만인 수도

⑤ **전용 상수도** : 경영자가 100인 이상의 거주자에게 공급하는 자가용수

⑥ **전업 공업용 수도** : 수도사업 외에 공급되는 공업용 수도

 ※ **중수도**(中水道, wastewater reclamation and reusing system)

  • 한 번 사용한 수돗물을 생활용수, 공업용수 등으로 재활용할 수 있도록 다시 처리하는 수도시설

  • 용도 : 수세식 화장실용, 냉·난방용수, 청소용수, 세차용수, 분수용수, 살수용수, 소방용수 등

 ※ **원수**(原水) : 음용·공업용 등에 제공되는 자연상태의 물

② 상수도시설의 구성

(1) 집수·취수시설

① **집수시설** : 댐, 저수지, 호소 등

② **취수시설** : 취수관, 취수탑, 취수틀, 취수언, 취수문, 취수펌프 등

(2) 도수시설

처리가 안 된 원수를 수원지에서 정수장의 착수정 전까지 운반하는 모든 시설

(3) 정수시설

원수의 수질을 사용목적에 적합하게 개선하기 위한 정수장 내의 모든 시설

(4) 송수시설

정수장에서 나온 정수(수돗물)를 배수지까지 수송하는 모든 시설

(5) 배수시설

배수지부터 수도계량기까지의 모든 시설

(6) 급수시설

수도계량기부터 급수전(수도꼭지)까지의 모든 시설

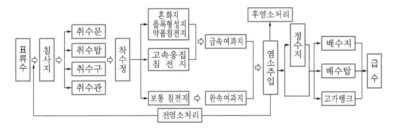

【그림 1-2】 지표수를 수원으로 하는 경우 상수도시설의 계통도

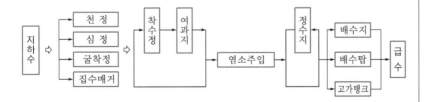

【그림 1-3】 지하수를 수원으로 하는 경우 상수도시설의 계통도

▶ 상수침사지의 설치목적

① 취수펌프 보호
② 도수관 모래 침전 방지
③ 침전지로의 모래 유입 방지

▶ 취수탑의 경우 상수침사지는 취수탑 뒤에 위치한다.

1-2 계획급수량의 산정

전년도 출제경향 및 학습전략 포인트

▼ 전년도 출제경향
- 계획연차, 인구추정

▼ 학습전략 포인트
- 계획연차 : 5~15년
- 인구추정방법 : 등차급수법, 등비급수법, 논리곡선법
- 계획급수량 : 계획급수량의 산정, 급수량의 종류, 급수량의 특징, 계획급수량의 종류

▶ 주의
계획연차는 5~15년이지만 가능한 장기간을 계획하는 경우에는 15년 이상을 계획하기도 한다.

01 상수도시설의 기본계획

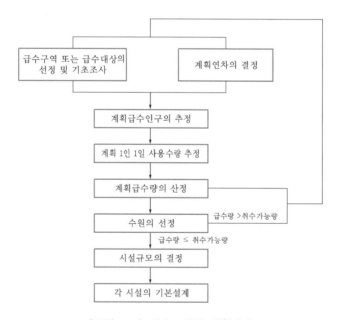

【그림 1-4】 상수도시설 계획단계

알·아·두·기·

① 대상지역 선정 및 기초조사
② 계획연차 결정 : 장래 5~15년 기준
③ 계획급수면적, 계획급수보급률 결정 : 급수보급률＝급수인구÷ 총 인구×100
④ 계획급수인구 추정 : 과거 20년 간의 인구증감자료 고려
⑤ 계획급수인구 결정 : 추정인구×계획급수보급률
⑥ 계획 1인 1일 최대급수량 결정 : 도시규모에 따라 300~400 lpcd

➡ lpcd = liter per capita day [L/인·일]

⑦ 계획급수량 산정 : 계획급수인구×계획 1인 1일 최대급수량
⑧ 시설규모 결정 : 계획 1일 최대급수량기준, 각 시설별 용량 결정

※ 상수도 기본계획 시 기초자료
• 급수량의 현황과 추정
• 주변의 환경조건과 자연조건
• 지하매설물계획자료
• 도로, 교통 및 환경자료
• 하천조사자료

02 상수도시설의 계획연차

상수도시설은 거의 반영구적인 시설이기 때문에 목표연도를 길게 설정하는 것이 유리하나 너무 길게 설정하면 초기공사비가 커져서 비경제적이고, 너무 짧게 잡으면 확장공사에 따른 경제적인 손실이 발생하기 때문에 해당된 도시의 발전상황을 고려하여 결정해야 한다. 상수도시설기준상에는 5~15년을 계획연차의 기준으로 하고 있다.

☞ 중요부분

❶ 계획연차 결정 시 고려할 사항

① 재용하는 구조물과 시설물의 내구연한
② 시설 확장의 난이도와 위치
③ 도시의 산업발전 정도와 인구증가에 대한 전망

④ 자금 취득의 난이, 건설비, 금융사정(화폐가치의 변동)
⑤ 원수를 공급하는 수자원의 현황
⑥ 수도수입의 연차별 예상

시설구분	내용	계획기간
큰 댐, 대구경 관로	확장이 어렵고 비싸다.	20~50년
우물, 배수관로 및 여과지	확장이 쉬우나 ① 이자율이 3% 이하인 경우 ② 이자율이 3% 이상인 경우	20~25년 10~15년
직경 30cm 이상인 관	더 작은 관으로의 대체는 더 비싸다.	20~25년
직경 30cm 이하인 관	필요에 따라 단시일 내에 대처한다.	수요에 따라 결정

② 계획급수구역

① 계획연도에 급수가 되는 지역으로 지형, 거리 등으로 결정
② 도시계획 시 장래 발전가능성을 고려하여 경제적·기술적으로 결정

③ 계획급수인구

① 과거 약 20년 동안의 인구증감을 고려하여 결정한다.
② 계획연차까지의 인구를 추정해 결정한다.
③ 상주인구만을 고려한다.
④ 급수구역 내의 총 인구에 급수보급률을 고려해 산정한다.
⑤ 계획급수인구＝계획급수구역 내 상주인구(유동인구 제외)×급수보급률

④ 계획급수인구별 1인 1일당 최대급수량

계획급수인구	계획 1인 1일당 최대급수량(L)	비고
10,000명 이하	100~150	
50,000명 이하	150~250	계획급수구역 안의 상주인구
500,000명 이하	250~350	
500,000명 이상	350 이상	

03 장래 인구의 추정

인구추정의 신뢰도는 추정목표연수가 커질수록, 인구가 감소되는 경우가 빈번할수록, 인구증가율이 높아질수록 낮아진다. 반면에 과거 인구자료가 많을수록 신뢰도는 높아진다.

계획급수량은 급수지역 내의 상주인구와 장래의 인구추정을 통해 결정하므로 급수지역의 장래 인구추정과 긴밀한 관계가 있다. 인구추정법으로 등차급수법, 등비급수법, 최소자승법 및 이론곡선법 등이 널리 사용된다.

① 등차급수법

연평균 인구증가수에 의한 방법으로 매년 일정수가 증가한다고 가정하여 추정한다. 발전성이 적은 읍, 면에 사용하며 과소추정될 우려가 크다.

$$P_n = P_0 + na, \quad a = \frac{P_0 - P_t}{t}$$

여기서, P_n : n년 후 추정인구
P_t : 현재부터 t년 전 인구
n : 계획연차
P_0 : 현재 인구
a : 연평균 인구증가수
t : 경과연수

🖝 중요부분
• 직선의 방정식과 유사

② 등비급수법

성장단계에 있는 도시에 사용하며 과대추정될 우려가 크다.

$$P_n = P_0(1+r)^n$$

여기서, r : 연평균 인구증가율$\left(= \left(\dfrac{P_0}{P_t}\right)^{\frac{1}{t}} - 1\right)$

2~3% : 대도시
0.5~1% : 소도시
0~0.3% : 읍, 면

🖝 중요부분
• 복리이자 계산식과 같음

③ 최소자승법

① 과거의 인구통계자료가 풍부한 도시에 사용하며 단기간 인구 추정에 적합하다.

$$a = \frac{n\sum XY - \sum X\sum Y}{n\sum X^2 - \sum X\sum X}, \quad b = \frac{n\sum X^2 \sum Y - \sum X\sum XY}{n\sum X^2 - \sum X\sum X}$$

② 상관계수 $R = \dfrac{r_{xy}}{\sqrt{r_x r_y}}$

$$r_{xy} = n[XY] - [X][Y]$$

$$r_x = n[X^2] - [X][X]$$

$$r_y = n[Y^2] - [Y][Y]$$

　　여기서, Y : 추정인구
　　　　　　X : 기준년으로부터의 경과연수
　　　　　　a, b : 상수

③ 식의 형태

　㉮ 산술눈금에 plot할 때 : $Y = aX + b$

　㉯ 반대수지에 plot할 때 : $Y = 10^{(aX+b)}$

　㉰ 전대수지에 plot할 때 : $Y = aX^b$

④ Logistic곡선법(논리곡선법)

① 포화인구의 추정이 가능한 도시에 사용

$$P_n = \frac{K}{1 + e^{(a-bn)}}$$

　　여기서, e : 자연대수의 밑
　　　　　　K : 포화인구
　　　　　　a, b : 상수
　　　　　　n : 기준년부터의 경과연수

② "인구의 증가에 대한 저항은 인구의 증가속도에 비례한다"라고 한 통계학자 Gedol의 이론

③ S곡선법, 포화인구추정법

④ 인구증가의 한계 존재 → 포화인구(K)

⑤ 인구의 최소한도는 0

☞ 중요부분

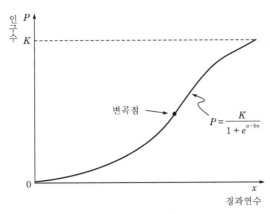

【그림 1-5】로지스틱곡선

⑤ 지수함수법(Peggy의 함수식, 지수곡선에 의한 방법)

상당 기간 동안 비슷한 인구증가율을 보이는 발전적 도시에 적합한
방법이다.

$$P_n = P_0 + An^a$$

여기서, n : 경과연수, A, a : 상수

⑥ 도식 해법

과거의 인구통계로부터 인구-연도관계를 도상에 plot하고 인구증가
조건이 유사한 타 도시와 비교할 때나 인구의 개략값을 알고자 할 때 사
용한다. 타 도시곡선과 비교하면서 목표연도까지 연장하는 실적비교연
장법이다.

04 계획급수량의 산정

① 급수량의 종류

(1) 가정용수

가정에서 사용되는 음료, 취사, 목욕, 세탁, 수세식 화장실, 청소,
살수 등에 사용되는 물을 말한다.

▣ 상수도 급수량 구성 중 농업용수
는 제외한다.

(2) 영업용수

음식점, 여관, 호텔, 유흥장, 오락실, 백화점, 이발소, 미용실, 식료품점 등에서 사업용으로 사용하는 물을 말한다.

(3) 공업용수

수돗물을 공업용으로 사용하는 곳은 비교적 소규모 공장이며, 대규모 공장은 공업용수를 별개의 전용 수도를 통해 사용한다.

(4) 공공용수

관공서나 일반 사무소, 학교, 병원, 군대의 급수, 도로의 살수, 하수관의 세척용, 소화용수 등으로 사용하는 물을 말한다.

(5) 불명수

대부분이 배수관 또는 급수관의 접합구에서 누수, 시공 불량, 유지관리의 불완전, 관내 수압상승으로 인한 누수, 소화전 누수, 그 밖의 공공시설에서의 누수 등으로 인한 수량을 말한다.

(6) 소화용수

소화용수는 수량이 적지만 화재 시 단기간에 많은 수량이 필요하므로 소도시의 경우 급수시설의 규모가 소화용수에 의해 결정된다.

   ① 일반적 기준
     ㉮ 배수관 말단 대도시 : 2.0kgf/cm^2(수두 20m)
     ㉯ 중소도시 : 1.5kgf/cm^2(수두 15m)
   ② 소화전의 구조
     ㉮ 간단하고 견고하며 조작이 확실할 것
     ㉯ 손실수두가 적을 것
     ㉰ 수리 시 노면 굴착 없이 작업할 수 있을 것
   ③ 설치상의 기준
     ㉮ 소화전을 분기하는 배수관의 구경은 150mm 이상으로 하고, 될 수 있으면 200mm 이상으로 한다.
     ㉯ 도로 교차점에는 반드시 설치하고, 그 중간에도 간격 100～200m 이내에 설치한다.
     ㉰ 소화전은 가로의 경계선에 설치하여 화재 시 그 발전이 용이하게 한다.
     ㉱ 도심지구에서는 쌍구소화전을 구경 200mm 이상의 배수관에 장치한다.

④ 화재지속시간

　㉮ 소도시 : 1~1.5시간으로 가정

　㉯ 인구 2,500명 이하의 도시 : 5시간

　㉰ 인구 2,500명 이상의 도시 : 10시간

　㉱ 화재 시

　　㉠ 최저수압 : 0.7kgf/cm^2(일반적)

　　㉡ 배수소관 말단 : 2kgf/cm^2(대도시), 1.5kgf/cm^2(중·소 도시)

　㉲ 소방펌프 1대의 방수능력

　　㉠ 대형펌프 : 2m^3/min

　　㉡ 중형펌프 : 1.5m^3/min

　㉳ 소화전의 방수능력 : 1.0~1.5m^3/min

⑤ 소화용수량 산정공식

　㉮ 미국화재보험위원회 공식(National Board of Fire Under-writers, NBFU)

$$Q_g = 1,020\sqrt{P}\,(1-0.01\sqrt{P}\,)$$

$$Q_m = 3.86\sqrt{P}\,(1-0.01\sqrt{P}\,)$$

　㉯ Kuichling공식

$$Q_g = 700\sqrt{P}\,,\quad Q_m = 2.65\sqrt{P}$$

　㉰ J.R. Freeman공식

$$Q_g = 250\left(\frac{P}{5}+10\right),\quad Q_m = 0.946\left(\frac{P}{5}+10\right)$$

　여기서, Q_g : 소화용수량(gal/min)

　　　　　Q_m : 소화용수량(m^3/min)

　　　　　P : 인구(1,000명당 단위)

　※ 인구 200,000명 이하의 도시에 적용

❷ 급수율(Goodrich공식)

연평균급수율에 대한 백분율

$$P = 180\,t^{-0.1}$$

　여기서, t : 대상기간(day)

❸ 급수량의 특징

① **인구 측면** : 대도시일수록 크다(도시활동이 왕성하고 유입인구가 많다).
② **산업 측면** : 공업이 번성한 도시일수록 크다.
③ **문명 측면** : 문화도시일수록 크다(생활수준이 높다).
④ **기후 측면** : 기온이 높을수록 크다(단, 한랭지는 클 수도 있다).
⑤ **낭비 측면** : 급수방식에 따라 다르다(정액급수일 경우 계량급수보다 낭비 정도가 심하다).
⑥ **지역 측면** : 관광지(특히 온천지)의 경우 크다.
⑦ **소득 측면** : 소득이 높을수록 사용수량이 많다.
⑧ **누수 측면** : 노후관이나 수압이 높은 지역일수록 크다.
⑨ **사용수량의 시간변화**
  ㉮ 오전 4시부터 상승, 오전 9~10시경 최대
  ㉯ 오후 4시부터 상승, 오후 6~7시경 최대
    ㉠ 일변화 : 계절 중 가장 더운 날이 최대
    ㉡ 월변화 : 기온에 의해 하기 7~8월 최대, 동기 1~2월 최소

❹ 계획급수량의 종류

(1) 계획 1일 평균급수량

① 정수를 위한 약품, 전력사용량의 산정이나 유지관리비, 상수도 요금 산정 등의 수도재정계획에 필요한 급수량을 말하며, 계획 1일 최대 급수량의 70~80%를 표준으로 한다.
② 계획 1일 평균급수량

$$= \frac{\text{연간 총 급수량}}{365\text{일}} = \frac{\text{계획 1일 평균사용수량}}{\text{계획유효율}}$$

$$= \text{계획 1인 1일 평균급수량} \times \text{계획급수인구}$$

$$= \text{계획 1일 최대급수량} \times \begin{cases} 0.7(\text{중소도시}) \\ 0.85(\text{대도시, 공업도시}) \end{cases}$$

③ 계획 1인 1일 평균급수량

$$= \frac{\text{1일 평균급수량}}{\text{급수인구}} = \frac{\text{연간 총 급수량}}{\text{급수인구} \times 365\text{일}}$$

➡ **급수인구＝총 인구×급수보급률**
＊우리나라의 급수보급률은 약 85%이다.

(2) 계획 1일 최대급수량

① 상수도시설(취수, 도수, 정수, 송수, 배수, 급수)의 설계기준이
되는 수량으로 연간 1일 급수량의 최대인 날의 급수량이다.

② 계획 1일 최대급수량

$$= 계획\ 1인\ 1일\ 최대급수량 \times 계획급수인구$$

$$= 계획\ 1일\ 평균급수량 \times \begin{cases} 1.5(중소도시) \\ 1.3(대도시,\ 공업도시) \end{cases}$$

③ 계획 1인 1일 최대급수량 $= \dfrac{1일\ 최대급수량}{급수인구}$

(3) 계획시간 최대급수량

① 1일 중에서 사용수량이 최대가 될 r 의 1시간당 급수량을 시간
최대급수량이라 하고, 배수(본)관의 설계에 있어서는 계획시
간 최대급수량을 사용한다.

② 계획시간 최대급수량

$$= \frac{계획\ 1일\ 최대급수량}{24} \times \begin{cases} 1.3(대도시\ 및\ 공업도시) \\ 1.5(중소도시) \\ 1.8(농촌,\ 주택단지) \end{cases}$$

$$= \frac{1일\ 평균급수량 \times 1.5}{24} \times 1.5$$

구분 급수량의 종류	연평균 1일 사용 수량에 대한 비	대상구조물
1일 평균급수량	1	수원지, 저수지, 유역면적의 결정
1일 최대평균급수량	1.25	보조저수지, 보조용수펌프의 용량 결정
1일 최대급수량	1.5	취수, 정수, 배수시설(송수관 구경, 배수지)의 결정
시간 최대급수량	2.25(1.5×1.5)	배수본관의 구경 결정, 배수펌프의 용량 결정

1-3 수원

01 수원의 종류

① 천수(meteoric water)

① 비・눈 등의 강수의 총칭이다.
② 낙도의 지표수나 지하수가 부족한 곳에서 수원으로 사용한다.
③ 증류수는 가장 순수한 물에 가까우나 대기오염으로 산성비(pH 4 내외)가 많으므로 상수원으로 부적당하다.

② 지표수(surface water)

- 부유성 유기물이 풍부하다.
- 공기성분(DO)이 많이 용해되어 있다.
- 경도가 낮다.
- 하천수는 상수원수로 가장 많이 사용되고 있다.

(1) 하천수(river water)

① 오염가능성이 크다.
② 양적으로 가장 풍부하여 상수도 수원으로 가장 널리 이용된다.

◀ 우리나라 상수도 수원의 70%가 하천수이다.

③ 수질이 계절 및 기후의 영향을 받기 쉽다(수질 및 수량변동이 심함).

④ 여름과 겨울의 수온차가 심하다.

(2) 호소수(lake water)

① 지표수보다 수질이 양호하다.

② 침전에 의한 자정작용이 크다.

③ 여름과 겨울에는 성층현상이, 봄과 가을에는 전도현상이 발생한다.

※ 성층현상

• 여름과 겨울철에 발생(여름에 현저하게 발생)

• 원인 : 수심에 따른 온도·밀도차

※ 전도현상 : 봄과 가을에 발생(물의 수직운동) → 수질오염 → 정수부하 증가

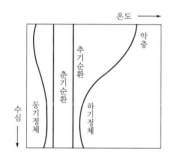
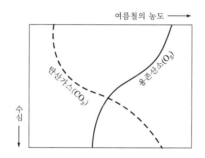

【그림 1-6】 수심에 따른 온도 및 수질변화

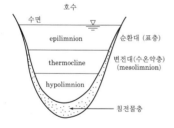
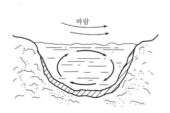

【그림 1-7】 저수지의 성층현상 및 전도현상

(3) 저수지수(reservoir water)

① 저장된 수량을 사용하므로 수량변동이 적다.

② 수질이 가장 좋은 곳은 수심의 중간 부분이다.

③ 수질은 하천수에 비해 균일하며 장래 오염의 위험성이 있다.

▣ 전도현상

봄과 가을에 발생하며 물의 수직운동으로 인하여 수질오염이 발생한다. 특히 봄철에 보다 많이 발생한다.

③ 지하수(ground water)

- 유기물질이 적고 무기질(Ca^{2+}, Mn^{2+})이 풍부하다.
- 경도가 높고 철이나 망간이 많이 포함되어 있다.
- 산성도가 높아 침식성이 있다.
- 수원으로는 하천수 다음으로 많이 이용된다.
- 계절에 따른 수질과 수온변동이 적다.

■ 지하수의 종류
① 천층수
② 심층수
③ 용천수
④ 복류수

(1) 천층수(shallow well)

지표층의 유기물과 주변 하수의 유입으로 수질오염이 발생하여 대장균군 등이 검출될 수 있다. 얕은 우물은 천정, 깊은 우물은 심정을 통하여 취수한다.

(2) 심층수(deep well)

수질이 양호하고 수온이 거의 일정하다. 공기의 공급이 불충분하여 무산소상태가 되어 환원작용에 의해 황화수소(H_2S)나 암모니아가 포함되어 있기도 하다. 굴착정을 통하여 취수한다.

(3) 용천수(spring water)

지하수가 자연적으로 지표면으로 용출하는 물이다. 수량이 제한되어 있어 대규모의 상수도 수원으로 이용하기는 어려우나 소규모의 경우 간단한 시설로 이용할 수 있다.

(4) 복류수(river-bed water)

하천이나 호소의 저부 또는 측부의 모래·자갈층(사력층) 중에 포함된 물이다. 집수매거를 이용하여 취수(토양의 여과작용으로 인해 수질이 양호하며 침전과정은 생략)한다.

02 수원의 구비조건(선정 시 고려사항)

상수도의 수원은 수질이 양호하고 장래 오염의 위험이 없거나 적어야 하며, 수원 개발에 대한 경제성을 검토하여 선정한다.

① 계획량을 충분히 확보할 수 있는 풍부한 수량과 장래 오염의 위험이 적을 것

② 상수 소비자와 가까울 것

③ 건설비 및 유지관리비가 저렴할 것

④ 장래의 계획량증가에 문제가 없을 것(수도시설의 확장이 가능한 곳)

⑤ 수리권 확보가 용이할 것

⑥ 자연유하로 도수할 수 있을 것(가능한 한 소비지보다 높은 곳에 위치할 것)

⑦ 계획취수량이 최대갈수기에도 확보 가능할 것

　㉮ 평수위, 평수량 : 1년 중 185일은 이보다 저하하지 않는 수위와 수량

　㉯ 저수위, 저수량 : 1년 중 275일은 이보다 저하하지 않는 수위와 수량

　㉰ 갈수위, 갈수량 : 1년 중 355일은 이보다 저하하지 않는 수위와 수량

1-4 취수

전년도 출제경향 및 학습전략 포인트

⊟ **전년도 출제경향**
- 취수보의 유입속도 : 0.4~0.8m/s
- 유출량 누가곡선의 유효저수량(필요저수량)

⊟ **학습전략 포인트**
- 계획취수량 산정
- 하천수 취수방법(취수관, 취수탑, 취수문)
- 저수지용량 결정(유출량 누가곡선법, Ripple법)
- 상수침사지 제원

01 계획취수량

① 계획취수량＝계획 1일 최대급수량×1.05~1.10
    (5~10% 여유를 두고 취수)
② 5~10% 여유를 두는 이유
    ㉮ 도수 • 송수시설에서의 손실량 고려
    ㉯ 정수장에서 역세척수 등에 의한 손실량 고려

☞ 중요부분

02 취수지점 선정 시 고려사항

① 수원으로서 필요한 요건을 구비하여야 한다.
② 계획취수량이 최대갈수기에도 확보되어야 한다.
③ 수질이 경제적으로 처리될 수 있는 양질이어야 한다.
④ 수리권(水利權)이 확보되어야 한다.
⑤ 수도시설의 건설 또는 유지관리가 용이하고 안전이 확실하여
    야 한다.

⑥ 장래 확장에 지장이 없어야 한다.

⑦ 처리장 및 급수지역과의 거리도 고려해야 한다.

① 하천표류수의 취수지점

① 수심의 변화, 하상의 상승·하강이 적고 유속이 완만한 곳

② 오염원에 의한 오염이 없고 바닷물의 역류가 없는 곳

③ 장래의 하천개수에 지장이 없는 곳

② 호소수의 취수지점

① 하수 유입이 없는 곳

② 취수시설을 지지하기 위한 기초지반이 양호한 곳

③ 침전물의 부상이 없는 곳

④ 외부의 온도변화를 고려하여 수면으로부터 3~4m, 큰 호수는
10m 이상에서 취수

③ 지하수의 취수지점

① 해수의 영향이 없는 곳

② 부근의 우물이나 집수매거에 영향이 미치지 않는 곳

③ 하천개수계획에 지장이 없는 곳

03 하천수의 취수방법

☞ 중요부분

① 취수관에 의한 방법(intake pipe)

연간 수량이 일정 이상이고 수위의 변동이 적은 하천의 하류부에서
이용한다.

① 취수관을 하천 바닥에 설치한다.

② 수위변동이 적은 하천수의 취수에 적합하다.

③ 하천의 흐름에 지장을 초래하지 않는다.

④ 중규모 취수에 적용한다.

⑤ 하상변화가 심한 곳에 사용할 경우에는 지장을 초래할 가능성이 있다.

⑥ 취수구 유입속도 : 15~30cm/s

⑦ 취수관거 내 유속 : 0.6~1m/s

❷ 취수문에 의한 방법(intake gate)

직접 하천에 개구하는 취수구로서 농업용수의 취수에 쓰이며 하천의 중류부 또는 상류부에서 이용한다.

① 하안에 설치된 취수구의 수문을 통하여 직접 원수를 취수한다.

② 취수문은 지반이 좋은 하안에 설치하여 파손으로 인한 단수에 대비하여야 한다.

③ 수문판이나 물막이판이 설치된 문주는 수밀성으로 견고하게 한다.

④ 수량의 조절을 수문판(gate)으로 하는 수문판식과 물막이판만으로 하는 물막이판식이 있다.

⑤ 수문판식으로 할 경우 수문판 앞에 토사가 유입되는 것을 방지할 수 있는 높이로 조절이 가능한 물막이판을 설치하고 물막이판 사이에 거름망을 설치한다.

⑥ 취수문을 통한 유입속도가 0.8m/s 이하가 되도록 취수문의 크기를 정한다.

❸ 취수탑에 의한 방법(intake tower)

(1) 위치와 구조

① 연간을 통하여 최소수심이 2m 이상으로 하천에 설치하는 경우에는 유심이 제방에 되도록 근접한 지점으로 한다.

② 우물통침하(井筒沈下)공법으로 설치하는 취수탑은 그 하단에 강판제의 커브슈(curb-shoe)를 부착하고 철근콘크리트의 벽을 두껍게 하고 배력철근을 충분히 배치한다.

③ 세굴이 우려되는 경우에는 돌이나 또는 콘크리트공 등으로 탑 주위의 하상을 보강(床止)한다.

④ 수면이 결빙되는 경우에는 취수에 지장을 미치지 않는 위치에 설치한다.

(2) 형상 및 높이

① 취수탑의 횡단면은 환상으로서 원형 또는 타원형으로 한다. 하천에 설치하는 경우에는 원칙적으로 타원형으로 하며 장축방향을 흐름방향과 일치하도록 설치한다.

② 취수탑의 내경은 필요한 수의 취수구를 적절히 배치할 수 있는 크기로 한다.

③ 취수탑의 상단 관리교의 하단은 하천, 호소 및 댐의 계획최고수위보다 높게 한다.

(3) 특징

대량 취수 시, 큰 하천의 중류부 또는 하류부나 저수지, 호수에서 이용한다.

① 대량 취수 시 이용한다.

② 좋은 수질의 물을 선택적으로 취수할 수 있다.

③ 제수밸브 사용으로 자유로이 개폐할 수 있으므로 취수관 청소가 편리하다.

④ 취수탑 건설비가 많이 든다.

⑤ 취수구의 단면 형상은 직사각형 혹은 원형단면으로 하며, 단면적은 유입속도가 하천에서 15~30cm/s, 호소 또는 저수지에서 1~2m/s 정도가 되도록 한다.

⑥ 연간 안정적인 취수가 가능하다.

④ 취수틀에 의한 방법

주로 하천이나 호소 등의 수중에 설치하는 시설로 하상이나 호소 바닥의 변화가 적은 소량의 취수 시 사용한다.

① 하상이나 호소 저부의 수중에 설치된 상자형의 틀에 취수구를 연결한다.

② 하상이 견고하고 최소수심이 3m 이상되는 곳으로 선로(船路)로의 근접지점을 피하여 설치한다.

③ 취수구의 위치는 취수구의 상단이 수저로부터 1m 정도가 되도록 하고, 수심이 얕은 경우 0.3~1m 깊이에 매설한다.

④ 취수구의 유속은 하천에서 15~30cm/s, 호소나 특별한 경우는 1~2m/s로 한다.

⑤ 취수보에 의한 방법

하천에 보를 설치하여 월류 위어(weir)를 이용하여 하천유량을 취수한다.
① 안정된 취수량의 확보가 가능하다.
② 하천의 유량이 불안정한 경우에 적합하다.
③ 대량 취수 시 유리하다.
④ 침사지와 병행 시 침사효과가 좋다.
⑤ 취수보의 유입속도 : 0.4~0.8m/s

04 저수지의 취수시설

① 저수지의 필요성

하천을 수원으로 하는 경우 평균사용수량, 즉 소요수량(demand)이 그 하천의 갈수량을 초과하는 경우에는 유출량이 많은 시기의 여수(餘水)를 저류하였다가 유출량이 적은 시기에 부족한 수량을 보충할 필요가 있는데, 이를 위해 필요한 것이 바로 저수지이다.

② 저수지의 용량 결정

저수지의 이론저수량은 댐(dam) 축조지점에 있어서 10년에 1회 발생하는 정도의 갈수년을 기준으로 한다.

(1) 경험식

저수지의 용량을 그 지역의 강우 상태에 평균급수량의 배수로 결정
① 강우량이 많은 지역 : 1일 평균급수량의 120일분 저수
② 강우량이 적은 지역 : 1일 평균급수량의 200일분 저수

(2) 가정법

저수지역의 연평균강우량(mm)을 기준으로 결정

$$C = \frac{5,000}{\sqrt{0.8R}}$$

여기서, C : 저수일수(day)
R : 연평균강우량(mm)

☞ 중요부분

(3) Ripple의 도식법(유출량 누가곡선법)

하천의 유입량 누가곡선과 평균급수량의 관계를 시간에 따른 유량변화의 도표로 나타내어 저수지용량을 결정하는 방법으로 저수지용량을 정확하게 결정할 수 있기 때문에 널리 이용되고 있다.

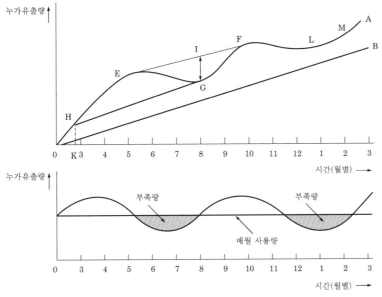

【그림 1-8】Ripple의 도식법

(4) Ripple의 누가곡선 작성방법

① 하천 유출량 누가곡선(OA) 작성

② 계획취수량 누가곡선(OB) 작성(대개 직선으로 간주)

③ OA와 OB곡선이 접근하는 구간 EG, LM : 저수지로의 유입수량이 소요수량보다 적은 시기(저수지수위가 낮아짐)

④ EG, LM구간의 부족수량 : E점에서 OB와 평행선을 그려서 나타나는 최대종거량

⑤ 저수지 필요저수용량(유효저수량) 결정 : 최대종거량 중에서 가장 큰 값(IG)

⑥ 저수시기 결정 : G에서 OB에 평행선을 그어 OA와 만나는 점 H에 해당하는 날인 K날부터 저수 시작

05 지하수에서의 취수

① 천정호(shallow well)의 취수

① 제1불투수층 위에 있는 자유면 지하수를 취수한다.
② 지하의 얕은 곳에 많은 물이 있어야 한다.
③ 일반적으로 충적지대가 적당하다.
④ 현재의 하천부지나 과거의 하천부지가 적당하다.
⑤ 편상지, 삼각주, 사구가 좋다.
⑥ 지하수는 무기성 용해질이 풍부하다.
⑦ 지하수는 경수가 많다.
⑧ 우물 부근의 영향(영향 반지름)을 고려해야 한다.
　㉮ 집수정 바닥이 수평한 경우 : $Q = 4Kr_0(H - h_0)$
　㉯ 집수정 바닥이 둥근 경우 : $Q = 2\pi Kr_0(H - h_0)$

② 심정호(deep well)의 취수

　제1불투수층을 통과하고 제2불투수층까지 도달하여 그 사이에 있는 대수층에 존재하는 피압면 지하수를 취수한다.
① 멀리서 오므로 자연여과되어 수질이 좋다.
② 외기의 영향을 받지 않으므로 수온이 일정하다.
③ 각종 지층을 통과하면서 철분, 망간, 수산화암모니아, 염소 등 광물질을 함유하는 경우가 많다.
④ 수량을 정확하게 측정하기 곤란하며 안정감이 적다.

$$\text{유량} \quad Q = \pi K \frac{H^2 - h_0^2}{\log e\left(\dfrac{R}{r_0}\right)} = \frac{\pi K (H^2 - h_0^2)}{2.3 \log\left(\dfrac{R}{r_0}\right)}$$

　여기서, R : 영향원(circle of influence)의 반지름으로서 보통 우물의 반지름 r_0의 3,000~5,000배 또는 500~1,000m 가 된다.

▶ 지하수 취수시설
① 천층수
　• 얕은 우물 → 천정
　• 깊은 우물 → 심정
② 심층수 → 굴착정
③ 복류수(용천수) → 집수매거

❸ 집수매거와 복류수의 취수

① 복류수의 수질은 하천에서 물이 유하하면서 포기, 일광, 자정 작용에 의해 어느 정도 양호해진다.

② 하천수와 지표수에 비해 수질이 양호하다.

③ 지하수위가 높고 투수계수가 커야 한다.

④ 지층의 지질은 자갈, 모래 또는 양자의 혼합층으로 된 것이 좋다.

⑤ 하상변동이 적고 유로의 변동이 적어야 한다.

⑥ 집수매거의 깊이는 지하 3~5m 또는 10m까지가 적당하다.

1방향 유입일 때 $q = \dfrac{K}{2R}(H^2 - h_0^2)$

2방향 유입일 때 $q_0 = \dfrac{K}{R}(H^2 - h_0^2)$

2방향, 길이 l 일 때 $q_{00} = \dfrac{Kl}{R}(H^2 - h_0^2)$

※ 접합정(junction well)

- 집수매거의 점검, 수리 등을 위해 설치
- 종점, 분기점, 합류점, 굴곡점, 기타 적당한 지점에 설치
- 철근콘크리트로 안지름 1m 이상, 수밀성 구조

☞ 중요부분

【표 1-1】 집수매거의 매설기준

매설 방향	매설 경사	매설 깊이 (m)	거 내 속도 (m/s)	집수공		
				유입속도 (cm/s)	지름 (mm)	면적당 수 (개/m²)
흐름의 직각	수평 1/500	5	1	3	10~20	20~30

06 | 상수 침사지(grit chamber)

☞ 중요부분

원수(수원)에서 취수한 물속의 모래가 도수관거 내에서 침전하는 것을 방지하기 위하여 취수구 부근의 안전한 제내지에 설치한다.

① 침사지의 설치목적

① **취수펌프의 보호** : 펌프의 임펠러(impeller)의 마모는 효율저하의 가장 큰 원인이므로 모래의 유입을 방지한다.
② **도수관의 모래 침전 방지** : 모래가 침전하면 조개류 등의 번식으로 통수단면이 줄게 되어 취수량의 감소원인이 된다.
③ **침전지로의 모래 유입 방지** : 침전지 내에 모래가 유입되어 퇴적하게 되면 침전물 제거기의 부담을 가중시킨다.

② 침사지의 위치와 구조

① **침사지의 위치** : 취수구에 가까운 제내지에 설치한다.
② **침사지의 구조** : 침전지의 구조에 준한다.
③ **침사지의 모양** : 길이방향으로 하고 유입부는 점차 확대, 유출부는 점차 축소(침사지 내 와류(渦流) 방지)시킨다.
④ **침사지의 길이**

$$L = k\left(\frac{u}{v_s}\right)h$$

여기서, L : 침사지의 길이(m)
h : 침사지의 유효수심(m)
u : 침사지 내의 평균유속(cm/s)
v_s : 침강속도(cm/s)
k : 안전율(1.5~2.0)

【표 1-2】 침사지의 구조

침사지의 내용	침사지의 제원
침사지의 형상	장방향으로 길이는 폭의 3~8배
체류시간	계획취수량의 10~20분
제거 모래입경	0.1~0.2mm
침사지 내 유속	2~7cm/s
유효수심	3~4m
여유고	0.5~1.0m
침사지 바닥경사	종방향 1/1,000, 횡방향 1/50

■ 침사지의 설치위치 : 수원 → 취수 → 도수 → 정수

착수정   침사지

* 취수탑의 경우 취수 뒤에 위치한다.

☞ 중요부분

예상 및 기출문제

1-1 상수도의 개요

1. 상수도의 목적을 달성하기 위한 기술적인 3요소에 해당하지 않는 것은? [산업 00]

① 풍부한 수량 ② 양호한 수질
③ 적절한 수압 ④ 원활한 취수

해설 상수도 3요소 : 수량, 수압, 수질

2. 상수도 관련 용어의 정의로 옳지 않은 것은? [산업 10]

① 상수원이란 음용·공업용 등으로 제공하기 위하여 취수시설을 설치한 지역의 하천·호소·지하수·해수 등을 말한다.
② 광역상수원이란 광역시에 원시나 정수를 공급하는 일반 수도를 말한다.
③ 정수란 원수를 음용·공업용 등의 용도에 맞게 처리한 물을 말한다.
④ 일반 수도란 광역상수도·지방상수도 및 마을상수도를 말한다.

해설 광역상수원이란 국가·지자체·국토교통부장관이 인정하는 자가 2 이상의 지자체에 공급하는 일반 수도이다.

3. 다음 중 일반 수도에 해당하는 것은? [기사 98]

① 간이상수도
② 지름 25mm 이하의 도관수도
③ 길이 150cm 이하의 도관수도
④ 유효용량의 합계가 100m^3 이하인 지수고의 수도

4. 사용한 수돗물을 생활용수, 공업용수 등으로 재활용할 수 있도록 다시 처리하는 시설은? [기사 04]

① 광역상수도 ② 중수도
③ 전용 수도 ④ 공업용 수도

5. 상수도계통의 수도시설에 관한 설명으로 옳은 것은? [기사 16]

① 적당한 수질의 물을 수원지에서 모아서 취하는 시설을 말한다.
② 수원에서 취한 물을 정수장까지 운반하는 시설을 말한다.
③ 정수처리된 물을 수용가에서 공급하는 시설을 말한다.
④ 정수장에서 정수처리된 물을 배수지까지 보내는 시설을 말한다.

해설 ① 취수시설, ③ 급수시설, ④ 송수시설

6. 다음 중 우리나라 상수도의 구성요소와 거리가 먼 것은? [산업 00]

① 관거시설 ② 펌프장시설
③ 처리시설 ④ 취수시설

해설 펌프장시설은 상수도계통의 구성이라고 보기보다는 관거나 취수 등의 시설에 포함된다고 보는 것이 좋다.

7. 수원지에서부터 각 가정까지의 상수계통도를 나타낸 것으로 옳은 것은? [기사 04, 13, 19, 산업 12, 15]

① 수원-취수-도수-배수-정수-송수-급수
② 수원-취수-배수-정수-도수-송수-급수
③ 수원-취수-도수-송수-정수-배수-급수
④ 수원-취수-도수-정수-송수-배수-급수

8. 수원지에서 가정의 수도꼭지까지에 이르는 급수계통을 잘 나타낸 것은?
[기사 10, 15, 18, 19, 산업 04, 10, 12, 16, 17, 19]

① 취수-도수-정수-송수-배수-급수
② 취수-송수-정수-도수-급수-배수
③ 취수-도수-정수-배수-송수-급수
④ 취수-도수-송수-정수-배수-급수

9. 다음 지형도의 상수계통도에 관한 사항 중 옳은 것은? [기사 04, 14]

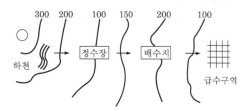

① 도수는 펌프가압식으로 해야 한다.
② 수질을 생각하여 도수로는 개수로를 택하여야 한다.
③ 정수장에서 배수지는 펌프가압식으로 송수한다.
④ 도수와 송수를 자연유하식으로 하여 동력비를 절감한다.

 ① 도수는 자연유하식으로 한다.
② 도수로는 관수로를 택한다.
④ 송수는 펌프압송식으로 한다.

10. 상수도시설 중 원수를 취수지점으로부터 정수장까지 수송하는 시설은? [기사 05, 11]

① 배수시설
② 급수시설
③ 도수시설
④ 송수시설

11. 용어의 해설이 틀린 것은? [산업 05]

① 도수 : 지표수 또는 지하수를 배출시키는 것
② 송수시설 : 정수시설에서 배수지까지 정수를 보내는 시설
③ 배수시설 : 배수지 또는 배수펌프를 기점으로 하여 급수장치까지의 시설
④ 급수 : 소비자에게 직접 물을 공급하는 것

12. 다음 상수도에 대한 설명 중 옳지 않은 것은 어느 것인가? [기사 05]

① 수원에서 취수한 물을 정수장까지 운반하는 것을 도수라 한다.
② 송수는 정수되지 않은 물을 배수지까지 보내는 것을 의미한다.
③ 수원에서 소요수량을 취입하는 것을 집수라 한다.
④ 배수란 배수지에서 급수지까지 수송하는 것이다.

13. 지표수를 수원으로 하는 상수도의 일반적인 계통이다. 가장 적당한 것은? [산업 99]

① 침사지 – 침전지 – 여과지 – 정수지
② 침전지 – 침사지 – 여과지 – 정수지
③ 응집지 – 침사지 – 여과지 – 정수지
④ 침전지 – 응집지 – 여과지 – 정수지

14. 저수지를 수원으로 하는 경우 상수시설의 배치 순서로 옳은 것은? [기사 13, 15, 산업 99]

① 취수탑 – 도수관로 – 여과지 – 정수지 – 배수지
② 취수관거 – 여과지 – 침전지 – 정수지 – 배수지
③ 취수문 – 여과지 – 침전지 – 배수지 – 배수관망
④ 취수구 – 약품침전지 – 혼화지 – 정수지 – 배수지

15. 호소를 수원으로 할 때 상수시설의 배치순서로 틀린 것은? [기사 00, 10]

① 취수탑 – 침사지 – 응집침전지 – 정수지 – 배수지
② 취수문 – 혼화지 – 응집침전지 – 여과지 – 정수지
③ 취수틀 – 보통침전지 – 여과지 – 정수지 – 배수지
④ 집수매거 – 침사지 – 여과지 – 정수지 – 배수지

16. 수원에서 취수한 원수를 정화하기 위해서 정수시설에 보내는 것을 무엇이라고 하는가? [산업 99]

① 취수
② 송수
③ 정수
④ 도수

1-2 계획급수량 산정

17. 상수도시설의 설계 시 계획취수량, 계획도수량, 계획정수량의 기준이 되는 것은? [산업 11]

① 계획시간 최대급수량
② 계획 1일 최대급수량
③ 계획 1일 평균급수량
④ 계획 1일 총 급수량

 상수도의 모든 시설 계획은 계획 1일 최대급수량을 기준으로 한다.

18. 계획급수량에 대한 설명으로 옳지 않은 것은?

[산업 12]

① 계획 1일 평균급수량은 계획 1일 최대급수량의 50%이다.

② 계획 1일 최대급수량은 계획 1일 평균급수량×계획첨두율로 나타낼 수 있다.

③ 계획 1일 평균급수량은 계획 1인 평균급수량×계획급수인구로 나타낼 수 있다.

④ 계획 1일 최대급수량을 구하기 위한 첨두율은 소규모의 도시일수록 급수량의 변동폭이 커서 값이 커진다.

해설 ▷ 계획 1일 평균급수량은 중소도시의 경우 계획 1일 최대급수량의 70%, 대도시의 경우 85%이다.

19. 계획급수량에 대한 설명 중 틀린 것은? [기사 14]

① 계획 1일 최대급수량은 계획 1인 1일 최대급수량에 계획급수인구를 곱하여 결정할 수 있다.

② 계획 1일 평균급수량은 계획 1일 최대급수량의 60%를 표준으로 한다.

③ 송수시설의 계획송수량은 원칙적으로 계획 1일 최대급수량을 기준으로 한다.

④ 취수시설의 계획취수량은 계획 1일 최대급수량을 기준으로 한다.

20. 상수도의 도수, 취수, 송수, 정수시설의 용량 산정에 기준이 되는 수량은? [기사 15]

① 계획 1일 평균급수량

② 계획 1일 최대급수량

③ 계획 1인 1일 평균급수량

④ 계획 1인 1일 최대급수량

해설 ▷ 상수도시설의 설계기준 및 용량 산정은 계획 1일 최대급수량으로 한다.

21. 상수도 계획수립 시 계획연차 결정에 고려할 주요 사항이 아닌 것은? [기사 96]

① 금융사정　　　　② 자금 취득의 난이

③ 건설비　　　　　④ 현지 주민의 요구도

해설 ▷ 계획연차 결정 시 고려사항
　　㉮ 자금 취득의 난이와 건설비 등 금융사정
　　㉯ 도시발전상황과 물 사용량

㉰ 장비 및 시설물의 내구연한

㉱ 시설 확장의 난이도

22. 상수도의 기본계획을 세우기 위한 기초자료가 아닌 것은? [산업 00]

① 방류수역조사자료　　② 하천조사자료

③ 지하매설물계획자료　④ 도로교통 및 환경자료

해설 ▷ 상수도는 음용수를 생산하기 위한 시설이므로 방류에 대한 조사자료는 필요없다.

23. 우리나라의 상수도시설을 설계·계획할 때 그 계획연한은 통상 몇 년을 기준으로 하는가?

[산업 04, 16]

① 2~3년　　　　　② 5~15년

③ 15~20년　　　　④ 30년 이상

24. 상수도는 생활기반시설로서 영속성과 중요성을 가지고 있으므로 안정적이고 효율적으로 운영되어야 하며 가능한 한 장기간으로 설정하는 것이 기본이다. 보통 상수도의 기본계획 시 계획(목표)연도는 계획수립 시부터 몇 년을 표준으로 하는가? [기사 13]

① 3~5년　　　　　② 5~10년

③ 15~20년　　　　④ 25~30년

해설 ▷ 상수도 계획연한은 통상 5~15년인데, 본 문제에서는 가능한 한 장기간이라는 설정을 두었으므로 2번이 답이 아닌 15년 이상의 상한을 기준으로 하여 15~20년을 표준으로 한다.

25. 상수도시설의 계획연도에 있어서 큰 댐 및 대구경관로의 경우 계획설계기간의 범위는? [산업 04]

① 25~50년　　　　② 20~25년

③ 10~15년　　　　④ 5~10년

해설 ▷ 상수도시설의 계획연한은 일반적으로 10~15년을 기준으로 하지만 큰 댐 및 대구경관의 경우 확장이 어렵기 때문에 통상 25~30년을 계획연한으로 설정한다.

26. 다음 상수도 계획에서 계획급수인구를 추정할 때 대체로 과거 몇 년간의 인구증감을 고려하여 결정하는가? [기사 99]

① 약 10년　　　　　② 약 15년

③ 약 20년　　　　　④ 약 25년

27. 물의 수요를 변경시키는 요인이 아닌 것은?

[기사 99]

① 하루 중의 시간　　② 기후조건
③ 물의 외관　　　　　④ 1년 중의 계절

28. 장래의 추정인구에 있어 신뢰도가 낮아지는 이유에 해당되지 않는 것은?

[산업 02]

① 인구증가율이 높을수록
② 추정목표연도가 길수록
③ 인구가 감소하는 경우가 많을수록
④ 과거의 인구자료가 많을수록

해설 신뢰도는 과거 인구자료가 많을수록 높아진다.

29. 다음의 인구추정방법 중에서 대상지역의 포화인구를 먼저 추정한 후 계획기간의 인구를 추정하는 방법은?

[기사 04]

① 등차급수법　　　　② 등비급수법
③ 최소자승법　　　　④ 로지스틱곡선법

해설 이론곡선 또는 S곡선법으로 포화인구를 먼저 추정한 후 인구를 추정하는 방법이다.

30. 다음 상수도시설 계획의 급수인구추정에서 연평균증가율이 일정한 것으로 가정하여 계산하는 방법으로 장래 발전가능성이 있는 도시에 적용 가능한 방법은?

[산업 05]

① 감소증가율법　　　② 비상관법
③ 등차급수법　　　　④ 등비급수법

31. 다음 급수인구추정방법에 대한 설명 중 틀린 것은?

[산업 02]

① 등차급수법은 인구증가수가 일정한 지역에 적용하며 계산결과가 과소한 경향이 있다.
② 등비급수법은 과거 인구의 연평균증가율을 일정한 것으로 보며 추정결과는 과대한 경향이 있다.
③ 로지스틱곡선법에서는 포화인구를 먼저 추정하여야 한다.
④ 등차급수법은 연평균증가율이 큰 도시에 적합하며 그 결과는 과대한 경향이 있다.

해설 ④는 등비급수법에 대한 설명이다.

32. 다음 중 급수인구추정법이 아닌 것은? [산업 12]

① 등차급수법　　　　② 등비급수법
③ 최소자승법　　　　④ 누가직선법

33. 급수인구추정법에서 등비급수법에 해당되는 식은 어느 것인가? (단, P_n : n년 후 추정인구, P_o : 현재인구, n : 과년수, a, b : 상수, k : 포화인구, r : 연평균증가율)

[산업 04, 10, 14]

① $P_n = P_o + rn^a$　　② $P_n = P_o(1+r)^n$

③ $P_n = P_o + nr$　　　④ $P_n = \dfrac{k}{1+e^{(a-bn)}}$

34. 다음 급수인구추정법 중 논리곡선법(로지스틱곡선)의 식으로 옳은 것은? [기사 05]

① $P_n = P_o + \Delta q^2$　　② $P_n = P_o + nq$

③ $P_n = \dfrac{K}{1+e^{(a-bn)}}$　　④ $P_n = P_o(1+r)^n$

35. 계획급수인구를 추정하는 이론곡선식은 $y = \dfrac{K}{1+e^{(a-bx)}}$로 표현된다. 식 중의 K가 의미하는 것은?

(단, y : x년 후의 인구, x : 기준년부터의 경과연수, e : 자연대수의 밑, a, b : 정수) [기사 11]

① 현재 인구　　　　　② 포화인구
③ 증가인구　　　　　④ 상주인구

36. 어느 도시의 인구증가현황을 조사분석한 결과 매년 증가율이 8%로 일정하였다. 이 도시의 15년 후 등비급수법에 의한 추정인구는 약 몇 명인가? (단, 현재 인구는 150,000명이다.) [산업 04]

① 531,200명　　　　② 515,800명
③ 498,500명　　　　④ 475,800명

해설 $P_n = P_0(1+r)^n$

$= 150,000 \times (1+0.08)^{15} = 475,825$명

37. 어느 도시의 장래 인구증가현황을 조사한 결과 현재 인구가 90,000명이고 연평균인구증가율이 2.5%일 때 25년 후의 예상인구는? [기사 12]

① 약 167,000명　　　② 약 163,000명
③ 약 160,000명　　　④ 약 156,000명

> **해설** 인구증가율이므로 등비급수법을 적용한다.
> $$P_n = P_0(1+r)^n = 90,000 \times (1+0.025)^{25}$$
> $$= 166,855명 = 약 \ 167,000명$$

38. 어떤 도시에 대한 다음의 인구통계표에서 2004년 현재로부터 5년 후의 인구를 추정하려 할 때 연평균 인구 증가율(r)은? [기사 04]

연도	2000	2001	2002	2003	2004
인구(명)	10,900	11,200	11,500	11,850	12,200

① 0.28545   ② 0.18571

③ 0.02857   ④ 0.00279

> **해설** $P_n = P_0(1+r)^n$ 에서 연평균 인구증가율은 r 이고,
> $t = 2004 - 2000 = 4$ 이므로
> $$r = \left(\frac{P_0}{P_t}\right)^{\frac{1}{t}} - 1 = \left(\frac{12,200}{10,900}\right)^{1/4} - 1 = 0.02857$$

39. 현재의 인구가 100,000명인 발전가능성 있는 도시의 장래 급수량을 추정하기 위해 인구증가현황을 조사하니 연평균 인구증가율이 5%로 일정하였다. 이 도시의 20년 후 추정인구는 몇 명인가? (단, 등비급수 방법을 사용함) [기사 04]

① 35,850명   ② 116,440명

③ 200,000명   ④ 265,330명

> **해설** $P_n = P_0(1+r)^n = 100,000 \times (1+0.05)^{20} = 265,330명$

40. 어느 도시의 1987~1991년까지의 인구통계표를 참고하여 2000년의 인구를 최소자승법에 따라 구하면? (단, $a = \dfrac{N\sum XY - \sum X \sum Y}{N\sum X^2 - \sum X \sum X}$, $b = \dfrac{\sum X^2 \sum Y - \sum X \sum XY}{N\sum X^2 - \sum X \sum X}$) [기사 96]

연도	인구(명), Y	X	X^2	XY
1987	20,483	-2	4	$-40,966$
1988	22,317	-1	1	$-22,317$
1989	22,891	0	0	0
1990	23,566	1	1	23,566
1991	24,272	2	4	48,544
합계	113,529	0	10	8,827

① 30,653명   ② 31,536명

③ 32,419명   ④ 34,185명

> **해설**
> $$a = \frac{5 \times 8,827 - 0}{5 \times 10 - 0} = 883$$
> $$b = \frac{10 \times 113,529 - 0}{5 \times 10 - 0} = 22,706$$
> $$\therefore \ Y = aX + b$$
> $$= 883 \times (2,000 - 1,989) + 22,706$$
> $$= 32,419명$$

41. 다음 급수량 중 크기(양)가 제일 큰 것은? [기사 10]

① 1일 평균급수량   ② 1일 최대평균급수량

③ 1일 최대급수량   ④ 시간 최대급수량

> **해설** 급수량의 크기
> 시간 최대급수량 > 최대급수량 > 평균급수량

42. 상수도의 설계기준이 되는 것은? [기사 16, 산업 04]

① 계획 1일 최대강우량

② 계획 1일 최대급수구역

③ 계획 1일 최대급수인구

④ 계획 1일 최대급수량

43. 급수량을 산정하는 식으로 틀린 것은? [기사 10]

① 계획 1인 1일 평균급수량 = 계획 1인 1일 평균사용수량/계획부하율

② 계획 1인 1일 최대급수량 = 계획 1인 1일 평균급수량/계획부하율

③ 계획 1일 평균급수량 = 계획 1인 1일 평균급수량 × 계획급수인구

④ 계획 1일 최대급수량 = 계획 1인 1일 최대급수량 × 계획급수인구

44. 1인 1일 평균급수량의 도시조건에 따른 일반적인 경향에 대한 설명으로 옳지 않은 것은? [산업 11]

① 도시규모가 클수록 수량이 크다.

② 도시의 생활수준이 낮을수록 수량이 크다.

③ 기온이 높은 지방은 추운 지방보다 수량이 크다.

④ 정액급수의 수도는 계량급수의 수도보다 수량이 크다.

45. 계획 1인 1일 평균급수량에 대한 설명으로 틀린 것은? [산업 04]

① 도시규모가 클수록 평균급수량은 증가한다.
② 생활수준이 높을수록 평균급수량은 증가한다.
③ 수압이 낮을수록 평균급수량은 증가한다.
④ 누수량이 많을수록 평균급수량은 증가한다.

46. 계획 1일 평균급수량의 특징으로 틀린 것은? [기사 11]

① 소도시는 대도시에 비해서 수량이 적다.
② 공업이 번성한 도시는 소도시보다 수량이 크다.
③ 기온이 높은 지방이 추운 지방보다 수량이 크다.
④ 수도시설 설계 시 취수시설의 용량 산정기준으로 직접 사용된다.

47. 계획 1일 평균급수량이 400L이고 계획 1일 최대급수량이 500L일 경우에 계획첨두율은? [기사 16, 산업 13]

① 1.56
② 1.25
③ 0.8
④ 0.64

> **해설** 계획 1일 최대급수량 = 계획 1일 평균급수량 × 계획첨두율
>
> $500L = 400L \times$ 계획첨두율
>
> ∴ 계획 첨두율 = 1.25

48. 계획급수량 결정에서 첨두율에 대한 설명으로 옳은 것은? [기사 14]

① 첨두율은 평균급수량에 대한 평균사용수량의 크기를 의미한다.
② 급수량의 변동폭이 작을수록 첨두율의 값이 크게 된다.
③ 일반적으로 소규모의 도시일수록 급수량의 변동폭이 작아 첨두율이 크다.
④ 첨두율은 도시규모에 따라 변하며 기상조건, 도시의 성격 등에 의해서도 좌우된다.

> **해설** 첨두율은 평균급수량에 대한 최대급수량의 크기를 말하며, 급수량의 변동폭이 클수록 첨두율은 크고, 소규모 도시일수록 첨두율이 크다.

49. 인구 20만의 중소도시에 계획급수를 하고자 한다. 계획 1인 1일 최대급수량을 350L로 하고 급수보급률을 80%라 할 때 계획 1일 최대급수량은? [기사 05]

① 56,000m³/day
② 42,500m³/day
③ 39,200m³/day
④ 37,600m³/day

> **해설** 계획 1일 최대급수량
> = 급수인구 × 1인 1일 최대급수량 × 급수보급률
> $= 200,000 \times (350 \times 10^{-3} \text{m}^3/\text{day}) \times 0.8$
> $= 56,000 \text{m}^3/\text{day}$

50. 인구 10만의 도시에 계획 1인 1일 최대급수량 600L, 급수보급률 80%를 기준으로 상수도시설을 계획하고자 한다. 이 도시의 계획 1일 최대급수량은? [기사 04]

① 32,000m³
② 40,000m³
③ 48,000m³
④ 60,000m³

> **해설** 계획 1일 최대급수량
> = 급수인구 × 1인 1일 최대급수량 × 급수보급률
> $= 100,000 \text{명} \times \left(600L \times \dfrac{1\text{m}^3}{1,000L}\right) \times 0.8$
> $= 48,000 \text{m}^3$

51. 총 인구 20,000명인 어느 도시의 급수인구는 18,600명이며 1년간 총 급수량이 1,860,000톤이었다. 급수보급률과 1인 1일당 평균급수량(L)으로 옳은 것은? [산업 12, 15]

① 93%, 274L
② 93%, 295L
③ 107%, 274L
④ 107%, 295L

> **해설** ㉮ 급수보급률 $= \dfrac{18,600}{20,000} \times 100\%$
> $= 93\%$
>
> ㉯ 1인 1일 평균급수량 $= \dfrac{1,860,000 \text{m}^3}{365\text{일} \times 18,600\text{인}}$
> $= \dfrac{1,860,000 \times 1,000L}{365\text{일} \times 18,600\text{인}}$
> $= 274L$

52. A시의 2010년 인구는 588,000명이며 연간 약 3.5%씩 증가하고 있다. 2016년도를 목표로 급수시설의 설계에 임하고자 한다. 1일 1인 평균급수량은 250L이고 급수율을 70%로 가정할 때 계획 1일 평균급수량은 약 얼마인가? (단, 인구추정식은 등비증가법으로 산정) [기사 13]

① 387,000m³/day ② 258,000m³/day
③ 129,000m³/day ④ 126,000m³/day

해설 계획 1인 1일 평균급수량
$$=1인 1일 평균급수량 \times 급수인구 \times 급수보급률$$
$$=250 \times 588,000 \times (1+0.035)^6 \times 0.7 \times 10^{-3}$$
$$=126,490 m^3/day$$

53. 어느 도시의 총 인구가 5만 명이고 급수인구는 4만 명일 때 1년간 총 급수량이 200만m³이었다. 이 도시의 급수보급률(%)과 1인 1일 평균급수량(m³/인·일)은? [산업 14]

① 125%, 0.110m³/인·일
② 125%, 0.137m³/인·일
③ 80%, 0.110m³/인·일
④ 80%, 0.137m³/인·일

해설 ㉮ 급수보급률=급수인구÷총 인구×100%
$$=\frac{4만}{5만} \times 100\% = 80\%$$
㉯ 1인 1일 평균급수량$=\dfrac{2,000,000m^3}{40,000인 \times 365day}$
$$=0.137m^3/인·일$$

54. 상수도 배수관망 설계 시 계획배수량은 일반적으로 무엇을 기준으로 하는가? [기사 95]

① 계획 1일 평균급수량
② 계획 1일 최대급수량
③ 계획 1시간 평균급수량
④ 계획 1시간 최대급수량

55. 상수도 배수관 설계 시에 사용하는 계획급수량은? [기사 99, 03, 12]

① 평균급수량 ② 최대급수량
③ 시간 최대급수량 ④ 시간 평균급수량

56. 시간 최대사용수량을 계획사용수량으로 기준하여 결정되는 수도구조물은? [기사 95]

① 보조저수지, 보조용수펌프
② 배수, 취수, 정수시설
③ 배수관지름
④ 수원지, 유역면적 등

해설 상수도시설의 전반적 계획은 최대급수량으로 설계하고, 배수관(망) 설계는 시간 최대급수량으로 설계한다.

57. 다음 중 계획시간 최대급수량을 계획급수량의 기준으로 하는 펌프는? [산업 03]

① 취수펌프 ② 도수펌프
③ 송수펌프 ④ 배수펌프

1-3 수원

58. 수원에 관한 설명으로 옳지 않은 것은? [기사 15]
① 복류수는 어느 정도 여과된 것이므로 지표수에 비해 수질이 양호하며 정수공정에서 침전지를 생략하는 경우도 있다.
② 용천수는 지하수가 자연적으로 지표로 솟아 나온 것으로, 그 성질은 대체로 지표수와 비슷하다.
③ 천층수는 지표면에서 깊지 않은 곳에 위치하므로 공기의 투과가 양호하여 산화작용이 활발하게 진행된다.
④ 심층수는 대지의 정화작용으로 무균 또는 거의 이에 가까운 것이 보통이다.

해설 용천수는 그 성질이 대체로 복류수와 비슷하다.

59. 수원에 대한 설명 중 틀린 것은? [산업 11, 13]
① 천층수는 지표면에서 깊지 않은 곳에 위치함으로서 공기의 투과가 양호하므로 산화작용이 활발하게 진행된다.
② 심층수는 대지의 정화작용으로 무균 또는 거의 0에 가까운 것이 보통이다.
③ 용천수는 지하수가 자연적으로 지표로 솟아나온 것으로 그 성질은 대개 지표수와 비슷하다.
④ 복류수는 대체로 수질이 양호하며 정수공정에서 침전지를 생략하는 경우도 있다.

60. 수원 선정 시 고려사항으로 틀린 것은?

[기사 14, 산업 05, 11, 12]

① 수질이 좋아야 한다.
② 수량이 풍부하여야 한다.
③ 가능한 한 낮은 곳에 위치하여야 한다.
④ 상수 소비지에서 가까운 곳에 위치하는 것이 좋다.

61. 상수도의 수원으로서 요구되는 조건이 아닌 것은?

[기사 13, 산업 16]

① 수량이 풍부할 것
② 수질이 좋을 것
③ 수원이 도시 가운데 위치할 것
④ 상수 소비지에서 가까울 것

62. 상수도의 수원이 갖추어야 할 조건으로 부적합한 것은?

[산업 00]

① 계획수량이 장래에까지 확보 가능할 것
② 수질이 양호하고 장래 오염의 우려가 적을 것
③ 유속이 매우 빠를 것
④ 수리권의 획득이 용이할 것

63. 다음 중 수원 선정 시 고려하지 않아도 가장 무방한 것은?

[기사 02]

① 갈수기의 수량
② 갈수기의 수질
③ 장래 예측되는 수질의 변화
④ 홍수 시의 수량

> **해설** 수량 확보는 홍수기가 아닌 갈수기의 수량을 확보해야 한다.

64. 다음 중 표류수원이 아닌 것은?

[산업 96]

① 피압대수층   ② 호수
③ 저수지   ④ 강

65. 상수도의 수원에 관한 설명 중 틀린 것은 어느 것인가?

[산업 07]

① 수원은 일반적으로 천수, 지표수, 지하수 등으로 대별할 수 있다.
② 지표수는 양적으로 풍부하고 취수비용이 지하수보다 적다고 볼 수 있다.

③ 지표수원인 하천수의 자정작용은 일어나지 않는다.
④ 어느 수원을 택하든 수량, 수질, 경제성을 고려하여야 한다.

> **해설** 자정작용은 저수지나 호소처럼 정지되어 있는 곳보다는 하천과 같이 흐름이 있는 곳에서 폭기의 영향으로 더 활발히 일어난다.

66. 다음의 수원 중에서 일반적으로 오염가능성이 가장 높은 것은?

[산업 11]

① 천층수   ② 지표수
③ 복류수   ④ 심층수

> **해설** 지표수는 지하수보다 오염가능성이 높다. 여기서 ①, ③, ④는 지하수이다.

67. 다음의 수원 중 지표수에 해당되지 않는 것은 어느 것인가?

[산업 08]

① 하천수   ② 호소수
③ 저수지수   ④ 복류수

> **해설** 천층수, 심층수, 용천수, 복류수는 지하수이다.

68. 다음 중 우리나라 상수도 원수의 대부분을 차지하는 것은 어느 것인가?

[산업 00]

① 강수   ② 지하수
③ 복류수   ④ 하천수

> **해설** 상수도 수원으로 가장 많이 이용되는 것은 하천수이다.

69. 각종 수원에 관한 비교 설명 중 옳은 것은 어느 것인가?

[산업 97]

① 천수는 수질이 좋고 수량 확보도 쉽다.
② 지표수는 오염피해를 받기 쉬운 단점이 있다.
③ 복류수는 하천의 상류에서 크게 확보할 수 있다.
④ 용천수는 지표수에 속한다.

70. 수원을 지하수로 할 때 예상되는 물의 성질로 거리가 먼 것은?

[산업 03]

① 철성분이 많이 포함되어 있다.
② 산성도가 높아 침식성이 있다.
③ 유기성 물질은 지표수보다 적다.
④ 질소산화물은 찾아보기 어렵다.

해설 지하수는 환원작용으로 질산(NO_3)이 암모니아로 환원되므로 질소산화물이 존재한다.

71. 취수원의 성층현상에 관한 설명으로 틀린 것은?
[산업 16]

① 수심에 따른 수온변화가 가장 큰 원인이다.
② 수온의 변화에 따른 물의 밀도변화가 근본원인이다.
③ 여름철에 두드러진 현상이다.
④ 영양염류의 유입이 원인이다.

해설 성층현상과 전도현상의 원인은 수온(온도)이다.

72. 저수지, 호수 등과 같이 정체된 수원에 대한 설명으로 틀린 것은?
[기사 11]

① 하천수에 비해 부영양화현상이 나타나기 쉽다.
② 봄철과 가을철에 연직방향의 순환이 일어난다.
③ 상층과 하층의 수온차이는 겨울철이 여름철보다 작다.
④ 여름철에는 중간층 부근에서 취수하는 것이 좋다.

73. 수원 중 복류수에 대한 설명으로 틀린 것은?
[산업 12]

① 복류수의 취수를 위한 집수매거의 매설깊이는 2m 이상으로 한다.
② 복류수의 수질은 부유물함유량이 높아서 사용 시에는 침전지를 반드시 거쳐야 한다.
③ 복류수는 호소 또는 연안부의 모래, 자갈층에 함유되어 있는 물을 말한다.
④ 수원을 지표수, 지하수, 기타로 구분할 때 지하수에 해당된다.

74. 복류수에 대한 설명으로 옳은 것은? [산업 12]

① 비교적 양호한 수질을 얻을 수 있다.
② 지표수의 한 종류로 하천수보다 수질이 양호하다.
③ 정수공정에 이용 시 침전지를 반드시 확보해야 한다.
④ 조류 등의 부유생물농도가 높다.

해설 복류수는 지하수이다.

75. 하천수를 취수하는 경우 취수예정지점의 조사에 필요한 유량과 수위 중 갈수(유)량과 갈수(수)위에 대한 설명으로 옳은 것은?
[산업 11]

① 1년을 통하여 95일은 이보다 낮지 않은 수량과 수위
② 1년을 통하여 185일은 이보다 낮지 않은 수량과 수위
③ 1년을 통하여 275일은 이보다 낮지 않은 수량과 수위
④ 1년을 통하여 355일은 이보다 낮지 않은 수량과 수위

76. 다음은 수원의 수량과 수위에 대한 설명이다. 잘못된 항목은?
[기사 98]

① 갈수량은 1년 중에서 355일 동안 이보다 이하로 내려가지 않는 수량이다.
② 평수위는 1년 중에 180일 이상 유지되는 수위이다.
③ 홍수량은 홍수기간 중에 지속되는 하천의 유량이다.
④ 최대갈수량은 하천의 유량에 관한 자료 중에서 가장 낮은 값을 말한다.

해설 갈수위, 저수위, 평수위는 각각 1년 중 355일, 275일, 185일 이상 유지되는 수위임을 기억하자.

77. 오염된 호수의 심층수에 대한 설명으로 옳은 것은?
[기사 04]

① 수온 및 수질의 일변화가 심하다.
② 플랑크톤농도가 높다.
③ 낮은 용존산소로 인해 수중생물의 서식에 좋지 않다.
④ 계절에 따라 물의 성층현상과 부영양화의 결과로 정수과정에 좋은 영향을 준다.

78. 지하수의 경제양수량은 양수시험으로부터 구한 최대양수량의 몇 % 이하로 하는 것이 바람직한가?
[산업 04]

① 60
② 70
③ 80
④ 90

79. 우물의 수리에서 자유수면 우물의 평형공식은? (단, Q : 양수량, K : 투수계수)
[기사 04, 10]

① $Q = \pi K \dfrac{H^2 - h_o^2}{\ln \dfrac{R}{r_o}}$

② $Q = \pi K \dfrac{H^2 - h_o^2}{\log_{10} \dfrac{R}{r_o}}$

③ $Q = \dfrac{1}{\pi K} \cdot \dfrac{H^2 - h_o^2}{\ln \dfrac{R}{r_o}}$

④ $Q = \dfrac{1}{\pi K} \cdot \dfrac{H^2 - h_o^2}{\log_{10} \dfrac{R}{r_o}}$

해설 $Q=\dfrac{\pi K(H^2-h_o{}^2)}{2\times3\log(R/r_o)}=\dfrac{\pi K(H^2-h_o{}^2)}{\ln(R/r_o)}$

80. 취수원으로서 하천이나 호수의 바닥 또는 측면부의 자갈 및 모래층에 포함되어 있는 물로서 지표수에 비해 수질이 양호하며 보통침전지를 생략하는 지하수는? [기사 99]
① 천층수
② 심층수
③ 용천수
④ 복류수

81. 피압지하수를 양수하는 우물은 다음 중 어느 것인가? [기사 02]
① 굴착정
② 심정(깊은 우물)
③ 천정(얕은 우물)
④ 집수매거

82. 집수매거에 대한 설명으로 옳은 것은? [산업 11]
① 집수매거의 경사는 될 수 있으면 1/100 이상의 급경사로 하는 것이 좋다.
② 집수매거의 유출단에서 매거 내의 평균유속은 3m/s 이하로 한다.
③ 호소수, 저수지수와 같은 지표수를 취수하기 위한 시설이다.
④ 매설은 복류수의 흐름방향에 대하여 가능한 한 직각으로 설치하는 것이 효율적이다.

1-4 취수

83. 취수지점의 선정에 고려하여야 할 사항으로 옳지 않은 것은? [산업 13]
① 계획취수량을 안정적으로 취수할 수 있어야 한다.
② 강의 하구로서 염수의 혼합이 충분하여야 한다.
③ 장래에도 양호한 수질을 확보할 수 있어야 한다.
④ 구조상의 안정을 확보할 수 있어야 한다.

84. 수원에서 취수하는 계획취수량은 일반적으로 계획 1일 최대급수량의 몇 %를 취수하는가? [기사 08, 16]
① 115~120%
② 85~90%
③ 95~100%
④ 105~110%

해설 도·송수관로에서의 손실과 정수과정 중 역세척수로의 이용을 감안하여 5~10% 더 취수한다.

85. 상수도시설의 규모 결정에 기초가 되는 계획 1일 최대급수량이 20,000m³이라 할 때 일반적인 계획취수량은 얼마 정도인가? [기사 12]
① 18,000m³/day
② 22,000m³/day
③ 30,000m³/day
④ 40,000m³/day

해설 계획취수량은 도수, 송수에서의 손실과 여과 시 역세척수의 손실을 감안하여 5~10% 더 취수한다.

86 계획취수량에 포함되지 않는 사항은? [산업 96]
① 도수시설에서의 손실
② 송수시설에서의 손실
③ 정수장에서의 역세척수
④ 누수된 수량

해설 누수된 수량은 ①, ②에 포함된 사항이다.

87. 수원의 위치와 취수지점을 선정하는 데 있어 고려해야 할 사항이 아닌 것은? [산업 02]
① 수질과 수량
② 처리장 및 급수지역과의 거리
③ 장래 확장의 가능성
④ 부지의 모양

88. 얕은 호수나 저수지로부터 취수하는 경우 취수지점은 수면으로부터 몇 m 정도 떨어져 있어야 가장 좋은가? [기사 99]
① 0~1m
② 2~3m
③ 3~4m
④ 4~5m

89. 저수지나 호소를 수원으로 할 경우 수면으로부터 약간 깊은 곳에서 취수해야 하는 가장 중요한 이유는 무엇인가? [산업 98]
① 수표면에는 부유물질이 많기 때문이다.
② 성층현상과 계절에 따른 전도로 인한 수질을 고려하기 때문이다.
③ 겨울철에는 결빙으로 인하여 표면수의 취수가 곤란하기 때문이다.
④ 물맛이 좋고 냄새가 없기 때문이다.

90. 다음의 취수시설에 대한 설명 중 틀린 것은?
(단, 하천수를 수원으로 하는 경우) [기사 11]
① 취수탑은 최소수심이 2m 이상인 장소에 위치하여야 한다.
② 취수문은 유속이 큰 지역에 주로 설치되므로 토사의 유입위험이 거의 없다.
③ 취수보는 일반적으로 대하천에 적당하다.
④ 취수문의 위치는 지반이 견고한 지점에 위치하여야 한다.

91. 토사 유입의 가능성이 높은 하천의 취수탑에 의한 취수 시 취수구의 단면적을 결정하기 위한 유입속도는 얼마를 표준으로 하는가? [기사 12]
① 5~10cm/s ② 15~30cm/s
③ 30~50cm/s ④ 1~2m/s

92. 상수도 저수지에서 대량 취수시설로서 가장 많이 쓰이는 취수방법은? [기사 95]
① 취수관 ② 취수탑
③ 취수문 ④ 집수매거

93. 취수탑에 대한 설명으로 잘못된 것은?
 [기사 16, 산업 04]
① 연중 수위변화의 폭이 큰 지점에는 부적합하다.
② 취수탑의 취수구 전면에는 스크린을 설치한다.
③ 최소수심이 갈수기에도 2m 이상은 확보되어야 한다.
④ 토사 유입의 가능성이 큰 하천에서는 유입속도를 15~30cm/s 정도로 한다.

▶해설 수위변화가 큰 지점에 적합한 취수시설은 취수탑이다.

94. 하천수 취수시설 중에서 가장 안정된 취수가 가능하며 유황이 불안정한 경우에도 취수가 가능한 것은? [산업 10]
① 취수탑 ② 취수문
③ 취수관거 ④ 취수보

▶해설 취수보는 하천수를 보로 막아 계획취수위를 확보하여 하천흐름(유황)이 불안정한 경우 등에 적합한 취수방법이다.

95. 하천을 수원으로 하는 경우의 취수시설과 가장 거리가 먼 것은? [산업 05, 07]
① 취수탑 ② 취수틀
③ 집수매거 ④ 취수문

▶해설 집수매거, 굴착정, 천정, 심정은 지하수의 취수시설이다.

96. 수위의 변화가 심한 하천이나 호소에서 취수가 요구될 때 사용되는 취수방법은? [산업 08]
① 취수틀에 의한 방법 ② 취수문에 의한 방법
③ 취수탑에 의한 방법 ④ 취수관거에 의한 방법

97. 호수·댐을 수원으로 하는 경우의 취수시설로 적당하지 않은 것은? [기사 13]
① 취수탑 ② 취수틀
③ 취수문 ④ 취수관거

▶해설 취수관거는 취수관의 부속물이다.

98. 연간 수위변화가 크거나 적당한 깊이에서의 취수가 요구될 때 사용되며 제수밸브에 의해 취수관을 자유로이 개폐할 수 있는 취수시설은? [산업 97]
① 취수관 ② 취수탑
③ 취수문 ④ 취수틀

99. 하안에 직접 취수구를 설치하는 방식으로 일반적인 농업용수의 취수에 쓰이는 구조와 유사한 취수시설은? [산업 99, 10]
① 취수탑 ② 취수조
③ 취수문 ④ 취수관거

100. 수원과 취수방법의 연결이 옳지 않은 것은?
 [기사 10]
① 하천수-취수탑 ② 용천수-집수매거
③ 복류수-취수관거 ④ 피압지하수-심정호

▶해설 지하수는 천층수, 심층수, 용천수, 복류수로 나뉘며, 천층수의 취수는 천정(얕은 우물)과 심정(깊은 우물), 심층수는 굴착정, 복류수(용천수)는 집수매거를 이용하여 취수한다. 여기서 집수매거란 물을 모으기 위하여 땅에 매설한 콘크리트관을 의미하며 집수암거로도 쓰인다.

101. 집수매거(infiltration galleries)에 관한 설명 중 옳지 않은 것은? [기사 15]

① 집수매거는 복류수의 흐름방향에 대하여 지형 등을 고려하여 가능한 직각으로 설치하는 것이 효율적이다.
② 집수매거의 매설깊이는 5m 이상으로 하는 것이 바람직하다.
③ 집수매거 내의 평균유속은 유출단에서 1m/s 이하가 되도록 한다.
④ 집수매거의 집수개구부(공)직경은 3~5cm를 표준으로 하고, 그 수는 관거표면적 $1m^2$당 10~20개로 한다.

▶해설

경사	매설 깊이	거 내 속도	집수공		
			유입 속도	지름	면적당 개수
1/500	5m	1m/s	3cm/s	10~20mm	20~30

102. 저수율, 유효저수량의 결정에 이용되는 기준 갈수년의 산정은 몇 년에 한 번 정도의 빈도를 갖는 갈수년을 표준으로 하는가? [기사 01]

① 30년
② 25년
③ 10년
④ 5년

103. 저수지의 유효용량을 유출량 누가곡선도표를 이용하여 도식적으로 구하는 방법은? [산업 11]

① Sherman법
② Ripple법
③ Kutter법
④ 도식적분법

104. 저수시설의 유효저수량 산정에 이용되는 방법은? [기사 15]

① Ripple법
② Williams법
③ Manning법
④ Kutter법

105. 어느 지역의 저수지용량을 산정하려고 한다. 이 지역의 연평균강우량이 1,150mm라면 저수지의 용량은 1일 계획급수량의 몇 배를 저류할 수 있어야 하는가? (단, 용량 계산은 가정법에 의한다.) [산업 00]

① 45배
② 95배
③ 165배
④ 215배

▶해설 $$C = \frac{5,000}{\sqrt{0.8R}} = \frac{5,000}{\sqrt{0.8 \times 1,150}} = 164.8배$$

106. 다음은 급수용 저수지의 필요수량을 결정하기 위한 유출량 누가곡선도이다. 틀린 설명은? [기사 07, 16]

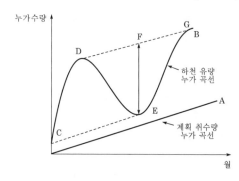

① 유효저수량은 $\overline{EF}$ 이다.
② 저수 시작점은 C이다.
③ $\overline{DE}$ 구간에서는 저수지의 수위가 상승한다.
④ 이론적 산출방법으로 Ripple's method라 한다.

107. Ripple's method에 의하여 저수지용량을 결정하려고 할 때 다음 그림에서 최대갈수량을 대비한 저수개시시점은? (단, $\overline{AB}$, $\overline{CD}$, $\overline{EF}$, $\overline{GH}$ 직선은 $\overline{OX}$ 직선에 평행) [기사 12, 산업 16]

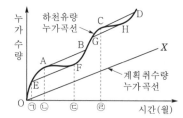

① ㉠시점
② ㉡시점
③ ㉢시점
④ ㉣시점

108. 지하수는 지층수와 암반수의 형태로 존재한다. 이를 취수하기 위한 시설이 아닌 것은? [기사 02]

① 집수매거
② 취수문
③ 얕은 우물
④ 깊은 우물

109. 취수보의 취수구에서의 표준유입속도는?

[기사 12]

① 0.3~0.6m/s   ② 0.4~0.8m/s
③ 0.5~1.0m/s   ④ 0.6~1.2m/s

110. 다음 중에서 일반적으로 하천부지의 하상 밑이나 그 부근 땅속에서 상수를 취수하는 시설물은?

[산업 13]

① 취수탑   ② 취수언
③ 취수문   ④ 집수매거

해설 하천부지의 하상(강변 여과수) 밑이나 지하수의 복류수를 취수할 때에는 집수매거를 이용한다.

111. 복류수를 취수하는 집수매거에 있어서 일반적으로 유공관을 사용하는데 모래가 집수매거로 유입되는 것을 방지하기 위한 유입속도는?

[기사 01]

① 3cm/s 이내   ② 4cm/s 이내
③ 5cm/s 이내   ④ 6cm/s 이내

112. 집수매거(infiltration galleries)의 유출단에서 매거 내 평균유속의 최대기준은?

[산업 15]

① 0.5m/s   ② 1m/s
③ 1.5m/s   ④ 2m/s

113. 상수도시설 중 다음 사항이 설명하고 있는 것은?

[산업 13]

- 원수와 동시에 유입된 모래를 침강, 제거하기 위한 시설이다.
- 위치는 가능한 한 취수구에 근접하여 제내지에 설치한다.
- 형상은 장방형으로 하고 유입부 및 유출부를 각각 점차 확대, 축소시킨 형태로 한다.

① 취수탑   ② 침사지
③ 집수매거   ④ 취수틀

114. 침사지 내에서의 적당한 유속은?   [산업 98]

① 1~5cm/s   ② 5~7cm/s
③ 2~7cm/s   ④ 7~9cm/s

해설 ㉮ 상수도용 침사지의 평균유속 : 2~7cm/s
㉯ 하수도용 침사지의 평균유속 : 0.3m/s

115. 상수취수시설에 있어 침사지의 유효수심은 다음 중 어느 것을 표준으로 하는가?   [기사 96, 12]

① 5~6m   ② 4~5m
③ 3~4m   ④ 2~3m

116. 침사지에서 제거되는 취수한 물속에 포함된 모래입자의 일반적인 크기와 체류시간은?   [기사 03]

① 0.1~0.2mm, 10~20초
② 0.1~0.2mm, 10~20분
③ 0.04~0.05mm, 10~20초
④ 0.04~0.05mm, 10~20분

117. 상수시설 중 침사지의 체류시간은 계획취수량의 몇 분을 표준으로 하는가?   [기사 12]

① 10~20분   ② 30~60분
③ 60~90분   ④ 90~120분

118. 취수시설의 침사지 설계에 관한 설명 중 틀린 것은?   [기사 15, 16]

① 침사지 내에서의 평균유속은 10~15cm/min를 표준으로 한다.
② 침사지의 체류시간은 계획취수량의 10~20분을 표준으로 한다.
③ 침사지의 형상은 장방형으로 하고, 길이는 폭의 3~8배를 표준으로 한다.
④ 침사지의 유효수심은 3~4m를 표준으로 하고, 퇴사심도는 0.5~1m로 한다.

해설 상수침사지 내에서의 평균유속은 2~7cm/s이다.

MEMO

chapter 2

수질관리 및 수질기준

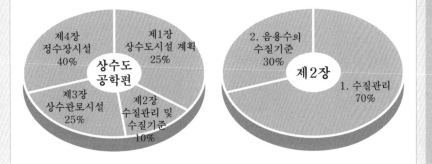

2 수질관리 및 수질기준

알·아·두·기·

전년도 출제경향 및 학습전략 포인트

▼ 전년도 출제경향
- BOD와 DO의 정의
- BOD의 계산
- 탈질화과정 : 암모니아성 질소 → 아질산성 질소 → 질산성 질소 → 질소가스(N_2)
- 부영양화 원인물질 : N(질소), P(인) → 조류 발생
- 조류의 제거 : 마이크로스트레이너법

▼ 학습전략 포인트
- pH
- DO를 높이기 위한 조건
- BOD & COD
- 경도
- 색도 제거법(전염소처리, 오존처리, 활성탄처리)
- 자정작용(용존산소부족곡선)
- 오염농도 희석
- 부영양화

수질오염이란 인위적인 요인에 의해서 자연의 수자원이 오염되어 이용가치를 저하시키거나 피해를 주는 현상을 말한다.

▶ 수질 = $\dfrac{\text{오염물의 양(mg)}}{\text{수량(L)}}$

01 수질오염의 영향

① 생활환경에 미치는 영향

① 악취로 인한 식욕감퇴, 구토, 불안, 두통
② 가스로 인한 인후염, 안정막 등의 염증, 기침의 발생, 금속류의 부식

③ 불쾌감, 혐오감 등을 중심으로 정신적인 피해
④ 여가 선용의 가치 상실

❷ 농업에 미치는 영향

① 유해물질에 의한 농작물의 오염
② 유해물질에 의한 농작물의 생육 저해
③ 발생한 슬러지 등에 의한 농작물의 피해 등

❸ 수산업에 미치는 영향

① 독물에 의한 급성 중독사
② 생산량의 저하
③ 상품가치의 저하
④ 어구 • 선박의 손상 • 부식

02 수질오염 관련 용어

❶ 미량성분의 농도

① ppm : $10^{-6}=1/10^6$(100만분율 : parts per million)
　　　　1L 중에 1mg의 오탁물질을 함유할 때의 농도(mg/L)
② pphm : $10^{-8}=1/10^8$(1억분율 : parts per hundred million)
③ ppb : $1/10^9$(10억분율 : parts per billion)

❷ pH(수소이온농도)

① 수소이온[H^+]농도의 역수의 상용대수값이다.
② 하수 • 폐수는 대부분 산성이다.
③ 조류가 많이 번식한 하천수 등은 알칼리성이다.
④ 지하수는 약산성인 경우가 많다.
⑤ 우수는 산성에 가깝다.
⑥ pH+pOH=14

농도 환산
• 고체혼합물, 액체혼합물
　→ 중량농도(중량비 ppm)
• 기체혼합물
　→ 용량농도(용량비 ppm)

▶ 1ppm=1mg/L
　　　　$=1g/m^3$
　　　　$=10^{-3}kg/m^3$
　　　　$=10^{-6}t/m^3$

▶ 순수한 4℃ 물일 경우
　1ton=$1m^3$이므로
　1ppm=$1/10^6$

▶ pH=$-\log[H^+]$
　　$=\dfrac{1}{\log[H^+]}$

따라서 어떤 수용액에서

[H$^+$] > [OH$^-$], 즉 pH<7이면 산성
[H$^+$] = [OH$^-$], 즉 pH=7이면 중성
[H$^+$] < [OH$^-$], 즉 pH>7이면 알칼리성

pH의 측정법에는 유리전극법과 비색법(比色法)이 있다.

❸ DO(Dissolved Oxygen ; 용존산소)

용존산소(DO)는 수중에 용해되어 있는 산소를 말하며,
① BOD가 큰 물은 용존산소량이 낮다.
② 염류농도가 증가할수록 DO농도는 감소한다.
③ 온도가 높을수록 DO농도는 감소한다.
④ 수면 교란이 클수록, 수압이 낮을수록 DO는 증가한다.
⑤ 수중 어패류의 최소생존농도는 5ppm 이상이며, 2ppm 이하가
되면 악취가 발생한다.

🖉 중요부분

❹ BOD(Biochemical Oxygen Demand ; 생화학적 산소요구량)

BOD란 수중의 유기물이 20℃에서 호기성 미생물에 의해 일정 기간
(보통 5일간) 분해될 때 소비되는 용존산소(DO)의 양(ppm)이다. 수
중의 유기물량을 나타내는 지표로 사용되며, BOD값이 크다는 것은 미
생물분해가 가능한 물질이 많다는 것을 의미한다.

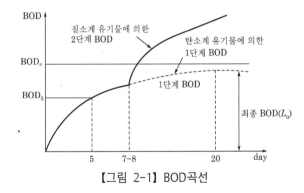

【그림 2-1】 BOD곡선

➡ 1단계 BOD → 탄소화합물
　 2단계 BOD → 질소화합물

➡ **탈질화과정**
$NH_4-N \rightarrow NO_2^--N \rightarrow NO_3^--N \rightarrow N_2$
• NH_4-N : 암모니아이온 ⎱ 암모니아성
• NH_3-N : 암모니아가스 ⎰ 질소
• NO_2^--N : 아질산성 질소
• NO_3^--N : 질신성 질소

① 제1단계 : 20℃에서 탄소화합물인 유기물이 분해되는 데 소비
되는 20일간의 산소소비량을 말한다.

② 제2단계 : 20℃에서 질소화합물이 아연산이나 초산으로 소화되는 데 필요한 산소소비량을 말한다(100일 이상 요구).

③ 일반적인 측정기준 : 현재는 20℃, 5일간의 산소소비량을 측정하는 방법이 널리 쓰이고 있다.

※ 잔존 BOD공식(1차 반응, 유기물질의 분해반응식)

$$L_t = L_a \cdot 10^{-k_1 t} \ \text{또는} \ L_t = L_a e^{-k_1 t}$$

여기서, L_t : t일 후의 잔류 BOD(mg/L)

L_a : 최초 BOD(mg/L) 또는 최종 BOD(BOD_u)

k_1 : 탈산소계수(day^{-1})

일반적으로 k_1은 20℃에서 0.1로서 수온이 다를 경우 다음의 보정치를 사용한다.

$$k_1(t\text{℃에서}) = k_1(20\text{℃}) \times 1.047^{t-20} [\text{day}^{-1}]$$

여기서, t : 경과일수(day)

※ 소비 BOD공식(유기물 제거에 따른 용존산소 소비반응식)

$$BOD_t = L_a - L_t = L_a(1 - 10^{-k_1 t})$$

또는 $$BOD_t = L_a - L_t = L_a(1 - e^{-k_1 t})$$

여기서, BOD_t : t일 동안에 소비된(분해된) BOD(t일간의 BOD)

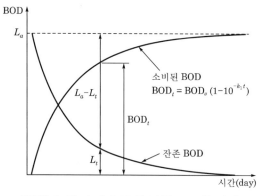

【그림 2-2】 소비 BOD와 잔존 BOD의 관계

☞ 중요부분

▶ L_a가 주어질 때 최초 BOD인지 최종 BOD인지를 판단하자.
• 최초 BOD → 잔존 BOD공식 적용
• 최종 BOD → 소비 BOD공식 적용

▶ BOD 오탁부하총량
BOD총량＝BOD농도×유량

⑤ COD(Chemical Oxygen Demand ; 화학적 산소요구량)

COD도 BOD와 마찬가지로 폐수 내의 유기물의 함량을 간접적으로 나타내는 지표인데, 유기물을 화학적으로 산화시킬 때 얼마만큼 산소가 화학적으로 소모되는가를 측정하여 시험한다.

① BOD시험이 5일이나 걸리는 것과 달리 COD는 2시간이면 측정이 가능하다.

② COD는 화학적으로 산화 가능한 유기물을 산화시키기 위한 산소요구량이다(BOD는 미생물에 의해 산화시키기 위한 산소요구량이다).

③ 어느 유기물질의 COD는 BOD보다 그 값이 같거나 커야 한다.

▷ BOD와 COD의 비교

구분	BOD	COD
시험기간	5일	1~3시간
적용	하천, 도시하수	공장폐수
반응물질	미생물	산화제

【표 2-1】 COD_{Cr}법과 COD_{Mn}법의 비교

구분	$K_2Cr_2O_7$	$KMnO_4$
시험시간	2~3시간	30분~1시간
산화율	80~100%	약 60%

* BOD : 미생물을 이용해서 측정(유기물에 한정)
* COD : 산화제를 이용해서 측정(유기물 외에 무기물 일부 포함)

▷ $COD[mg/L] = KMnO_4 \times 0.2539$

⑥ 고형물질

(1) 총 고형물(TS : total solids)

총 고형물이란 수중에 존재하는 용해성 고형물의 총량을 의미하는 것으로 시료를 105~110℃에서 2시간 가열증발했을 때 남는 물질, 즉 물속에 함유되어 있는 이물질을 말하며, 일반적으로 유기물이 이에 속한다.

① 용해성에 따라

㉮ DS(Dissolved Solids) : 용존 고형물

㉯ SS(Suspended Solids) : 부유성 고형물

② 휘발성에 따라

㉮ VS(Volatile Solids) : 휘발성 고형물

㉯ FS(Fixed Solids) : 강열잔류 고형물

(2) 부유물질(SS : suspended solid)

① 수중에 현탁해 있는 부유물질 또는 부유물의 질량으로서 지름이 0.1μ 이하인 입자

▷ SS측정

GFP(glass filter paper)에 의해 분리되는 물질을 105~110℃에서 2시간 건조시켜 중량을 측정

▷ SS 제거효율 =

$$\frac{유입수의\ SS\ 농도 - 유출수의\ SS\ 농도}{유입수의\ SS농도}$$

▷ $1\mu = 10^{-6}m = 10^{-3}mm$

② 부유물질＝증발잔류물－용해성 물질

※ 증발잔류물 : 하수를 증발시켜 남는 물질

⑦ 경도(硬度 ; hardness)

수중의 칼슘 및 마그네슘이온량을 이에 대응하는 탄산칼슘($CaCO_3$)의 ppm으로 환산해서 표시한다. 경도에는 다음의 5종이 있다.

(1) 총 경도(total hardness)

수중의 칼슘 및 마그네슘이온의 총량으로 표시되는 경도

(2) 칼슘경도

수중의 칼슘이온의 총량으로 표시되는 경도

(3) 마그네슘경도

수중의 마그네슘이온의 총량으로 표시되는 경도

마그네슘경도($CaCO_3$ ppm)＝총 경도($CaCO_3$ ppm)－칼슘경도($CaCO_3$ ppm)

(4) 비탄산염경도(영구경도 ; permanent hardness)

황산염, 질산염, 염화물 등의 자비(煮沸)에 의해서 석출되는 칼슘 및 마그네슘염에 의한 경도

(5) 탄산염경도(일시경도 ; temporary hardness)

중탄산염과 같은 자비(煮沸)에 의해서 석출되는 칼슘 및 마그네슘염에 의한 경도를 말하며, 다음과 같이 산출한다.

탄산염경도＝총 경도($CaCO_3$ ppm)－비탄산염경도($CaCO_3$ ppm)

(6) 경도의 표시

Ca^{2+}	1당량 : 40/2＝20
Mg^{2+}	1당량 : 24/2＝12

경도(mg/L as $CaCO_3$)

$$= \frac{Ca^{2+} \ \text{또는} \ Mg^{2+}\text{의 이온농도(mg/L)} \times 50\text{mg/meg}}{Ca^{2+} \ \text{또는} \ Mg^{2+}\text{의 당량(mg/meg)}}$$

> 음용수의 수질기준 1,000mg/L를 넘지 아니할 것(수돗물의 경우 300mg/L, 먹는 염지하수 및 먹는 해양심층수의 경우 1,200mg/L). 다만, 샘물 및 염지하수의 경우에는 적용하지 아니한다.

(7) 경도(hardness)의 세기

① 연수(단물) : 0~0.75mg/L

② 비교적 약한 센물(경도) : 75~150mg/L

③ 센물(경도) : 150~300mg/L

④ 강한 센물(경도) : 300mg/L 이상

(8) 경수의 연수법

① 경수가 반드시 인체에 유해한 것은 아니다.

② 연수법 : 세탁용이나 공업용수로서 부적당하므로 원수의 경도를 감소시키는 것이다.

③ 비등법 : 일시적인 경수를 끓이면 탄산이 유리되어 탄산칼슘 및 산화마그네슘이 되어 침전하므로 용이하게 산화할 수 있으나 많은 수량에는 부적당하다.

④ Zeolite법(이온교환법) : 녹사(green sand zeolite)라고도 하는데, 알루미늄과 나트륨의 규산염이 되며 천연 또는 합성화합물로서 permutit를 합성한 것이다. 천연의 녹사를 여과재로 이온 교환하여 Ca, Mg을 제거하는 방법이다. 즉, Zeolite를 경수에 접촉시키면 Ca, Mg이 Zeolite의 Na과 치환해서 탄산나트륨, 유산나트륨이 발생하여 연수가 되며 철분과 망간 및 세균류를 제거하는 데 이용된다.

⑤ 석회소다법(lime-soda process) : 원수 중의 Ca, Mg, 중탄산염(탄산염경도) 및 기타의 마그네슘염이 첨가된 소석회로 인해 탄산칼슘 및 수산화마그네슘으로 바뀌어서 Ca^{++}과 Mg^{++}이 알칼리도를 형성시키는 이온들과 결합되어 있지 않는 경우를 비탄산경도 또는 영구경도라 한다.

 ㉮ 소석회($Ca(OH)_2$) : 일시경도 제거

 ㉯ 소다회($NaCO_3$) : 영구경도 제거

탁도(濁度 ; turbidity)

① 물의 탁한 정도

② 투시도와 같은 목적으로 사용되는 지표

③ 주원인물질 : 무기·유기성 고형물 및 토사류 등

④ 조류의 과대성장이 원인이 되는 경우

⑤ 음용수의 수질기준 : 1NTU(Nepthebmetric Turbidity Unit) 이하

❾ 색도(色度 ; color)

① 증류수 1L 중에 염화백금칼리 표준원액 1mL(백금 1mg을 함
   유)를 함유할 때 1도
② 색도 제거법 : 전염소처리, 오존처리, 활성탄처리

▶ **전염소처리**
색도 제거, 잔류염소 없음, THM 발생

03 하천의 자정작용(self-purification)

하천이나 호수에 생활하수나 공장폐수를 방류하였을 때 그 유입지
점의 수질은 악화되지만 기간이 지남에 따라 수질이 서서히 양호해져
서 원래의 상태로 회복되는 현상을 자정작용(self purification)이라고
한다.

자정작용은 자연의 치유력으로서 물리적, 화학적, 생물학적인 3가지
작용이 상호연관되어 장시간, 장거리 또는 넓은 공간에서 정화가 행해
지는 것이다.

일반적으로 하천 등에서는 물리적 자정작용이나 화학적 자정작용보
다는 미생물 등에 의한 생물학적 자정작용이 주역할을 한다. 자정작
용은 겨울보다는 여름이 더 활발하며 수심이 얕고 급류인 하천, 하상
이 자갈, 돌, 모래질인 하천 등은 공기와 잘 접촉하므로 자정작용이
강하다.

❶ 자정작용의 종류

(1) 물리적 작용

물리적 작용으로는 희석, 확산, 혼합, 침전, 흡착, 여과 등이 있으며,
수중 오염물질의 농도가 저하되거나 포기에 의해서 공기 중의 산소가
용해되면 유기물의 분해가 촉진된다. 침전은 자정작용 중 가장 큰 요소
이며 물리적 작용 중 주된 것이다.

(2) 화학적 작용

용존산소에 의해서 물속에 용해되어 있던 철(Fe)이나 망간(Mn) 등
이 수산화물로 변하여 자연적으로 응집된 후 침전되는 것으로서, 이를
산화(oxidation)라고 한다.

(3) 생물학적 작용

생물학적 작용은 물의 자정작용 중 가장 큰 작용을 하며, 자정작용의 진행을 좌우하는 외적환경조건으로는 온도, pH, 용존산소(DO), 햇빛 등이 중요하다. 자정계수에 영향을 미치는 인자는 다음과 같다.

① 수온이 낮을 것
② 하천의 유속이 급류일 것
③ 하천의 수심은 얕은 것
④ 하상이 자갈, 모래 등으로 바닥경사가 클 것

$$f = \frac{K_2}{K_1}$$

여기서, f : 자정계수
K_1 : 탈산소계수(L/day)
K_2 : 재포기계수(L/day)

> ▶ 자정작용 중 가장 큰 작용은 생물학적 작용이다.

> ▶ $f \geq 1$: 자정능력 강함
> $f < 1$: 자정능력 약함

❷ 하천수에서의 용존산소부족곡선

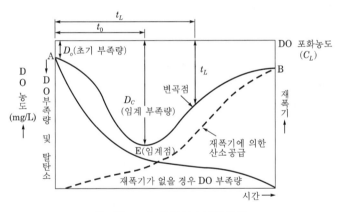

【그림 2-3】 용존산소부족곡선

① **임계점**(Critical point) : 용존산소가 가장 부족한 지점
② **변곡점**(Point of Inflection) : 산소복귀율이 가장 큰 지점
③ 유하시간에 따른 용존산소부족곡선식에 대한 수학적 해석은 Streeter와 Phelps에 의하여 행해졌으며 그 결과는 다음과 같다.

$$D_t = \frac{k_1 L_0}{k_2 - k_1}(10^{-k_1 t} - 10^{-k_2 t}) + D_0 \cdot 10^{-k_2 t}$$

> ☞ 중요부분

여기서, L_0 : 하천혼합수의 초기 극한 BOD

D_0 : 하천혼합수의 초기 DO

☞ 중요부분

③ 확산에 의한 오염물질의 희석

어떤 수역에 오수가 혼입하였을 때에 그것이 완전히 혼합하였다고 가정하면 혼합 후의 수질은 다음의 식으로 계산할 수 있다.

$$C_m = \frac{C_1 Q_1 + C_2 Q_2}{Q_1 + Q_2}$$

여기서, Q_1 : 혼합 전의 방류수량

C_1 : 혼합 전의 방류수질(ppm 또는 mg/L)

Q_2 : 오수의 수량

C_2 : 오수의 수질(ppm 또는 mg/L)

C_m : 혼합 후의 수질(ppm 또는 mg/L)

④ 하천의 자정단계(Whipple의 4단계)

수원이 하수나 기타 오염물질에 의하여 오염되면 물에는 일련의 변화가 일어나게 되는데, Whipple은 변화가 일어나는 지역으로부터 유하거리 및 유하시간에 따라 분해지대(degradation), 활발한 분해지대(active decomposition), 회복지대(recovery), 정수지대(clear water)의 4지대로 구분하였다.

지대(zone)	변화과정
분해지대 (zone of degradation)	① 오염된 물의 화학적·물질적 질이 저하된다. ② 세균수가 증가되고 슬러지 침전이 많아진다. ③ DO가 감소(포화치의 45%로 감소), CO_2가 증가하며, pH가 낮아진다. ④ 호기성 미생물의 번식에 의해 BOD가 감소한다. ⑤ 분해가 심해짐에 따라 곰팡이류가 많이 번식한다. ⑥ 큰 하천보다 희석이 덜 되는 작은 하천에서 뚜렷이 나타난다.

지대(zone)	변화과정
활발한 분해지대 (zone of active decomposition)	① 용존산소가 거의 없거나 아주 없는 혐기성 상태가 된다. ② H_2S, NH_3 등 혐기성 가스로 인하여 물에서 악취가 발생한다. ③ 흑색 및 점성질의 슬러지가 생성되며 심한 탁도를 유발한다. ④ 하상으로부터 혐기성 기포가 수면 위로 떠오른다. ⑤ 완전히 부패상태가 되면 사상균이 증가하고 균류(fungi)는 사라진다. ⑥ pH가 많이 낮아진다.
회복지대 (zone of recovery)	① 혐기성균에서 호기성균으로의 교체가 이루어지며 세균의 수가 감소한다. ② 회복단계는 장시간에 걸쳐 일어난다. ③ 점성질의 슬러지 침전물이 구상으로 변하고 기포 발생도 감소한다. ④ DO, NO_2-N, NO_3-N의 농도가 증가한다. ⑤ 원생동물, 윤충, 갑각류가 번식하기 시작한다. ⑥ 청·녹조류가 출현하기 시작하며 하류로 내려갈수록 규조류가 나타난다. ⑦ 붉은 지렁이 및 조개류나 벌레의 유충이 번식하며 내성이 강한 생무지, 황어, 은빛 담수어 등이 자란다. ⑧ pH가 많이 낮아진다.
정수지대 (zone of clear water)	① 용존산소량이 풍부하며 pH가 정상이다. ② 다종, 다수의 물고기가 성장한다. ③ 물의 탁도 및 색도가 거의 사라지며 냄새가 없다. ④ 대장균 또는 병원성 세균 등이 거의 없다. ⑤ 자연수와 수질이 거의 같다.

⑤ 성층현상(Stratification)

순수한 물은 4℃에서 밀도가 최대가 되며, 온도가 증가하거나 감소하면 밀도는 감소한다. 겨울철의 호수 중 내부 수온은 4℃ 정도이고 표면이 4℃보다 낮을 경우는 위로 올라갈수록 밀도가 낮아지므로 수직혼합이 일어나지 않으며, 여름철의 경우도 내부 수온이 4℃ 정도이고 표면이 그보다 높아지므로 수직혼합이 일어나지 않고 층을 이룬다. 이와 같은 현상을 성층현상이라 한다.

① **봄 순환**: 봄이 되어 수면 부근의 수온이 높아져서 4℃에 도달하면 밀도는 최대가 되므로 불안정한 평형상태가 온도변화나 바람에 의하여 연직방향의 순환이 일어나게 된다. 이러한 수직운동을 전도현상(turn over)이라고 하며 수질은 악화된다.

▶ **성층현상**: 여름, 겨울
  전도현상: 봄, 가을

② **여름 순환** : 봄에서 여름이 되면 표면의 물은 점차 따뜻해져서 가벼운 물이 밀도가 큰 물 위에 놓이게 되며, 온도차가 커져서 순환현상은 점점 상부층의 물에만 한정된다.

③ **가을 순환** : 가을이 되면 표면의 물은 차가워지고, 평형은 다시 깨져서 물은 더욱 깊은 곳까지 흔들리게 되어 다시 수직적인 대순환이 일어나 전도현상이 발생되며, 수질은 다시 악화된다.

④ **겨울 순환** : 수면이 얼게 되면 수면 바로 밑은 0℃에 가깝고 호수의 바닥은 최대밀도를 나타내는 4℃에 이른다. 때문에 물은 비교적 양호한 상태를 이루는데, 이것이 겨울의 정체현상이다.

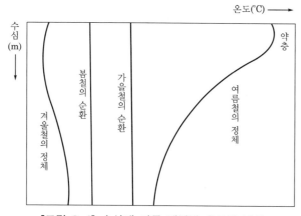

【그림 2-4】 수심에 따른 계절별 온도의 변화

🌢 부영양화(Eutrophication)

☞ 중요부분

➡ **부영양화의 원인**
영양염류(질소, 인)

호수나 저수지에 영양염류(탄소, 질소와 인)가 유입되어 조류가 번식하다가 이 조류가 죽어서 부패하면 그 구성성분이 물속에 녹아 들어가서 조류의 번식이 더욱 활발해진다. 이러한 과정을 반복하게 되면 호수에 영양염류가 증가하여 자연 호수 연안부의 수생식물이 무성해지는 것을 시점으로 호수의 투명도가 저하되고 플랑크톤의 증가와 종의 변화가 일어나며, 호수의 저층부에 용존산소가 감소하는 등의 현상이 발생한다.

부영양화된 호소수를 수원으로 이용하는 경우의 영향으로서는

① 암모니아성 질소에 의한 염소요구량의 증가
② 조류 등의 번식에 의한 냄새의 발생
③ 조류 등에 의한 여과지의 폐색

④ 저질(底質)로부터의 철, 망간의 용출에 기인하는 흑수 등의 장애

⑤ 응집침전처리의 장애

등을 들 수 있지만, 특히 문제가 되는 것은 물에서 좋지 않은 냄새의
발생이다. 계획시점에서는 문제가 생기지 않았더라도 3~5년 후에 문
제가 되는 경우도 있으므로, 특히 조류 등의 미생물이나 영양염류 등
을 계속적으로 조사하여 해마다의 변화추세를 추적해야 한다.

조류의 제거 : 마이크로스트레이
너법(p.138 참조)

【표 2-2】 호수 및 저수지 물의 영양구분

영양단계	평균엽록소농도 ($\mu g/L$)	평균secchi심 (m)	총 인의 농도 ($\mu g/L$)
빈영양화	<2.0	>4.6	<7.9
빈-중영양화	2.1~2.9	4.5~3.8	8~11
중영양화	3.0~6.9	2.7~2.4	12~27
중-부영양화	7.0~9.9	2.3~1.8	28~39
부영양화	≥10.0	≤1.7	≥40

(1) 부영화된 호수의 특징

① 색도가 증가된다.

② 수심이 낮은 곳에서 나타나며 한번 부영양화가 되면 회복되기
어렵다.

③ 투명도가 저하된다.

④ 유기물의 증가로 비저항치가 커져서 탈수성이 나빠진다.

(2) 부영양화현상의 방지대책

① 인이 함유된 합성세제의 사용을 금한다.

② 조류의 이상번식 시 황산구리($CuSO_4$) 또는 활성탄을 뿌려서
제거한다.

③ 하수 내 질소(N), 인(P)을 제거하기 위한 폐수의 3차 처리를
한다.

⑦ 적조현상(Red tide)

적조현상은 산업폐수나 도시하수의 유입에 의한 해역의 부영양화가
기반이 되어 해수 중에서 부유생활을 하고 있는 식물성 플랑크톤이 단
기간에 급격히 증식한 결과 해수가 적색 또는 녹색으로 변하는 현상이
다. 우리나라에서도 아산만 등 여러 곳에서 가끔 볼 수 있는 현상이다.

적조가 자주 발생하는 곳은 일반적으로 해수의 수질 안정도가 높고 일조량과 무기영양염류가 충분한 곳이다. 적조현상의 영향원이 되는 질소나 인의 주배출원이 바로 생활하수이므로 육상의 하수도나 하수처리장의 정비 등 대책을 잘 해야 한다.

적조현상의 대책은 다음과 같다.

① 질소나 인의 유입감소에 의한 부영양화의 억제
② 준설 등에 의한 연안수역 저면의 강화
③ 황토 살포

2-2   음용수의 수질기준

전년도 출제경향 및 학습전략 포인트

▼ 전년도 출제경향
- 건강상 유해영향 무기물질에 관한 기준
- 질산성 질소 : 10mg/L를 넘지 아니할 것

▼ 학습전략 포인트
- 미생물에 관한 기준(대장균 검출이유)
- 무기물질에 관한 기준(수은, 카드뮴)
- 유기물에 관한 기준(페놀)
- 소독부산물질에 관한 기준(THM)
- 심미적 영향물질

01   수질환경보전법에 의한 상수원수의 수질기준
(2013. 1. 1 개정)

❶ 하천의 수질기준(환경정책기본법 시행령 「별표 1」)

구분	등급		기준			
		pH	BOD (mg/L)	SS (mg/L)	DO (mg/L)	대장균군 (군수/ 100mL)
생활 환경	매우 좋음 I_a	6.5~8.5	1 이하	25 이하	7.5 이상	50 이하
	좋음 I_b	6.5~8.5	2 이하	25 이하	5 이상	500 이하
	약간 좋음 II	6.5~8.5	3 이하	25 이하	5 이상	1,000 이하
	보통 III	6.5~8.5	5 이하	25 이하	5 이상	5,000 이하
	약간 나쁨 IV	6.0~8.5	8 이하	100 이하	2 이상	—
	나쁨 V	6.0~8.5	10 이하	쓰레기 등이 떠 있지 아니할 것	2 이상	—
	매우 나쁨 VI	—	10 초과	—	2 미만	—

구분	등급	기준
사람의 건강보호	전 수역	• 카드뮴(Cd) : 0.005mg/L 이하 • 비소(As) : 0.05mg/L 이하 • 시안(CN) : 검출되어서는 안 됨(검출한계 0.01mg/L) • 수은(Hg) : 검출되어서는 안 됨(검출한계 0.001mg/L) • 유기인 : 검출되어서는 안 됨(검출한계 0.0005mg/L) • 폴리클로리네이티드비페닐(PCB) : 검출되어서는 안 됨 　(검출한계 0.0005mg/L) • 납(Pb) : 0.05mg/L 이하 • 6가 크롬(Cr^{6+}) : 0.05mg/L 이하 • 음이온 계면활성제(ABS) : 0.5mg/L 이하

❷ 호소에서의 수질기준
(환경정책기본법 시행령 「별표 1」)

구분	등급	기준						
		pH	COD (mg/L)	SS (mg/L)	DO (mg/L)	대장균군 (군수/ 100mL)	총 질소 TN (mg/L)	총 인 TP (mg/L)
생활환경	매우 좋음 I$_a$	6.5~8.5	2 이하	1 이하	7.5 이상	50 이하	0.2 이하	0.01 이하
	좋음 I$_b$	6.5~8.5	3 이하	5 이하	5 이상	500 이하	0.3 이하	0.02 이하
	약간 좋음 II	6.5~8.5	4 이하	5 이하	5 이상	1,000 이하	0.4 이하	0.03 이하
	보통 III	6.5~8.5	5 이하	15 이하	5 이상	5,000 이하	0.6 이하	0.05 이하
	약간 나쁨 IV	6.0~8.5	9 이하	15 이하	2 이상	-	1.0 이하	0.1 이하
	나쁨 V	6.0~8.5	10 이하	쓰레기 등이 떠 있지 아니할 것	2 이상	-	1.0 이하	0.15 이하
	아주 나쁨 VI	-	10 초과	-	2 미만		1.5 초과	0.15 초과

구분	등급	기준
사람의 건강보호	전 수역	• 카드뮴(Cd) : 0.005mg/L 이하 • 비소(As) : 0.05mg/L 이하 • 시안(CN) : 검출되어서는 안 됨(검출한계 0.01mg/L) • 수은(Hg) : 검출되어서는 안 됨(검출한계 0.001mg/L) • 유기인 : 검출되어서는 안 됨(검출한계 0.0005mg/L) • 폴리클로리네이티드비페닐(PCB) : 검출되어서는 안 됨 　(검출한계 0.0005mg/L) • 납(Pb) : 0.05mg/L 이하 • 6가 크롬(Cr^{6+}) : 0.05mg/L 이하 • 음이온 계면활성제(ABS) : 0.5mg/L 이하

수질검사(상수원관리규칙 「별표 6」)

구분		측정횟수	측정항목	측정시기
하천수 및 복류수		매월 1회 이상	pH, BOD, SS, DO, 대장균군	
		분기마다 1회 이상	pH, As, CN, Hg, Pb, Cr^{6+}, ABS, PCB, 유기인 등	3월, 6월, 9월, 12월
호소수		매월 1회 이상	pH, COD, DO, SS, 대장균군	
		분기마다 1회 이상	As, CN, Hg, Pb, Cr^{6+}, ABS, PCB, 유기인 등	3월, 6월, 9월, 12월
지하수	광역 및 지방 상수도	반기마다 1회 이상	Cd, As, CN, Pb, Cr^{6+}, Hg, 음이온 계면활성제, 파라티온, 다이아지논, 페니트로티온, 불소 등	
	간이 상수도	2년마다 1회 이상	Cd, As, CN, Pb, Cr^{6+}, Hg, 음이온 계면활성제, 파라티온, 다이아지논, 페니트로티온, 불소	

〔비고〕 채수지점
- 하천수와 호소수의 경우에는 취수구에 유입되기 직전의 지점에서 채수한다.
- 복류수의 경우에는 취수에 가장 가까운 지점에서 1회, 착수정에서 1회를 채수하여 각각 검사한다.
- 지하수의 경우에는 취수구에서 채수한다.

(1) 정기 수질검사항목

처리시설	검사항목	검사횟수
정수장	냄새, 맛, 색도, 탁도, pH, 잔류염소(가장 우선적으로 실시해야 함)	매일 1회 이상
	대장균군, 일반 세균, 암모니아성 질소, 질산성 질소, 과망간산 칼륨 소비량 등	매주 1회 이상
	수질기준 전 항목	매월 1회 이상
수도전	일반 세균, 대장균군, 잔류염소	매월 1회 이상

(2) 수도전에서의 먹는 물 잔류염소

구분	유리잔류염소	결합잔류염소
평상시	항상 0.2mg/L 이상 유지	1.5mg/L 이상 유지
비상시	0.4mg/L 이상 유지	1.8mg/L 이상 유지

02 음용수의 수질기준

(먹는물 수질기준 및 검사 등에 관한 규칙 [별표 1], 〈2021.9.16 개정〉)

① 미생물에 관한 기준

(1) 일반 세균(GC : General Coliform)

① 보통 한천배지에서 무리를 형성할 수 있는 세균

② 음용수의 수질기준은 검수 1mL(cc) 중 100CFU를 넘지 아니할 것. 다만, 샘물 및 염지하수의 경우에는 저온일반세균은 20CFU/mL, 중온일반세균은 5CFU/mL를 넘지 아니하여야 하며, 먹는 샘물, 먹는 염지하수 및 먹는 해양심층수의 경우에는 병에 넣은 후 4℃를 유지한 상태에서 12시간 이내에 검사하여 저온일반세균은 100CFU/mL, 중온일반세균은 20CFU/mL를 넘지 아니하여야 한다.

※ CFU(Colony Forming Unit) : 균수를 세는 최소 단위로 단위부피당 균수

(2) 대장균군(coliform group ; E. Coli)

대장균이라 함은 그람 음성의 무아포성의 간균으로 젖당을 분해하여 산과 가스를 만드는 호기성균 또는 통성 혐기성균을 말한다.

① 수인성 전염병균과 같이 존재할 가능성이 높아 **병원균추정의 간접지표**로 이용된다.

② 살균에 대한 저항력이 높으므로 대장균의 유무로 다른 세균의 유무를 추정할 수 있다.

③ 검출방법이 간편하고 정확하다.

④ 총 대장균군은 100mL(샘물·먹는 샘물, 염지하수·먹는 염지하수 및 먹는 해양심층수의 경우에는 250mL)에서 검출되지 아니할 것. 다만, 매월 또는 매 분기 실시하는 총 대장균군의 수질검사 시료(試料)수가 20개 이상인 정수시설의 경우에는 검출된 시료수가 5%를 초과하지 아니하여야 한다.

⑤ 대장균·분원성 대장균군은 100mL에서 검출되지 아니할 것. 다만, 샘물·먹는 샘물, 염지하수·먹는 염지하수 및 먹는 해양심층수의 경우에는 적용하지 아니한다.

⑥ 분원성 연쇄상구균·녹농균·살모넬라 및 쉬겔라는 250mL에서 검출되지 아니할 것(샘물·먹는 샘물, 염지하수·먹는 염지하수

및 먹는 해양심층수의 경우에만 적용한다)

⑦ 아황산환원혐기성포자형성균은 50mL에서 검출되지 아니할 것 (샘물・먹는 샘물, 염지하수・먹는 염지하수 및 먹는 해양심 층수의 경우에만 적용한다)

⑧ 여시니아균은 2L에서 검출되지 아니할 것(먹는 물 공동시설의 물의 경우에만 적용한다)

❷ 건강상 유해영향 무기물질에 관한 기준

① 납(Pb)은 0.01mg/L를 넘지 아니할 것

② 불소(F)는 1.5mg/L(샘물・먹는 샘물 및 염지하수・먹는 염지 하수의 경우에는 2.0mg/L)를 넘지 아니할 것

③ 비소(As)는 0.01mg/L(샘물・염지하수의 경우에는 0.05mg/L) 를 넘지 아니할 것

④ 셀레늄(Se)은 0.01mg/L(염지하수의 경우에는 0.05mg/L)를 넘지 아니할 것

⑤ 수은(Hg)은 0.001mg/L를 넘지 아니할 것

⑥ 시안(CN)은 0.01mg/L를 넘지 아니할 것

⑦ 크롬(Cr)은 0.05mg/L를 넘지 아니할 것

⑧ 암모니아성 질소(NH_3-N)는 0.5mg/L를 넘지 아니할 것

⑨ 질산성 질소(NO_3-N)는 10mg/L를 넘지 아니할 것

⑩ 카드뮴(Cd)은 0.005mg/L를 넘지 아니할 것

⑪ 붕소(B)는 1.0mg/L를 넘지 아니할 것(염지하수의 경우에는 적용하지 아니한다)

⑫ 브롬산염(M_3BrOl)은 0.01mg/L를 넘지 아니할 것(수돗물, 먹 는 샘물, 염지하수・먹는 염지하수, 먹는 해양심층수 및 오존 으로 살균・소독 또는 세척 등을 하여 음용수로 이용하는 지 하수만 적용한다)

⑬ 스트론튬(Sr)은 4mg/L를 넘지 아니할 것(먹는 염지하수 및 먹는 해양심층수의 경우에만 적용한다)

⑭ 우라늄(U)은 30μg/L를 넘지 않을 것(수돗물(지하수를 원수로 사용하는 수돗물을 말한다), 샘물, 먹는 샘물, 먹는 염지하수 및 먹는 물 공동시설의 물의 경우에만 적용한다)

❸ 건강상 유해영향 유기물질에 관한 기준

① 페놀(phenol)은 0.005mg/L를 넘지 아니할 것
② 다이아지논(diazinon)은 0.02mg/L를 넘지 아니할 것
③ 파라티온(parathion)은 0.06mg/L를 넘지 아니할 것
④ 페니트로티온(fenitrothion)은 0.04mg/L를 넘지 아니할 것
⑤ 카바릴(carbaryl)은 0.07mg/L를 넘지 아니할 것
⑥ 1,1,1-트리클로로에탄은 0.1mg/L를 넘지 아니할 것
⑦ 테트라클로로에틸렌(PCE)은 0.01mg/L를 넘지 아니할 것
⑧ 트리클로로에틸렌(TCE)은 0.03mg/L를 넘지 아니할 것
⑨ 디클로로메탄(dichloro methane)은 0.02mg/L를 넘지 아니할 것
⑩ 벤젠(benzene)은 0.01mg/L를 넘지 아니할 것
⑪ 톨루엔(toluene)은 0.7mg/L를 넘지 아니할 것
⑫ 에틸벤젠(ethyle benzene)은 0.3mg/L를 넘지 아니할 것
⑬ 크실렌(xylene)은 0.5mg/L를 넘지 아니할 것
⑭ 1,1-디클로로에틸렌은 0.03mg/L를 넘지 아니할 것
⑮ 사염화탄소(CCl_4)는 0.002mg/L를 넘지 아니할 것
⑯ 1,2-디브로모-3-클로로프로판은 0.003mg/L를 넘지 아니할 것
⑰ 1,4-다이옥산은 0.05mg/L를 넘지 아니할 것

❹ 소독제 및 소독부산물질에 관한 기준

　샘물·먹는 샘물·염지하수·먹는 염지하수·먹는 해양심층수 및 먹는 물 공동시설의 물의 경우에는 적용하지 아니한다.
　① 잔류염소(유리잔류염소를 말한다)는 4.0mg/L를 넘지 아니할 것
　② 총 트리할로메탄은 0.1mg/L를 넘지 아니할 것
　③ 클로로포름은 0.08mg/L를 넘지 아니할 것
　④ 브로모디클로로메탄은 0.03mg/L를 넘지 아니할 것
　⑤ 디브로모클로로메탄은 0.1mg/L를 넘지 아니할 것
　⑥ 클로랄하이드레이트는 0.03mg/L를 넘지 아니할 것
　⑦ 디브로모아세토니트릴은 0.1mg/L를 넘지 아니할 것
　⑧ 디클로로아세토니트릴은 0.09mg/L를 넘지 아니할 것
　⑨ 트리클로로아세토니트릴은 0.004mg/L를 넘지 아니할 것
　⑩ 할로아세틱에시드(디클로로아세틱에시드, 트리클로로아세틱에시드 및 디브로모아세틱에시드의 합으로 한다)는 0.1mg/L를 넘지 아니할 것
　⑪ 포름알데히드는 0.5mg/L를 넘지 아니할 것

⑤ 심미적 영향물질에 관한 기준

① 경도(Hardness)는 1,000mg/L(먹는 샘물의 경우 300mg/L, 먹는 염지하수 및 먹는 해양심층수의 경우 1,200mg/L)를 넘지 아니할 것. 다만, 샘물 및 염지하수의 경우에는 적용하지 아니한다.

② 과망간산 칼륨의 소비량(consumption of KMnO₄)은 10mg/L를 넘지 아니할 것

③ 냄새와 맛은 소독으로 인한 냄새와 맛 이외의 냄새와 맛이 있어서는 아니 될 것. 다만, 맛의 경우는 샘물, 염지하수, 먹는 샘물 및 먹는 물 공동시설의 물에는 적용하지 아니한다.

④ 구리(Cu)는 1mg/L를 넘지 아니할 것

⑤ **색도는 5도를 넘지 아니할 것**

⑥ 세제(음이온 계면활성제 : ABS)는 0.5mg/L를 넘지 아니할 것. 다만, 샘물·먹는 샘물, 염지하수·먹는 염지하수 및 먹는 해양심층수의 경우에는 검출되지 아니해야 한다.

⑦ 수소이온(H^+)농도는 pH 5.8 이상 pH 8.5 이하이어야 할 것. 다만, 샘물, 먹는 샘물 및 먹는 물 공동시설의 물의 경우에는 pH 4.5 이상 pH 9.5 이하이어야 한다.

⑧ 아연(Zn)은 3mg/L를 넘지 아니할 것

⑨ 염소이온(Cl^-)은 250mg/L를 넘지 아니할 것(염지하수의 경우에는 적용하지 아니한다)

⑩ 증발잔류물(total solids)은 수돗물의 경우에는 500mg/L, 먹는 염지하수 및 먹는 해양심층수의 경우에는 미네랄 등 무해성분을 제외한 증발잔류물이 500mg/L를 넘지 아니할 것

⑪ 철(Fe)은 0.3mg/L를 넘지 아니할 것. 다만, 샘물 및 염지하수의 경우에는 적용하지 아니한다.

⑫ 망간(Mn)은 0.3mg/L(수돗물의 경우 0.05mg/L)를 넘지 아니할 것. 다만, 샘물 및 염지하수의 경우에는 적용하지 아니한다.

⑬ 탁도(turbidity)는 1NTU(Nephelometric Turbidity Unit)를 넘지 아니할 것. 다만, 지하수를 원수로 사용하는 마을상수도, 소규모 급수시설 및 전용 상수도를 제외한 수돗물의 경우에는 0.5NTU를 넘지 아니하여야 한다.

⑭ 황산이온(SO_4^{-2})은 200mg/L를 넘지 아니할 것. 다만, 샘물, 먹는 샘물 및 먹는 물 공동시설의 물은 250mg/L를 넘지 아니하여야 하며, 염지하수의 경우에는 적용하지 아니한다.

⑮ 알루미늄(Al)은 0.2mg/L를 넘지 아니할 것

⑥ 방사능에 관한 기준

염지하수의 경우에만 적용한다
① 세슘(Cs-137)은 4.0mBq/L를 넘지 아니할 것
② 스트론튬(Sr-90)은 3.0mBq/L를 넘지 아니할 것
③ 삼중수소(3H 또는 T)는 6.0Bq/L를 넘지 아니할 것

03 수질오염에 관한 생물관계(미생물)

수질오염에서 다루어지는 미생물의 먹이로는 주로 유기물질이 성장 활동에 에너지원으로 제공된다.
- 주성분 : C, H, O
- 부성분 : N, P, S

① 박테리아(bacteria)

① 박테리아의 크기 : 대략 $0.8 \sim 5.0 \mu m$
② 경험적 분자식 : 호기성이 $C_5H_7O_2N$, 혐기성이 $C_5H_9O_3N$이고, 약 80%가 H_2O, 약 20%가 고형물질이다.
③ 하수처리에 핵심적 역할을 하며 호기성, 혐기성, 임의성 모두 존재한다.

② 균류(fungi)

① 균류는 효모(yeast), 사상균(mould) 등으로 탄소동화작용을 하지 않는 미생물이지만 폐수 내에 질소와 용존산소가 부족한 경우에도 잘 성장하는 것이 특징이다.
② 균류의 폭은 약 $5 \sim 10 \mu m$이고 대부분 호기성으로서 $75 \sim 80\%$가 H_2O이며, 경험적인 화학분자식은 $C_{10}H_{17}O_6N$이다.
③ 활성슬러지법에서 슬러지가 잘 침전하지 않고 슬러지 팽화를 일으키는 원인이 되는 미생물이다.

③ 조류(algae)

① 조류의 분자식은 $C_5H_8O_2N$이고 광합성 시에 수중의 CO_2를 섭취하므로 수중의 CO_2농도가 pH에 영향을 미친다.
② 부영양화를 일으키고 수돗물 냄새의 원인이 되는 미생물이다.

예상 및 기출문제

2-1 수질관리

1. 오염물질의 배출허용기준에 포함되지 않는 항목은? [기사 05]

① 용존산소　　　　　② 총 질소
③ 색도　　　　　　　④ 총 인

2. 어떤 수원의 정수에서 수소이온농도를 측정하였더니 2.5×10^{-6}mol/L였다. 수질검사결과에 관한 사항 중 옳은 것은? [기사 97]

① 산성의 수질이다.
② 중성의 수질이다.
③ 알칼리성의 수질이다.
④ 음용수로 적합하다.

> **해설** $pH = -\log[H^+] = -\log(2.5 \times 10^{-6}) = 5.6$
> pH가 7(중성) 이하이므로 산성이다.

3. 상수도시설의 수질시험과 관련된 설명으로 옳지 않은 것은? [기사 03]

① 수질시험에는 물리적, 화학적, 세균학적, 생물학적 검사항목들이 있다.
② 수질검사장소로는 급수전, 물의 정체가 용이한 곳, 원수 등이 있다.
③ 수질기준에 정해진 수질검사항목은 정해진 기간에 실시해야 하나 일부 항목은 생략할 수도 있다.
④ 검사항목에 대해서는 수질이 평균치를 나타내는 시기에 매년 1회 이상 실시해야 한다.

> **해설** ④ 매월 1회 이상 실시해야 한다.

4. 용존산소(DO)에 대한 설명으로 옳지 않은 것은? [산업 14]

① 오염된 물은 용존산소량이 적다.
② BOD가 큰 물은 용존산소도 많다.
③ 용존산소량이 적은 물은 혐기성 분해가 일어나기 쉽다.
④ 용존산소가 극히 적은 물은 어류의 생존에 적합하지 않다.

5. 도시의 하수가 하천으로 유입될 때 하천 내에서 발생하는 변화 중 옳지 않은 것은? [기사 97, 산업 03]

① 부유물질의 증가　　② DO의 증가
③ COD의 증가　　　　④ BOD의 증가

6. 일반 상수에서 경도(hardness)를 유발하는 주된 물질은? [기사 05]

① Ca^{2+}, Mg^{2+}
② Al^{2+}, Na^{2+}
③ SO_4^{2-}, NO_3^-
④ Mn^{2+}, Zn^{2+}

7. 칼슘, 마그네슘과 반응하여 일시적 경도를 유발하는 물질은? [산업 10]

① Cl^-
② HCO_3^-
③ NO_3^-
④ SO_4^{2-}

> **해설** 영구경도는 비탄산염경도, 일시경도는 탄산염경도라 부른다. 따라서 탄산염성분이 있는 것은 ②이다.

8. 경도가 높은 물을 보일러용수로 사용할 때 발생하는 문제점은? [기사 01, 20]

① slime과 scale 생성
② priming 생성
③ foaming 생성
④ cavitation

9. 일시경도가 높은 물을 연수화시키는 데 필요한 약품은? [산업 00]

① 소석회　　　　　　② 소다회
③ 황산반토　　　　　④ 명반

10. 경도를 연화(軟化)처리하고자 할 때 가장 적합한 방법은? [기사 10]

① 황산동 살포
② 소다회주입
③ 활성탄처리
④ 생물산화

> **해설** 부영양화 억제 → 황산동 살포, 경수의 연수 → 소다회, 이취미 제거 → 활성탄, 하수처리 → 생물산화

11. 먹는 물의 수질기준에서 탁도의 기준단위는? [기사 14]

① ‰(permil)
② ppm(parts per million)
③ JTU(Jackson Turbidity Unit)
④ NTU(Nephelometric Turbidity Unit)

12. 정수장에서 매일 검사해야 하는 항목은? [산업 95]

① pH
② 염소이온
③ 암모니아성 질소
④ 수온

> **해설** 정수장에서 매일 검사해야 하는 항목은 냄새, 맛, 색도, pH, 잔류염소이다.

13. 호수 내에 조류가 많이 있을 때 pH는? [산업 00]

① 하강한다.
② 일정하게 유지된다.
③ 상승한다.
④ 상승하다가 하강한다.

> **해설** 호수 내 조류는 수소이온농도를 상승시켜 알칼리성 수질을 만든다.

14. 어떤 지하수에서의 수질검사결과 수소이온농도가 2.5×10^{-7} mol/L로 측정되었다. pH값은? [기사 97]

① 2.5
② 6.6
③ 7.7
④ 9.0

> **해설** $pH = \log\dfrac{1}{[H^+]} = -\log[H^+]$
> $= -\log(2.5 \times 10^{-7}) = 6.6$

15. pH가 5.6에서 4.3으로 변화할 때 수소이온농도는 약 몇 배가 되는가? [기사 04]

① 13
② 15
③ 17
④ 20

> **해설** $pH = \log\dfrac{1}{[H^+]} = 5.6 \rightarrow [H^+] = 10^{5.6}$
> $pH = \log\dfrac{1}{[H^+]} = 4.3 \rightarrow [H^+] = 10^{4.3}$
> $\therefore \dfrac{10^{5.6}}{10^{4.3}} = 19.95 \fallingdotseq 20$배

16. 상수를 처리한 후에 치아의 충치를 예방하기 위해 주입할 수 있으며 원수 중에 과량으로 존재하면 반상치(반점치) 등을 일으키므로 제거하여야 하는 물질은? [산업 00, 12]

① 염소
② 불소
③ 산소
④ 비소

17. 최근 우리나라의 상수원에 부영양화현상이 급속도로 심화되고 있다. 다음 중 상수도의 구성이나 계통에서 상수원의 부영양화가 가장 큰 영향을 미칠 수 있는 시설은? [기사 99]

① 취수시설
② 정수시설
③ 송수시설
④ 배·급수시설

18. 다음 중 수돗물에서 나는 냄새의 원인은 무엇인가? [산업 98]

① pH
② 온도
③ 용존산소
④ 조류(algae)

19. 하천에서의 수질관리해석을 위하여 수식을 구성하고자 할 때 산소 소모의 원인이 되는 성분이 아닌 것은? [산업 98]

① 유기물의 분해과정
② 하상 퇴적물의 분해과정
③ 조류의 광합성과정
④ 조류의 호흡과정

20. 호수 내 조류(algae)가 많이 있을 때 pH는? [산업 04]

① 하강한다.
② 상관관계가 없다.
③ 상승한다.
④ 상승하다가 하강한다.

> **해설** pH가 상승한다.

21. 깊은 호수에서 성층현상이 가장 두드러지게 나타나는 계절은? [산업 97]

① 봄　　　　　　　　② 여름
③ 가을　　　　　　　④ 겨울

22. 깊은 호수에서 성층현상이 두드러지게 나타나는 계절로 알맞게 짝지어진 것은? [산업 05]

① 봄-여름　　　　　② 여름-겨울
③ 가을-겨울　　　　④ 봄-가을

23. 호소나 저수지의 성층현상과 가장 관계가 깊은 요소는? [기사 04]

① 적조현상　　　　　② 미생물
③ 질소(N), 인(P)　　④ 수온

24. 하천의 자정작용 중에서 가장 큰 작용을 하는 것은? [산업 02, 15]

① 침전　　　　　　　② 일광
③ 화학적 작용　　　　④ 생물학적 작용

25. 하천의 자정계수에 대한 설명으로 옳은 것은? [기사 13]

① 유속이 클수록 그 값이 커진다.
② DO에 대한 BOD의 비로 표시된다.
③ (탈산소계수/재폭기계수)로 나타낸다.
④ 저수지보다는 하천에서 그 값이 작게 나타난다.

> **해설** $f = \dfrac{K_2}{K_1}$
> 여기서, K_1 : 탈산소계수, K_2 : 재폭기계수

26. 하천수의 자정작용에서 유기물의 분해과정에 가장 중요한 지위를 차지하는 작용은? [산업 05]

① 생물학적 작용　　　② 화학적 작용
③ 물리적 작용　　　　④ 희석작용

27. Streeter-Phelps의 식을 설명한 것으로 가장 적합한 것은? [기사 12]

① 재폭기에 의한 DO를 구하는 식이다.
② BOD극한값을 구하는 식이다.

③ 유한시간에 따른 DO부족곡선식이다.
④ BOD감소곡선식이다.

> **해설** Streeter-Phelps식은 하천에서의 유기물오염에 따른 영향을 예측하기 위해서 유기물의 생물학적 분해에 따른 산소소비와 재포기에 의한 산소공급을 감안한 용존산소부족량의 변화율을 미분식으로 나타낸 것이다.

28. 다음 중 하천의 자정단계 중 DO가 가장 낮은 단계는? [산업 96]

① 분해지대　　　　　② 활발한 분해지대
③ 회복지대　　　　　④ 정수지대

29. 하천에 오수가 유입될 경우 최초의 분해지대에서 BOD가 감소하는 원인은? [산업 05, 11, 13]

① 미생물의 번식　　　② 유기물질의 침전
③ 온도의 변화　　　　④ 탁도의 증가

> **해설** 최초 분해지대에서는 호기성 미생물이 번식하게 된다.

30. 하천에 오염원 투여 시 시간 또는 거리에 따른 오염지표(BOD, DO, N)와 미생물의 변화 4단계(Whipple의 4단계)의 순서로 옳은 것은? [산업 15]

㉠ 분해지대	㉡ 활발한 분해지대(부패지대)
㉢ 회복지대	㉣ 정수지대(청수지대)

① ㉠-㉡-㉢-㉣　　② ㉠-㉢-㉡-㉣
③ ㉡-㉢-㉠-㉣　　④ ㉡-㉢-㉠-㉣

31. 용존산소에 대한 설명 중 옳지 않은 것은? [산업 10]

① 오염된 물은 용존산소량이 적다.
② BOD가 높은 물은 용존산소도 많다.
③ 용존산소량이 적은 물은 혐기성 분해가 일어나기 쉽다.
④ 용존산소가 극히 적은 물은 어류의 생존에 적합하지 않다.

> **해설** 용존산소와 BOD는 반비례관계로 용존산소가 많으면 BOD는 적다.

32. 하천에서의 용존산소의 값을 높이기 위한 공학적인 제어방법 중 옳지 못한 것은? [기사 02]

① 하천의 유량증가
② 수중의 포기시설 설치
③ 유속의 감소에 따른 퇴적의 촉진
④ 비점오염원의 감소

33. 하천에서 수질개선의 일환으로 용존산소를 증대시키기 위한 방법으로 옳지 않은 것은? [기사 02]

① 희석을 위한 저수지방류량 증대
② 하상 퇴적물의 준설
③ 유량의 확보를 위한 위어의 설치
④ 수중에 폭기시설 설치

해설 위어를 설치하면 흐르는 물이 정체되어 수질 악화를 초래하고, 이는 용존산소를 낮추게 된다.

34. "BOD값이 크다"는 것이 의미하는 것은? [산업 12]

① 무기물질이 충분하다.
② 영양염류가 풍부하다.
③ 용존산소가 풍부하다.
④ 미생물분해가 가능한 물질이 많다.

35. 하천 및 저수지의 수질해석을 위한 수학적 모형을 구성하고자 할 때 가장 기본이 되는 수학적 방정식은? [기사 12]

① 에너지 보존의 식
② 질량 보존의 식
③ 운동량 보존의 식
④ 난류의 운동방정식

36. 용존산소부족곡선에서 용존산소가 가장 부족한 지점은? [기사 08]

① 임계점
② 변곡점
③ 오염 직후 점
④ 포화 직전 점

37. 용존산소부족곡선(DO sag curve)에서 산소의 복귀율(회복속도)이 최대로 되었다가 감소하기 시작하는 점은? [기사 04, 10]

① 임계점
② 변곡점
③ 오염 직후
④ 포화 직전

해설

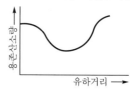

38. 다음 그래프는 어떤 하천의 자정작용을 나타낸 용존산소부족곡선이다. 다음 중 어떤 물질이 하천으로 유입되었다고 보는 것이 가장 타당한가? [기사 15, 19]

① 질산성 질소
② 생활하수
③ 농도가 매우 낮은 폐산
④ 농도가 매우 낮은 폐알칼리

해설 자정작용은 생물학적 작용이 주작용으로, DO의 영향을 가장 잘 받는다는 것을 상기하자.

39. 상수원수 중 색도가 높은 경우의 유효처리방법으로 가장 거리가 먼 것은? [기사 15]

① 응집침전처리
② 활성탄처리
③ 오존처리
④ 자외선처리

해설 색도 제거법에는 전염소처리, 활성탄처리, 오존처리가 있다.

40. 유량 30,000m³/day, BOD 2ppm인 하천에 배수량 2,000m³/day, BOD 400ppm인 오수를 방류하여 즉시 균등하게 혼합된다면 하천의 BOD는? [산업 05]

① 20.5ppm
② 26.9ppm
③ 42.3ppm
④ 50.4ppm

해설
$$C = \frac{Q_1 C_1 + Q_2 C_2}{Q_1 + Q_2}$$
$$= \frac{30,000 \times 2 + 2,000 \times 400}{30,000 + 2,000} = 26.9\text{ppm}$$

41. 하천의 유량이 200,000m³/day이고 BOD가 1mg/L인 하천에 유량이 6,250m³/day이고 BOD가 100mg/L인 하수가 유입될 때 혼합 후의 BOD는? [기사 04]

① 2mg/L ② 4mg/L
③ 6mg/L ④ 8mg/L

해설
$$C=\frac{Q_1 C_1 + Q_2 C_2}{Q_1 + Q_2}=\frac{200,000\times1+6,250\times100}{200,000+6,250}$$
$$=4\text{mg/L}$$

42. COD/BOD의 비가 큰 폐수처리에 일반적으로 적용하기 어려운 공법은? [기사 13]

① 응집침전처리 ② 물리적 처리
③ 생물학적 처리 ④ 화학적 처리

해설 큰 폐수처리에 생물학적 처리는 적용하기 어렵다.

43. 수질오염지표항목 중 COD에 대한 설명으로 옳지 않은 것은? [기사 13]

① COD는 해양오염이나 공장폐수의 오염지표로 사용된다.
② 생물분해 가능한 유기물도 COD로 측정할 수 있다.
③ NaNO₂, SO₂⁻는 COD값에 영향을 미친다.
④ 유기물농도값은 일반적으로 COD > TOD > TOC > BOD이다.

해설 유기물농도값은 일반적으로 TOD > COD > BOD > TOC이다.

44. 다음 설명 중 옳지 않은 것은? [기사 13]

① BOD가 과도하게 높으면 DO는 감소하며 악취가 발생된다.
② BOD, COD는 오염의 지표로서 하수 중의 용존산소량을 나타낸다.
③ BOD는 유기물이 호기성 상태에서 분해·안정화되는 데 요구되는 산소량이다.
④ BOD는 보통 20℃에서 5일간 시료를 배양했을 때 소비된 용존산소량으로 표시된다.

해설 BOD, COD는 용존산소량을 나타내는 것이 아니라 소비되는 용존산소의 양이다.

45. 어떤 폐수의 20℃ BOD₅가 200mg/L일 때 BOD₁과 최종 BOD값은? (단, 탈산소계수는 0.23day⁻¹(base e)이다.) [기사 04]

① 60mg/L, 293mg/L ② 67mg/L, 233mg/L
③ 60mg/L, 233mg/L ④ 67mg/L, 293mg/L

해설
$$BOD_5 = BOD_u(1-e^{-k_1 t})$$
$$200 = BOD_u\times(1-e^{-0.23\times5})$$
$$\therefore\ BOD_u = 292.67 = 293\text{mg/L}$$
$$\therefore\ BOD_1 = 293\times(1-e^{-0.23\times1})=60.2\text{mg/L}$$

46. BOD₅가 155mg/L인 폐수가 있다. 탈산소계수(k_1)가 0.2/day일 때 4일 후 남아 있는 BOD는? (단, 상용대수 기준) [기사 04, 16]

① 27.3mg/L ② 56.4mg/L
③ 127.5mg/L ④ 172.2mg/L

해설
$$L_t = L_a(1-10^{-kt})$$
$$155 = L_a\times(1-10^{-0.2\times5})$$
$$L_a = 172.2\text{mg/L}$$
$$L_t = 172.2\times(1-10^{-0.2\times4})=144.9\text{mg/L}$$
$$\therefore\ 4일\ 후\ 남아\ 있는\ BOD = 172.2-144.9$$
$$=27.3\text{mg/L}$$

47. 하수의 20℃, 5일 BOD가 200mg/L일 때 최종 BOD의 값은? (단, 자연대수를 사용할 때의 탈산소계수 k=0.2/day) [기사 05]

① 256mg/L ② 286mg/L
③ 316mg/L ④ 246mg/L

해설
$$BOD_t = L_a(1-e^{-k_1 t})$$
$$200 = L_a\times(1-e^{-0.2\times5})$$
$$\therefore\ L_a = 316.4\text{mg/L}$$

48. 어느 도시의 인구가 500,000명이고 1인당 폐수발생량이 300L/day, 1인당 배출 BOD가 60g/day인 경우 발생폐수의 BOD농도는? [산업 11]

① 150mg/L ② 200mg/L
③ 250mg/L ④ 300mg/L

해설 인구 50만 명인 도시에서 1인당 폐수발생량이 300L/day이므로 발생폐수의 BOD농도는
60g/day÷300L/day=60×10³mg/day÷300L/day
=200mg/L

49. 5일의 BOD값이 100mg/L인 오수의 최종 BOD_u값은? (단, 탈산소계수(자연대수)=0.25day^{-1}) [기사 14]

① 약 140mg/L   ② 약 349mg/L

③ 약 240mg/L   ④ 약 340mg/L

해설
$$BOD_t = BOD_u(1-e^{-k_1 t})$$
$$100 = BOD_u \times (1-e^{-0.25 \times 5})$$
$$\therefore BOD_u = 140\text{mg/L}$$

50. BOD 200mg/L, 유량 600m^3/day인 어느 식료품 공장폐수가 BOD 10mg/L, 유량 2m^3/s인 하천에 유입한다. 폐수가 유입되는 지점으로부터 하류 15km지점의 BOD는? (단, 다른 유입원은 없고, 하천의 유속은 0.05m/s, 20℃ 탈산소계수(K_1)=0.1/day, 상용대수, 20℃기준이며, 기타 조건은 고려하지 않음) [기사 11, 15, 19]

① 4.79mg/L   ② 5.39mg/L

③ 7.21mg/L   ④ 8.16mg/L

해설 ㉮ 공장폐수 하천수의 혼합 후 농도
하천유량 2m^3/s 는
$2 \times 86,400\text{m}^3/\text{day} = 172,800\text{m}^3/\text{day}$
$$\therefore C = \frac{C_1 Q_1 + C_2 Q_2}{Q_1 + Q_2}$$
$$= \frac{200 \times 600 + 10 \times 172,800}{600 + 172,800} = 10.66\text{mg/L}$$

㉯ BOD 감소량
하류 15km 이동시간은
$$t = \frac{L}{V} = \frac{15,000\text{m}}{0.05\text{m/s} \times 86,400} = 3.47\text{day}$$
잔존BOD공식에 대입하면
$$\therefore BOD_{3.47} = 10.66 \times 10^{-0.1 \times 3.47} = 4.79\text{mg/L}$$

51. 하천의 재폭기(reaeration)계수가 0.2/day, 탈산소계수가 0.1/day이면 하천의 자정계수는? [기사 04]

① 0.1   ② 0.2

③ 0.5   ④ 2

해설 자정계수 $f = \dfrac{재폭기계수(K_2)}{탈산소계수(K_1)} = \dfrac{0.2}{0.1} = 2$

52. 배수관에서 정수시료를 채수하여 수질시험을 해야 할 항목 중 일반적으로 우선순위가 가장 높은 것은? [기사 00]

① pH   ② 질산형

③ 탁도   ④ 잔류염소

해설 배수지를 나온 물은 구역 내의 수용자에게 일제히 공급해야 하기 때문에 수도전으로 가기 전에 잔류염소에 대해서 수시로 측정하여 수질 안정을 기해야 한다.

53. 다음 중 환경보전법상 상수원 1급수에 해당하는 것은? [산업 97]

① 여과 등에 의한 간이정수처리 후 사용

② 침전여과 등에 의한 일반적 정수처리 후 사용

③ 전처리 등을 겸한 고도의 정수처리 후 사용

④ 특수한 정수처리 후 사용

해설 ② 상수원수 2급수
③ 상수원수 3급수
④ 공업용수 3급수

54. 부영양화현상에 대한 특징을 설명한 것으로 옳지 않은 것은? [기사 11]

① 사멸된 조류의 분해작용에 의해 표수층으로부터 용존산소가 줄어든다.

② 조류 합성에 의한 유기물의 증가로 COD가 증가한다.

③ 일단 부영양화가 되면 회복되기 어렵다.

④ 영양염류인 인(P), 질소(N) 등의 유입을 방지하면 이 현상을 최소화할 수 있다.

해설 부영양화는 영양염류(질소, 인)의 유입에 의해 조류가 급격히 증가해 광합성 시에 수중의 CO_2를 섭취하므로 pH에 영향을 미친다.

55. 부영양화된 호수나 저수지에서 나타나는 현상은? [기사 04, 14]

① 각종 조류의 광합성 증가로 인하여 호수 심층의 용존산소가 증가한다.

② 조류 사면에 의해 물이 맑아진다.

③ 바닥에 인, 질소 등 영양염류의 증가로 송어, 연어 등 어종이 증가한다.

④ 냄새, 맛을 유발하는 물질이 증가한다.

56. 다음 중 호소의 부영양화에 관한 설명으로 옳지 않은 것은? [기사 10]

① 부영양화의 원인물질은 질소와 인의 성분이다.

② 부영양화된 호소에서는 조류의 성장이 왕성하여 수심이 깊은 곳까지 용존산소농도가 높다.

③ 조류의 영향으로 물에 맛과 냄새가 발생하여 정수에 어려움을 유발시킨다.

④ 부영양화는 수심이 낮은 호소에서도 잘 발생한다.

해설 영양염류인 질소와 인의 증가로 인한 부영양화 결과 DO 감소, COD 증가, 맛과 냄새 발생, 투명도 저하를 유발한다.

57. 호수의 부영양화에 대한 설명으로 옳지 않은 것은? [기사 16]
① 조류의 이상증식으로 인하여 물의 투명도가 저하된다.
② 부영양화의 주된 원인물질은 질소와 인이다.
③ 조류의 발생이 과다하면 정수공정에서 여과지를 폐색시킨다.
④ 조류제거약품으로는 주로 황산알루미늄을 사용한다.

해설 조류의 제거에는 Micro-strainer법을 이용한다.

58. 부영양화(Eutrophication) 발생 시 나타나는 현상으로 틀린 것은? [기사 13]
① 조류 번식에 의한 냄새 발생
② 수중 생물종의 변화
③ 염소요구량 증가
④ 중금속의 침전

59. 다음 중 호수의 부영양화현상을 일으키는 주된 물질은? [산업 05]
① 산소　　　② 수은
③ 인　　　④ 카드뮴

60. 정수시설 내에서 조류를 제거하는 방법으로 약품으로 조류를 산화시켜 침전처리 등으로 제거하는 방법에 사용되는 것은? [기사 13]
① 과망간산칼륨　　② 차아염소산나트륨
③ 황산구리　　④ Zeolite

해설 부영양화는 조류의 발생원인이며, 부영양화 방지대책으로 황산구리를 투여한다.

61. 저수지의 수원에서 부영양화를 방지하기 위한 대책으로 잘못된 것은? [산업 04]
① 영양염류 공급　　② 황산구리 투여
③ N, P 유입 방지　　④ 고도하수처리 도입

62. 다음 중 부영양화에 대한 설명으로 옳지 않은 것은? [기사 05, 13, 16]
① COD가 증가한다.

② 식물성 플랑크톤인 조류가 대량 번식한다.
③ 영양염류인 질소, 인 등의 감소로 발생한다.
④ 최종적으로 용존산소가 줄어든다.

63. 다음 중 호수의 부영양화현상을 일으키는 주요 원인물질은? [산업 07, 12, 14]
① 질소, 인　　② 철
③ 산소　　④ 수은

64. 부영양화상태의 호수에서 크게 번식하는 생물은 어느 것인가? [산업 98]
① 식물성 플랑크톤 및 조류
② 식물성 플랑크톤 및 박테리아
③ 동물성 플랑크톤 및 조류
④ 동물성 플랑크톤 및 박테리아

65. 정수장으로 유입되는 원수의 수역이 부영양화되어 녹색을 띠고 있다. 정수방법에서 고려할 수 있는 최우선적인 방법에 해당하는 것은? [기사 12]
① 침전지의 깊이를 깊게 한다.
② 여과사의 입경을 작게 한다.
③ 침전지의 표면적을 크게 한다.
④ 마이크로스트레이너로 전처리한다.

2-2 음용수의 수질기준

66. 다음 중 음용수의 수질기준으로 적합하지 않은 것은? [산업 97]
① 암모니아성 질소와 아질산성 질소는 동시에 검출되지 아니할 것
② 수소이온농도는 pH 5.8~8.5
③ 탁도는 2도를 초과하지 아니할 것
④ 비소는 0.05mg/L를 초과하지 아니할 것

해설 암모니아성 질소는 0.5mg/L를 넘지 아니할 것

67. 먹는 물의 수질기준 중 탁도에 대한 기준치는? [산업 12]
① 1NTU　　② 2NTU
③ 3NTU　　④ 4NTU

68. 음용수의 수질기준에 부적합한 것은? [기사 03]
① 납은 0.01mg/L를 넘지 아니할 것
② 페놀은 0.005mg/L를 넘지 아니할 것
③ 경도는 100mg/L를 넘지 아니할 것
④ 황산은 200mg/L를 넘지 아니할 것

해설 경도는 300mg/L를 넘지 아니할 것

69. 다음 중 심미적 영향물질은? [기사 98]
① 시안(CN)　　　　② 수은(Hg)
③ 카드뮴(Cd)　　　④ 구리(Cu)

70. $K_2Cr_2O_7$은 강력한 산화제로서 COD측정에 이용된다. 수질검사에서 $K_2Cr_2O_7$의 소비량이 많다는 것은 무엇을 의미하는가? [산업 00]
① 물의 경도가 높다.　　② 부유물이 많다.
③ 대장균이 많다.　　　④ 유기물이 많다.

71. 대장균군의 수를 나타내는 MPN(최확수)에 대한 설명으로 옳은 것은? [기사 11, 18]
① 검수 1mL 중 이론상 있을 수 있는 대장균군의 수
② 검수 10mL 중 이론상 있을 수 있는 대장균군의 수
③ 검수 50mL 중 이론상 있을 수 있는 대장균군의 수
④ 검수 100mL 중 이론상 있을 수 있는 대장균군의 수

72. 대장균군(coliform group)이 수질지표로 이용되는 이유에 대한 설명으로 옳지 않은 것은? [기사 10]
① 소화기계통의 전염병균이 대장균군과 같이 존재하기 때문에 적합하다.
② 병원균보다 검출이 용이하고 검출속도가 빠르기 때문에 적합하다.
③ 소화기계통의 전염병균보다 저항력이 조금 약하므로 적합하다.
④ 시험이 간편하며 정확성이 보장되므로 적합하다.

해설 대장균이 수질지표로 이용되는 이유는 시험방법이 용이하고 병원균보다 검출이 용이하며 검출속도도 빠르고 소화기계통의 전염병균보다 저항력이 조금 강하기 때문이다.

73. 수질검사에서 대장균을 검사하는 이유는? [산업 04]
① 대장균이 병원체이므로
② 대장균을 이용하여 병원체의 존재를 추정하기 위해

③ 수질오염을 유발하는 대표적인 세균이므로
④ 물을 부패시키는 세균이므로

74. 다음 중 대장균군이 오염지표로 널리 사용되는 이유로 가장 알맞은 것은? [산업 08]
① 인체의 배설물 중에 존재하지 않는다.
② 소화기계 병원균보다 저항력이 약하다.
③ 검출이 어렵다.
④ 시험방법이 용이하다.

75. 먹는 물에서 대장균이 검출될 경우 오염수로 판정되는 이유로 옳은 것은? [기사 11]
① 대장균은 번식 시 독소를 분비하여 인체에 해를 끼치기 때문이다.
② 대장균은 병원균이기 때문이다.
③ 사람이나 동물의 체내에 서식하므로 병원성 세균의 존재 추정이 가능하기 때문이다.
④ 대장균은 반드시 병원균과 공존하기 때문이다.

76. 다음 오염물질과 인체에 관한 영향을 설명한 것 중 옳지 않은 것은? [산업 03]
① 페놀 : 물에 냄새 유발　　② 인 : 부영양화
③ 카드뮴 : 이타이이타이병　　④ 호스겐 : 간염

해설 호스겐이 인체에 들어오면 짧은 시간 내에 사망에 이른다.

77. 상수도의 오염물질별 처리방법으로 옳은 것은? [기사 12]
① 트리할로메탄 : 마이크로스트레이너
② 철, 망간 제거 : 폭기법
③ 색도유발물질 : 염소처리
④ Cryptosporidium : 염소소독

78. 다음 중 수돗물에서 페놀류를 문제 삼는 가장 큰 이유는? [기사 04]
① 불쾌한 냄새를 내기 때문
② 경도가 높아서 물때가 생기기 때문
③ 물거품을 일으키기 때문
④ 물이 탁하게 되고 색을 띠기 때문

해설 염소와 반응하여 냄새가 발생한다

chapter 3

상수관로시설

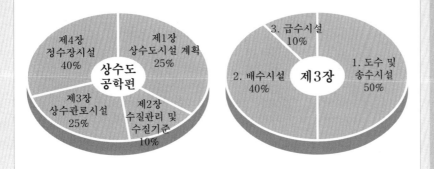

3 상수관로시설

3-1 도수 및 송수시설

알·아·두·기·

전년도 출제경향 및 학습전략 포인트

전년도 출제경향
- 도송수관로 결정 시 고려사항
- 접합정의 정의
- 도수관·송수관 : 0.3~3m/s
- 최저유속 : 침전 방지, 최고유속 : 관 마모 방지
- 관두께 산정 : $t = \dfrac{PD}{2\sigma}$

학습전략 포인트
- 관수로 계산공식
- 도수관·송수관 : 0.3~3m/s
- 원형관에서의 유량 최대 : 91~94%
- 원형관에서의 유속 최대 : 81~84%
- 관두께 산정 : $t = \dfrac{PD}{2\sigma}$
- 접합정
- 제수밸브, 역지밸브, 안전밸브

---

01 계획도수량 및 송수량

① 계획도수량

계획취수량을 기준으로 하되 장래 확장에 대한 수원의 취수량증가 가능성과 상래의 확상분을 고려하여야 한다.

▶ 계획도수량
=계획 1일 최대급수량×1.05~1.10

② 계획송수량

계획 1일 최대급수량을 기준으로 하되 누수 등의 손실량을 고려하여야 한다.

02 도수 및 송수방식

① 자연유하식

① 도수, 송수가 안전하고 확실하다.
② 유지관리가 용이하여 관리비가 적게 소요되어 경제적이다.
③ 수로가 길어지면 건설비가 많이 든다.
④ 수원의 위치가 높고 도수로가 길 때 적당하다.
⑤ 오수가 침입할 우려가 있다.

② 펌프압송식

① 수원이 급수지역과 가까운 곳에 있을 경우 적당하다.
② 수로를 짧게 할 수 있어 건설비의 절감이 가능하다.
③ 자연유하식에 비해 전력비 등 유지관리비가 많이 든다.

03 도·송수관로 결정 시 고려사항

① 물이 최소저항으로 수송되도록 한다.
② 가급적 단거리가 되어야 한다.
③ 이상수압을 받지 않아야 한다.
④ 수평·수직의 급격한 굴곡을 피해야 한다.
⑤ 가능한 한 공사비를 절약할 수 있는 위치이어야 한다.
⑥ 관로 도중에 감압을 위한 접합정(junction well)을 설치해야 한다.
⑦ 개수로의 노선 선정은 관수로에 비해 대단히 난점이 많다.
⑧ 개수로에는 도중에 역사이펀, 교량, 터널이 필요할 때가 많아 관수로를 일부 혼용한다.
⑨ 최소동수경사선 이하가 되도록 한다.
 ※ 관로가 최소동수경사선 위에 있을 경우
  • 상류측 관경을 크게 하여 동수경사선을 상승시킨다.
  • 접합정을 설치한다.
  • 감압밸브를 설치한다.

> **▶ 접합정**
> 물의 흐름을 원활히 하기 위하여 종류가 다른 관, 연결부, 굴곡부 등에 수두를 감쇄하고 관로의 수압을 조절할 목적으로 설치하는 시설

☞ 중요부분

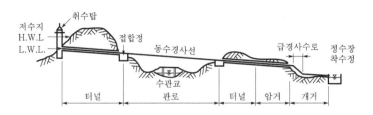

【그림 3-1】 도수노선의 종단면도

04　수로의 평균유속

① 도수와 송수관에서의 평균유속은 0.3~3m/s이다.

　※ 수로 내의 미사립의 침전 방지를 위해 최소 0.3m/s, 관의 마모 방지를 위해 3m/s

② 원형 관거과 마제형 관거에서의 유속은 수심이 81%일 때 최대이다.

③ 원형 관거과 마제형 관거에서의 유량은 수심이 93%일 때 최대이다.

④ 직사각형 관거에서는 유속 및 유량이 모두 만수가 되기 직전에 최대이고, 만류가 되면 유속 및 유량이 급격히 감소한다.

⑤ 관내 수압에 의한 관두께 결정

$$t = \frac{pD}{2\sigma_w} \text{ (미국수도협회, AWWA)}$$

　여기서, t : 관두께(mm)

　　　　　D : 관 외경(mm)

　　　　　p : 관내 수압(kgf/cm^2)

　　　　　σ_w : 강관의 허용응력(kgf/cm^2)

▶ 관의 평균유속

관종	평균유속
도·송수관	0.3~3m/s
오수·차집관	0.6~3m/s
우수·합류관	0.8~3m/s

* 최저유속 : 침전 방지
　최고유속 : 마모 방지

▶ 도·송수관의 평균유속 최대한도

관 내면상태	평균유속 최대한도 (m/s)
모르타르 or 콘크리트관	3.0
모르타르 라이닝 실트 도장	5.0
강철, 주철, 경질염화비닐	6.0

05　수로와 수리

① 개수로

　자유수면을 갖는 흐름을 말하며 평균유속공식은 다음의 식이 많이 이용되고 있다.

알·아·두·기·

▶ **원형관일 경우**

$$R_h = \frac{d}{4}$$

여기서, d : 관의 직경

▶ **사각형관일 경우**

$$R_h = \frac{bh}{b+2h}$$

여기서, b : 폭, h : 수면까지 높이

① Manning공식

$$V = \frac{1}{n} R_h^{2/3} I^{1/2}$$

② Ganguillet-Kutter공식

$$V = \left[\frac{23 + \dfrac{1}{n} + \dfrac{0.00155}{I}}{1 + \left(23 + \dfrac{0.00155}{I} \right) \dfrac{n}{\sqrt{R_h}}} \right] \sqrt{R_h\, I}$$

③ Chézy공식

$$V = C \sqrt{R_h\, I}$$

④ Forchheimer공식

$$V = \frac{1}{n_f} R_h^{0.7} I^{0.5}$$

여기서, V : 평균유속(m/s)

R_h : 동수반경(경심) $\left(= \dfrac{A(\text{유수단면적})}{P(\text{윤변})} \right)$

I : 수면경사(에너지경사, 하상경사) $\left(= \dfrac{h_L}{l} \right)$

n : Manning의 조도계수

【표 3-1】 조도계수(n)

재료	n의 범위	평균값
강관 또는 주철관	0.014~0.018	0.016
철근콘크리트관 또는 콘크리트거	0.013~0.015	0.014
석면시멘트관 또는 원심력 철근콘크리트관	0.012~0.014	0.013

◈ 관수로

관수로에는 Manning공식이나 Hazen-Williams공식이 이용되는데, 특히 상수도 배수관 설계 시에는 Hazen-Williams공식이 가장 많이 이용되고 있다.

※ Hazen-Williams공식

$$V = 0.35464\, CD^{0.63} I^{0.54} = 0.84935\, CR^{0.63} I^{0.54}$$

$$Q = 0.27853\, CD^{2.63} I^{0.54}$$

여기서, C : 유속계수

【표 3-2】 Hazen-Williams계수 C값

재료	평균값
새 주철관	130
5년 사용된 주철관	120
20년 사용된 주철관	100
20년 사용된 강관	100
PS 콘크리트관	130
경질염화비닐관	130
원심력 철근콘크리트관	150

❸ 손실수두(loss head)

(1) 관 마찰손실수두

관수로 내의 손실수두는 일반적으로 Darcy-Weisbach공식을 많이 사용한다.

$$h_l = f \frac{l}{D} \frac{V^2}{2g}$$

여기서, h_l : 마찰손실수두(m), f : 마찰손실계수
l : 관길이(m), D : 관직경(m)
V : 평균유속(m/s)

이때 관 마찰손실계수 f 는
① 관이 신주철관일 때 $f = 0.02$
② 관이 구주철관일 때 $f = 0.04$
③ 흐름이 층류일 때 $f = \dfrac{64}{R_e}$
④ 흐름이 난류일 때 $f = 0.3164 R_e^{-1/4}$
⑤ Manning의 n을 알 때 $f = \dfrac{124.5 n^2}{D^{1/3}}$
⑥ Chézy의 C를 알 때 $f = \dfrac{8g}{C^2}$

▶ 레이놀즈수(R_e)

$R_e = \dfrac{VD}{\nu}$

여기서, ν : 동점성계수

(2) 미소손실(소손실, 부차적 손실)

관 마찰 이외의 손실에는 입구손실, 급확대손실, 급축소손실, 점확대손실, 점축소손실, 굴절손실, 굴곡손실, 밸브손실, 출구손실 등이 있으며, 모두 속도수두에 비례한다.

$$\sum h_m = (f_e + f_{el} + f_{ec} + f_{gl} + f_{gc} + f_r + f_b + f_v + f_o) \frac{V^2}{2g}$$

① 입구손실계수 : $f_e ≒ 0.5$
② 출구손실계수 : $f_o ≒ 1.0$

06 부속설비

① 개수로의 부속설비

(1) 스크린

개거의 경우에 낙엽 등의 유입을 방지하기 위해 수로의 도중에 설치한다.

(2) 신축이음

개수로에는 온도변화에 따른 콘크리트의 신축을 위해 대개 30~50m 간격으로 시공이음을 겸한 신축이음을 설치한다.

(3) 여수토구

정수장 등의 사고에 의해 급히 물의 흐름을 차단해야 할 필요가 있을 때 수로 도중에서 물을 배수하기 위해 하천 등의 적당한 위치에 설치한다.

② 관수로의 부속설비

(1) 제수밸브(gate valve)

유지관리 및 사고 시에 있어서 통수량을 조절하는 장치로, 도·송수 관의 시점, 종점, 분기장소, 연결관, 니토관 또는 그 밖의 중요한 관로 구조물의 전후에 설치한다.

(2) 공기밸브(air valve)

관내의 부압 발생을 막고 관내의 공기를 자동적으로 배출시키기 위해 설치하는 시설로, 관내의 압력이 클 때 밸브가 열리며 배수관의 요(凸)부에 설치한다.

(3) 역지밸브(check valve)

펌프압송 중에 정전이 되면 물이 역류하여 펌프를 손상시킬 수 있어 물의 역류를 방지하는 장치로, 높은 고가수조의 입구, 펌프유출 간의 시점 등에 설치한다.

(4) 안전밸브(safety valve)

관수로 내에 이상수압이 발생하였을 때 관의 파열을 막기 위하여 자동적으로 물을 배출하여 관로의 안전을 도모하기 위한 밸브로, 수격작용이 일어나기 쉬운 곳에 설치하며 주로 배수펌프나 증압펌프의 급정지, 급시동 때 수격작용이 잘 일어나는 곳에 설치한다.

(5) 배슬러지 밸브(이토밸브 ; drain valve)

관로 내에 퇴적하는 찌꺼기를 배출하고 유지관리를 위해 관내를 청소하거나 정체수를 배출하기 위해 관로의 철(凹)부에 설치한다.

(6) 감압밸브

관로가 최소동수경사선 위에 있을 경우 상류부의 고압의 물을 저압으로 바꾸어 하류로 보내는 밸브이다.

(7) 접합정(junction well)

물의 흐름을 원활히 하기 위하여 종류가 다른 관이나 도랑의 연결부, 굴곡부 등에 수두를 감쇄하고 관로의 수압을 조절할 목적으로 그 도중에 설치하는 시설이다.

(8) 맨홀(manhole)

암거의 경우 내부의 점검, 보수, 청소를 위해 100~500m 간격으로 설치한다.

07 상수도관

① 주철관(cast iron pipe)

이음방법	장점	단점
mechanical flange	• 내식성이 있다. • 압축강도가 크다. • 절단가공이 쉽다. • 이형관의 제작이 용이하다.	• 충량이 무겁다. • 충격에 약하다. • 토질이 부식성이 큰 경우 외면방식이 필요하다.

덕타일주철관(ductile cast iron pipe)

이음방법	장점	단점
mechanical, flange	• 강도가 커서 강성이나 내충격성이 높다. • 절단가공이 쉽다. • 내식성이 크다. • 이음방법이 많아 시공성이 좋다.	• 중량이 비교적 무겁다. • 이음부의 이탈에 대비해 이형관 방호시공이 필요하다.

 강철관(강관 ; steel pipe)

이음방법	장점	단점
socket, flange	• 가격이 저렴하다. • 절단이 쉽다. • 내압에 비교적 강하다. • 관 내면이 매끈하여 손실수두가 작고 경년변화가 없다.	• 부식에 약하다. • 처짐이 크다. • 현장용접인 경우 숙련공이 필요하다.

 PVC관(polyvinyl chloride pipe)

이음방법	장점	단점
socket, collar	• 내식성이 크다. • 중량이 가볍다. • 값이 싸다. • 접착에 의해 간단히 결합한다. • 내면이 매끈하고 손실수두가 작고 경년변화가 없다.	• 저온 시에 강도가 저하한다. • 열이나 자외선에 약하다. • 온도에 따라 신축이 크다.

 흄관(hume pipe)

➡ 흄관 = 원심력 철근콘크리트관

이음방법	장점	단점
collar	• 내압력이 낮다. • 대관경인 경우 값이 싸다. • 현장에서의 시공성이 좋다.	• 중량이 무겁다. • 충격 등 외력에 약하다.

프리스트레스트콘크리트관

이음방법	장점	단점
collar, socket	• 내압력이 낮다. • 대관경인 경우 값이 싸다.	• 중량이 무겁다. • 충격 등 외력에 약하다.

08 상수도관의 이음

① 소켓이음(socket joint)

① 철근콘크리트관, PVC관 등의 접합에 이용되고 있는 접합이다.
② 지진 등의 횡방향력에 강하나 교통하중에 의한 진동이 심한 연약지반에서는 접합이 느슨해져 누수가 생기기 쉽다.

② 칼라이음(collar joint)

① 주로 흄관의 접합에 사용되고 있다.
② 수밀성이 부족하고 하중 재하 시 접합부분의 균열 등이 문제가 된다.

③ 메커니컬이음(mechanical joint)

① 중 · 대구경의 덕타일주철관의 대표적인 접합이다.
② 소켓이음과 플랜지이음의 장점을 취한 것으로서 플랜지는 수구(socket)와 삽구(spigot) 사이의 고무링의 이탈을 방지하기 위하여 수구에 접합시킨 것이다.

④ 플랜지이음(flange joint)

① 펌프의 주위 배관, 제수밸브, 공기밸브 등의 특수장소에 사용되는 접합이다.
② 관 끝의 플랜지와 플랜지 사이에 고무패킹을 넣고 볼트로 조여 접합하는 것이다.

⑤ 타이튼이음(tyton joint)

① 250mm 이하의 소구경관에 이용한다.
② 접합에 고무링이 들어가며 간단, 신속하고 접합부의 신축성이 크다.

⑥ 내면이음

① 관경 1,000mm 이상의 대구경에만 사용되는 특수접합이다.
② 터널 내에 관을 부설하는 경우 굴착단면과 폭을 최소로 할 때 적합하다.

3-2   배수시설

전년도 출제경향 및 학습전략 포인트

▣ **전년도 출제경향**
- 계획배수량 : 계획시간 최대급수량

▣ **학습전략 포인트**
- 배수지용량 : 표준 8~12시간, 최소 6시간
- 배수관의 수압 : $1.5 \sim 4.0 \text{kgf/cm}^2$
- 배수관의 배치방식 : 격자식, 수지상식
- 배수관망 해석 : 등치관법, Hardy-Cross법

---

01   배수시설

❶ 배수관의 계획배수량

① **평상시** : 계획시간 최대급수량을 기준으로 한다.

② **화재 시** : 계획 1일 최대급수량의 1시간당 수량 + 소화용수량을 기준으로 한다.

⊑ 중요부분

❷ 배수방식

배수는 적당한 수압으로 소요수량을 공급하는 것이 중요하므로 급수구역과 배수지의 고저차를 고려하여 자연유하식, 펌프압송식 또는 병용식(자연유하식 + 펌프압송식) 중에서 선택한다.

(1) 자연유하식

① 양수장치의 설치와 그에 따른 동력비 등의 소요가 없다.

② 운전요원 등의 인건비가 감소된다.

③ 정전 시 단수의 염려가 없다.

④ 배수관의 파열 시 응급조치가 늦어지며 다량의 물이 누출되기 쉽다.

⑤ 평상시에 수압과 수량의 조절이 곤란하다.

⑥ 야간 또는 동절기에는 필요 이상으로 수압이 높아져 배·급수 관의 누수 및 파열을 초래할 우려가 있다.

(2) 펌프압송식

① 평상시 급수구역의 필요수압을 적절하게 조절할 수 있다.
② 간선의 파열 시 단수, 감압 등 응급조치를 취하기 쉽다.
③ 배수시설의 위치가 지세의 지배를 받은 일이 적고 배관상 적당한 위치를 선택할 수 있다.

❸ 배수지(distributing reservoir)

배수지란 정수를 저장하였다가 배수량의 시간적 변화를 조절하는 곳이다. 1일 최대급수량을 기준으로 한 취수에서 정수까지의 정수작업은 항상 일정하나 소비량은 시간적 변동에 따라 조절할 필요가 있다. 이 목적으로 배수지를 설치하며 계획배수량에 대하여 잉여수돗물을 저장하였다가 수요급증 시 부족량을 조절하는 역할을 한다.

(1) 배수지의 위치와 높이

① 배수지의 위치 : 급수구역에 적정 수압을 유지하기 위하여 가능한 한 배수지 위치는 배수구역 중앙에 위치하도록 하며 50~60m의 수두를 얻을 수 있는 곳이 바람직하다.
② 배수지의 높이 : 배수방식은 자연유하식이 좋으나 관말에서 최소 1.5kgf/cm²(수두 15m)의 동수압을 갖도록 높이를 정해야 한다.

▶ $P = \gamma h$

$h = \dfrac{P}{\gamma} = \dfrac{1.5\text{kgf/cm}^2}{1,000\text{kgf/m}^3}$
$= \dfrac{1.5\text{kgf/cm}^2}{1\text{gf/cm}^3}$
$= 1,500\text{cm}$
$= 15\text{m}$

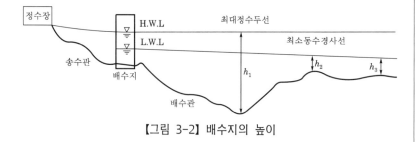

【그림 3-2】 배수지의 높이

(2) 배수지의 구조와 용량

① 배수지는 정수를 장기간 저류하는 시설이기 때문에 외부로부터 오염되지 않도록 수밀성 구조로 해야 한다.
② 유효용량 : 계획 1일 최대급수량의 8~12시간분을 표준으로 하며 최소 6시간 이상으로 한다.

☞ 중요부분

③ 유효수심 : 고수위와 저수위의 간격을 말하며 3~6m를 표준으로 한다.
④ 여유고 : 고수위로부터 슬래브까지는 30cm 이상의 여유고를 가진다.

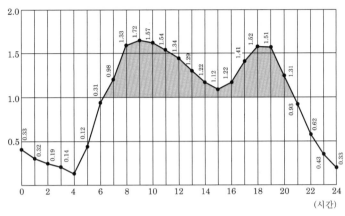

【그림 3-3】 배수량의 시간적 변화

④ 배수탑과 고가수조

배수구역 내, 그 부근에 배수지를 설치할 적당한 높은 장소가 없는 경우에 배수량의 조정 또는 배수펌프의 수압조절용으로서 배수탑 및 고가수조를 설치한다.

(1) 용량

배수지용량에 준하나 배수지에 비하여 단위용적당 공사비가 높아서 계획 1일 최대급수량의 1~3시간분 정도로 한다.

(2) 수심

배수탑 총 수심은 20m 정도로, 고가탱크의 수심은 3~6m를 기준으로 한다.

⑤ 배수관

(1) 설계기준

① 송수관 : 계획 1일 최대급수량
② 배수관 : 계획시간 최대급수량

(2) 배수관의 수압과 유속

① 최소동수압 : 1.5kgf/cm^2(수두 H=15m)

▶ 1kgf 9.8N
　1Pa=1N/m^2

▶ 최소동수압
　1.5kgf/cm^2=15,000kgf/m^2
　　　　　　 =147,000N/m^2
　　　　　　 =147,000Pa
　　　　　　 =147kPa

② 최대동수압 : 4.0kgf/cm^2(수두 $H=40\text{m}$)

③ 유속 : $1\sim2.5\text{m/s}$

목표로 하는 배수관의 최소동수압 및 최대정수압과 급수방식은 최소 동수압 $150\text{kPa}(1.5\text{kgf/cm}^2)$ 이상, 최대정수압 $700\text{kPa}(약\ 7.1\text{kgf/cm}^2)$ 이하를 기본으로 하며, 각 수도시설의 정비상황, 도시화의 진행상황, 국소적 지형조건 등에 따라 최대 $250\sim300\text{kPa}(약\ 2.5\sim3\text{kgf/cm}^2)$ 내외를 한 급수구역(pressure zone)으로 하여 각 지역에서 독자적으로 적정한 배수관압이 정해지는 것이 바람직하다.

(3) 배수관의 매설

① 도로에 매설함을 원칙으로 한다.

② 배수관은 도로의 중앙 측에 위치하고, 배수지관은 부설, 급수관, 분기, 누수 방지, 시설개량 등을 고려하여 될 수 있으면 도로의 편측에 부설한다.

③ 배수관은 타 지하매설물과 교차나 인접하여 부설할 때는 적어도 30cm 이상 간격을 두어야 한다.

④ 오수관과 인접하여 수도관을 부설할 때는 오수관보다 위에 부설한다.

【표 3-3】 배수관의 매설깊이

관경	매설깊이
350mm	1.0m 이상
400~900mm	1.2m 이상
1,000mm	1.5m 이상

(4) 배수관의 배치방법

배수관의 배치방법은 격자식, 수지상식, 종합식(격자식+수지상식)이 있다.

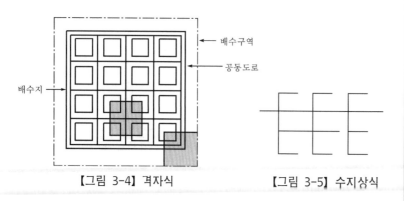

【그림 3-4】 격자식　　　　　【그림 3-5】 수지상식

【표 3-4】 격자식과 수지상식의 비교

구분	장점	단점
격자식	• 물이 정체하지 않음 • 수압의 유지가 용이함 • 단수 시 대상지역이 좁아짐 • 화재 시 사용량변화에 대처가 용이함	• 관망의 수리 계산이 복잡함 • 건설비가 많이 소요됨 • 관의 수선비가 많이 듦 • 시공이 어려움
수지상식	• 수리 계산이 간단하고 정확함 • 제수밸브가 적게 설치됨 • 시공이 용이함	• 수량의 상호보충이 불가능함 • 관 말단에 물이 정체되어 냄새, 맛, 적수의 원인이 됨 • 사고 시 단수구간이 넓음

02 배수관망의 해석

① 등가길이관법(등치관법 ; equivlent pipe method)

① 등가길이관법은 Hardy−Cross법에 의하여 관망을 설계하기 전에 복잡한 관망을 좀 더 간단한 관망으로 골격화시키기 위한 예비작업에 적용하는 방법이다.

② 관 내부에 일정한 유량이 흐를 때 생기는 수두손실이 대치된 관에서 생기는 수두손실과 같을 때 그 대치된 관을 등치관이라고 한다.

③ 먼저 직경 D_1인 관을 직경 D_2인 등치관으로 바꾸는 경우 Hazen−Williams공식으로부터

$$Q_1 = KCD_1^{2.63} h_1^{0.54} L_1^{-0.54}$$

$$Q_2 = KCD_2^{2.63} h_2^{0.54} L_2^{-0.54}$$

$$\therefore Q_1 = Q_2, \ h_1 = h_2 \text{이므로}$$

$$\frac{Q_1}{Q_2} = 1 = \left(\frac{D_1}{D_2}\right)^{2.63} \left(\frac{L_2}{L_1}\right)^{0.54}$$

$$\therefore L_2 = L_1 \left(\frac{D_2}{D_1}\right)^{4.87}$$

이어서 직경과 길이가 각각 D_1, L_1 그리고 D_2, L_2인 병렬로 연결된 관을 직경과 길이가 D_x, L_x인 등치관으로 바꾸어보면 관 1과 관 2는 모든 조건이 같고 길이만 다르므로

$$Q_2 = Q_1 \left(\frac{L_1}{L_2} \right)^{0.54}$$

동일한 요령으로 관 2와 관 x를 비교하면

$$Q_x = Q_2 \left(\frac{L_2}{L_x} \right)^{0.54}$$

❷ Hardy-Cross법

관망이 복잡한 격자식 관망의 해석이 적합한 경우에 사용하며, 이 방법을 통하여 유량과 수두손실, 보정유량을 정확하게 계산할 수 있다. 처음에 적절히 배수관망의 형상을 배치하고 관망을 구성하는 내경, 연장 및 관의 조도가 주어진 것이라 가정한다. 또한 관망으로 유입하고 유출하는 유량이 주어진 것이라 하여 각 관의 유량과 수두손실을 구하는 것이다.

(1) 계산 시 가정조건

① 각 분기점 또는 합류점에 유입하는 수량은 그 점에서 정지하지 않고 전부 유출한다.

$$\Sigma Q_{in} = \Sigma Q_{out}$$

② 각 폐합관에 대한 관로의 손실수두의 합은 0이다.

$$\Sigma h_L = 0$$

③ 마찰 이외의 손실은 무시한다.

(2) 수리 계산

① 손실수두와 유량의 관계(Hazen-Williams공식)

$$h_l = f \frac{L}{D} \frac{V^2}{2g} = KQ^{1.85}$$

② Hardy-Cross법에 의한 시산법 : 가정유량이 Q일 때 손실수두
는 h_L, 가정유량이 Q_0일 때 손실수두는 h_L', 보정유량이 ΔQ일
때 손실수두는 Δh_L이라 하면

$$Q = Q_0 + \Delta Q$$

$$Q = \frac{-\sum h_L'}{1.85 \sum \left| K Q_0^{0.85} \right|} \quad (\sum h_L' = \sum K Q_0^{1.85})$$

(3) Hardy-Cross방법에 의한 관망의 해석절차

① 관망을 형성하고 있는 관에 대한 $h_L - Q$관계를 수립한다.

② 관로의 각 교차점에서 연속방정식을 만족시킬 수 있도록 각
관에 흐르는 유량 Q_0를 적절히 가정한다.

③ 가정유량 Q_0가 각 관에 흐를 경우 손실수두 $h_L = K Q_0^n$을 계산
하고, 폐합회로에 대한 전손실수두 $\sum h_L = \sum K Q_0^n$을 계산한다.
이때 만일 가정유량이 옳았다면 $\sum h_L = 0$이 되나, 그렇지 않을
경우에는 각 관의 유량을 보정하여 계산을 반복한다.

④ 가정유량의 보정치 ΔQ를 계산하기 위하여 각 폐합회로에 대
하여 $\sum \left| K n Q_0^{n-1} \right|$을 계산한다.

⑤ 유량의 보정치는 다음 식에 의해서 계산한다.

$$Q = \frac{-\sum h_L'}{1.85 \sum \left| K Q_0^{0.85} \right|} \quad (n = 1.85)$$

⑥ 보정유량의 ΔQ를 이용하여 각 관에서 유량을 보정한다.

⑦ ΔQ의 값이 거의 0이 될 때까지 ②~⑤를 반복한다.

3-3 급수시설

전년도 출제경향 및 학습전략 포인트

▼ **전년도 출제경향**
- 급수장치용 기구가 갖추어야 할 조건

▼ **학습전략 포인트**
- 급수방식 : 직결식, 탱크식
- 교차연결의 정의

---

01 급수시설

① 급수계획

공공도로 밑에 부설한 배수관에서 분기하여 각 가정의 급수전까지 물을 보내는 것을 말한다.

② 급수장치

급수관, 계량기, 저수조, 수도전 등이 있다.

③ 급수장치용 기구가 갖추어야 할 조건

① 수압, 토압, 부등침하 등에 대하여 안전하고 내구성이 크며 누수가 없을 것
② 유지관리가 용이해야 하며 위생상 무해할 것
③ 정체수를 용이하게 배출시킬 수 있는 구조일 것
④ 물이 오염되거나 역류할 위험이 없을 것
⑤ 손실수두가 작고 과대한 수격작용이 발생되지 않을 것
⑥ 급수관을 공공도로에 부설할 경우 다른 매설물과의 간격을 30cm 이상 확보할 것

알・아・두・기・

02 급수방식

① 직결식 급수방식

① 배수관의 수압을 이용하여 급수한다.
② 배수관의 관경과 수압이 급수장치의 사용수량에 대해 충분한 경우 적용하며 보통 2층 건물까지 가능하다.

☞ 중요부분

② 탱크식 급수방식

① 수압이 낮아 직접 급수가 불가능할 경우 급수장치 중간에 저위치 탱크, 고위치 탱크 또는 가압탱크를 설치해 물을 일단 탱크에 저수했다가 급수하는 간접적인 방식을 말한다.
② 탱크식 급수방식을 적용하는 경우
　㉮ 배수관의 수압이 소요수압에 비해 부족할 경우
　㉯ 일시에 많은 수량을 필요로 하는 경우
　㉰ 배수관의 압력변동에 관계없이 상시 일정한 수량과 압력이 필요한 경우
　㉱ 급수관의 고장에 따른 단수 시에도 어느 정도의 급수를 지속할 필요가 있는 경우
　㉲ 배수관의 수압이 과대하여 급수장치에 고장을 일으킬 염려가 있는 경우
　㉳ 재해・단수・강수 시 물을 반드시 확보해야 할 경우

03 급수전

① 급수관의 관경

급수관의 관경은 배수관의 계획 최소동수압 때에도 설계수량을 충분히 공급할 수 있는 크기로 하여야 한다.

❷ 급수관의 마찰손실수두

① 관의 직경이 75mm 이상의 급수관인 경우 Hazen-Williams공식 사용
② 관경이 50mm 이하의 급수관인 경우 Weston공식 사용

$$h_L = \left(0.0126 + 0.1739 - \frac{0.1087d}{\sqrt{V}} \right) \frac{L}{D} \cdot \frac{V^2}{2g}$$

04 교차연결(cross connection)

☞ 중요부분

❶ 정의

① 음용수를 공급하는 수도와 음용수로 사용될 수 없는 다른 계통의 수도 사이에 관이 서로 물리적으로 연결된 것
② 압력저하 또는 진공 발생으로 오수에 연결된 관이나 용기로부터 공공상수도에 오수의 유입이 가능해지는 현상

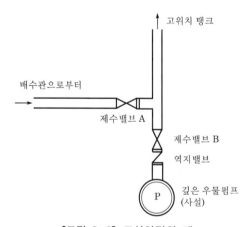

【그림 3-6】 교차연결의 예

❷ 교차연결의 발생원인

① 물의 사용변화가 심할 때
② 화재 등으로 소화전을 열었을 때

③ 배수관의 수리나 청소를 위하여 니토관을 열었을 때

④ 상수관이 하수관과 함께 같은 도랑에 매설될 때

⑤ 지반의 고저차가 심한 급수구역에서 고지구의 압력저하가 발생할 때

⑥ 배수관에 직접 연결된 가압펌프의 운전에 따라 상류층에 압력저하가 일어날 때

⑦ 오염된 물을 담은 용기의 유출구가 상수유입구보다 높은 곳에 위치할 때

⑧ 부적합한 수원을 공공상수도에 연결할 때

❸ 교차연결의 방지대책

☞ 중요부분

① 수도관과 하수관을 같은 위치에 매설하지 않는다.

② 수도관의 진공 발생을 방지하기 위해 공기밸브를 부착한다.

③ 연결관에 제수밸브(gate valve), 역지밸브(check valve) 등을 설치한다.

④ 오염된 물의 유출구를 상수관보다 낮게 설치한다.

예상 및 기출문제

3-1 도수 및 송수시설

1. 도수시설에 대한 설명으로 알맞은 것은? [기사 04]
① 상수원으로부터 원수를 취수하는 시설이다.
② 원수를 음용 가능하게 처리하는 시설이다.
③ 배수지로부터 급수관까지 수송하는 시설이다.
④ 취수원으로부터 정수시설까지 보내는 시설이다.

🔷**해설** 도수시설은 수원지에서 원수를 정수지까지 보내는 시설이다.

2. 상수도시설 중 도수시설에 대한 설명으로 옳은 것은? [산업 13]
① 취수 후의 원수를 정수시설까지 수송하는 데 필요한 제반 시설
② 물의 수요변동을 흡수하고 정수를 일정 이상의 압력으로 수요자에게 공급하는 시설
③ 급수관에서 분기하여 정수를 가정, 공장, 사업소 등에 끌어들여 직접 수요자에게 물을 공급하는 시설로써 수요자가 부담하여 설치하는 시설
④ 정수를 후속의 배수시설까지 수송하기 위한 시설

3. 도수시설의 계획도수량은 무엇을 기준으로 계획하여야 하는가? [산업 01]
① 계획취수량
② 계획 1일 최대급수량
③ 계획 1일 평균급수량
④ 계획시간 최대급수량

🔷**해설** 계획도수량은 계획취수량을 기준으로 설계한다.

4. 도수거의 구조와 형식에 대한 설명으로 옳지 않은 것은? [산업 13]
① 한랭지에 설치될 도수거는 개거로 하는 것이 바람직하다

② 지층의 변화점, 수로교, 둑, 통문 등의 전후에는 신축조인트를 설치한다.
③ 개거 및 암거에는 30~50m간격으로 시공조인트를 겸한 신축조인트를 설치한다.
④ 개거와 암거는 구조상 안전하고 충분한 수밀성과 내구성을 가지고 있어야 한다.

🔷**해설** 한랭지에서는 결빙을 막기 위하여 도수거는 암거로 하는 것이 바람직하다.

5. 다음 중 송수관로를 결정할 때 고려할 사항이 아닌 것은? [산업 04, 12]
① 가급적 단거리가 되어야 한다.
② 이상수압을 받지 않도록 한다.
③ 관로의 수평 및 연직방향의 급격한 굴곡은 피한다.
④ 송수관로는 반드시 자연유하식으로 해야 한다.

🔷**해설** 송수관로는 펌프압송식이 많이 사용되며, 자연유하식은 지형조건에 맞춰서 사용한다.

6. 도수 노선의 선정에 있어 고려사항으로 옳지 않은 것은? [기사 10]
① 최소동수경사선 이하가 되도록 한다.
② 원칙적으로 공공도로 또는 수도용지로 한다.
③ 건설비 등의 경제성, 유지관리의 난이도 등을 종합적으로 비교·검토하여 결정한다.
④ 수평이나 수직방향의 굴곡은 수리학적으로 유리하여 시공상의 어려움에도 불구하고 주로 사용된다.

7. 송수관이란 다음 중 어느 것을 말하는가? [산업 07, 15]
① 취수장과 정수장 사이의 관
② 정수장과 배수지 사이의 관
③ 배수지에서 주도로까지의 관
④ 배수시에서 수도계량기까지의 관

⤳ 정답   1.④   2.①   3.①   4.①   5.④   6.④   7.②

8. 송수시설에 대한 설명으로 옳은 것은? [기사 15]
① 정수처리된 물을 소요수량만큼 수요자에게 보내는
　시설
② 수원에서 취수한 물을 정수장까지 운반하는 시설
③ 정수장에서 배수지까지 물을 보내는 시설
④ 급수관, 계량기 등이 붙어있는 시설

9. 개수로와 관수로의 근본적인 차이점은? [산업 04]
① 수압의 고저
② 자유수면의 유무
③ 지상매설과 지하매설
④ 수로의 덮개 유무

10. 도·송수에 대한 설명으로 옳은 것은? [기사 11]
① 관의 일부가 동수경사선보다 높을 때 도·송수의
　효율이 향상된다.
② 도·송수의 효율을 높여주기 위하여 시점의 고수
　위와 종점의 저수위를 동수경사로 한다.
③ 도·송수는 최소동수경사로 하며, 시점의 최저수위
　와 종점의 최고수위를 동수경사로 하는 경우이다.
④ 도·송수는 최고동수경사로 하며, 이를 위해 항상
　상류측 관의 지름을 하류측보다 크게 한다.

11. 자연유하식의 도수관 내 평균유속의 최대한도와
최소한도로 옳게 짝지어진 것은? [기사 11]
① 3.0m/s, 0.3m/s
② 3.0m/s, 0.5m/s
③ 5.0m/s, 0.3m/s
④ 5.0m/s, 0.5m/s

12. 도·송수관을 설계할 때 자연유하식인 경우의
평균유속 최소한도는? [산업 11]
① 0.1m/s　　　　② 0.2m/s
③ 0.3m/s　　　　④ 0.5m/s

13. 도수 및 송수관거 설계 시 평균유속의 최대한도
는? [기사 04, 14, 15, 산업 13]
① 0.3m/s　　　　② 3.0m/s
③ 13.0m/s　　　　④ 30.0m/s

14. 도·송수관로 내 최대유속을 정하는 이유로 타
당치 않은 것은? [기사 11, 산업 00]
① 관 내면에 마모를 방지하기 위하여
② 관로 내 침전물의 퇴적을 방지하기 위하여
③ 양정에 소모되는 전력비를 절감하기 위하여
④ 수격작용이 발생할 가능성을 낮추기 위하여

　해설　최대유속을 정하는 이유
　　　⑦ 관 내면의 마모를 방지하기 위해
　　　⑭ 수격현상으로 인한 관의 파손을 방지

15. 다음의 사항 중에서 틀린 것은? [산업 03]
① 송수관 내의 평균유속의 최대한도는 모르타르나
　콘크리트일 때 3m/s이다.
② 관 내면이 강철이나 주철일 때에는 송수관 내의 평
　균유속의 최대한도를 6m/s까지 허용한다.
③ 평균유속이 높은 경우에는 접합정을 설치하여 감
　속시킨다.
④ 원수를 도수할 경우 부유물이나 미사의 관내 침전
　을 막기 위해 최소유속을 0.5m/s로 하고, 그 이하
　로 떨어지면 가압한다.

　해설　도·송수관의 유속범위 : 0.3~3m/s

16. 도수관거에 관한 설명으로 틀린 것은? [기사 14, 20]
① 관경의 산정에 있어서 시점의 고수위, 종점의 저수
　위를 기준으로 동수경사를 구한다.
② 자연유하식 도수관거의 평균유속의 최소한도는
　0.3m/s로 한다.
③ 자연유하식 도수관거의 평균유속의 최대한도는
　3.0m/s로 한다.
④ 도수관거 동수경사의 통상적인 범위는 1/1,000~
　1/3,000이다.

17. 도수 및 송수관로 계획에 대한 설명으로 옳지
않은 것은? [기사 11]
① 비정상적 수압을 받지 않도록 한다.
② 수평 및 수직의 급격한 굴곡을 많이 이용하여 자연
　유하식이 되도록 한다.
③ 가능한 한 단거리가 되도록 한다.
④ 최소한의 공사비가 소요되는 곳을 택한다.

18. 도수관에 대한 설명으로 틀린 것은? [기사 12]

① 자연유하식 도수관의 최소평균유속은 0.3m/s로 한다.

② 액상화의 우려가 있는 지반에서의 도수관 매설 시 필요에 따라 지반을 개량한다.

③ 자연유하식 도수관의 허용 최대한도유속은 3.0m/s로 한다.

④ 도수관의 노선은 관로가 항상 동수경사선 이상이 되도록 설정한다.

19. 도수 및 송수노선 선정 시 고려할 사항으로 틀린 것은? [기사 15]

① 몇 개의 노선에 대하여 경제성, 유지관리의 난이도 등을 비교·검토하여 종합적으로 판단하여 결정한다.

② 원칙적으로 공공도로 또는 수도용지로 한다.

③ 수평이나 수직방향의 급격한 굴곡은 피한다.

④ 관로상 어떤 지점도 동수경사선보다 항상 높게 위치하도록 한다.

> **해설** 관로상 어떤 지점도 동수경사선보다 항상 낮게 유지해야 하지만, 높게 위치하는 경우 상류측 관경을 크게 접합정, 감압밸브를 설치함으로써 해결할 수 있다.

20. 도수로의 일부가 최소동수경사선 위로 매설되어 있다. 최소동수경사선을 상승시키는 방법은 무엇인가? [산업 95]

① 단일 동수경사에 대한 관경에 비하여 상류측 관경을 작게 한다.

② 단일 동수경사에 대한 관경에 비하여 상류측 관경을 크게 하고, 하류측 관경을 작게 한다.

③ 단일 동수경사에 대한 관경에 비하여 상류측 관경을 작게 하고, 하류측 관경을 크게 한다.

④ 단일 동수경사에 대한 관경에 비하여 하류측 관경을 크게 한다.

21. 원형 하수관에서 유량이 최대가 되는 때는? [기사 05, 11, 15]

① 가득 차서 흐를 때

② 수심이 92~84% 차서 흐를 때

③ 수심이 80~85% 차서 흐를 때

④ 수심이 75~80% 차서 흐를 때

22. 원형관의 수리특성곡선에 대한 설명 중 틀린 것은? [기사 97]

① 유량이 최대로 흐를 때는 만관으로 흐를 때이다.

② 관의 반만 차서 흐를 때의 유속은 만관 시의 유속과 같다.

③ 유속이 최대가 될 때는 하수의 수심이 80%일 때이다.

④ 관이 반만 차서 흐를 때의 유량은 꽉 차서 흐를 때의 반이다.

> **해설** 원형관의 유속은 수심의 80%, 유량은 수심의 94%일 때 최대가 된다.

23. 상수도의 도수 및 송수관로의 일부분이 동수경사선보다 높을 경우에 취하는 사항으로 부적당한 것은? [산업 96]

① 감압밸브를 설치하는 방법

② 접합정을 설치하는 방법

③ 터널을 설치하는 방법

④ 상류측 관로의 관경을 크게 하는 방법

24. 상수도의 도수 및 송수관로의 일부분이 동수경사선보다 높을 경우에 취할 수 있는 방법으로 옳은 것은? [기사 14]

① 접합정을 설치하는 방법

② 스크린을 설치하는 방법

③ 감압밸브를 설치하는 방법

④ 상류측 관로의 관경을 작게 하는 방법

> **해설** 관로가 최소동수경사선 위에 있는 경우 상류측 관경을 크게 하고 접합정 및 감압밸브를 설치한다. 보다 확실한 방법을 요구하는 문제이므로 접합정을 설치하는 방법을 선택한다.

25. 도수 및 송수관로 중 일부분이 동수경사선보다 높은 경우 조치할 수 있는 방법으로 옳은 것은? [기사 17]

① 상류측에 대해서는 관경을 작게 하고, 하류측에 대해서는 관경을 크게 한다.

② 상류측에 대해서는 관경을 작게 하고, 하류측에 대해서는 접합정을 설치한다.

③ 상류측에 대해서는 관경을 크게 하고, 하류측에 대해서는 관경을 작게 한다.

④ 상류측에 대해서는 접합정을 설치하고, 하류측에 대해서는 관경을 크게 한다.

해설 상류측 관경을 크게 한다. 접합정을 설치한다. 감압밸브를 설치한다.

26. 자연유하식 관로를 설치할 때 수두를 분할하여 수압을 조절하기 위한 목적으로 설치하는 부대설비는?

[산업 14]

① 양수정　　　　　　② 분수전
③ 수로교　　　　　　④ 접합정

27. 접합정(junction well)에 대한 설명으로 옳은 것은?

[기사 04, 13, 17]

① 수로에 유입한 토사류를 침전시켜서 이를 제거하기 위한 시설
② 종류가 다른 관 또는 도랑의 연결부, 관 또는 도랑의 굴곡부 등의 수두를 감쇄하기 위하여 그 도중에 설치하는 시설
③ 양수장이나 배수지에서 유입수의 수위조절과 양수를 위하여 설치한 작은 우물
④ 수압관 및 도수관에 발생하는 수압의 급격한 증감을 조정하는 수조

28. 접합정이 반드시 설치되어야 할 장소로 틀린 것은?

[산업 11]

① 관로의 분기점
② 고개의 정상부
③ 정수압의 조정이 필요한 곳
④ 동수경사의 조정이 필요한 곳

29. 관로의 도중에 설치하여 관로의 수압을 조절하는 설비로 계획도수량의 1.5분 이상의 용량을 가져야 하는 것은?

[산업 08]

① 양수정　　　　　　② 접합정
③ 수로교　　　　　　④ 흡입정

30. 상수도시설 중 접합정에 관한 설명으로 가장 옳은 것은?

[기사 05]

① 복류수를 취수하기 위해 매설한 유공관거시설
② 상부를 개방하지 않은 수로시설
③ 배수지 등의 유입수의 수위조절과 양수를 위한 시설

④ 관로의 도중에 설치하여 주로 관로의 수압을 조절할 목적으로 설치하는 시설

31. 도수관로의 매설깊이는 관종 등에 따라 다르지만 일반적으로 관경 100mm 이상은 몇 cm 이상으로 하여야 하는가?

[산업 14]

① 90cm　　　　　　② 100cm
③ 150cm　　　　　④ 180cm

해설 상수관은 1,000mm 이상은 1.5m 이상 매설한다.

32. 폭 5m, 길이 10m, 수심 4m인 콘크리트 직사각형 수조 밑바닥의 수압강도는?

[기사 04]

① 2tf/m²　　　　　② 4tf/m²
③ 8tf/m²　　　　　④ 16tf/m²

해설 수압강도 $p = \gamma h = 1\text{tf/m}^3 \times 4\text{m} = 4\text{tf/m}^2$

33. 관로의 길이가 460m이고 관경이 90mm인 관수로에 물이 4m/s의 유속으로 흐를 때 관수로 내에서의 손실수두는? (단, 마찰계수 $f=0.030$이다.)

[기사 04, 10]

① 약 125m　　　　　② 약 130m
③ 약 135m　　　　　④ 약 140m

해설 $h_L = f \dfrac{l}{d} \dfrac{V^2}{2g} = 0.03 \times \dfrac{460}{0.09} \times \dfrac{4^2}{2 \times 9.8} = 125\text{m}$

34. 내경 1,000mm의 강관에 압력수두 100m의 물이 흐르게 하려면 강관의 최소두께는 얼마로 해야 하는가? (단, 강재의 허용인장응력은 1,100kg/cm²이다.)

[산업 04]

① 4.6mm　　　　　② 5.2mm
③ 10.5mm　　　　　④ 12.1mm

해설 $t = \dfrac{PD}{2\sigma} = \dfrac{10 \times 1,000}{2 \times 1,100} = 4.54\text{mm}$

35. 만류로 흐르는 수도관에서 조도계수 $n=0.01$, 동수경사 $I=0.001$, 관경 $D=5.08$m일 때 유량은? (단, Manning공식을 적용할 것)

[기사 04]

① 25m³/s　　　　　② 50m³/s
③ 75m³/s　　　　　④ 100m³/s

⊙ 해설 $R_h = \dfrac{D}{4}$ 일 때

$$V = \frac{1}{n} R_h^{2/3} I^{1/2} = \frac{1}{0.01} \times \left(\frac{5.08}{4}\right)^{2/3} \times 0.001^{1/2}$$
$$= 3.71 \text{m/s}$$

$$\therefore Q = AV = \left(\frac{\pi D^2}{4}\right) V = \left(\frac{\pi \times 5.08^2}{4}\right) \times 3.71$$
$$= 75.16 \text{m}^3/\text{s}$$

36. 폭 2m인 직사각형 개수로에 수심 1m의 물이 흐르고 있다. Manning의 조도계수는 0.015이고 관로의 경사가 1/1,000일 때 도수로에 흐르는 유량은? [산업 04]

① $1.33 \text{m}^3/\text{s}$ ② $2.66 \text{m}^3/\text{s}$
③ $5.32 \text{m}^3/\text{s}$ ④ $6.22 \text{m}^3/\text{s}$

⊙ 해설 $R_h = \dfrac{bh}{b+2h}$ 일 때

$$V = \frac{1}{n} R_h^{2/3} I^{1/2}$$
$$= \frac{1}{0.015} \times \left(\frac{2 \times 1}{2 + 2 \times 1}\right)^{2/3} \times \left(\frac{1}{1,000}\right)^{1/2}$$
$$= 1.328 \text{m/s}$$
$$\therefore Q = AV = (2 \times 1) \times 1.328 \fallingdotseq 2.66 \text{m}^3/\text{s}$$

37. 직경이 40cm인 주철관에 0.25m³/s의 유량이 흐르고 있다. 이 관로 700m에서 생기는 손실수두를 Manning의 식에 의해 구하면? (단, $n = 0.012$) [산업 04]

① 2.1m ② 4.2m
③ 8.6m ④ 12.6m

⊙ 해설 $Q = AV = \dfrac{\pi d^2}{4} V$ 에서

$$V = \frac{4Q}{\pi d^2} = \frac{4 \times 0.25}{\pi \times 0.4^2} = 1.99 \text{m/s}$$

$$\therefore h_L = f \frac{l}{d} \frac{V^2}{2g} = \frac{124.5 n^2}{d^{1/3}} \frac{l}{d} \frac{V^2}{2g}$$
$$= \frac{124.5 \times 0.012^2}{0.4^{1/3}} \times \frac{700}{0.4} \times \frac{1.99^2}{2 \times 9.8} = 8.6 \text{m}$$

38. 콘크리트조의 장방향 수로(폭 2m, 높이 2.5m)가 있다. 이 수로의 유효수심이 2m인 경우의 평균유속은? (단, Manning공식을 이용하고 수면경사는 1/1,000, 조도계수는 0.015) [기사 05]

① 1.61m/s ② 1.81m/s
③ 1.92m/s ④ 2.02m/s

⊙ 해설 Manning공식의 유속식

$$V = \frac{1}{n} R_h^{2/3} I^{1/2} = \frac{1}{n} \left(\frac{bh}{b+2h}\right)^{2/3} I^{1/2}$$

39. 직경 100cm인 원형 관로에 물이 1/2 정도 차서 흐르고 있다. 이 관수로의 경심은 얼마인가? [기사 98]

① 50cm ② 30cm
③ 25cm ④ 20cm

⊙ 해설 경심(동수반경) $R_h = \dfrac{A}{P}$ 이므로

$$\left(\frac{\pi d^2}{4} \times \frac{1}{2}\right) \bigg/ \frac{\pi d}{2} = \frac{D}{4} = \frac{100}{4} = 25 \text{cm}$$

40. 다음 그림과 같은 단면을 갖는 수로를 흐르는 물의 유속은? (단, Manning공식을 사용하고 조도계수 =0.017, 동수경사=0.003) [기사 11]

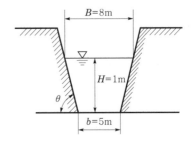

① 2.42m/s ② 2.52m/s
③ 2.59m/s ④ 2.68m/s

⊙ 해설 Manning공식 $V = \dfrac{1}{n} R_h^{\frac{2}{3}} I^{\frac{1}{2}}$

사다리꼴 $R_h = \dfrac{A}{P} = \dfrac{6.5}{8.61} = 0.755$

$$A = 5\text{m} \times 1\text{m} + \frac{1}{2} \times 1.5\text{m} \times 1\text{m} \times 2 = 6.5 \text{m}^2$$

$$P = \sqrt{1^2 + 1.5^2} \times 2 + 5\text{m} = 8.61 \text{m}$$

$$V = \frac{1}{0.017} \times 0.755^{\frac{2}{3}} \times 0.003^{\frac{1}{2}} \fallingdotseq 2.67 \text{m/s}$$

41. 관로 내의 마찰저항계수를 구하기 위하여 사용되는 도표는? [산업 12]

① Theis diagram
② Wenzel diagram
③ Penman diagram
④ Moddy diagram

42. 1일 800,000m³의 수돗물을 송수하기 위하여 내경 2,000mm의 주철관 1,000m를 설치할 경우 적당한 관로의 경사는? (단, Darcy-Weisbach에 의하고 마찰손실계수 $f=0.03$) [기사 13]

① 1/110   ② 1/130
③ 1/150   ④ 1/170

해설 $Q=AV=\dfrac{\pi d^2}{4}V$에서

$$V=\frac{Q}{A}=\frac{4Q}{\pi d^2}=\frac{4\times9.26}{\pi\times2^2}=2.95\text{m/s}$$

여기서, $Q=800,000\text{m}^3/\text{d}=9.26\text{m}^3/\text{s}$

$$h_L=f\frac{l}{d}\frac{V^2}{2g}=0.03\times\frac{1,000}{2}\times\frac{2.95^2}{2\times9.8}=6.66\text{m}$$

$$\therefore\ I=\frac{h_L}{l}=\frac{6.66}{1,000}\fallingdotseq\frac{1}{150}$$

43. 다음 공식 중에서 상수관거의 설계에 가장 많이 이용되는 공식은? [산업 07, 12]

① Hazen-Williams공식   ② Hardy-Cross공식
③ Darcy-Weisbach공식   ④ Manning공식

해설 ② 관망 해석
③ 마찰손실수두
④ 평균유속 산정식

44. Hazen-Williams공식에 의한 유량 Q는 계수 C, 관지름 D와 동수경사 I에 의해 다음 식으로 표시된다. 이 식에서 사용되는 계수 C의 범위는 다음 중 어느 것에 해당되는가? [산업 98]

$$Q=0.27853CD^{2.63}I^{0.54}$$

① 1.0~1.5   ② 10~15
③ 100~150   ④ 1,000~1,500

45. 도수관에서 유량을 Hazen-Williams공식으로 다음과 같이 나타내었을 때 a, b의 값은? (단, 여기서 D는 관의 직경이며, I는 동수경사이다.) [기사 13]

$$Q=KCD^aI^b$$

① $a=0.63$, $b=0.54$ ② $a=0.63$, $b=2.54$
③ $a=2.63$, $b=2.54$ ④ $a=2.63$, $b=0.54$

3-2 배수시설

46. 배수지 내에 물이 정체부가 생기지 않도록 설치하는 것은? [기사 10]

① 축관   ② 도류벽
③ 월류 weir   ④ 검수구

47. 계획배수량의 원칙적 기준으로 옳은 것은? [산업 11]

① 해당 급수구역의 계획 1일 최대배수량(m³/d)
② 해당 배수구역의 계획 1일 최대배수량(m³/d)
③ 해당 급수구역의 계획시간 최대배수량(m³/d)
④ 해당 배수구역의 계획시간 최대배수량(m³/d)

48. 상수도시설의 용량설계에서 물 사용량의 변동이나 화재 발생 시 물 사용량이 고려되어야 하는 시설은 어느 것인가? [기사 99]

① 도수   ② 배수
③ 정수   ④ 취수

49. 배수관을 다른 지하매설물과 교차 또는 인접하여 부설할 경우에는 최소 몇 cm 이상의 간격을 두어야 하는가? [기사 00, 10, 16]

① 10cm   ② 30cm
③ 80cm   ④ 100cm

해설 배수관은 타 지하매설물과 교차나 인접하여 부설할 때는 적어도 30cm 이상 간격을 두어야 한다.

50. 배수관의 계획배수량을 결정한 것이다. 다음 중 맞는 것은? [산업 98]

① 평상시에는 계획 1일 최대급수량으로 한다.
② 평상시에는 계획시간 최대급수량으로 한다.
③ 화재 시에는 계획시간 최대급수량과 소화용수량과의 합으로 한다.
④ 화재 시에는 계획 1일 최대급수량으로 한다.

해설 ㉮ 평상시: 계획시간 최대급수량
㉯ 화재 시: 계획 1일 최대급수량+소화용수량

51. 상수도 배수관의 최소매설깊이를 결정할 때 고려할 사항으로 가장 거리가 먼 것은? [산업 95]
① 급수관과의 연결
② 동결깊이
③ 지하수위에 대한 부상
④ 차량에 의한 윤하중

52. 배수지의 유효용량은 일반적으로 계획 1일 최대 급수량의 몇 시간분을 표준으로 하는가? [기사 16, 산업 03]
① 1~4시간   ② 2~5시간
③ 8~12시간   ④ 14~15시간

53. 배수지의 유효용량은 계획 1일 최대급수량의 최소 몇 시간분으로 하는 것이 바람직한가? [산업 97]
① 3시간   ② 6시간
③ 9시간   ④ 12시간

54. 배수지(配水池)에 대한 설명으로 틀린 것은? [산업 16]
① 배수지는 가능한 한 급수지역의 중앙 가까이 설치한다.
② 배수지의 유효수심이 너무 깊으면 구조면이나 시공면에서 내진성과 수밀성에 문제가 생긴다.
③ 배수지의 유효용량은 급수구역의 계획 1일 최대급수량의 24시간분 이상을 표준으로 한다.
④ 배수지는 붕괴의 우려가 있는 비탈의 상부나 하부 가까이는 피해야 한다.

■해설 배수지의 유효용량은 표준 8~12시간, 최소 6시간 이상으로 한다.

55. 배수지의 유효수심은 얼마를 표준으로 하는가? [기사 13]
① 1~2m   ② 2~3m
③ 3~6m   ④ 6~8m

■해설 배수지의 유효수심은 3~6m이다.

56. 배수지에 관한 설명으로 옳지 않은 것은? [산업 10]
① 급수구역에서 멀리 위치할수록 좋다.

② 유효용량은 일반적으로 계획 1일 최대급수량의 12시간분 이상을 표준으로 한다.
③ 자연유하식 배수지의 표고는 최소동수압이 확보되는 높이어야 한다.
④ 유효수심은 3~6m 정도를 표준으로 한다.

■해설 배수지는 가급적 급수구역에 가까워야 한다.

57. 배수지에 관한 설명으로 틀린 것은? [산업 11]
① 급수량의 시간적 변화에 대응하기 위해 설치한다.
② 단수 등의 비상시에 대비하기 위해 설치한다.
③ 배수관 내의 누수량을 줄이기 위해 설치한다.
④ 계획 1일 최대급수량의 일정시간분량을 저장한다.

58. 상수도계통에서 배수지로 적당한 위치는 어디인가? [산업 06]
① 충분한 수압을 가지며 취수시설에 가까운 곳
② 충분히 정화시킬 수 있는 정수시설에서 가까운 곳
③ 충분한 수량을 취수할 수 있는 수원지에서 가까운 곳
④ 급수구역에서 가깝고 적당한 수두를 얻을 수 있는 곳

■해설 배수지로 적당한 위치는 급수구역에서 가깝고 적당한 수두를 얻을 수 있으며 급수구역의 중앙에 위치한 곳이다.

59. 배수관망의 설계에 있어서 최대동수압은 가능한 한 얼마 이내로 하는 것이 타당한가? [산업 04]
① 4.0kgf/cm²   ② 5.0kgf/cm²
③ 6.0kgf/cm²   ④ 7.0kgf/cm²

60. 상수도 배수관 내 최소동수압의 표준은 얼마인가? [기사 00]
① 1.0kgf/cm²   ② 1.5kgf/cm²
③ 2.0kgf/cm²   ④ 2.5kgf/cm²

61. 상수도 배수관 내의 수압은 다음 중 어느 범위로 유지시키는 것이 가장 좋은가? [기사 96]
① 1.0~4.0kgf/cm²   ② 1.0~10.0kgf/cm²
③ 1.5~4.0kgf/cm²   ④ 1.5~10.0kgf/cm²

62. 배수관의 수압에 관한 사항으로 ㉠, ㉡에 들어갈 적정한 값은? [기사 12]

- 급수관을 분기하는 지점에서 배수관 내의 최소 동수압은 (㉠)kPa 이상을 확보한다.
- 급수관을 분기하는 지점에서 배수관 내의 최대 정수압은 (㉡)kPa를 초과하지 않아야 한다.

① ㉠ 150, ㉡ 700
② ㉠ 150, ㉡ 600
③ ㉠ 200, ㉡ 700
④ ㉠ 200, ㉡ 600

해설 배수관의 최소 · 최대동수압은 147~392kPa이며, 급수관을 분기하는 지점에서 배수관 내의 최대 정수압은 700kPa이다.

63. 배수지의 저수위와 배수구역 관말까지의 관로길이가 3km, 관로경사가 3‰일 때 두 지점 간의 고저차는 얼마인가? (단, 배수관말의 적정 수압을 고려한다.) [기사 96]

① 9m
② 14m
③ 24m
④ 29m

해설 배수관말의 최소동수압 $1.5\text{kgf/cm}^2 = 15\text{m}$

$I = \dfrac{h_L}{L}$ 로부터 $h_L = LI$

∴ 고저차 = 손실수두차(h_L) + 최소수두

$= 3,000\text{m} \times \dfrac{3}{1,000} + 15\text{m} = 24\text{m}$

64. 배수관으로 이용되는 주철관의 특징 중 틀린 것은? [기사 99]

① 두께가 얇으므로 중량이 적어 운반비가 적다.
② 재질이 약해서 파열되기 쉽다.
③ 이음부가 비교적 굴곡성이 풍부하다.
④ 주형에 의하여 직관이나 이형관을 임의로 주조할 수 있다.

해설 주철관은 충격에 약해 두께를 두껍게 해야 하므로 중량이 무겁다.

65. 배수관에 사용하는 관종 중 강관에 관한 설명으로 틀린 것은? [기사 14]

① 충격에 강하다.

② 인장강도가 크다.
③ 부식에 강하고 처짐이 적다.
④ 용접으로 전 노선을 일체화할 수 있다.

해설 강관은 강철관(steel pipe)으로써 철이 주된 재료이므로 부식에 약하다.

66. 어느 마을의 고지대 일부에서 상수도 수압이 너무 낮아 물이 잘 나오지 않고 있다. 수압을 높여주기 위한 다음의 조치 중 옳지 않은 것은? [산업 98]

① 근처에 배수탑을 설치한다.
② 주위 지역의 관지름을 줄여준다.
③ 배수펌프를 설치한다.
④ 관망을 수지형에서 격자형으로 연결한다.

해설 수압을 높이려면 주위 지역의 관지름을 증가시켜 준다.

67. 수도시설의 전체적인 배열에 있어서의 배수방식 중 가장 경제적이며 안전한 방식은? [기사 98]

① 수원으로부터 중력에 의한 자연유하에 의하는 방식
② 높은 곳에 설치한 배수지까지 펌프양수해서 자연유하로 하는 방식
③ 배수탑, 고가탱크에 양수해서 자연유하하는 방식
④ 펌프직송방식

68. 배수탑이나 고가탱크가 갖는 특징이 아닌 것은? [산업 99]

① 펌프직송식에 비하여 펌프의 운전이 경제적이다.
② 펌프의 수격작용을 방지할 수 있다.
③ 급수구역과 배수시설 간의 적당한 고저차가 없을 때 설치한다.
④ 배수지에 비하여 단위용적당 건설비가 낮다.

69. 다음 중 배수관망법의 종류에 속하지 않는 것은 어느 것인가? [기사 01]

① 격자식
② 수지상식
③ 가압식
④ 종합식

해설 가압식은 배수방식이다.

76. 상수도 배수관망 중 격자식 배수관망에 대한 설명으로 틀린 것은? [기사 04]
① 물이 정체하지 않는다.
② 사고 시 단수구역이 작아진다.
③ 수리 계산이 복잡하다.
④ 제수밸브가 적게 소요되며 시공이 용이하다.

> **해설** 격자식 배수관망은 제수밸브가 많이 필요하며 시공이 복잡하다.

71. 다음 중 자연유하식의 장점이 아닌 것은? [산업 04]
① 평상시 수압과 수량조절이 양호하다.
② 양수장치에 따른 동력비가 없다.
③ 정전 시 단수의 염려가 없다.
④ 운전요원 등의 인건비가 감소된다.

> **해설** 평상시 수압과 수량조절은 조압밸브를 설치하여 수압조절에 대비해야 한다.

72. 간단한 배수관망 계산 시 등치관법을 사용하는 경우 직경이 30cm, 길이가 300m인 관을 직경 20cm인 등치관으로 바꾸는 경우 길이는 약 몇 m인가? [기사 10]
① 42m
② 132m
③ 1,420m
④ 2,162m

> **해설** D_1인 관을 D_2인 등치관으로 바꾸는 경우
> $$L_2 = L_1 \left(\frac{D_2}{D_1}\right)^{4.87}$$
> $$= 300\text{m} \times \left(\frac{0.2\text{m}}{0.3\text{m}}\right)^{4.87} = 41.6\text{m}$$

73. 배수관을 망상(그물모양)으로 배치하는 방식의 특징이 아닌 것은? [산업 04, 16]
① 고장의 경우 단수 염려가 없다.
② 관내의 물이 정체하지 않는다.
③ 관로 해석이 편리하고 정확하다.
④ 수압분포가 균등하고 화재 시에 유리하다.

> **해설** 격자식 배수관으로 관망의 수리 계산이 매우 복잡하다.

74. 배수관망의 배치방법 중 격자식 방식을 수지상식 방식과 비교하여 설명한 것으로 옳지 않은 것은? [기사 13]
① 물이 정체하지 않고 수압을 유지하기 쉽다.
② 단수 시 그 대상지역이 넓다.
③ 화재 시 등 사용량의 변화에 대처하기 쉽다.
④ 관거의 포설비용이 크다.

> **해설** 격자식 방식은 제수밸브가 많아 단수 시 그 대상지역이 좁아진다.

75. 격자식 배수관망이 수지상식 배수관망에 비해 갖는 장점은 무엇인가? [기사 96]
① 단수구역이 좁아진다.
② 수리 계산이 간단하다.
③ 관의 부설비가 작아진다.
④ 제수밸브를 적게 설치해도 된다.

76. 배수관의 관망 중 수지상식에 관한 설명으로 알맞은 것은? [기사 05]
① 관을 그물모양처럼 연결하는 방식이다.
② 수리 계산이 간단하고 비교적 정확하다.
③ 사고 시 단수되는 구간을 최소화할 수 있다.
④ 관의 설치 시 비교적 공사비가 많이 든다.

77. 상수도의 배수에 관한 다음 설명 중 틀린 것은 어느 것인가? [기사 98]
① 간선과 지선의 구분을 명확히 하는 것이 좋다.
② 배수관 내에 부압이 생길 경우 외부로부터의 오염이 발생하기 쉽다.
③ Hardy-Cross법은 격자식 관망의 해석에 적합하다.
④ 격자식은 수지식보다 계산식은 복잡하나 계산량은 적다.

78. 배수관망 계산 시 Hardy-Cross법을 사용하는데 바탕이 되는 가정사항이 아닌 것은? [산업 10, 14]
① 각 폐합관로 내에서의 손실수두합은 0(zero)이다.
② 관의 교차점에서의 수압은 관의 지름에 비례한다.
③ 관의 교차점에서 유량은 정지하지 않고 모두 유출된다.
④ 마찰 이외의 손실은 고려하지 않는다.

해설 Hardy−Cross법의 가정조건

㉮ $\sum Q_{in} = \sum Q_{out}$(총 유입량=총 유출량)

㉯ $\sum h_L$(=각 폐합관에서의 손실수두의 합)=0

㉰ 마찰 이외의 손실은 무시

79. 관망에서 등치관에 대한 설명으로 옳은 것은?

[기사 12]

① 관의 직경이 같은 관을 말한다.

② 유속이 서로 같으면서 관의 직경이 다른 관을 말한다.

③ 수두손실이 같으면서 관의 직경이 다른 관을 말한다.

④ 수원과 수질이 같은 주관과 지관을 말한다.

해설 등치관법은 수두손실을 같도록 관의 직경을 하나로 대체하는 방법을 말한다.

80. 배수관망 계산 시 시산법을 사용하여 관망의 유량을 계산하는 방법은?

[기사 07, 산업 15]

① Hardy−Cross법

② Kutter법

③ Horton법

④ Newman법

81. Hardy-Cross법에 의해 상수배수관망을 해석할 때에 각 폐합관의 마찰손실수두 h의 산정식은? (단, Q는 유량, k는 상수)

[기사 03]

① Hazen−Williams식 사용 시 $h=kQ^{1.85}$

② Hazen−Williams식 사용 시 $h=kQ^3$

③ Darcy−Weisbach식 사용 시 $h=kQ^{1.85}$

④ Darcy−Weisbach식 사용 시 $h=kQ^3$

82. 다음은 공기밸브(air valve)에 대한 설명이다. 틀린 것은?

[산업 97]

① 고개접합부에 설치한다.

② 관내의 공기를 배출시키기 위해 설치한다.

③ 관내 부압의 발생을 막기 위해 설치한다.

④ 관내의 압력이 클 때 밸브가 열린다.

해설 공기밸브는 배수관의 철(凸)부에 설치한다.

83. 높은 압력이 걸리는 관에서 제수밸브를 개폐시킬 때 가장 옳은 방법은?

[기사 97]

① 가능한 한 빨리 열고 빨리 닫는다.

② 가능한 한 천천히 열고빨리 닫는다.

③ 가능한 한 빨리 열고 천천히 닫는다.

④ 가능한 한 천천히 열고 천천히 닫는다.

3-3 급수시설

84. 다음 중 급수설비에 포함되지 않는 것은?

[산업 12]

① 분수전(分水栓)　② 소화전(消火栓)

③ 수도계량기(meter)　④ 지수밸브

85. 배수관에서 분기하여 각 수요자에게 음용수를 공급하는 것을 목적으로 하는 시설은?

[산업 06]

① 취수시설　② 도수시설

③ 배수시설　④ 급수시설

86. 다음은 급수시설에 설치되는 각종 밸브이다. 역류를 방지하기 위해 설치되는 밸브는?

[산업 07]

① stop valve　② check valve

③ safety valve　④ gate valve

87. 관로 내에 이상수압이 발생하는 경우 관의 파열을 방지하기 위해 자동적으로 물을 배출하는 관의 부속설비는?

[산업 00]

① 공기밸브　② 안전밸브

③ 역지밸브　④ 감압밸브

88. 물이 상수관망에서 한쪽 방향으로만 흐르도록 할 때 사용하는 밸브는?

[기사 12]

① 공기밸브(air valve)

② 역지밸브(check valve)

③ 배수밸브(drain valve)

④ 안전밸브(safty valve)

89. 상수도에서 펌프가압으로 배수할 경우에 펌프의 급정지, 급가동 등으로 수격작용이 일어날 경우 배수관의 손상을 방지하기 위하여 설치하는 밸브는? [산업 11, 15]

① 안전밸브   ② 배수밸브
③ 가압밸브   ④ 자동밸브

90. 도수관에 설치되는 공기밸브에 대한 설명 중 틀린 것은? [산업 16]

① 관로의 종단도 상에서 상향돌출부의 상단에 설치한다.
② 관로 중 제수밸브 사이에 공기밸브를 설치할 경우 낮은 쪽 배수밸브 바로 위에 설치한다.
③ 매설관에 설치하는 공기밸브에는 밸브실을 설치한다.
④ 공기밸브에는 보수용의 제수밸브를 설치한다.

91. 마을 전체의 수압을 안정시키기 위해서는 급수탑 바로 밑의 관로계기수압이 2.5kgf/cm²가 되어야 한다. 급수탑은 관로로부터 몇 m 높이에 수위를 유지하여야 하는가? [산업 05]

① 5m   ② 10m
③ 20m   ④ 25m

해설 정수압 $p = \gamma h$ 에서

압력수두 $h = \dfrac{p}{\gamma} = \dfrac{25\text{tf/m}^2}{1\text{tf/m}^3} = 25\text{m}$

92. 관수로인 수도관에서 유속이 7m/s라면 속도수두는? [산업 06]

① 0.75m   ② 1.4m
③ 2.5m   ④ 12.5m

해설 속도수두 $\dfrac{V^2}{2g} = \dfrac{7^2}{2 \times 9.8} = 2.5\text{m}$

93. 다음 중 급수방식에 대한 설명으로 맞지 않는 것은? [기사 04]

① 급수방식은 직결식과 저수조식으로 나누며, 이를 병행하기도 한다.

② 배수관의 관경과 수압이 충분할 경우에는 직결식을 사용한다.
③ 수압은 충분하나 수량이 부족할 경우 직결식을 사용하는 것이 좋다.
④ 배수관의 수압이 부족할 경우 저수조식을 사용하는 것이 좋다.

94. 급수방식에 대한 설명으로 옳지 않은 것은? [산업 13]

① 급수방식에는 직결식, 저수조식 및 직결·저수조 병용식이 있다.
② 직결식에는 직결직압식과 직결가압식이 있다.
③ 급수관으로부터 수돗물을 일단 저수조에 받아서 급수하는 방식을 저수조식이라 한다.
④ 수도의 단수 시에도 물을 반드시 확보해야 하는 경우는 직결식을 적용하는 것이 바람직하다.

해설 단수 시에도 물의 확보가 필요한 경우에는 저수조식 및 탱크식 급수방식을 선택하여야 한다.

95. 다음 중 직결식으로 급수하는 방식을 채택하는 경우는 어느 것인가? [산업 97]

① 일시에 많은 수량을 필요로 할 때
② 항상 일정한 수량을 필요로 할 때
③ 배수관의 수압이 모자랄 때
④ 배수관의 수압이 소요압에 충분할 때

96. 급수방식을 직결식과 저수조식으로 구분할 때 저수조식의 적용이 바람직한 경우가 아닌 것은? [산업 12]

① 일시에 다량의 물을 사용하거나 사용수량의 변동이 클 경우
② 배수관의 수압이 급수장치의 사용수량에 대하여 충분한 경우
③ 배수관의 압력변동에 관계없이 상시 일정한 수량과 압력을 필요로 하는 경우
④ 재해 시나 사고 등에 의한 수도의 단수나 감수 시에도 물을 반드시 확보해야 할 경우

97. 저수조식(탱크식) 급수방식이 바람직한 경우에 대한 설명으로 옳지 않은 것은? [산업 14]

① 역류에 의하여 배수관의 수질을 오염시킬 우려가 없는 경우
② 배수관의 수압이 소요압력에 비해 부족할 경우
③ 항시 일정한 급수량을 필요로 할 경우
④ 일시에 많은 수량을 사용할 경우

98. 급수방법에는 고가수조식과 압력수조식이 있다. 압력수조식을 고가수조식과 비교한 설명으로 옳지 않은 것은? [기사 17]

① 조작상에 최고·최저의 압력차가 적고 급수압의 변동폭이 적다.
② 큰 설비에는 공기압축기를 설치해서 때때로 공기를 보급하는 것이 필요하다.
③ 취급이 비교적 어렵고 고장이 많다.
④ 저수량이 비교적 적다.

> **해설** 압력수조식은 저수조에 물을 받은 다음 펌프로 압력수조에 넣고, 그 내부압력에 의하여 급수하는 방식이므로 공기압축기를 필요로 하지 않는다. 단, 큰 설비에는 공기압축기를 설치해서 때때로 공기를 보급하는 것이 필요하다.

99. 다음 중 주택지역에서 필요로 하는 급수전의 수두는? [기사 99]

① 6~9m   ② 4~6m
③ 9~12m   ④ 15~20m

100. 상수도관이 설치 초기에 비해 수송능력이 저하되는 이유로 가장 타당한 것은? [기사 96]

① 펌프에 문제가 있다.
② 누수가 많기 때문이다.
③ 관지름이 작기 때문이다.
④ 부식이 낳이 신행되있기 때문이다.

101. 급수장치용 기구가 갖추어야 할 요건으로 적합하지 않은 것은? [산업 99]

① 누수가 생기지 않는 구조와 재질일 것
② 위생상 무해할 것
③ 사용상 편리하고 외관이 아름다울 것
④ 물이 역류할 수 있으므로 정체수를 쉽게 배출할 수 있을 것

102. 급수배관에 있어서 음료수를 공급하는 수도와 음용으로 사용할 수 없는 다른 계통의 수도 사이에 관이 물리적으로 연결된 것을 무엇이라 하는가? [산업 06]

① 접합연결   ② 교차연결
③ 확장연결   ④ 혼선연결

103. 교차연결(cross connection)에 대한 설명으로 가장 옳은 것은? [산업 06]

① 가정하수관과 우수관거가 연결된 것
② 연결수관에 압력계가 연결된 것
③ 하수관에 유량계가 연결된 것
④ 음용수관과 음용수로 사용될 수 없는 물을 수송하는 관이 연결된 것

104. 교차연결의 방지대책 중 옳지 못한 것은 어느 것인가? [기사 00]

① 상수관과 하수관을 분리시켜 매설한다.
② 소화용 급수관을 별도로 설치한다.
③ 오염된 물의 유출구를 상수관의 위치보다 높게 설치한다.
④ 수도 본관에 진공을 제거할 수 있는 공기밸브를 설치한다.

MEMO

chapter 4

정수장시설

4 정수장시설

4-1 정수장시설의 개론

┌─ **전년도 출제경향 및 학습전략 포인트** ─┐

▣ **전년도 출제경향**
- 정수방법 선정 시 고려사항

▣ **학습전략 포인트**
- 정수시설 설계기준 : 계획 1일 최대급수량
- 정수처리계통도 : 착수정 – 응집 – 침전 – 여과 – 소독

01 정수장 계획

① 계획정수량

계획 1일 최대급수량을 기준으로 하되, 작업용수, 잡용용수, 기타 손실수량을 고려하여 10%를 여유수량으로 추가한다.

▣ 정수장시설 설계기준
계획 1일 최대급수량

② 일반적인 정수처리장

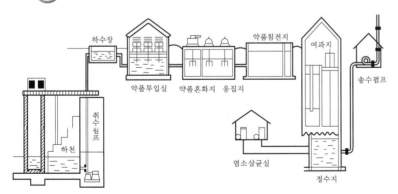

【그림 4-1】 정수처리장의 계통도

❸ 정수처리계통도

(1) 완속여과의 경우

| 취수 | 도수 | 착수정 | 보통침전지 | 완속여과지 | 염소소독 | 정수지 | 송수 |

➡ **정수지**
최종 소독과정을 마친 정수를 일시 저장하는 곳

(2) 급속여과의 경우(일반적으로 많이 이용)

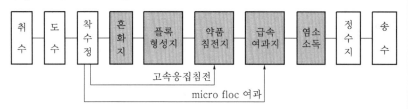

| 취수 | 도수 | 착수정 | 혼화지 | 플록형성지 | 약품침전지 | 급속여과지 | 염소소독 | 정수지 | 송수 |

고속응집침전
micro floc 여과

➡ 보통침전 → 완속여과
약품침전 → 급속여과

(3) 고도정수처리의 경우

| 취수 | 도수 | 착수정 | 혼화지 | 플록형성지 | 약품침전지 | 급속여과지 | 오존처리 | 활성탄 | 염소소독 | 정수지 | 송수 |

　※ 고도정수처리시스템은 종류가 굉장히 많으며, 위 처리과정은
　그중의 하나를 예로 든 것이다.

02 | 정수대상물질

　정수의 목적은 물의 사용목적에 따라 요구되는 양질의 물을 얻는 것
이다. 수질을 사용목적에 적합하게 개선하는 것을 정수 또는 수처리라
고 한다. 그러나 원수가 사용목적에 부합할 때에는 정수과정을 생략할
수 있다. 정수대상물질은 다음 5종류로 나뉜다.

① 부유물질(SS : Suspended Solid)

　직경 $10\mu m$ 이하의 입자로 탁도를 유발하며, 침전, 약품침전, 여과
등의 방법으로 제거

❷ 용해성 물질(dissolved solid)

이온, 콜로이드 등으로 탁도 및 색도를 유발하며, 약품침전(콜로이드)을 통해 불용성 물질로 전환시켜 제거, 활성탄 흡착 이용

❸ 세균 · 미생물

병원성 미생물 등은 침전, 여과, 소독에 의해 제거

❹ 맛, 냄새

일반적인 정수처리공정으로 제거되지 않으므로 오존산화 등 고도처리

❺ 색도 제거

전염소처리, 오존처리, 활성탄처리

4-2 정수방법

┌─────────────────────────────────────┐
│ **전년도 출제경향 및 학습전략 포인트** │

▣ 전년도 출제경향

- Stokes침강속도 계산
- 수면적부하=표면부하율=SLR 계산
- 응집제 주입량 계산
- 완속여과, 급속여과
- 전염소처리의 목적
- 오존처리의 특징
- 활성탄처리의 특징

▣ 학습전략 포인트

- 응집 : 응집제, 응집주입량$=\dfrac{CQ}{순도}$, Jar-test

- 침전

    - Stokes침강속도 $V_s = \dfrac{(\rho_s - \rho_w)g\,d^2}{18\mu} = \dfrac{(s-1)g\,d^2}{18\nu}$

    - $V_0 = \dfrac{Q}{A} = \dfrac{h}{t}$, $E = \dfrac{V_s}{V_o} \times 100\%$

    - 고속응집침전

- 여과

    - $A = \dfrac{Q}{Vn}$

    - 완속여과, 급속여과, Micro-floc여과

- 소독 : 염소소독, 전염소처리, 잔류염소(유리잔류염소, 결합잔류염소), 파괴점, 염소요구량, 오존처리, 활성탄처리

└─────────────────────────────────────┘

01 침전(sedimentation)

침전은 부유물 중에서 중력에 의해 제거할 수 있는 침전성 고형물을 제거하는 것을 말한다.

① 침전과정

침전과정은 부유물의 농도와 특성에 따라서 그림 4-2와 같이 Ⅰ형, Ⅱ형, Ⅲ형, Ⅳ형 침전으로 분류된다.

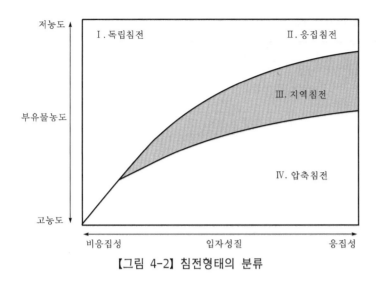

【그림 4-2】 침전형태의 분류

(1) Ⅰ형 침전(독립침전, 자유침전 ; discrete settling)

비중이 1보다 큰 무기성 입자가 침전할 때 입자들이 다른 입자들의 영향을 받지 않고 중력에 의해 자연스럽게 침강되는 현상을 독립침전이라 한다. 주로 침사지와 침전지에서 볼 수 있으며, Stokes법칙이 적용된다.

(2) Ⅱ형 침전(응집침전 ; flocculant settling)

부유물질, 화학응집입자들이 침강하는 동안 입자가 서로 응결되어 점점 커지면서 침전속도가 점차적으로 증가하여 침전되는 현상이다(약품침전지에 적용).

(3) Ⅲ형 침전(지역침전, 방해침전 ; zone settling)

고형물질의 농도가 높을 경우 최종 침전지에서 입자가 서로 접하게 되면 상호인력에 의해 부착되어 비중이 커져서 침강속도가 증가하여 고형물질인 플록(floc)과 폐수 사이에 경계면을 일으키면서 침전할 때 플록의 밑에 있는 물이 플록 사이로 빠져나가면서 동시에 작은 플록이 부착하여 가라앉는 침전이다(하수처리장의 2차 침전지에 적용).

(4) Ⅳ형 침전(압축침전 ; compression settling)

고형물질의 농도가 아주 높은 농축조에서 슬러지 상호간에 서로 압축하고 있어 슬러지는 하부의 슬러지를 서서히 누르면서 하부의 물을 상부로 보내어 분리시키는 침전이다(하수처리장의 2차 침전지, 농축조에서 적용).

【표 4-1】 침전지의 형식과 특성

침전형식	특징	적용
단독침전	저농도 현탁입자의 침전. 독립인자로서 침전하며, 이웃 입자와의 간섭이 없음	그릿(grit), 토사 등의 침전, 침사지, 상수도의 보통침전지
응집침전	저농도 응집성입자의 침전. 침전하면서 응집하여 침강속도가 변함	상수도, 기타의 약품침전지, 상수도의 최초 침전지, 최종 침전지의 상층부
지역침전	뚜렷한 경계면 형성층을 이루어 침전	하수도 최종 침전지의 슬러지 침적부 상승
압축침전	슬러지 침적층의 압축과 간극수의 상승분리	하수도 최종 침전지의 슬러지 침적부 하층, 슬러지 농축조

 Stokes의 법칙

액체 중에서 침전하는 독립입자는 가속도를 받다가 짧은 시간 내에 입자에 작용하는 중력과 액체의 저항이 평형상태에 도달하게 되어 일정한 침강속도로 침전하게 된다. Reynolds Number가 0.5보다 작은 경우 구형의 독립입자가 정지유체 또는 층류 중을 침강할 때의 속도는 Stokes의 법칙에 의해서 다음과 같이 표현된다.

$$V_s = \frac{(\rho_s - \rho_w) g d^2}{18\mu} = \frac{(s-1) g d^2}{18\nu}$$

여기서, V_s : 입자의 침강속도(cm/s)
  g : 중력가속도
  ρ_s : 입자의 밀도(g/cm^3)
  ρ_w : 물의 밀도(g/cm^3)
  s : 비중
  μ : 물의 점성계수(g/cm·s)
  ν : 물의 동점성계수
  d : 입자의 직경(cm)

☞ 중요부분

(1) Stokes법칙의 기본가정

① 입자의 크기는 일정하다.
② 입자의 형상은 구형(원형)이다.
③ 물의 흐름은 층류상태($R_e < 0.5$)이다.

❸ 침전관계이론

(1) 침전지에서 100% 제거할 수 있는 입자의 최소침강속도

$$V_0 = \frac{Q}{A}$$

여기서, Q : 유입유량(m^3/s)
A : 침전지 표면적(침전지 폭×유효길이)

(2) 침전속도가 V_0보다 작은 입자의 평균제거율(침전효율, 침전효과)

$$E = \frac{V_s}{V_0} \times 100 = \frac{V_s}{Q/A} \times 100 = \frac{V_s}{h/t} \times 100 [\%]$$

여기서, V_s : 침전속도(m/s)
h : 유효수심(m)
t : 체류시간(hr)
$V_s \geq V_0$: 모든 퇴적부에 침전된다.
$V_s \leq V_0$: 유출부로 유출된다.

※ 침전효율을 높이기 위한 조건
- 유량을 적게 한다.
- 침전지 표면적을 크게 한다.
- 표면부하율(침전지 내 유속)을 작게 한다.
- 체류시간을 길게 한다.
- 유효수심을 낮게 한다.
- 플록의 침강속도를 빠르게 한다.

(3) 침전지 체류시간(HRT : hydraulic retention time)

$$t = \frac{V}{Q}$$

여기서, t : 체류시간(hr)
V : 침전지 체적(m^3)
Q : 유입유량(m^3/day, m^3/hr)

(4) 표면부하율(수면적부하, SLR : surface loading rate)

침전지에서 입자가 100% 제거되기 위하여 요구되는 침전속도(V_0), 즉 침전지에서 유입구의 최상단으로부터 유입되어 유출구 쪽에서 침전지 바닥에 침강되는 플록의 침강속도를 말한다. 따라서 표면부하율

$(m^3/m^2 \cdot day)$과 침전속도 V_0(m/day)는 동일한 값이다.

$$표면부하율(V_0) = \frac{유입유량(Q)}{침전지\ 폭(b) \times 유효수심(h)}$$

$$V_0 = \frac{Q}{A} = \frac{h}{t}$$

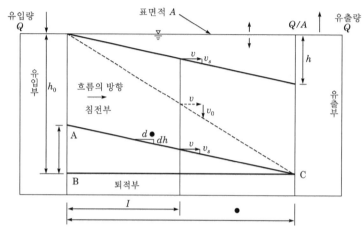

【그림 4-3】 이상적 침전조(수평류, 장방형)

④ 보통침전

보통침전이란 원수를 자연상태 그대로 하고 중력에 의해서만 부유물질을 가라앉히는 침전방법을 말한다.

① 보통침전법은 원수 중의 부유물질이 단속입자이고, 그 입자의 크기, 밀도를 알고 있을 때 Stokes법칙 등의 이론으로 침전속도와 침전시간을 구할 수 있다.

② 보통침전으로 제거되는 부유물질의 입자크기는 0.01mm, 대부분 무기질로 비중은 2.6이며, 1/100mm입자의 침전속도는 10℃에서 6.0×10^{-3}cm/s이다.

③ 보통침전법의 침전효과는 부유물질의 제거율로 나타내며 탁도, 세균 등도 상당히 제거된다. 세균이 제거되는 것은 다른 부유물질에 흡착해서 침전하거나 일광의 세균작용과 생물 간의 생존경쟁 등에 원인이 있다. 보통침전의 후처리인 완속여과가 정상적인 기능을 발휘하기 위해서는 침전수의 탁도가 약 15 이하가 되어야 한다.

(1) 보통침전지의 구조

① 침전지는 2지 이상으로 한다.

② 보통침전지는 직사각형으로 하고, 길이는 폭의 3~8배를 표준으로 한다.

③ 유효수심은 4.5~5.5m로 하고, 슬러지 퇴적심도로서 30cm 이상을 둔다.

④ 고수위에서 침전지 벽체 상단까지의 여유고는 30cm 정도로 한다.

⑤ 용량은 계획정수량의 8시간분을 표준으로 한다.

⑥ 보통침전지의 평균유속은 30cm/min 이상을 표준으로 한다.

⑤ 약품침전

혼탁된 물에 포함된 미립자 중 직경이 0.003mm 이하와 비중 1.2~1.4인 작은 유기물은 침전에 장시간이 필요하며 보통침전법으로는 침전을 기대할 수 없다. 그러므로 보통침전법으로 제거하지 못하는 미세한 부유물질이나 콜로이드성 물질, 미생물 및 비교적 분자가 큰 용해성 물질을 약품을 사용하여 침전이 가능하도록 불용성 플록을 형성시켜 제거하는 방법을 약품침전법이라 하며, 후속공정인 급속여과공정으로 보낸다.

(1) 약품침전지의 구성

① 침전지는 2지 이상으로 한다.

② 약품침전지는 직사각형으로 하고, 길이는 폭의 3~8배를 표준으로 한다.

③ 유효수심은 4.5~5.5m로 하고, 슬러지 퇴적심도로서 30cm 이상을 둔다.

④ 고수위에서 침전지 벽체 상단까지의 여유고는 30cm 정도로 한다.

⑤ 용량은 계획정수량의 3~5시간분을 표준으로 한다.

⑥ 약품침전지의 평균유속은 40cm/min 이상을 표준으로 한다.

⑥ 고속응집침전지

고속응집침전지는 기존 플록의 존재 하에서 새로운 플록을 형성시키는 것으로, 응집침전의 효율을 향상시키는 것을 목적으로 한다.

(1) 고속응집침전지를 선택할 때 고려사항

① 원수탁도는 10NTU 이상이어야 한다.

② 최고탁도는 1,000NTU 이하인 것이 바람직하다.

③ 탁도와 수온의 변동이 적어야 한다.

④ 처리수량의 변동이 적어야 한다.

(2) 고속응집침전지의 수와 구조

① 용량은 계획정수량의 1.5~2.0시간분으로 한다.

② 침전지 내의 평균상승유속은 40~50mm/min을 표준으로 한다.

③ 청소, 고장 등의 경우에도 침전에 지장이 없는 지수로 한다.

※ 정수에 사용되는 침전지는 보통침전지, 약품침전지, 경사판 침전지, 고속응집침전지로 분류한다.

【표 4-2】침전지의 종류

종류	체류시간	유속	유속의 방향
보통침전지	8시간	30cm/min	횡류유속
약품침전지	3~5시간	40cm/min	횡류유속
경사판침전지	2.4~4.6시간	60cm/min	횡류유속
고속응집침전지	1.5~2.0시간	4~5cm/min	상승유속

02 응집(凝集 ; coagulation)

응집은 일반적인 침전처리에서 제거되지 않는 미세한 점토, 유기물, 세균, 조류, 색도, 탁도성분이나 콜로이드상태로 존재하는 물질 및 맛과 냄새를 제거하기 위해서 약품을 사용하는 단위공법이다.

즉, 응집이란 콜로이드의 전기적 특성을 콜로이드가 띠고 있는 전하와 반대되는 전하를 갖는 물질을 투여하여 그 특성을 변화시키고 pH의 변화를 일으켜 콜로이드가 갖고 있는 반발력을 감소시킴으로써 입자가 결합되게 한 것으로, 입자의 무게에 대한 표면적의 비를 감소시켜 주어 침전이 일어나도록 한 것이다. 이때 가한 화학약품을 응집제라 하고, 입자의 덩어리를 플록(floc)이라 한다.

응집에 사용되는 약품을 응집제라 하며, 일반적으로 응집제로 가장 많이 사용하는 것은 명반(황산반토, 황산알루미늄($Al_2(SO_4)_3$), 철염($FeCl_2$, $FeCl_3$, $FeSO_4$ 등)이다. 명반은 주로 정수처리에 많이 사용하며, 철염은 주로 폐수처리에 사용한다. 종전에는 무기계 응집제가 많이 사용되어 왔으나 근래에는 고분자응집제 사용이 진보되어 단독 또는 다른 무기계 응집제와 같이 병용하는 형태로 많이 이용되고 있다.

(1) 황산알루미늄(황산반토, $Al_2(SO_4)_3 \cdot 18H_2O$)

적당량의 황산알루미늄을 수중에 가하면 다음과 같은 반응이 나타난다.

$$Al_2(SO_4)_3 \cdot 18H_2O + 3Ca(HCO_3)_2$$
$$\rightarrow 2Al(OH)_3 \downarrow 3CaSO_4 + 6CO_2 + 18H_2O$$

이 반응에서 Ca이나 Mg의 중탄산염은 황산염이 되어 일시경도가 영구경도로 되지만 총 경도는 변하지 않는다.

※ 황산알루미늄은 다른 응집제에 비하여 다음과 같은 특징이 있다.
- 저렴하고 무독성이기 때문에 대량 첨가가 가능하며, 거의 모든 수질에 적합하다.
- 결정(結晶)은 부식성, 자극성이 없고 취급이 용이하다.
- 황산반토의 수용액은 강산성이므로 취급에 주의해야 한다.
- 탁도, 색도, 세균, 조류 등 거의 모든 현탁물 또는 부유물에 대하여 유효하다.
- 철염에 비하여 생성된 플록이 가볍고 적정 pH폭이 좁은 것이 단점이다.

☞ 중요부분

황산알루미늄의 특징을 기억하자.

(2) 폴리염화알루미늄(PAC : poly aluminium chloride)

폴리염화알루미늄은 일명 PAC라 하며, 응집력이 우수하고, 단독으로 사용해도 좋고 황산알루미늄과 병용해도 좋으나 황산반토의 경우와 같이 황산이온이 어느 정도 공존할 때 응집효과가 좋다.

※ 폴리염화알루미늄(PAC)의 특징은 다음과 같다.
- 응집, 플록형성이 황산반토보다 현저히 빠르다.
- pH, 알칼리도의 저하는 황산반토의 1/2 이하이다.
- 탁도의 제거효과가 탁월하다.
- 적정 주입률의 폭이 크며 과잉으로 주입하여도 효과가 떨어지지 않는다.

(3) 알루민산나트륨(soeium aluminate ; NaAlO₂)

수산화나트륨(Na(OH)₂)에 알루미나(Al₂O₃)를 녹인 것으로 단독으로는 응집작용이 약하므로 보통 황산알루미늄과 함께 사용한다. 색도가 높은 물에 유효하며, 알칼리성으로 수처리 후의 경도 및 유리탄산도 증가하지 않으므로 보일러용수의 특수 정수에 사용된다.

(4) 암모늄명반

소규모의 정수장치에 한해서 사용되나 용해속도가 느리다.

(5) 황산 제1철(ferrous sulfate ; FeSO₄)

소석회와 함께 사용해야 하며 알칼리도가 높고 고탁도인 원수에 가장 적합하며 경제적이다. 플록은 황산반토에 비해 무겁고 수온이나 pH 변화에 의한 영향이 적다.

(6) 황산 제2철(ferric sulfate ; Fe₂(SO₄)₃)

더운 물로 용해시켜야 하며 소석회는 필요 없다. 금속에 대한 부식성이 강하므로 내산성의 고무나 납으로 피복된 장치를 사용해야 한다. 플록의 생성, 침전시간은 황산반토보다 빠르다.

【표 4-3】응집제의 종류

☞ 중요부분

품명	장점	단점	응집 적정 pH
황산 반토	• 여러 폐수에 적용이 가능하다. • 모든 종류의 부유물에 대해 유효하다. • 부식성, 자극성이 없어 취급이 용이하다. • 독성이 없어 다량 주입이 가능하다. • 다른 응집제에 비해 가격이 저렴하다.	• 응집이 발생하는 pH범위가 좁다. • 플록이 가볍다. • 황산반토수용액은 강산성으로 취급에 주의를 요한다.	5.5~8.5
PAC	• 응집, 플록형성속도가 빠르다. • 성능이 좋다. • 저온열화하지 않는다. • 알칼리도의 소모가 황산반토의 절반밖에 되지 않는다. • 탁도 제거에 탁월하다. • 적정 주입량의 폭이 크며 과잉 주입하여도 효과가 떨어지지 않는다.	• 고가이다.	

품명	장점	단점	응집 적정 pH
황산 제1철	• 플록이 무겁고 침강이 빠르다. • 값이 싸다. • 저온이나 pH변화에 의한 영향이 적다. • 알칼리도가 높은 고탁도의 원수에 사용이 가능하다.	• 산화할 필요가 있다. • 철이온이 잔류한다. • 소석회와 함께 사용해야 한다. • 부식성이 강하다.	9~11
염화 제2철	• 응집pH범위가 넓다(pH 3.5 이상). • 플록이 무겁고 침강이 빠르다. • 소석회의 사용이 필요 없다.	• 부식성이 강하다. • 더운 물로 용해시켜야 한다.	4~12

❷ 응집보조제

응집보조제는 보다 무겁고 신속히 침강하는 플록을 만들고 플록의 강도를 증가시키는 목적으로 사용한다.

(1) 무기성 보조응집제

① **점토** : 점토는 응결물을 크게 하여 침전을 쉽게 하는 것 외에 응결물의 형성을 촉진시키는 흡착작용도 한다. 이때 가장 많이 사용되는 것은 벤토나이트(bentonite)이다.

② **활성규사** : 특별한 방법으로 활성화된 sodium silicate로서 물에서는 전하를 띤 솔(sol ; 우유상태)을 형성한다. 즉, 응집제로부터 생긴 양전하의 금속 수산화물과 결합하여 쉽게 제거될 수 있는 플록을 형성한다.

(2) 유기성 보조응집제

한천, 전분, 젤라틴 등의 천연적인 것과 poly-electrolytes 등과 같은 유기 고분자응집제가 있으나 천연적인 것은 가격이 비싸 비경제적이므로 잘 사용되지 않고, 주로 응집력이 크고 pH나 공존물질의 영향을 잘 받지 않는 유기 고분자응집제를 사용한다.

❸ Jar-test(약품교반시험, 응집교반시험)

응집제 및 응집보조제의 적정량 및 알맞은 농도를 결정할 때에는 그 대상이 되는 수질에 대하여 미리 실험실에서 응집시험을 하여 플록의 생성이 빠르고 가장 응집상태가 좋으며 경제적인 응집제나 조건을 찾

▶ 응집보조제 → 알칼리제
① 생석회(CaO)
② 소다회(Na_2CO_3)
③ 가성소다(NaOH)
④ 활성규산(Na_2SiO_3)
⑤ 소석회($Ca(OH)_2$)

아내야 하는데, 이때 수행하는 시험을 말한다.

응집반응에 영향을 미치는 인자는 pH, 응집제 선택, 수온, 물의 전해질농도, 콜로이드의 종류와 농도 등이 있으나 현장 적용 시에는 Jar-test를 행하여 효과적으로 처리하기 위한 최적 pH나 응집제량을 조절해주는 것이 좋다.

Jar-test는 각각의 폐수에 맞는 응집제와 응집보조제를 선택한 후 적정 pH를 찾고 그 pH치에서 최적 주입량을 결정하는 조작이다.

(1) Jar-test시험방법

① 6개의 비커에 처리하려는 물을 동일량(500mL 또는 1L)으로 채운다.

② 교반기로 최대속도(120~140rpm)로 15~90초간 급속교반시킨다.

③ pH 조정을 위한 약품과 응집제를 짧은 시간 내에 주입한다. 응집제는 왼쪽에서 오른쪽으로 증가시켜 각각 다르게 주입한다.

④ 교반기 회전속도를 20~70rpm으로 감소시키고 20분~1시간 완속 반한다(플록 생성). 그리고 플록이 생기는 시간을 기록한다.

⑤ 약 30~60분간 침전시킨 후 상등수를 분석한다.

> ▶ **급속교반 후 완속교반을 하는 이유**
> 플록을 깨뜨리지 않고 크기를 증가시키기 위해

03 여과(filtration)

여과란 다공질의 여층을 통해 현탁액을 유입시켜 부유물질을 제거하는 방법으로, 상수도에서 흔히 이용되는 여과법은 완속모래여과법(slow sand filtration)과 급속모래여과법(rapid sand filtration)이다. 여과는 부유물, 특히 침전으로 제거되지 않는 미세한 입자의 제거에 가장 효과적인 방법이다.

① 여과방법의 분류

① 수류(흐름)방향에 의한 분류

㉮ 하향류 여과(downflow filter)

㉯ 상향류 여과(upflow filter)

㉣ 2방향 여과(biflow filter)
② 여상의 구성에 따른 분류 : 단층 여과, 다층 여과
③ 여상의 추진력에 의한 분류 : 중력식 여과, 압력식 여과
④ 유량조절방법에 따른 분류 : 일정 유량 여과, 감소유량 여과
⑤ 여과속도에 의한 분류 : 완속여과, 급속여과

❷ 입도와 여과면적

(1) 유효경과 균등계수

① 유효경(effective size) : 유효경이란 가적통과율 10%의 모래가 차지하는 입경을 말하는 것으로서 여과사의 유효경은 완속여과 시 0.3~0.45mm, 급속여과 시 0.45~1.0mm범위이다.

② 균등계수(uniformity coefficient) : 균등계수란 가적통과율 60%의 모래가 가지는 입경을 유효경으로 나눈 값으로 다음 식으로 나타낸다.

$$C_u = \frac{D_{60}}{D_{10}}$$

여기서, D_{10} : 가적통과율(중량백분율) 10%에 해당되는 입경
D_{60} : 가적통과율(중량백분율) 60%에 해당되는 입경

> ▣ 여과모래 선정 시 고려사항
> ① 유효경
> ② 균등계수
> ③ 마멸률

> ▣ 균등계수(C_u)가 1에 가까울수록 입도분포(粒度分布)가 양호하다고 하며, 1이 넘을수록 불량하다고 한다.

(2) 여과면적

여과속도와 계획정수량이 결정되면 다음 식으로 총 여과면적을 구한다.

$$A = \frac{Q}{Vn}$$

여기서, Q : 계획정수량(m^3/day)
V : 여과속도(m/day)
A : 총 여과면적(m^2)
n : 여과지 수

> ☞ 단위에 주의하자.

❸ 완속여과(slow sand filtration)

모래 여과층 상부의 여재표면에 증식한 미생물군에 의하여 보통 침전지를 통과한 침전수의 불순물을 체거름(straining), 흡착 및 침전(sedimentation), 생물학적 작용(biological activity), 산화작용(oxidation) 등의 기능으로 제거, 분해하는 정수방법이다.

따라서 미생물이 생장할 조건만 형성되면 완속여과에서는 수중의 부유물질이나 세균을 고도로 처리할 수 있으며, 일부분의 암모니아성 질소, 철, 망간, 합성세제, 페놀 등을 제거할 수 있다.

(1) 완속여과의 특징

☞ 중요부분

① 세균 제거율이 98~99.5% 정도로 높다.
② 여과속도는 4~5m/day 정도이다.
③ 약품의 소요가 불필요하며 유지관리비가 저렴하다.
④ 처리수의 수질이 양호하다.
⑤ 여과속도가 느리므로 여과지의 면적이 넓고 건설비가 많이 든다.
⑥ 탁도가 높거나 심하게 오염된 원수에는 부적당하다.
⑦ 유입수의 탁도가 10도 이하인 저탁도의 유입수에 적용한다(고탁도 유입 시 생물층 형성 불가능).

④ 급속여과(rapid sand filtration)

원수 중의 부유물질을 약품침전한 후에 분리하는 방법이다. 여상층에 빠른 유속으로 물을 통과시켜서 주로 여재의 부착, 거름작용으로 부유물질을 제거하는 것이므로 제거대상인 부유물질은 미리 응집처리를 하여 부착이나 거름작용으로 분리되기 쉬운 상태의 플록으로 만들어야 한다.

(1) 급속여과의 특징

☞ 중요부분

① 고탁도수에 적용 가능하고 색도, 철, 조류의 처리도 가능하다.
② 여과속도는 120~150m/day 정도로 완속여과에 비하여 매우 빠르다.
③ 완속여과에 비해 부지소요가 적고 건설비도 적게 든다.
④ 인력이 적게 소요되며 자동제어화가 가능하다.
⑤ 약품 사용, 동력 소비 등에 따른 유지관리비가 많이 소요된다.
⑥ 여과 시 손실수두가 크다.
⑦ 세균처리에 있어서는 확실성이 적다.
⑧ 여재 청소 시 기계적으로 하므로 경비가 많이 드는 반면, 청소 시간이 적게 들고 오염의 염려도 적다.

【표 4-4】완속여과와 급속여과의 제원 비교

구분	완속여과	급속여과
여과속도	4~5m/day	120~150m/day
모래층두께	70~90cm	60~70cm
세균 제거율	98~99.5%	95~98%
모래 유효경	0.3~0.45mm	0.45~1.0mm
균등계수	2.0 이하	1.7 이하
여과율	$3\sim6m^3/m^2 \cdot day$	$100\sim200m^3/m^2 \cdot day$
사상(砂上) 수심	90~120cm	1m 이상
여과작용	여과, 흡착, 생물학적 응결작용	여과, 응결, 침전

【표 4-5】완속여과와 급속여과의 특징 비교

구분	완속여과	급속여과
용지면적	크다.	작다.
세균 제거	좋다.	나쁘다.
수질	양호	-
약품처리	불필요	필요
손실수두	작다.	크다.
건설비	많다.	적다.
유지관리비	적다.	많다.
원수수질	저탁도	고탁도
여재 세척법	많이 소요	적게 소요
관리기술	불필요	필요

⑤ 급속여과의 변법

(1) 다층 여과법

보통의 천연규사로 된 여과층은 역세척에 의해서 성층화되어 위에서 아래로 갈수록 입도가 커지며, 따라서 여과손실수두가 커지고 폐쇄가 빨리 일어나 여과지속시간이 단축되는 결점이 있는데, 이러한 결점을 보완한 것이 다층 여과법(multilayer filtration)이다.

(2) 상향류 여과법(upflow filter)

보통 여과법은 위에서 아래로 물이 흐르는 데 반해, 상향류 여과법은 밑에서 위로 여과하는 방법으로 하층에 조립, 상층으로 갈수록 세사가 분포되므로 다층 여과법과 같은 이점이 있으나 여과수가 표면에 나오므로 오염 방지책이 필요하다. 여과층의 두께는 약 2m로 여과속도 260~360m/day의 고속여과가 가능하다.

(3) 감쇠여과법

급속여과는 일정 유량을 여과하는 정속여과임에 비하여, 감쇠여과는 정압여과로 여과지 수위가 일정하므로 정압을 가하지만 유량조절기가 없으므로 여과지가 점차 폐쇄됨에 따라 여과수량이 감소하는 여과법이다. 이 방식은 공업용수의 여과에 널리 이용되며, 초기속도는 140~150m/day 정도이다.

  ※ 감쇠여과가 정속여과보다 유리한 점
    • 복잡한 유량조절장치가 제수밸브로 대용된다.
    • 정상적인 응집이 이루어졌을 경우 여과수가 보다 청정하다.
    • 응집 불량으로 인한 탁질누출현상이 적다.
    • 여과지속시간이 길다.
    • 소요손실수두가 작다.

(4) 2방향류 여과법

여층 중에 집수 strainer를 설치하고 상하 양 방향에서 원수를 동시에 유입시켜 여과하는 방식이다. 상향류 여과의 장점인 여과지속시간의 연장과 단점인 모래층의 팽창에 따른 여과기능의 상실 등을 방지할 목적으로 하향류의 양 여과를 하나의 조합여상으로 하여 동시에 여과할 수 있도록 만든 것으로 여층이 상하 모두 역입도로 구성되어 있다. 이것을 상·하향류라고도 한다.

  ※ 2방향류 여과의 특징
    • 정여층의 여과기능 발휘에 따른 여과지속시간이 연장된다.
    • 2방향 동시여과로 여과면적이 적어진다.
    • 상·하향 양 여과의 손실수두가 동일하도록 여과유량이 자동적으로 조절된다.
    • 고탁도 원수의 탁질을 직접적으로 신속히 제거할 수 있다.

(5) Micro floc여과법

직접 여과법으로 응집침전을 행하지 않고 원수에 약품을 직접 주입한 후 곧 급속여과를 행하는 것이 특징이다. 그러나 원수의 탁도가 100도 이하인 저탁도에는 micro floc여과로 정수되지만 100도 이상이면 침전지에서 어느 정도 탁도를 제거할 필요가 있다.

여과층은 다층 여과와 같은 무연탄, 천연규사, 석류석의 3층 여과를 사용하여 230~290m/day의 여과속도를 낼 수 있다.

【표 4-6】 여과장치의 손실수두영향인자

인자	조건	손실수두
모래층두께	두꺼울수록	크다.
	얇을수록	작다.
모래입자의 크기	클수록	작다.
	작을수록	크다.
여과속도	클수록	크다.
	작을수록	작다.
물의 점성도	클수록	크다.
	작을수록	작다.
모래의 균일도	좋을수록	작다.
	나쁠수록	크다.

※ $h_L = \dfrac{f}{\psi}\left(\dfrac{1-\alpha}{\alpha^3}\right)\dfrac{L}{d} \cdot \dfrac{V_s^2}{g}$

　여기서, h_L : 손실수두,　L : 여과층깊이,　ψ : 형상계수,
　　　　　d : 여과사 직경,　α : 공극률,　V_s : 접근여과속도

04　소독(살균(殺菌) ; disinfection)

살균은 소독과 같은 의미로 사용되며 수중의 세균, 바이러스, 원생 동물 등의 단세포 미생물을 죽여 무해화하는 것을 의미한다.

① 살균제

살균제로 사용되는 것은 주로 염소(Cl_2) 및 오존(O_3) 등 산화성 물질이며, 이 밖에 자외선이나 은화합물을 살균의 목적으로 사용하기도 한다. 과산화수소(H_2O_2), 브롬(Br), 요오드(I_2) 등도 국부적인 살균용으로 사용된다.

(1) 살균제가 갖추어야 할 조건
① 병원균의 종류에 관계없이 그 살균능력이 강해야 한다.
② 살균속도가 빠르며 살균에 지속성이 있어야 한다.

③ 주입 시 잔류농도로 인하여 인체나 가축 등에 독성이 없어야
  하며 맛이나 냄새를 발생시키지 않아야 한다.
④ 저장, 운반, 취급이 용이하고 가격이 저렴하여야 한다.
⑤ 주입 시 그 농도를 용이하게 측정할 수 있어야 한다.

② 전염소처리(prechlorination)

☞ 중요부분

염소는 소독을 목적으로 여과 후에 주입되는 것이지만, 전염소처리
는 원수가 심하게 오염되어 세균, 암모니아성 질소(NH_3-N)와 각종
유기물을 포함하여 침전, 여과의 정수만으로는 제거되지 않는 경우에
침전지 이전에 주입하는 것으로 소독작용이 아닌 산화·분해작용이 주
목적이다. 염소는 주로 착수정, 혼화지, 침전지, 유출수 등의 혼화가
잘 되는 곳에 주입한다.

▶ 전염소처리
• 살균이 목적이 아님
• 산화·분해작용이 목적임

(1) 전염소처리의 목적
① 색도를 제거하기 위해
② 철(Fe), 망간(Mn)을 제거하기 위해
③ 암모니아성 질소(NH_3-N)를 제거하기 위해
④ 조류, 세균을 제거하기 위해
⑤ 각종 유기물을 제거하기 위해
⑥ 맛, 냄새를 제거하기 위해

(2) 전염소처리의 장단점
① 일반 세균이 1mL 중 5,000마리 이상 또는 대장균군이 100mL
  중 2,500마리 이상 존재할 때 물의 세균을 감소시켜서 안정성
  을 높이며 침전지나 여과지의 내부를 위생적으로 유지한다.
② 조류, 세균 등이 다수 서식하고 있을 때 사멸시키고 번식을 방
  지한다.
③ 원수 중에 용존하고 있는 철, 망간을 산화시켜 제거할 수 있다.
④ 암모니아성 질소, 황화수소(H_2S), 아질산성 질소, 페놀류, 유
  기물을 산화시켜 제거할 수 있다.
⑤ 잔류염소가 생기지 않는다.
⑥ THM의 발생은 억제하지 못한다.

▶ THM의 발생은 억제하지 못한
  다. 또한 잔류염소가 발생하지
  않는다.

❸ 염소소독(후염소처리)

(1) 염소(chlorine)

① 강력한 살균제로 상수의 정수처리에 가장 많이 사용된다.

② 가격이 저렴하며 주입방법이 비교적 간단하다.

③ 용해도는 1기압 20℃에서 7,169mg/L이다.

④ 과량의 염소주입은 THM을 생성한다.

⑤ 급수관에서의 잔류염소농도는 0.2mg/L를 유지하게 한다.

⑥ 소화기계통의 전염병 유행 시, 정수작업에 이상이 있을 때, 단수 후 또는 수압이 감소할 때는 0.4mg/L 이상으로 유지한다.

⑦ 색도는 제거하지 못한다.

⑧ 살균에 지속성이 있으며 살균력이 강하다.

⑨ 염소의 소독효과는 반응시간, 온도 및 염소를 소비하는 물질의 양에 따라 좌우된다.

⑩ 수중에서 유리잔류염소와 결합잔류염소의 형태로 존재한다.

⑪ Cloramine은 살균력은 약하나 소독 후 물에 이취미가 없고 살균작용이 오래 지속하는 장점이 있다.

⑫ 식물성 냄새, 생선 비린내, 황화수소 냄새, 부패한 냄새의 제거에 효과가 있지만 곰팡이 냄새 제거에는 효과가 없다.

⑬ 박테리아에 대해서는 효과적이나 바이러스에 대해서는 별로 효과적이지 못하다.

(2) 유리잔류염소 및 결합잔류염소

① 유리잔류염소 : 염소가 물에 용해되었을 때는 다음과 같이 가수분해된다.

$$Cl_2 + H_2O \rightleftharpoons HOCl + H^+ + Cl^- \,(낮은\ pH)$$

염소산은 다시 OCl^-(차아염소산기)와 H^+로 해리(解離)한다.

$$HOCl \rightleftharpoons H^+ + OCl^-$$

㉮ 수중의 염소는 물의 pH에 따라 HOCl이나 OCl^-를 생성하는데, 이와 같이 수중에서 HOCl, OCl^-의 형태로 존재하는 염소를 유리잔류염소라 한다.

㉯ 유리잔류염소의 특징

　㉠ pH 5 이하에서는 염소분자로 존재한다.

　㉡ HOCl이 OCl^-보다 살균력이 약 80배 정도 강하다.

☞ 염소소독의 특징을 기억하자.

▶ 살균력
오존(O_3) > HOCl > OCl^- > 클로라민

ⓒ 대장균의 살균을 위한 필요농도는 HOCl이 0.02ppm, OCl⁻
가 2ppm 정도가 필요하다.

ⓓ HOCl의 살균력은 pH 5.5에서, OCl⁻의 살균력은 pH 10.5
정도에서 최대가 된다.

② **결합잔류염소** : 염소가 수중의 NH₃ 또는 유기성 질소화합물과
반응하여 존재하는 것으로 chloramine이 대표적이며, 암모니
아성 질소(NH₃-N)가 많으면 형성된다. 이때 생성되는 클로
라민의 종류는 물의 pH, 암모니아의 양, 온도의 영향을 받는
다. 수중에 존재하는 암모니아와 염소의 반응식을 보면 다음
과 같다.

$Cl_2 + H_2O \rightleftharpoons HOCl + H_2O$

$HOCl + NH_3 \rightleftharpoons H_2O + NH_2Cl(monochloramine)$: pH 8.5 이상

$HOCl + NH_2Cl \rightarrow H_2O + NH_2Cl(dichloramine)$: pH 4.5 이상

$HOCl + NHCl \rightarrow H_2O + NCl_3(trichloramine)$: pH 4.4 이하

㉮ 결합잔류염소의 특징

㉠ 살균 후 냄새와 맛을 나타내지 않는다.

㉡ 살균에 지속성이 있다.

㉢ 유리잔류염소에 비해 살균력이 약하다.

㉯ 염소의 살균력 : HOCl > OCl → chloramines, 온도가 높을
수록, 반응시간이 길수록, 염소농도가 높을수록, pH가 낮을
수록(산성) 살균력은 증가한다. 염기성 세균에 대하여는 효
력이 없다. 또한 산도는 살균효과를 증대시키고, 알칼리도는
살균효과를 감소시킨다.

(3) 잔류염소와 염소요구량

염소주입량이 많으면 다시 특이한 잔류염소로 변화하는데 염소주입
량과 잔류염소의 관계는 그림 4-4와 같으며 I형, II형, III형은 각각
다른 수질이다.

① [A~B구간] 염소가 수중의 환원제와 결합하므로 잔류염소의
양이 없거나 극히 적다.

② [B~C구간] 계속 염소를 주입함에 따라 클로라민이 형성되어
잔류염소의 양이 증가한다.

③ [C~D구간] 주입된 염소는 클로라민을 NO, N₂ 등으로 분해시
키는 데 소모되므로 잔류염소량은 급격히 떨어진다.

▶ 잔류염소는 급수관에서 0.2ppm
이상 유지되어야 한다.

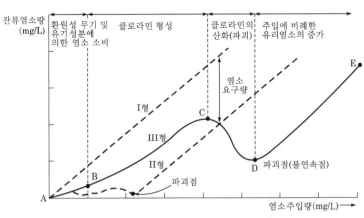

【그림 4-4】염소주입과 잔류염소의 관계

④ [D점 : break point] 파괴점을 지나 염소를 계속 주입하면 더 이상 염소와 결합할 물질이 없어 주입된 염소량만큼 잔류염소량으로 남게 된다.

⑤ [D~E구간] 유리잔류염소가 수중에 지속되는 구간

㉮ I형 : 증류수에 염소를 주입할 때 염소요구량이 0일 경우이며, 주입량에 비례해서 주입량과 같은 잔류염소가 생긴다.

㉯ II형 : 물이 어느 정도의 유기물이나 산화되는 무기물을 포함하는 경우 즉, 염소요구량이 있는 경우로서 일반적으로 수돗물은 이 경우에 속한다.

㉰ III형 : 전염소처리 시에 나타나는 형으로, 유기 및 무기성분과 함께 암모니아화합물을 많이 포함한 물에서 볼 수 있다.

㉱ 염소요구량

㉠ 염소요구(량)농도＝염소주입량농도－잔류염소(유리 및 결합잔류염소)농도

㉡ 염소요구량＝(염소주입량농도－잔류염소량농도)$\times Q \times \dfrac{1}{순도}$

05 염소살균 이외의 살균법

① 오존(O₃)

고도정수처리방법으로 여과수에 가하는 오존의 주입량은 2~3mg/L 이하이고, O_3은 쉽게 분리되어 발생기 산소가 되며, 이 산소가 소독작용

을 한다. 오존처리대상으로는 색, 냄새, 맛, 철, 망간, 유해한 유기물, 세균, 바이러스 등이 있다.

【표 4-7】 오존처리의 장단점

장점	단점
• 물에 화학물질이 남지 않는다. • 물에 염소와 같은 이취미를 남기지 않는다. • 유기물 특유의 이취미가 제거된다. • 철, 망간의 제거능력이 좋다. • 색도 제거효과가 크다. • 페놀류 등을 제거하는 데 효과적이다. • 자체의 높은 산화력으로 염소에 비하여 높은 살균력을 가지고 있다.	• 경제성이 없다. • 소독의 잔류효과(지속성)가 없다. • 복잡한 배오존처리설비가 필요하다. • 수온이 높아지면 오존소비량이 많아진다. • 암모니아는 제거 불가능하다.

② 활성탄처리법

활성탄처리법은 고도정수처리방법의 하나로 통상의 정수처리방법으로 제거되지 않는 이취미, 페놀류, 유기물, 합성세제의 제거 등에 사용되며, 분말활성탄처리법과 입상활성탄처리법으로 구분된다.

(1) 분말활성탄처리법

① 처리방법 : 응집처리 전에 주입시켜 혼화접촉시키므로 흡착처리를 한 뒤 침전여과한다. 이는 응급처리이며, 단시간 사용 시 적합하고 겨울철 저온수에는 응집효과가 저하되므로 PAC이나 응집보조제를 사용하여 응집 효과를 높여야 한다.

② 주입률 : Jar-test에 의해 결정되어야 하며, 처리대상물질의 종류, 농도에 따라 달라진다. 이취미 제거의 경우에는 보통 10~30mg/L 정도이다.

㉮ 주입방식 : 건식주입과 습식주입

㉯ 접촉시간 : 접촉시간 20분 이내

㉰ 접촉장소 : 착수정, 혼화지시설, 접촉조

(2) 입상활성탄처리법

① 처리방법 : 입상활성탄처리는 통상의 여과와 염소소독의 중간에서 실시하며 연속처리 또는 비교적 장기간 공용 시 적용된다. 기존 여과지를 이용, 다층 여과지에 적용시켜 처리하는 경우도 있다.

② 여과속도 : 240~480m/day(급속여과의 2~4배)

③ 여과방식 : 중력식(대규모)과 압력식(중·소규모)

④ 여층두께 : 1.5~2.0m

⑤ 역세척방법 : 표면세척＋역세척 또는 표면세척＋공기세척＋역
    세척

⑥ 역세척횟수 : 7~10일에 1회 정도

【표 4-8】 분말활성탄과 입상활성탄의 비교

항목	분말활성탄	입상활성탄
처리시설	기존의 시설을 사용하여 처리할 수 있다.	여과조를 만들 필요가 있다(건설비가 많이 든다).
단기적 처리의 경우	필요량만 구입하므로 경제적이다.	탄층이 얇거나 두꺼워도 비경제적이다.
장기간 처리의 경우	경제성이 향상되지 않는다.	층의 두께가 두꺼워지며 재생하여 사용하므로 경제적이다.
주입작업 및 노무관리	곤란하다.	용이하다.
처리 중단의 위험성	있다(기계 고장, 장전 또는 호퍼 내 브리지).	없다.
재생 사용	곤란이 따른다.	가능하다.
미생물의 번식	없다.	번식 가능성이 있다.
폐기 시의 익로	침적된 탄분을 포함한 흑색 슬러지는 공해의 원인이 된다.	니토를 발생하지 않으므로 공해의 염려가 없다.
누출에 의한 흑수 발생	특히 동기에 일어나기 쉽다.	거의 염려가 없다.
처리관리의 난이	곤란하다.	용이하다.

❸ 기타 방법

(1) 자외선법

수심 120mm 이내에서 살균효과가 있는데 고가이므로 수도에서는 별로 쓰지 않는다.

(2) 브롬(Br), 요오드(I_2)법

야전용, 풀장용으로 적합하다. 수도용으로는 사용한 예가 없다.

(3) 은화합물

(4) Micro-strainer법

영국에서 처음으로 개발된 것으로, 완속여과 전처리법으로서 수중에 부유하는 현탁물, 플랑크톤, 조류 등의 미세 부유물 등을 여과하는 장치이다. micro-strainer법은 상수도 공업용수의 정수과정에 있어 조류 등을 제거하는 데 많이 이용된다.

　※ Micro-strainer법의 특징
- 부유생물의 크기에 따라 망눈을 바꿀 수 있다.
- 처리용 수량이 매우 소량이다.
- 생물 발생상황에 따라서 적선(適宣)으로 운전된다.
- 소요부지가 협소하다.

4-3 정수시설 및 배출수처리시설

┌─ **전년도 출제경향 및 학습전략 포인트** ─┐

▣ **전년도 출제경향**
- 배출수처리순서

▣ **학습전략 포인트**
- 배출수처리순서 : 조정 – 농축 – 탈수 – 건조 – 최종 처분
- 착수정 : 원수의 수위 안정, 수량조절기능
- 트리할로메탄(THM) : 염소소독 시 발생

01 착수정(gauging well)

도수시설에서 유입되는 원수를 정수처리장에서 최초로 도입하는 공정의 시설로서 원수의 수위를 안정시키고 원수량을 조절하는 기능을 한다.

① 용량

① 체류시간 : 1.5분 이상
② 수심 : 3~5m 정도
③ 여유고 : 고수위와 주변 벽체 상단 간에는 60cm 이상

02 응집지

약품응집조작에 의해 콜로이드성 물질을 침전성이 양호한 플록으로 형성시키는 시설이다.

① 약품혼화지(응결단계)

① 용량 : 체류시간 1~5분
② 유속 : 1.5m/s 정도의 급속교반
③ 급속혼화기(flash mixer) 사용

❷ 플록(floc)형성지(응집단계)

혼화지 다음의 설비로서 완속교반을 행하는 시설이다.

① **용량** : 계획정수량의 20~40분을 체류할 수 있는 용량
② **교반조건** : 속도경사(G)값은 $10\sim75\mathrm{s}^{-1}$ 정도, 하류로 갈수록 교반강도 감소

$$G = \sqrt{\frac{P\eta}{\mu V}}$$

여기서, G : 속도경사
P : 교반기 축동력(W, HP)
η : 효율
μ : 점성계수
V : 플록형성지의 용적(m^3)

③ **수로 내 평균 속** : 15~30cm/s를 표준으로 함
④ **교반구조** : 플록형성지에서 발생한 슬러지나 스컴(scum)의 제거가 가능한 구조

03 정수장 배출수처리시설

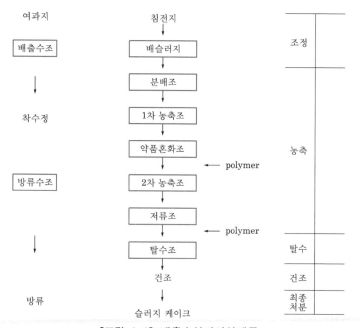

【그림 4-6】배출수처리시설계통

① 조정시설(침전, 여과지에서 배출되는 슬러지의 탈수성 증대를 위한 조정)

여과지 및 침전슬러지에서 나오는 세척배출수와 침전슬러지는 양과 질이 일정하지 않고 간헐적으로 배출되므로 이를 저류시켜 슬러지를 균등화시키는 시설을 조정시설이라 한다.

② 농축시설(침전, 여과지에서 배출되는 슬러지의 탈수성 증대를 위한 농축)

배출수의 농도를 높여 배출수의 부피를 감소시키기 위한 시설을 농축시설이라 한다.

※ 농축조
- 용량 : 계획슬러지양의 24~48시간분
- 고형물질부하 : 10~20kg/m^2/day
- 유효수심 : 3.5~4.0m
- 여유고 : 30cm 이상
- 바닥경사 : 1/10 이상
- 슬러지관 및 배출관경 : 200mm 이상

③ 건조시설

(1) 천일 건조상

(2) 라군(lagoon)

침전슬러지를 직접 받아들여 탈수 가능한 정도까지 건조 1지당 용량을 1회 배슬러지양 이상으로 하고 2지 이상 설치한다.

④ 탈수시설

농축슬러지의 함수량을 감소시켜 체적을 줄이면서 운반·최종 처분을 쉽게 하기 위한 시설이다.

※ 탈수기 : 진공여과기, 가압탈수기, 원심탈수기, 조립탈수기, 벨트프레스탈수기 등이 있으며, 이 중 가압탈수기는 슬러지함수율이 55~70%이며 가장 널리 사용한다.

⑤ 최종 처분

탈수 완료 후에 발생한 케이크를 위생매립(침출수 등에 의한 2차 오염 방지 고려), 해양투기, 토지살포, 소각재 이용 등에 사용하는 것

⑥ 기타 참고사항

(1) 부활현상(after growth)

염소소독 시에는 세균이 사멸되었다가 일정 시간이 경과하면 수중에 염소성분이 없어지고 다시 세균이 증가하는 현상으로, 그 원인은 불분명하나 염소손실로 아포성(cyst) 세균이 증식하면 세균을 잡아먹는 수중생물이 없어지고 조류가 사멸되어 영양원이 됨으로써 세균이 급속히 증식하는 현상이다.

(2) 트리할로메탄(trihalomethane ; THM)

Humic물질인 유기물이 함유된 원수를 염소소독하는 경우에 생성 ($CHCl_3$(chloroform), $CHCl_2Br$, $CHBr_3$ 등)된다.

① THM 제거방법
  ㉮ 48시간 이상 방치한다.
  ㉯ 100℃에서 5분간 가열한다.
  ㉰ Aeration : $CHCl_3$(chloroform)농도 감소
  ㉱ 활성탄 흡착
  ㉲ 오존처리
  ㉳ GAC+ozone처리
② THM의 생성과 조건
  ㉮ 수온이 올라가면 THM이 많이 발생한다.
  ㉯ pH가 증가하면 THM이 많이 발생한다.
  ㉰ 염소주입률이 증가하면 THM이 많이 발생한다.
  ㉱ 염소접촉시간이 길면 THM이 많이 발생한다.
  ㉲ 물속에 전구(前驅)물질이 많이 존재하면 THM이 많이 발생한다.

(3) Mud ball현상

여과의 역세정이 되풀이되어 행해지면 여과지의 표층에 여재입자와 점착성 물질로 된 작은 덩어리인 mud ball(泥球)이 생긴다.

※ Mud ball의 발생으로 인하여 발생하는 피해
- 니구(泥球)가 표층에 있을 때에는 해가 심하지 않음
- 여과지속시간이 감소
- 여과유출수질의 악화
- 여층의 균열
- 여층표면의 불균일 등의 현상이 발생

(4) 표면세척

여과층 표면부에 억류된 탁질을 고압의 정수로 세척하는 방법으로 여과층 내의 교상물질로 된 머드볼(mud ball)현상을 저하시키는 데 목적이 있다.

(5) 공기장애(air binding)

모래층 안이 전부 대기압보다 낮은 부압이 되면 수중에 용존한 공기는 기포가 되어 모래층 간에 누적되어 공중에 남게 되는 현상으로 탁질 누출을 발생시킨다.

(6) 탁질누출현상(break through)

공기장애현상이 일어나면 간극이 폐쇄되거나 모관의 단면이 작아져서 여과유속이 증가되면 모래에 흡착되어 있던 탁질이 세류된다. 이때 여재층 중에 억류되어 있는 플록이 파괴되어 여과수와 같이 유출되는 현상을 탁질누출현상이라 한다.

※ 탁질누출현상의 방지법
- 공기장애가 발생하지 않도록 한다.
- 여과지속시간을 짧게 한다.
- 여과지 내부에 부압이 발생하지 않도록 한다.
- 균등계수를 작게 한다.
- 응집과정에 고분자 응집제를 사용한다.

예상 및 기출문제

4-1 정수장시설 개론

1. 다음 중 정수장의 입지조건으로 고려할 사항이 아닌 것은? [산업 99]
① 시설 및 약품 등의 반입을 위하여 교통이 발달한 곳
② 건설 및 유지관리에 유리한 곳
③ 충분한 면적의 용지를 확보할 수 있는 곳
④ 재해를 받을 염려가 적고 위생적인 환경을 가질 수 있는 곳

2. 정수방법 선정 시 고려사항(선정조건)으로 가장 거리가 먼 것은? [기사 15]
① 원수의 수질
② 도시발전상황과 물 사용량
③ 정수수질의 관리목표
④ 정수시설의 규모

3. 다음의 정수처리공정별 설명으로 틀린 것은? [산업 15]
① 침전지는 응집된 플록을 침전시키는 시설이다.
② 여과지는 침전지에서 처리된 물을 여재를 통하여 여과하는 시설이다.
③ 플록형성지는 플록형성을 위해 응집제를 주입하는 시설이다.
④ 소독의 주목적은 미생물의 사멸이다.

> **해설** 응집지에서 응집제를 주입하며, 플록형성지는 플록이 깨지지 않고 강도를 갖을 수 있도록 하는 곳이다.

4. 정수시설의 계획정수량은 무엇을 기준으로 하는 것인가? [산업 96]
① 계획 1일 최대급수량   ② 계획 1일 평균급수량
③ 계획시간 평균급수량   ④ 계획취수량

5. 정수장의 여과지와 펌프장 사이에 설치하며 정수를 저장하여 여과 및 펌프 조작을 조절하고 염소와 정수의 접촉을 위해 설치하는 것은? [산업 00]
① 혼화지
② 착수정
③ 정수지
④ 접합정

> **해설** 정수지는 여과수량과 송수량 간의 불균형을 조절하고 주입한 염소를 균일하게 혼화하기 위해 설치한다.

6. 다음 중 상수의 일반적인 정수과정으로 가장 옳은 것은? [산업 04]
① 여과 − 응집·침전 − 살균
② 살균 − 응집·침전 − 여과
③ 응집·침전 − 여과 − 살균
④ 여과 − 살균 − 응집·침전

7. 상수도의 정수과정이 순서대로 옳게 연결된 것은? [산업 11]
① 응집 − 침전 − 여과 − 소독 − 배수
② 응집 − 여과 − 침전 − 소독 − 배수
③ 응집 − 침전 − 소독 − 여과 − 배수
④ 응집 − 여과 − 소독 − 침전 − 배수

8. 일반적인 정수과정으로 가장 타당한 것은 어느 것인가? [기사 05, 11]
① 스크린 − 응집·침전 − 여과 − 살균
② 이온교환 − 응집·침전 − 스크린 − 살균
③ 응집·침전 − 이온교환 − 살균 − 스크린
④ 스크린 − 살균 − 이온교환 − 응집·침전

9. 정수방법에 관한 설명으로 옳은 것은? [기사 96]
① 응집침전은 용해성 물질의 제거에 적합하다.
② 이온교환은 콜로이드의 제거에 주로 사용된다.
③ 활성탄 흡착은 용해성 유기물의 제거에 적합하다.
④ 역삼투는 부유물질의 제거에 주로 사용된다.

10. 정수시설의 적절한 배치를 위해 고려할 사항으로 옳지 않은 것은? [산업 10]
① 처리계열은 시설규모 등에 따라 가능한 한 독립된 2계열 이상으로 분할하는 것이 바람직하다.
② 응집·플록 형성·침전공정의 시설은 각기 분리 배치하는 것이 바람직하다.
③ 고도정수시설은 어떤 방식을 채택하느냐에 따라 정수처리공정에서 고도정수공정의 배치가 다르게 된다.
④ 소독은 여과지 유입 전과 후에 물이 모이는 곳에 접촉지를 설치하여 염소제 등 소독제를 주입한다.

> **해설** 약품침전지는 급속여과의 전 단계로서 응집제를 이용하여 응집침전을 유도하므로 가급적 응집 → 플 형성 → 침전이 순차적으로 이루어질 수 있도록 하는 것이 바람직하다.

4-2 정수방법

11. 다음 중 폐수 내의 입자들이 다른 입자들의 영향을 받지 않고 독립적으로 침전하는 유형은? [산업 96]
① 제1형 침전   ② 제2형 침전
③ 제3형 침전   ④ 제4형 침전

12. 다음 중 침사지의 침사현상을 가장 잘 설명할 수 있는 것은? [기사 03]
① 독립침전   ② 지역침전
③ 압밀침전   ④ 응집침전

13. 다음 중 Stokes법칙이 가장 잘 적용되는 침전 형태는? [산업 04]
① 응집침점   ② 단독침전
③ 지역침전   ④ 압축침전

14. 다음 중 Stokes의 법칙을 이용하여 설계하는 시설은 어느 것인가? [산업 03]
① 혼화지   ② 응집지
③ 여과지   ④ 침전지

15. 다음 중 Stokes법칙의 기본가정이 아닌 것은 어느 것인가? [기사 01]
① 입자의 크기가 일정하다.
② 입자 간 응집성을 고려한다.
③ 물의 흐름은 층류상태이다.
④ 입자의 형상은 구형이다.

16. 침전에 관한 Stokes의 법칙에 대한 설명으로 잘못된 것은? [기사 06]
① 침상속도는 입자와 액체의 밀도차에 비례한다.
② 침강속도는 겨울철이 여름철보다 크다.
③ 침강속도는 입자의 크기가 클수록 크다.
④ 침강속도는 중력가속도에 비례한다.

> **해설** $V_s = \dfrac{(\rho_s - \rho_w)gd^2}{18\mu} = \dfrac{(s-1)gd^2}{18\nu}$ 의 각 항목들의 관계를 잘 살펴본다.

17. 다음 중 입자의 침강속도에 대한 설명으로 맞는 것은? [산업 97]
① 수온이 높을수록 침강속도가 느리다.
② 침강속도는 입자의 직경에 비례한다.
③ 입자의 밀도가 클수록 침강속도는 느려진다.
④ 점성도가 낮을수록 침강속도는 빨라진다.

18. 침사지 내에서 다른 모든 조건이 동일할 때 비중이 1.8인 입자는 비중이 1.2인 입자에 비하여 침강속도가 얼마나 큰가? [기사 99]
① 동일하다.   ② 1.5배 크다.
③ 2배 크다.   ④ 4배 크다.

> **해설** $V_s = \dfrac{(\rho_s - \rho_w)gd^2}{18\mu} = \dfrac{(s-1)gd^2}{18\nu}$ 에서
> $V_s \propto (s-1)$ 에 비례하므로
> $\dfrac{V_1}{V_2} = \dfrac{1.8-1}{1.2-1} = 4$

---

19. 비중이 2.0인 모래입자의 침전속도를 V라 할 때 비중이 2.6인 입자의 침전속도는? [산업 12]

① $1.0V$ ② $1.3V$
③ $1.6V$ ④ $2.6V$

해설 $V_s = \dfrac{(s-1)gd^2}{18\nu}$ 에서 $V_s \propto (s-1)$ 이므로

$\dfrac{V_1}{V_2} = \dfrac{2.6-1}{2.0-1}$ ∴ $1.6V$

20. 침사지의 직경 0.01mm인 토립자의 침강속도가 0.008cm/s일 때 같은 침사지에 밀도가 같고 직경이 0.02mm인 토립자의 침강속도는? [기사 00]

① 0.032cm/s ② 0.016cm/s
③ 0.008cm/s ④ 0.064cm/s

해설 $V_s = \dfrac{(\rho_s - \rho_w)gd^2}{18\mu} = \dfrac{(s-1)gd^2}{18\nu}$ 에서

침강속도는 토립자 직경의 제곱에 비례한다.
따라서 $V_1 : D_1^2 = V_2 : D_2^2$ 으로부터

$V_2 = \left(\dfrac{D_2}{D_1}\right)^2 V_1 = \left(\dfrac{0.02}{0.01}\right)^2 \times 0.008 = 0.032\text{cm/s}$

21. 침사지의 용량은 계획취수량을 몇 분간 저류시킬 수 있어야 하는가? [기사 96]

① 10~20분 ② 20~30분
③ 30~40분 ④ 40~50분

해설 상수 침사지 설계기준
㉮ 체류시간 : 계획취수량의 10~20분
㉯ 평균유속 : 2~7cm/s
㉰ 유효수심 : 3~4m

22. 정수 시 보통침전지의 용량은 계획정수량에 대하여 몇 시간분을 기준으로 하는가? [기사 02]

① 3시간 ② 5시간
③ 8시간 ④ 10시간

23. 입자의 제거율을 높이기 위한 다음 사항 중 옳은 것은? [기사 00]

① 표면부하율을 높인다.
② 유량 Q를 적게 한다.

③ 플록의 침강속도 V_s를 낮게 한다.
④ 지(池)의 침강면적 A를 작게 한다.

24. 침전지의 침전효율을 증가시키기 위한 설명으로 옳지 않은 것은? [기사 13]

① 표면부하율을 작게 하여야 한다.
② 침전지의 표면적을 크게 하여야 한다.
③ 유량을 작게 하여야 한다.
④ 지내 수평속도를 크게 하여야 한다.

해설 침전효율 $E = \dfrac{V_s}{V_0} \times 100\%$

$= \dfrac{V_s t}{h} \times 100\%$

$= \dfrac{V_s A}{Q} \times 100\%$

25. 침전지의 침전효율을 높이기 위한 사항으로서 틀린 것은? [산업 14]

① 침전지의 표면적을 크게 한다.
② 침전지 내 유속을 크게 한다.
③ 유입부에 정류벽을 설치한다.
④ 지(地)의 길이에 비하여 폭을 좁게 한다.

해설 침전효율 $E = \dfrac{V_s}{V_0} \times 100\%$

$= \dfrac{V_s t}{h} \times 100\%$

$= \dfrac{V_s A}{Q} \times 100\%$

26. 다음 정수장 침전지에서 침전효율을 나타내는 기본적인 지표인 표면부하율에 대한 설명으로 옳은 것은? [기사 08]

① 유량이 클수록 표면부하율이 감소한다.
② 수심이 감소하면 표면부하율이 증가한다.
③ 표면적이 클수록 표면부하율이 감소한다.
④ 표면부하율은 가속도의 차원을 갖는다.

해설 표면적부하=수면적부하= $\dfrac{Q}{A} = \dfrac{h}{t}$ 에서 Q, h가 클수록 표면부하율이 커지고, A, t가 클수록 표면부하율이 작아진다.

27. 침전지에서 침전효율을 크게 하기 위한 조건으로서 옳은 것은? [산업 14]

① 유량을 적게 하거나 표면적을 크게 한다.
② 유량을 많게 하거나 표면적을 크게 한다.
③ 유량을 적게 하거나 표면적을 적게 한다.
④ 유량을 많게 하거나 표면적을 적게 한다.

해설 침전효율 $E = \dfrac{V_s}{V_0} \times 100\%$

$$= \frac{V_s t}{h} \times 100\% = \frac{V_s A}{Q} \times 100\%$$

28. 깊이 3m, 표면적 500m^{2}인 어떤 수평류 침전지에 1,000m^3/hr의 유량이 유입된다. 독립침전임을 가정할 때 100% 제거할 수 있는 입자의 최소침강속도는? [기사 97, 17]

① 0.5m/hr ② 1.0m/hr
③ 2.0m/hr ④ 2.5m/hr

해설 $V_0 = \dfrac{Q}{A} = \dfrac{1,000}{500} = 2.0\text{m/hr}$

29. 침전지의 유효수심이 5m, 1일 최대사용수량 500m^3, 침전시간을 8시간으로 할 때 침전지의 소요수면적은 얼마인가? [기사 99]

① 24m^2 ② 34m^2
③ 44m^2 ④ 54m^2

해설 $\dfrac{Q}{A} = \dfrac{h}{t}$ 로부터

$$\frac{500\text{m}^3/\text{day}}{A} = \frac{5\text{m}}{8\text{hr} \times \text{day}/24\text{hr}}$$

$$\therefore A = \frac{500 \times \dfrac{8}{24}}{5} ≒ 34\text{m}^2$$

30. 침전지의 수심이 4m이고 체류시간이 2시간일 때 이 침전지의 표면부하율은? [기사 00]

① 12m^3/m^2 · day ② 24m^3/m^2 · day
③ 36m^3/m^2 · day ④ 48m^3/m^2 · day

해설 표면부하율 $= \dfrac{Q}{A} = \dfrac{h}{t} = \dfrac{4\text{m}}{2 \times \dfrac{1}{24}\text{day}}$

$$= 48\text{m}^3/\text{m}^2 \cdot \text{day}$$

31. 침전지의 유효수심이 2m이고 1일 최대사용수량이 240m^{3}이며 침전시간이 6시간일 경우 침전지의 수면적은? [산업 00]

① 30m^2 ② 50m^2
③ 80m^2 ④ 110m^2

해설 $Q = \dfrac{240\text{m}^3/\text{day}}{24\text{hr}/\text{day}} = 10\text{m}^3/\text{hr}$ 이므로

$\dfrac{Q}{A} = \dfrac{h}{t}$ 에서 $\dfrac{10\text{m}^3/\text{hr}}{A} = \dfrac{2\text{m}}{6\text{hr}}$

$$\therefore A = \frac{10 \times 6}{2} = 30\text{m}^2$$

32. 유효수심 3.5m, 체류시간 3시간의 최종 침전지의 수면적부하는 얼마인가? [산업 03]

① 10.5m^3/m^2 · day ② 28.0m^3/m^2 · day
③ 56.0m^3/m^2 · day ④ 105.0m^3/m^2 · day

해설 수면적부하 $= \dfrac{Q}{A} = \dfrac{h}{t} = \dfrac{3.5\text{m}}{3 \times \dfrac{1}{24}\text{day}}$

$$= 28\text{m}^3/\text{m}^2 \cdot \text{day}$$

33. 유입수량 100m^3/min, 침전지용량 4,000m^3, 폭 20m, 길이 50m, 수심 4m인 경우의 수면적부하는? [기사 11]

① 720m^3/m^2 · day ② 144m^3/m^2 · day
③ 1,800m^3/m^2 · day ④ 6m^3/m^2 · day

해설 $Q = 100\text{m}^3/\text{min} = 100\text{m}^3/(1,440^{-1})\text{day}$

$$= 144,000\text{m}^3/\text{day}$$

$$\therefore V_0 = \frac{Q}{A} = \frac{144,000}{20 \times 50}$$

$$= 144\text{m}^3/\text{m}^2 \cdot \text{day}$$

34. 처리수량이 10,000m^3/day인 보통침전지의 크기가 폭 20m, 길이 60m, 유효깊이 4m이다. 이 침전지의 표면부하율은 얼마인가? [산업 99]

① 8.3m/day ② 125m/day
③ 41.7m/day ④ 12.5m/day

해설 표면부하율 $= \dfrac{Q}{A} = \dfrac{10,000}{20 \times 60} = 8.33\text{m/day}$

35. 어느 도시의 1인당 하수량이 300L/day이고, 인구는 100,000명이다. 침전지의 유효수심을 3m, 침전시간을 1.5시간으로 설계하고자 할 때 침전지면적은 얼마가 되어야 하는가? [산업 95]

① $450m^2$　　　　② $625m^2$
③ $815m^2$　　　　④ $900m^2$

해설 $\dfrac{Q}{A} = \dfrac{h}{t}$ 에서

$$\dfrac{100,000 \times 300 \times 10^{-3}/24}{A} = \dfrac{3}{1.5}$$

$$\therefore A = \dfrac{100,000 \times \dfrac{300 \times 10^{-3}}{24} \times 1.5}{3} = 625m^2$$

36. 침전시간 1시간, 침전지의 깊이 3m, 침강입자의 침전속도가 0.027m/min일 때 침전효과는? [산업 08, 10]

① 48%　　　　② 52%
③ 54%　　　　④ 58%

해설 $E = \dfrac{V_s}{V_o} \times 100\%$ 에서 $V_o = \dfrac{h}{t}$ 이므로

$$E = \dfrac{V_s}{h/t} \times 100\% = \dfrac{0.027}{3/60} \times 100\% = 54\%$$

37. 폭 10m, 길이 25m인 장방형 침전조에 넓이 $80m^2$인 경사판 1개를 침전조 바닥에 대하여 10°의 경사로 설치하였다면 이론적으로 침전효율은 몇 % 증가하겠는가? [기사 12]

① 약 5%　　　　② 약 10%
③ 약 20%　　　　④ 약 30%

해설 보통침전지의 구조에서 유효수심 4.5~5.5m라는 것과 경사판의 구조를 이용한다. 경사판의 경우 $80m^2$인데, 경사판은 폭에 맞추므로 폭 10m×길이 8m임을 생각할 수 있다. 또 경사 10°이므로 경사높이를 구할 수 있다. 경사높이 $h = 8m \times \sin 10° = 1.389m =$ 약 1.4m 즉, 경사판 때문에 침전물질이 바닥에 떨어지는 거리가 약 1.4m가 줄어드는 셈이 된다. 따라서 1.4m 줄어든 길이를 최소유효수심 4.5 대비 백분율로 환산하면 $\dfrac{1.4}{4.5} \times 100\% = 31.1\%$의 침전효율이 증가한다.

38. 깊이 3m, 길이 24m, 폭 10m인 장방형 침전조에서 시간당 360m3의 유입수를 처리하고 있다. 이 침전조에서 침전속도가 1m/hr인 입자의 평균제거율은? [산업 05]

① 45%　　　　② 53%
③ 67%　　　　④ 74%

해설 $E = \dfrac{V_s}{V_o} = \dfrac{V_s}{Q/A} = \dfrac{1}{360/(24 \times 10)} = 67\%$

39. 응집처리를 위한 응집제가 아닌 것은? [산업 10]

① 황산알루미늄($Al_2(SO_4)_3$)
② 염화 제2철($FeCl_3$)
③ 황산 제2철($Fe_2(SO_4)_3$)
④ 황화수소(H_2S)

해설 황화수소가스는 관정부식의 원인물질이다.

40. 정수처리 시 약품응집침전의 원리로 타당하지 않은 것은? [기사 98]

① 콜로이드의 전기적 특성을 변화시킨다.
② 물에 대한 표면적의 비율을 감소시킨다.
③ 입자의 표면적 전하를 증가시킨다.
④ 응집제는 2가 양이온보다 3가 양이온을 사용하는 것이 효과적이다.

해설 입자의 표면적 전하를 감소시킨다.

41. 알칼리도가 부족한 원수의 응집을 위하여 주입하는 약품은? (단, 정수의 경도 증가는 피한다.) [산업 13]

① $Al_2(SO_4)_3 + CaO$　　② $Al_2(SO_4)_3 + Na_2CO_3$
③ $Al_2(SO_4)_3$　　④ $FeCl_3$

해설 알칼리도가 부족한 원수의 응집을 위하여 주입하는 약품은 $Al_2(SO_4)_3 + Na_2CO_3$(황산알루미늄+소다회)이다.

42. 수중 알칼리도가 부족한 원수에 적합하며 경도를 증가시키지 않는 응집제는? [기사 10]

① $Al_2(SO_4)_3$　　② $Al_2(SO_4)_3 + Ca(OH)_2$
③ $Al_2(SO_4)_3 + Na_2CO_3$　　④ $Al_2(SO_4)_3 + CaO$

해설 $Al_2(SO_4)_3$은 황산알루미늄이며, 수중에 알칼리도가 부족한 경우 응집보조제로서 소다회(Na_2CO_3)를 이용하여 원수에 알칼리분을 보충해준다. 그 밖에 생석회(CaO), 가성소다($NaOH$), 활성규산(Na_2SiO_3)이 있다.

43. 정수시설의 응집용 약품에 대한 설명이다. 틀린 것은?　　　　　　　　　　　　　　　 [기사 00, 15]

① 응집제로는 명반 등이 있다.
② 알칼리제로는 소다회 등이 있다.
③ 보조제로는 활성규산 등이 있다.
④ 첨가제로는 소금 등이 있다.

44. 응집제로서 가격이 저렴하고 탁도, 세균, 조류 등의 거의 모든 현탁성 물질 또는 부유물의 제거에 유효하며 무독성 때문에 대량으로 주입할 수 있으며 부식성이 없는 결정을 갖는 응집제는?　　　　 [산업 15]

① 황산알루미늄　　　　　② 암모늄명반
③ 황산 제1철　　　　　　④ 폴리염화알루미늄

해설 응집제로 가장 많이 쓰는 것은 명반(황산반토, 황산알루미늄)이다.

45. 상수도에 널리 사용하는 응집제인 황산알루미늄($Al_2(SO_4) \cdot 18H_2O$)에 대한 설명으로 옳지 않은 것은 어느 것인가?　　　　　　　　　　　　 [기사 96]

① 저렴, 무독성
② 수중 탁질에 적합
③ 부식성, 자극성이 없음
④ 적정 pH는 3.5~5.0

해설 적정 pH는 5.5~8.5범위이다.

46. 원수의 알칼리도가 50ppm, 탁도가 500ppm일 때 황산알루미늄의 소비량은 60ppm이다. 이때 수량이 48,000m^3/day라면 5% 용액의 황산알루미늄은 1일에 얼마나 필요한가? (단, 액체의 비중은 1로 본다.)　　　　　　　　　　　　　　　　[기사 07]

① 40.6m^3/day　　　　② 47.6m^3/day
③ 50.6m^3/day　　　　④ 57.6m^3/day

해설 황산알루미늄 1일 사용량

$$= 60 \times 10^{-3} kg/m^3 \times 48,000 m^3/day \times \frac{1}{0.05}$$

$$= 57.6 t/day = 57.6 m^3/day$$

47. 응집침전 시 황산반토 최적 주입량이 20ppm, 유량이 500m^3/hr에 필요한 5% 황산반토용액의 주입량은 얼마인가?　　　　　　　　　 [기사 02]

① 20L/hr　　　　　　　② 100L/hr
③ 150L/hr　　　　　　　④ 200L/hr

해설 주입량$= C[mg/L, ppm] \times Q[m^3/day] \times \frac{1}{순도}$

$$= 20 \times 10^{-3} \times 500 \times \frac{1}{0.05} = 200 L/hr$$

48. 어떤 상수원수의 Jar-test실험결과 원수시료 200mL에 대해 0.1% PAC용액 12mL를 첨가하는 것이 가장 응집효율이 좋았다. 이 경우 상수원수에 대해 PAC용액 사용량은 몇 mg/L인가?　　　　 [기사 15]

① 40mg/L　　　　　　② 50mg/L
③ 60mg/L　　　　　　④ 70mg/L

해설 원수시료 200mL에 대하여 최적 주입량이 PAC 0.1%에 해당하는 12mL이므로 $\frac{12mL}{200mL} = 0.06$이다. 단위 mL당 0.06이므로 단위 L당으로 바꾸면 $0.06 \times 1,000 = 60 mg/L$가 된다.

49. 약품교반시험(Jar-test)은 다음 화학약품 중 어느 것의 적정 주입량을 측정하는 데 사용하는가?　　　　　　　　　　　　　　　　 [산업 96]

① 염소　　　　　　　　② 불소
③ 마그네슘　　　　　　④ 황산알루미늄

50. 응집처리공정에서 원수의 특성에 알맞게 최적의 응집제 주입량과 최적의 pH를 주입하기 위해 일반적으로 실시하는 시험은?　　　　　 [산업 03, 15]

① BOD시험　　　　　　② COD시험
③ Jar-test　　　　　　④ 탁도시험

51. 다음 중 Jar-test와 관계가 있는 것은? [기사 02]
① 흡착제
② 응집제
③ 알칼리도
④ 경도

52. Jar-test의 시험목적으로 옳은 것은?
[산업 11, 17]
① 응집제 주입량 및 최적 pH 결정
② 염소주입량 결정
③ 염소접촉시간 결정
④ 홍수처리시간 결정

53. Jar-test는 적정 응집제의 주입량과 적정 pH를 결정하기 위한 시험이다. Jar-test 시 응집제를 주입한 다음 급속교반 후 완속교반을 하는 이유는? [기사 07, 13, 18]
① 응집제를 용해시키기 위해서
② 응집제를 고르게 섞기 위해서
③ 플록이 고르게 퍼지게 하기 위해서
④ 플록을 깨뜨리지 않고 성장시키기 위해서

54. 명반(Alum)을 사용하여 상수를 침전처리하는 경우 약품주입 후 응집조에서 완속교반을 하는 이유는?
[산업 13]
① 명반을 용해시키기 위하여
② 플록(floc)을 공기와 접촉시키기 위하여
③ 플록(floc)이 잘 부서지도록 하기 위하여
④ 플록(floc)의 크기를 증가시키기 위하여

> **해설** 완속교반을 하는 이유는 플록(floc)의 크기를 증가시키기 위해서이다.

55. 화학적 응집침전으로 정수처리에 오히려 역효과를 유발시킬 수 있는 것은? [산업 99]
① 색도 제거
② 세균 제거
③ 탁도 제거
④ 경도 제거

56. 정수시설의 응집제 중 액체로서 액체 자체가 가수분해되어 중합체로 되어 있으므로 일반적으로 황산알루미늄보다 적정 주입 pH의 범위가 넓으며 알칼리도의 감소가 적은 것은? [산업 13]
① 폴리염화알루미늄
② 황산반토
③ 분말활성탄
④ 황산 제1철

> **해설** PAC는 pH, 알칼리도의 저하는 황산반토의 1/2 이하이며, 과잉주입하여도 효과가 떨어지지 않는다.

57. 응집제의 하나인 황산알루미늄의 장점이라 볼 수 없는 것은? [산업 03]
① 다른 응집제에 비해 가격이 저렴하다.
② 독성이 없으므로 다량으로 주입할 수 있다.
③ 결정은 부식성이 없어 취급이 용이하다.
④ 플록 생성 시 적정 pH폭이 넓다.

58. 응집침전에 주로 사용되는 응집제가 아닌 것은?
[산업 11]
① 황산알루미늄(aluminium sulfate)
② 염화 제2철(ferric chloride)
③ 황산 제1철(ferrous sulfate)
④ 벤토나이트(bentonite)

> **해설** 벤토나이트는 응집보조제이다.

59. 급속여과방식의 정수방법에서는 전처리로서 응집제의 투입이 불가피하다. 다음 중 응집제로 적절하지 않은 것은? [산업 04]
① 염화 제2철
② 황산알루미늄
③ 수산화나트륨
④ 황산 제1철

60. 탁질을 제거하기 위한 응집제로서 정수처리공정에서 사용되지 않는 약품은? [산업 02]
① PAC(폴리염화알루미늄)
② 황산반토
③ 활성탄
④ 황산철

61. 다음 정수에 주입되는 약품 중 응집제가 아닌 것은? [산업 06]
① 소석회
② PAC
③ 액체 황산알루미늄
④ 고형 황산알루미늄

62. 상수처리 시 혼화지 다음의 설비로 완속교반을 행하는 설비를 무엇이라고 하는가? [산업 00]
① 여과지
② 침전지
③ 침사지
④ 플록형성지

63. 정수장에서 혼화, 플록형성, 침전이 하나의 반응조 내에서 이루어지는 침전지는? [기사 00, 13]
① 고속응집침전지　　　② 약품침전지
③ 보통침전지　　　　　④ 경사판침전지

64. 다음 중 상수도의 침전에 관한 설명으로 옳은 것은? [산업 97]
① 플록형성지는 여러 구간으로 나누며 교반속도를 점차 빠르게 한다.
② Jar-test는 종침강속도를 구하는 장치이다.
③ 고분자응집제는 응집속도가 빠르나 pH에 의한 영향을 크게 받는다.
④ 정류벽은 난류, 밀도류의 억제에 효과가 있다.

>**해설** 정류벽은 난류와 밀도류를 방지하는 목적으로 설치한다.

65. 다음 중 응집반응을 지배하는 인자로 볼 수 없는 것은? [산업 99]
① 수온　　　　　　　② 맛
③ pH　　　　　　　 ④ 알칼리도

66. 고속응집침전지를 선택할 때 고려하여야 할 사항으로 옳지 않은 것은? [기사 10]
① 원수탁도는 10NTU 이상이어야 한다.
② 최고탁도는 10,000NTU 이하인 것이 바람직하다.
③ 탁도와 수온의 변동이 적어야 한다.
④ 처리수량의 변동이 적어야 한다.

>**해설** 고속응집침전법은 기존의 플록이 존재하면서 새로운 플록을 형성시키는 것으로, 최고탁도는 1,000NTU 이하인 것이 바람직하다.

67. 다음 중 완속여과의 효과와 거리가 가장 먼 것은? [산업 14]
① 철의 제거　　　　　② 경도 제거
③ 색도 제거　　　　　④ 망간의 제거

>**해설** 경도는 물의 세기를 나타낸다.

68. 다음 중 상수도의 여과에 관한 설명으로 옳은 것은? [기사 96]

① 완속여과에서 여과기능은 주로 모래층 내부에서 일어난다.
② 여과사의 유효지름이 작을수록 여과수의 수질은 나빠진다.
③ 여과지속기간은 손실수두 또는 여과수의 수질에 의해 결정된다.
④ 세균 제거효과는 완속여과에서는 기대할 수 없다.

>**해설** 완속여과에서는 상층부에 형성된 미생물층에 의한 세균 제거능력이 우수하며 부유물의 대부분도 여과층의 표면에 억류된다.

69. 완속여과에 대한 설명으로 틀린 것은? [기사 99]
① 부유물질 외에 세균도 제거가 가능하다.
② 급속여과에 비해 일반적으로 수질이 좋다.
③ 여과속도는 4~5m/day를 표준으로 한다.
④ 전처리로서 응집침전과 같은 약품처리가 필수적이다.

>**해설** ④는 급속여과에 대한 설명이다.

70. 완속여과지에 관한 설명이 아닌 것은? [기사 98]
① 세균 제거도 어느 정도 기대할 수 있다.
② 응집제를 필수적으로 투입해야 한다.
③ 원수의 탁도가 비교적 낮은 경우에 적합하다.
④ 여과속도를 4m/day 정도로 유지한다.

71. 상수도시설 중 완속여과지에 대한 설명으로 옳지 않은 것은? [기사 11]
① 완속여과지의 여과속도는 보통 120m/day로 한다.
② 여과사의 균등계수는 2.0 이하, 유효경은 0.3~0.45mm가 일반적이다.
③ 완속여과지의 모래층의 두께는 70~90cm로 한다.
④ 완속여과지의 형상은 직사각형을 표준으로 한다.

72. 완속여과와 급속여과를 비교하여 설명한 것으로 옳지 않은 것은? [기사 13]
① 세균 제거면에서는 완속여과가 더 효과적이다.
② 용지면적에서는 급속여과가 더 적게 소요된다.
③ 완속여과는 약품처리를 필요로 하지 않는다.
④ 급속여과는 비교적 양호한 원수에 알맞은 방법이다.

해설 급속여과는 약품처리를 통하여 빠르게 처리하는 시설로서 고탁도 원수에 적용하며 처리수의 수질은 완속여과에 비하여 좋지는 않다.

73. 완속여과와 급속여과에 관한 설명으로 틀린 것은? [산업 96]
① 완속여과 시의 여과사층의 이상적인 두께는 70~80cm이다.
② 여과속도가 다르므로 여과용지면적이 크게 다르다.
③ 여과의 손실수두는 급속여과보다 완속여과가 크다.
④ 완속여과는 여과속도가 급속여과의 1/30~1/40 정도이다.

74. 상수도의 완속여과지에 관한 설명으로 틀린 것은? [기사 11]
① 균등계수는 2 이하, 유효입경은 0.3~0.45mm이어야 한다.
② 모래의 최대입경은 5.0mm를 초과하지 않아야 한다.
③ 모래층의 두께는 70~90cm를 표준으로 한다.
④ 여과속도는 보통 4~5m/d를 표준으로 한다.

해설 완속여과지 제원
㉮ 여과속도 : 4~5m/d
㉯ 모래층두께 : 70~90cm
㉰ 균등계수 : 2.0 이하
㉱ 모래유효경 : 0.3~0.45mm이므로 모래의 최대입경은 0.45mm를 초과하지 않아야 한다.

75. 급속여과시스템에 의한 정수방법을 바르게 나타낸 것은? [기사 95, 13]
① 약품혼화지 – 플록형성지 – 약품침전지 – 급속여과지
② 플록형성지 – 약품혼화지 – 약품침전지 – 급속여과지
③ 약품혼화지 – 약품침전지 – 플록형성지 – 급속여과지
④ 플록형성지 – 약품침전지 – 약품혼화지 – 급속여과지

76. 급속여과지의 여과속도는 얼마인가? [기사 07]
① 4~5m/day
② 10~20m/day
③ 40~50m/day
④ 120~150m/day

77. 급속여과에서 이용되는 모래의 균등계수로 가장 적합한 것은? [산업 08]
① 1.7 이하
② 1.7 이상
③ 2.6 이하
④ 2.65 이상

78. 다음 그림은 입도누적곡선이다. 이와 같은 입경분포를 가지는 모래의 유효경과 균등계수로 옳은 것은? [기사 11]

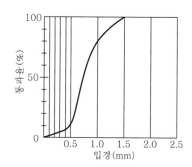

① 유효경 0.5mm, 균등계수 1.6
② 유효경 1.0mm, 균등계수 1.6
③ 유효경 0.5mm, 균등계수 2.0
④ 유효경 1.0mm, 균등계수 2.0

79. 급속여과지의 여과면적, 지의 수 및 형상에 대한 다음 설명 중 적합하지 않은 것은? [산업 99]
① 여과면적은 계획정수량을 여과속도로 나누어 구한다.
② 1지의 여과면적은 150m² 이하로 한다.
③ 지의 수는 예비지를 포함하여 2지 이상으로 한다.
④ 형상은 원형을 표준으로 한다.

80. 상수도 정수처리의 응집–침전에 관한 설명으로 옳은 것은? [산업 12]
① Floc형성지는 여러 구간으로 나누며 후반으로 갈수록 교반속도를 점차 크게 한다.
② Jar Tester는 종침강속도(terminal velocity)를 구하는 장치이다.
③ 고분자 응집제는 응집속도는 크나 pH에 의한 영향을 크게 받는다.
④ 정류벽은 난류의 억제에 효과가 있다

해설 플록형성지는 플록이 잘 뭉쳐지도록 완속교반을 하며, Jar tester는 적정 응집제 주입량을 결정하는 장치이다.

81. 급속여과에서 탁질누출현상이 일어나기까지의 순서로 옳은 것은? [기사 00]

① air binding – 부수압 – scour – 탁질누출현상
② air binding – scour – 부수압 – 탁질누출현상
③ 부수압 – scour – air binding – 탁질누출현상
④ 부수압 – air binding – scour – 탁질누출현상

82. 다음 중 여과모래 선정 시 주요 고려사항이 아닌 것은? [기사 05]

① 균등계수
② 유효경
③ 마멸률
④ 인장강도

83. 여과공정을 감시할 때 사용되는 가장 중요한 수질인자는? [산업 00]

① 대장균
② 손실수두
③ 철, 망간
④ 탁도

84. 모래여과지에서 손실수두에 영향을 주는 인자 중 가장 관계가 먼 것은? [산업 06]

① 공극률
② 여과층의 깊이
③ 여과속도
④ 여과지 표면적

해설 손실수두에 영향을 주는 인자
㉮ 공극률
㉯ 여과층의 깊이
㉰ 여과속도
㉱ 물의 점성도

85. 여과사의 입도분석결과가 다음과 같을 때 이 여과사의 균등계수는? [기사 05]

체통과율 (%)	5	10	20	40	60	80
입경 (mm)	0.2	0.3	0.38	0.6	0.85	1.30

① 1.7
② 2.8
③ 3.2
④ 3.5

해설 $C_u = \dfrac{D_{60}}{D_{10}} = \dfrac{0.85}{0.3} = 2.83$

86. 여과지의 여재에서 다음 모래의 균등계수는 얼마인가? (단, 10% 통과율 입경 : 0.4mm, 60% 통과율 입경 : 0.6mm) [기사 99]

① 1.5
② 1.0
③ 0.6
④ 0.4

해설 $C_u = \dfrac{D_{60}}{D_{10}} = \dfrac{0.6}{0.4} = 1.5$

87. 급속여과지에서 여과사의 균등계수에 관한 설명으로 틀린 것은? [기사 14]

① 균등계수의 상한은 1.7이다.
② 입경분포의 균일한 정도를 나타낸다.
③ 균등계수가 1에 가까울수록 탁질 억류 가능량은 증가한다.
④ 입도가적곡선의 50% 통과직경과 5% 통과직경에 의해 구한다.

해설 균등계수 $C_u = \dfrac{D_{60}}{D_{10}}$

88. 처리수량 40,500m³/day의 급속여과지의 최소 여과면적은? (단, 여과속도=150m/day, 총 급속여과지수(池數)=6개) [기사 10]

① 39m²
② 42m²
③ 45m²
④ 48m²

해설 $A = \dfrac{Q}{V} = \dfrac{40{,}500\text{m}^3/\text{day}}{150\text{m}/\text{day}} \times \dfrac{1}{6} = 45\text{m}^2$

89. 계획급수인구가 5,000명이고, 1인 1일 최대급수량이 200L이며, 여과속도는 130m/day인 급속여과지의 면적은? [산업 04]

① 7.69m²
② 15.30m²
③ 30.76m²
④ 76.92m²

해설 $A = \dfrac{Q}{V} = \dfrac{5{,}000 \times 200 \times 10^{-3}}{130} = 7.69\text{m}^2$

90. 여과수량이 6,000m³/day인 정수장이 있다. 여과유속을 120m/day로 하려면 여과지의 총 면적은 얼마나 필요한가? [산업 00]

① 30m² ② 40m²
③ 50m² ④ 60m²

•해설 $A = \dfrac{Q}{V} = \dfrac{6,000\text{m}^3/\text{day}}{120\text{m}/\text{day}} = 50\text{m}^2$

91. 여과지에서 처리하는 수량이 1,500m³/day이고, 여과지 면적이 200m²일 경우 여과속도는 얼마인가? [산업 99]

① 3.0m/day ② 7.5m/day
③ 15.0m/day ④ 30.0m/day

•해설 $V = \dfrac{Q}{A} = \dfrac{1,500}{200} = 7.5\text{m}/\text{day}$

92. 계획정수량 40,000m³/day인 정수장에서 5개의 여과지를 설치하여 여과속도를 1.5×10^{-3}m/s로 할 경우 여과지 1개당 면적은 얼마로 하여야 하는가? [기사 10, 17]

① 30m² ② 62m²
③ 309m² ④ 1,481m²

•해설 $V = \dfrac{1.5 \times 10^{-3}\text{m}}{86,400^{-1}\text{day}} = 129.6\text{m}/\text{day}$이므로

$A = \dfrac{Q}{Vn} = \dfrac{40,000\text{m}^3/\text{day}}{129.6\text{m}/\text{day} \times 5} = 62\text{m}^2$

93. 어떤 도시의 계획 1일 최대급수량이 90,000m²일 때 여과속도가 150m/day인 여과지를 설계하고자 한다. 여과지를 폭 8m, 길이 10m의 장방형으로 하면 지의 수는 몇 개가 필요한가? (단, 예비지는 고려하지 않는다.) [기사 99]

① 4개 ② 6개
③ 8개 ④ 10개

•해설 $A = \dfrac{Q}{nV}$ 로부터

$n = \dfrac{Q}{VA} = \dfrac{90,000}{150 \times (8 \times 10)} = 7.5 \fallingdotseq 8$개

94. 어떤 도시의 계획급수인구는 200,000명이며, 계획 1일 최대급수량이 60,000m³이고, 여과속도를 4m/day로 할 때 여과지의 소요면적과 여과지를 폭30m, 길이 50m의 장방형으로 할 경우 지의 수로 옳은 것은? [기사 99]

① $A = 35,000\text{m}^2$, $N = 12$개
② $A = 50,000\text{m}^2$, $N = 11$개
③ $A = 44\text{m}^2$, $N = 10$개
④ $A = 15,000\text{m}^2$, $N = 10$개

•해설 $A = \dfrac{Q}{V} = \dfrac{60,000}{4} = 15,000\text{m}^2$

$N = \dfrac{15,000}{30 \times 50} = 10$개

95. 다음과 같은 조건에서의 급속여과지의 면적은? [산업 11, 17]

- 계획급수인구 : 5,000인
- 1인 1일 최대급수량 : 200L
- 여과속도 : 120m/일

① 5.0m² ② 8.33m²
③ 12.5m² ④ 14.58m²

•해설 $Q = 200\text{L}/\text{인}\cdot\text{일} \times 5,000\text{인} = 1,000,000\text{L}/\text{day}$
$= 1,000\text{m}^3/\text{day}\,(1\text{m}^3 = 1,000\text{L})$이므로

$A = \dfrac{Q}{V} = \dfrac{1,000\text{m}^3/\text{day}}{120\text{m}/\text{day}} = 8.33\text{m}^2$

96. 다층 여과지에 대한 설명으로 옳지 않은 것은? [기사 13]

① 모래 단층 여과지에 비하여 여과속도를 크게 할 수 있다.
② 탁질 억류량에 대한 손실수두가 적어서 여과지속시간이 길어진다.
③ 표면여과의 경향이 강하므로 여과층의 단위체적당 탁질억류량이 작다.
④ 수류방향에서 여재의 입경이 큰 것으로부터 작은 것으로 역입도의 여과층을 구성한다.

•해설 다층 여과는 여재층이 여러 겹으로 되어 있어 탁질억류량을 증대할 수 있다.

97. 전염소처리의 목적 중 틀린 것은? [기사 05]
① 세균을 제거한다.
② 암모니아성 질소와 유기물 등을 제거한다.
③ 철, 망간 등을 제거한다.
④ 수중의 불순물을 침전시킨다.

98. 전염소처리로 제거할 수 없는 것은? [기사 06]
① 철(Fe)　　　　　② 조류
③ 암모니아성 질소　④ 트리할로메탄

99. 정수장에서 전염소처리설비의 목적과 관계없는 것은?
[기사 06, 14]
① 철, 망간의 제거
② 맛, 냄새의 제거
③ 트리할로메탄의 제거
④ 암모니아성 질소, 유기물의 처리

100. 다음 중 염소소독 시 소독력에 가장 큰 영향을 미치는 수질인자는? [산업 11]
① pH　　　　　　② 탁도
③ 총 경도　　　　④ 알칼리도

101. 상수의 정수 시에 일반적인 살균방법으로 가장 많이 사용되는 것은? [산업 03]
① 자외선살균　　② 오존살균
③ 염소소독　　　④ 산소주입

102. 염소소독에 대한 설명으로 옳지 않은 것은?
[산업 11]
① 염소소독에 의해 THM(Trihalomethane)의 생성을 촉진시키는 것이 좋다.
② 온도가 높을수록 살균력이 증가한다.
③ 수중에 암모니아화합물이 많으면 결합염소가 생성된다.
④ 살균능력은 $HOCl > OCl^- > NH_2Cl$이다.

103. 병원균 등의 세균을 완전히 제거하기 위하여 사용되는 정수방법은? [기사 04]
① 응집　　　　　② 소독
③ 여과　　　　　④ 침전

104. 소독을 위해 염소를 주입하였을 때 수중의 유리잔류염소는? [산업 97]
① 클로라민　　　② Cl_2
③ Cl^-　　　　④ $HOCl, OCl^-$

105. 다음 중 유리잔류염소에 해당되는 것은?
[산업 13]
① $HOCl$　　　　② $NHCl_2$
③ ClO_2　　　　④ Cl^-

▶해설 유리잔류염소는 $HOCl$과 OCl^-이다.

106. 염소소독 시 살균력이 가장 강한 것은?
[산업 98]
① $HOCl$　　　　② OCl^-
③ NH_2Cl　　　④ $NHCl_2$

107. 염소의 살균능력을 순서대로 표시한 것으로 옳은 것은? [산업 05]
① $HOCl > OCl^-$ > 클로라민
② 클로라민 $> OCl^- > HOCl$
③ 클로라민 $> HOCl > OCl^-$
④ OCl^- > 클로라민 $> HOCl$

108. 상수도의 정수공정에서 염소소독에 대한 설명으로 틀린 것은? [기사 14]
① 염소살균력은 $HOCl < OCl^-$ < 클로라민의 순서이다.
② 염소소독의 부산물로 생성되는 THM은 발암성이 있다.
③ 암모니아성 질소가 많은 경우에는 클로라민이 형성된다.
④ 염소살균은 오존살균에 비해 가격이 저렴하다.

109. 염소살균의 장점이 아닌 것은? [산업 06]
① 살균력이 뛰어나다.
② 설비 및 주입방법이 비교적 간단하다.
③ THM이 발생된다.
④ 비용이 비교적 저렴하다.

110. 상수의 정수방법 중 염소살균의 장단점을 잘못 설명한 것은? [산업 97]

① 염소살균은 발암물질인 트리할로메탄을 생성시킬 가능성이 있다.

② 오존살균은 염소살균에 비하여 잔류성이 약하다.

③ 오존의 살균력은 염소보다 우수하다.

④ 오존살균은 염소살균에 비해 경제적이다.

111. 염소소독에 관한 설명 중 옳은 것은? [기사 10]

① 살균능력은 클로라민>OCl⁻>HOCl 순이다.

② 암모니아 질소가 있으면 클로라민이 형성된다.

③ 살균능력은 온도가 낮고 pH가 높을수록 강하다.

④ 배수지에서의 잔류염소는 0.5ppm 이상을 유지하도록 한다.

⟍해설⟋ 살균능력은 HOCl>OCl⁻>클로라민 순이며, 온도가 높을수록 pH가 낮을수록(산성) 높다. 잔류염소는 0.5ppm 이하로 유지해야 한다.

112. pH 및 수온이 어떠할 때 염소살균효과가 높아지는가? [기사 12, 산업 06]

① pH가 낮고 수온이 높을 때

② pH가 낮고 수온이 낮을 때

③ pH가 높고 수온이 낮을 때

④ pH가 높고 수온이 높을 때

113. 다음 수돗물의 염소처리에서 잔류염소농도를 0.4ppm 이상으로 강화해야 할 경우에 해당하지 않는 것은? [기사 03]

① 소화기계통의 전염병이 유행할 때

② 정수작업에 이상이 있을 때

③ 단수 후 또는 수압이 감소할 때

④ 철, 망간의 성분이 함유되어 있을 때

114. 정수처리에서 염소소독을 실시할 경우 물이 산성일수록 살균력이 커지는 이유는? [기사 04, 11]

① 수중의 OCl 증가   ② 수중의 OCl 감소

③ 수중의 HOCl 증가   ④ 수중의 HOCl 감소

⟍해설⟋ 차아염소산(HOCl)도 pH 6~9에서 가수분해 반응이 일어나므로 산성일수록 증가하고 알칼리성일 때는 OCl가 증가한다.

115. 정수 중 암모니아성 질소가 있으면 염소소독 처리 시 클로라민이란 화합물이 생긴다. 이에 대한 설명으로 옳은 것은? [기사 12]

① 소독력이 떨어져 다량의 염소가 요구된다.

② 소독력이 증가하여 소량의 염소가 요구된다.

③ 소독력에는 거의 영향을 주지 않는다.

④ 경제적인 소독효과를 기대할 수 있다.

116. 전형적인 상수처리과정에서 제거되지 않는 물질은? [기사 98]

① 병원균

② 탁도

③ 암모니아성 질소

④ 질산성 질소

⟍해설⟋ 상수처리과정에서 병원균, 탁도, 암모니아성 질소, 색도 등은 제거할 수 있다.

117. 상수의 정수방법 중 염소살균과 오존살균의 장단점을 잘못 설명한 것은? [기사 04]

① 염소살균은 발암물질인 트리할로메탄(THM)을 생성시킬 가능성이 있다.

② 오존살균은 염소살균에 비해 잔류성이 약하다.

③ 염소살균은 살균력의 지속성이 우수하다.

④ 오존살균은 염소살균에 비해 경제적이다.

⟍해설⟋ 오존살균은 염소살균에 비해 훨씬 비싸므로 비경제적이다.

118. 상수의 정수방법 중 염소살균과 오존살균의 장단점을 잘못 설명한 것은? [산업 04]

① 염소살균은 발암물질인 트리할로메탄을 생성시킬 가능성이 있다.

② 오존살균은 염소살균에 비하여 잔류성이 약하다.

③ 오존살균력은 염소보다 우수하다.

④ 오존살균은 염소살균에 비해 경제적이다.

119. 물에 가한 일정량의 염소와 일정한 기간이 지난 후에 남아 있는 유리 및 결합잔류염소와의 차를 무엇이라 하는가? [산업 97]

① 유리잔류염소 ② 결합유효염소
③ 결합잔류염소 ④ 염소요구량

120. 염소소독을 위한 주입량시험결과는 다음 그림과 같다. 유리잔류염소가 수중에 지속되는 구간과 파괴점은? [기사 15, 산업 96]

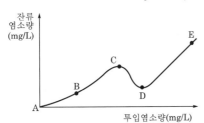

① AB, C ② BC, C
③ CD, E ④ DE, D

121. 다음 중 맛과 냄새를 제거하는 데에 주로 사용되는 것은? [산업 06]

① 황산반토 ② PAC
③ 활성탄 ④ $CuSO_4$

122. 염소요구량(A), 필요잔류염소량(B), 염소주입량(C)과의 관계로 옳은 것은? [산업 12]

① A = B + C ② C = A + B
③ A = B − C ④ C = A × B

▶해설 염소요구량＝주입염소량－잔류염소량

123. 유량이 3,000m³/day인 처리수에 7.0mg/L의 비율로 염소를 주입시켰더니 잔류염소량이 0.2mg/L였다. 이 처리수의 염소요구량은? [산업 98]

① 19.4kg/day ② 20.4kg/day
③ 21.4kg/day ④ 22.4kg/day

▶해설 염소요구량
$$= (주입염소량 - 잔류염소량) \times Q \times \frac{1}{순도}$$
$$= (7 - 0.2) \times 10^{-3} kg/m^3 \times 3,000 m^3/day$$
$$= 20.4 kg/day$$

124. 상수원수에 포함된 암모니아 질소를 파괴점 염소주입법에 의하여 제거할 때 이론적으로 암모니아성 질소 1ppm에 대하여 염소가 7.6ppm이 필요한 것으로 알려져 있다. 만약 암모니아성 질소의 농도가 5ppm이고 유량이 1,000m³/day인 원수를 처리하려면 얼마만큼의 염소가 필요한가? [기사 05]

① 25kg/day ② 38kg/day
③ 45kg/day ④ 51kg/day

▶해설 암모니아성 질소가 5ppm 있으므로 염소가 필요한 양은 5×7.6＝38ppm
$$1,000m^3/d \times 38ppm = 1,000m^3/d \times 38mg/L = 38kg/day$$

125. 200,000m³/day의 상수를 살균하기 위하여 100kg/day의 염소가 사용되고 있는데 15분 접촉 후 잔류염소는 0.2mg/L이었다. 이때 염소주입량농도와 염소요구량농도는 얼마인가? [기사 11]

① 0.5mg/L, 0.3mg/L ② 0.2mg/L, 0.4mg/L
③ 0.3mg/L, 0.5mg/L ④ 0.4mg/L, 0.2mg/L

▶해설
$$염소주입량 = \frac{100kg/day}{200,000m^3/day}$$
$$= \frac{1}{2,000} kg/m^3$$
$$= 0.5mg/L$$
$$\therefore \frac{1 \times 10^6}{2,000 \times 10^3} mg/L \Rightarrow 0.5mg/L$$

염소요구량농도 ＝주입염소량농도－잔류염소량농도
$$= 0.5mg/L - 0.2mg/L$$
$$= 0.3mg/L$$

126. 유량이 3,000m³/day인 처리수에 5.0mg/L의 비율로 염소를 주입시켰더니 잔류염소량이 0.2mg/L이었다. 이 처리수의 염소요구량은? [산업 14]

① 14.4kg/day ② 19.4kg/day
③ 20.4kg/day ④ 24.4kg/day

▶해설 kg/day이므로
$$염소요구량 = CQ \times \frac{1}{순도}$$
$$= (5 - 0.2) \times \frac{1}{10^6} \times 3,000 \times 10^3 kg/day$$
$$= 14.4 kg/day$$

127. 종말침전지에서 유출되는 수량이 5,000m³/day 이다. 여기에 염소처리를 하기 위하여 유출수에 100kg/day 의 염소를 주입한 후 잔류염소의 농도를 측정하였더니 0.5mg/L이었다면 염소요구량은? (단, 염소는 Cl₂기준)

[기사 05, 15]

① 16.5mg/L   ② 17.5mg/L
③ 18.5mg/L   ④ 19.5mg/L

해설 염소요구량농도이므로 kg은 mg으로, m³은 L로 전환

$$주입염소농도 = \frac{100kg/d}{5,000m^3/d}$$

$$= \frac{100 \times 10^6}{5,000 \times 10^3} mg/L$$

$$= 20mg/L$$

∴ 염소요구량농도 = 주입염소농도 − 잔류염소농도

$$= 20mg/L - 0.5mg/L$$

$$= 19.5mg/L$$

128. 다음 중 철의 제거를 목적으로 하는 처리방법 이 아닌 것은?

[산업 02]

① 폭기   ② 활성탄처리
③ 전염소처리   ④ 망간접촉여과

129. 다음 중 고도처리방법의 하나인 암모니아스트 리핑법을 이용하여 제거하는 물질은?

[산업 06]

① 모래   ② 부유물질
③ 유기물질   ④ 질소

130. 다음 중 맛과 냄새의 제거에 주로 사용되는 것은?

[산업 15]

① PAC(고분자 응집제)   ② 황산반토
③ 활성탄   ④ CuSO₄

해설 활성탄은 이취미 제거에 사용된다.

131. 고도의 정수처리방법에 속하는 것은?

[산업 96]

① 활성탄흡착   ② 약품응집침전
③ 염소살균   ④ 급속여과

132. 다음 중 수중 불순물의 분리조작에서 액체와 고체 간의 이동에 따른 상간 이동에 의한 분리조작과 거리가 먼 것은?

[산업 03]

① 이온교환
② 증발과 증류
③ 생물흡착
④ 활성탄흡착

133. 정수처리과정의 소독방법 중 오존살균의 장점 에 해당하지 않는 것은?

[산업 14]

① 물에 있어서 이상한 맛, 냄새, 색을 효과적으로 감 소시킨다.
② 살균력이 강력해서 살균속도가 크다.
③ 염소살균에 비해서 잔류효과가 크다.
④ 소독의 과정 및 그 후에 취기물질이 더 이상 발생 하지 않는다.

해설 오존살균의 단점으로는 소독의 잔류효과가 없 다는 것이다.

134. 오존을 사용하여 살균처리를 할 경우의 장점 에 대한 설명 중 틀린 것은?

[기사 05, 14, 17]

① 살균효과가 염소보다 뛰어나다.
② 유기물질의 생분해성을 증가시킨다.
③ 맛, 냄새물질과 색도 제거효과가 우수하다.
④ 오존이 수중 유기물과 작용하여 다른 물질로 잔류 하게 되므로 잔류효과가 크다.

해설 오존은 소독의 지속성을 의미하는 잔류효과가 없다.

135. 다음 중 오존처리법의 특성에 대한 설명으로 틀린 것은?

[기사 11]

① 자체의 높은 산화력으로 염소에 비하여 높은 살균 력을 가지고 있다.
② 유기물질의 생분해성을 증가시킨다.
③ 철·망간의 산화능력이 크다.
④ 소독의 잔류효과가 크다.

136. 오존(O_3)처리법의 특징으로 틀린 것은?

[산업 01]

① 페놀류의 제거에 효과적이다.
② 관리의 자동화가 용이하다.
③ 철, 망간의 제거능력이 크다.
④ 효과의 지속성이 있으므로 경제성이 있다.

137. 정수처리에서 쓰이는 입상활성탄처리를 분말 활성탄처리와 비교할 때 입상활성탄처리에 대한 설명으로 옳지 않은 것은?

[기사 12]

① 장기간 처리 시 탄층을 두껍게 할 수 있으며 재생할 수 있어 경제적이다.
② 원생동물이 번식할 우려가 있다.
③ 여과지를 만들 필요가 있다.
④ 겨울에 누출에 의한 흑수현상 우려가 있다.

> **해설** 입상활성탄은 고형물 자체이므로 흑수현상이 일어나지 않는다.

138. 염소소독과 비교한 자외선소독의 장점이 아닌 것은?

[산업 13]

① 인체에 위해성이 없다.
② 잔류효과가 크다.
③ 화학적 부작용이 적어 안전하다.
④ 접촉시간이 짧다.

> **해설** 자외선소독은 소독의 지속성이 없다.

139. 물의 맛, 냄새를 제거하기 위하여 주로 활용되지 않는 처리공정은?

[기사 13]

① 폭기
② 급속여과
③ 오존처리
④ 분말 또는 입상활성탄처리

> **해설** 급속여과는 원수 중의 부유물질을 약품침전한 후에 분리하는 방법이다.

4-3 정수시설 및 배출수처리시설

140. 상수슬러지 처리시설로 가장 거리가 먼 것은?

[기사 10]

① 탈수기
② 소독조
③ 건조상
④ 소화조

> **해설** 소화조는 하수슬러지 처리 중 유기물을 무기물로 바꾸는 안정화방식이다.

141. 상수도시설인 착수정에 대한 설명으로 옳지 않은 것은?

[기사 10]

① 착수정은 2지 이상으로 분할하는 것이 원칙이다.
② 부유물이나 조류 등을 제거할 필요가 있는 장소에는 스크린을 설치한다.
③ 착수정의 고수위와 주변 벽체 상단 간의 여유고는 30cm 이하로 한다.
④ 착수정에는 수위와 수량의 급변에 대처하기 위하여 월류위어를 설치하여야 한다.

> **해설** 착수정의 여유고는 고수위와 주변 벽체 상단 간에 60cm 이상이다.

142. 정수시설 중에서 여과수량과 송수량의 불균형을 일식하고 고장에 대응, 시설의 점검 등에 대비하여 정수를 저류하는 시설은?

[산업 10]

① 침사지
② 침전지
③ 여과지
④ 정수지

143. 다음 일반적인 배출수처리단계에 속하지 않는 것은?

[기사 02]

① 사여과시설
② 조정시설
③ 농축시설
④ 탈수시설

144. 다음 배출수처리단계 중 제일 처음 단계에 속하는 것은?

[산업 01]

① 처분시설
② 농축시설
③ 조정단계
④ 탈수단계

145. 다음 중 정수장에서 배출수처리의 대상이 아닌 것은?

[기사 98]

① 침전슬러지
② 여과지 역세척수
③ 응집물질
④ 잔류염소

146. 정수장의 슬러지 처리과정을 순서대로 열거한 것은? [산업 97]

① 조정 – 농축 – 탈수 – 건조 – 반출
② 농축 – 조정 – 탈수 – 건조 – 반출
③ 탈수 – 조정 – 농축 – 건조 – 반출
④ 농축 – 탈수 – 조정 – 건조 – 반출

147. 정수장 배출수처리에 관한 다음 내용 중 틀린 것은? [기사 98]

① 배출수는 약품침전지의 청소수로 구성된다.
② 조정, 농축시설은 반드시 시설되어야 한다.
③ 배출수 중에 가장 주요한 성분은 투입한 응집제이다.
④ 처리공정은 조정, 농축, 탈수시설로 구성된다.

148. 배출수처리시설 중 농축조의 용량은 계획슬러지양의 몇 시간분을 표준으로 하는가? [산업 98]

① 3~6시간
② 6~12시간
③ 12~24시간
④ 24~48시간

149. 정수시설 중 배출수 및 슬러지 처리시설의 설명이다. ㉠, ㉡에 알맞은 것은? [기사 12]

> 농축조의 용량은 계획슬러지양의 (㉠)시간분, 고형물 부하부는 (㉡)kg/m² · day을 표준으로 하되, 원수의 종류에 따라 슬러지의 농축특성에 큰 차이가 발생할 수 있으므로 처리대상 슬러지의 농축특성을 조사하여 결정한다.

① ㉠ 12~24, ㉡ 5~10
② ㉠ 12~24, ㉡ 10~20
③ ㉠ 24~48, ㉡ 5~10
④ ㉠ 24~48, ㉡ 10~20

해설 농축조
  ㉮ 용량 : 계획슬러지양의 24~48시간분
  ㉯ 고형물질부하 : 10~20kg/m²/day
  ㉰ 유효수심 : 3.5~4.0m
  ㉱ 여유고 : 30cm 이상
  ㉲ 바닥경사 : 1/10 이상
  ㉳ 슬러지관 및 배출관경 : 200mm 이상

150. 다음의 소독방법 중 발암물질인 THM 발생가능성이 가장 높은 것은? [산업 04, 12]

① 염소소독
② 오존소독
③ 이산화염소소독
④ 자외선소독

해설 소독을 위한 염소의 과다투입은 발암성 물질인 THM을 발생시킨다.

151. 정수처리 시 염소소독공정에서 생성될 수 있는 유해물질은 무엇인가? [산업 07]

① 암모니아
② 유기물
③ 환원성 금속이온
④ THM

152. THM은 발암물질로 알려져 있어서 음용수의 수질기준에 의하여 규제하고 있다. 음용수에서 트리할로메탄의 기준농도는 얼마인가? [산업 99]

① 0.01ppm 이하
② 0.05ppm 이하
③ 0.1ppm 이하
④ 1.0ppm 이하

153. 트리할로메탄(THM)의 발생을 억제하는 방법이 아닌 것은? [산업 10]

① 전염소처리
② 오존소독
③ 이산화염소 사용
④ 활성탄 사용

해설 전염소처리는 잔류염소가 발생하지 않으며 THM 발생을 억제하지 못한다.

154. 트리할로메탄(trihalomethane ; THM)에 대한 설명으로 옳지 않은 것은? [기사 10, 13]

① 전염소처리로 제거할 수 있다.
② 현탁성 THM 전구물질의 제거는 응집침전에 의한다.
③ 발암성 물질이므로 규제하고 있다.
④ 생성된 THM은 활성탄흡착으로 어느 정도 제거가 가능하다.

해설 전염소처리는 원수의 수질이 나쁠 때 침전지 이전에 주입하는 것으로 산화·분해작용이 주목적이고, THM의 발생을 억제하지 못하며 잔류염소가 발생하지 않는다.

chapter 5

하수도시설 계획

제5장
하수도시설 계획
30%

제7장
하수처리장
시설
45%

하수도
공학편

제6장
하수관로시설
25%

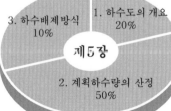

3. 하수배제방식
10%

1. 하수도의 개요
20%

제5장

2. 계획하수량의 산정
50%

5 하수도시설 계획

5-1 하수도의 개요

알·아·두·기·

> **전년도 출제경향 및 학습전략 포인트**
>
> ▣ **전년도 출제경향**
> - 하수도의 설치목적
>
> ▣ **학습전략 포인트**
> - 하수 : 오수, 우수, 공장폐수
> - 하수도의 목적과 효과

01 하수도

하수도란 하수 즉, 오수 및 우수를 배제 또는 처리하기 위하여 설치되는 도관, 기타 공작물과 시설의 총체(단, 농작물의 경작으로 인한 하수는 제외−지하 침투 간주)를 말한다.

※ 하수
- 오수(sanitary sewage)
- 우수(storm sewage)
- 공장폐수(industrial waste)

➡ 하수＝오수＋우수
하수량＝오수량＋우수량
└➤ 농작물 경작으로 인한 하수 제외

① 하수도의 목적과 효과

(1) 하수도의 설치목적

① 도시의 오수 및 우수를 배제, 쾌적한 생활환경 개선의 도모
② 오·탁수의 처리
③ 하천의 수질오염으로부터 보호
④ 우수의 신속한 배제로 침수에 의한 재해 방지

(2) 하수도의 효과

① 보건위생상의 효과
② 하천의 수질보전
③ 우수에 의한 범람수의 방지
④ 토지 이용의 증대(지하수위를 저하시켜 양호한 토지로 개량)
⑤ 도로 및 하천유지비의 감소
⑥ 분뇨처리의 해결
⑦ 도시 미관 증대

② 하수도 기본계획 시 조사사항

① 하수도 계획구역 및 배수계통(관거배치방식)
② 주요 간선펌프장 및 하수종말처리장의 위치 및 방식
③ 하수의 배제방식
④ 계획인구 및 포화인구의 밀도
⑤ 오수량, 지하수량 및 우수유출량조사
⑥ 지형 및 지질조사

③ 하수처리장의 구성 및 계통

① 집·배수시설 → 하수처리시설 → 방류 및 처분시설
② 가정 → 지선 하수관거 → 연결 하수관거 → 부간선 하수관거 → 간선 하수관거 → 차집관거 → 종말 하수관거 → 하수처리장

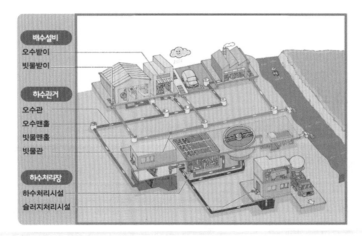

【그림 5-1】 하수도의 구성도

※ 차집관거 : 합류식에서 청천 시 하수나 우천 시 일정량의 하
수를 차집하여 하수종말처리장으로 운송하기 위한 관거
※ 간선 오수관거의 유입시간의 표준치 : 5분
※ 지선 오수관거의 유입시간의 표준치 : 7~10분

【표 5-1】오수의 이송방법 비교

구분	자연유하식	압력식(다중압송)	진공식
개요도			
장점	• 기기류가 적어 유지관리 용이 • 신규 개발지역 오수 유입 용이 • 유량변동에 따른 대응 가능 • 기술수준의 제한이 없음	• 지형변화에 대응 용이 • 공사점용면적 최소화 가능 • 공사기간 및 민원의 최소화 • 최소유속 확보	• 지형변화에 대응 용이 • 다수의 중계펌프장을 1개의 진공펌프장으로 축소가능 • 최소유속 확보
단점	• 평탄지는 매설 심도가 깊어짐 • 지장물에 대한 대응 곤란 • 최소 유속 확보의 어려움	• 저지대가 많은 경우 시설 복잡 • 지속적인 유지관리 필요 • 정전 등 비상대책 필요	• 실양정이 4m 이상일 경우 추가적인 장치가 필요함 • 국내 적용 실적이 다른 시스템에 비해 적음 • 일반 관리자의 초기 교육이 필요함

❹ 간이공공하수처리시설

공공하수처리시설에 유입되는 하수가 일시적으로 늘어날 경우 하수를
신속히 처리하여 하천·바다, 그 밖의 공유수면에 방류하기 위하여 지방자
치단체가 설치 또는 관리하는 처리시설과 이를 보완하는 시설을 말한다.
간이공공하수처리시설의 계획수립 시 다음 사항을 고려한다.

① 기초소사를 위해 배수구역 내 강우현황 및 하수도시설현황 등을
조사한다.
② 설치타당성 검토를 위해 유량 및 수질조사를 실시하고, 강우 시
공공하수처리시설 운영자료 등을 종합 검토하여 강우 시 하수처
리의 문제점을 분석하고 기존 처리시설의 용량 등을 검증한다.

③ 강우 시 미처리하수의 처리방안을 결정하기 위하여 기존 처리
공법의 운전 개선, 기존 처리공법의 시설 개량, 새로운 간이공
공하수처리시설 설치 등에 대한 장·단점, 경제성, 환경성 등을
비교하여 가장 효율적인 방안을 결정한다.

④ 도심지 기존 처리장의 외곽 이전 및 재설치 등을 계획 시 고도처리
공법 등으로 인한 용량 감소로 강우 시 우수처리에 문제가 발생할
수 있으므로 강우 시 3Q 처리가 가능하도록 계획하여야 한다.

5-2 계획하수량의 산정

전년도 출제경향 및 학습전략 포인트

▼ 전년도 출제경향
- 하수도계획의 목표연도
- 계획오수량의 종류
- 유달시간의 계산

▼ 학습전략 포인트
- 하수도계획의 목표연도 : 20년
- 계획오수량=생활오수량+공장폐수량+지하수
- 계획우수량 : $Q = \dfrac{1}{3.6} CIA$(A가 km²일 때), $Q = \dfrac{1}{360} CIA$(A가 ha일 때)
- 계획하수량
  - 오수관 : 계획시간 최대오수량
  - 우수관 : 계획우수량
  - 합류관 : 계획시간 최대오수량+계획우수량
  - 차집관 : 우천 시 계획오수량 or 계획시간 최대오수량의 3배

---

01 하수도계획의 절차

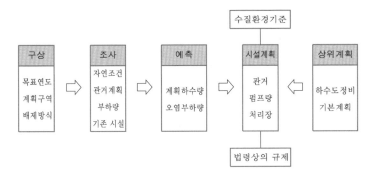

하수도계획의 목표연도는 원칙적으로 20년 후로 한다.

02 계획오수량

계획오수량은 생활오수량(가정오수량 및 영업오수량), 공장폐수량
및 지하수량으로 구분한다.

☞ 중요부분

▶ 상수도시설 계획연차 : 5~15년

(1) 생활오수량

생활오수량의 1인 1일 최대오수량은 계획목표연도에서 계획지역 내 상수도계획상의 1인 1일 최대급수량을 감안하여 결정하며, 용수지역별로 가정오수량과 영업오수량의 비율을 고려해야 한다.

(2) 공장폐수량

공장폐수 및 지하수 등을 사용하는 공장 및 사업소 중 폐수량이 많은 업체에 대해서는 개개의 폐수량조사를 기초로 장래의 확장이나 신설을 고려하며, 그 밖의 업체에 대해서는 출하액당 용수량 또는 부지면적당 용수량을 기초로 결정한다.

(3) 지하수량

지하수량은 1인 1일 최대오수량의 10~20%로 가정한다.

 ※ 지하수 침투량 결정방법
 - 하수관의 길이 1km당 0.2~0.4L/s
 - 1인 1일 최대오수량의 10~20%이고 평균 15%로 가정
 - 1인 1일당 17~25L로 가정
 - 배수면적당 17,500~36,300L/ha · day로 가정

(4) 계획 1일 최대오수량

① 1년을 통하여 가장 많은 오수가 유출되는 날의 오수량을 말한다.
② 하수처리시설의 처리용량을 결정하는 기준이 되는 수량이다.
③ 하수처리장의 설계기준이 되는 수량이다.
④ 계획 1일 최대오수량은 1인 1일 최대오수량에 계획인구를 곱한 후, 여기에 공장폐수량, 지하수량 및 기타 배수량을 더한 것으로 한다.
 ※ 계획 1인 최대오수량=(1인 1일 최대오수량×계획배수인구)
  +공장폐수량+지하수량+기타

(5) 계획 1일 평균오수량

① 1년 동안 유출되는 총 오수량으로부터 1일당의 평균값을 나타낸 것이다.
② 계획 1일 평균오수량은 계획 1일 최대오수량의 70~80%를 표준으로 한다.

계획 1일 평균오수량

$$= (계획) 1일 \ 최대오수량 \times \begin{cases} 0.7 (중소도시) \\ 0.8 (대도시, \ 공업도시) \end{cases}$$

(6) 계획시간 최대오수량

① 계획시간 최대오수량은 계획 1일 최대오수량의 1시간당 수량 의 1.3(대도시)~1.8배(농촌)를 표준으로 한다.

② 오수관거의 계획하수량을 결정하거나 오수펌프의 용량을 결정 하는 기준이 된다.

계획시간 최대오수량

$$= \frac{1일 \ 최대오수량}{24} \times \begin{cases} 1.3 (대도시 \ 및 \ 공업도시) \\ 1.5 (중소도시) \\ 1.8 (농촌, \ 주택단지) \end{cases}$$

(7) 합류식의 계획하수량

종별	하수량
관거(차집관거 제외)	계획시간 최대오수량+계획우수량
차집관거 및 펌프장	계획시간 최대오수량의 3배 이상
처리장의 최초 침전지까지 및 소독설비	계획시간 최대오수량의 3배 이상
처리장에서 상기 이외의 처리시설	계획 1일 최대오수량

▶ 합류식에서 우천 시 계획오수량 은 원칙적으로 계획시간 최대오 수량의 3배 이상으로 한다.

(8) 첨두율(peak factor)

① 평균하수량에 대한 실제 하수량과의 비로 나타낸다.

$$첨두율 = \frac{실제 \ 하수량}{평균하수량}$$

② 대구경 하수관거인 경우 1.3 이하이고, 지선일 경우 2.0 이상 이 되기도 한다.

③ 첨두율은 소구경 관거에서는 높고 대구경일수록 낮다.

④ 인구와 첨두율의 관계도면으로부터 최대, 최소첨두율을 구할 수 있다.

03 계획우수량

① 우수유출량

최대계획우수유출량의 산정은 합리식과 경험식이 있지만 원칙적으로 합리식에 의하는 것으로 한다(단, 충분한 실측자료에 의한 검토를 한 경우에는 경험식에 의해도 좋다).

$$Q = \frac{1}{3.6} CIA \ (A : \text{km}^2 \text{일 경우})$$

$$Q = \frac{1}{360} CIA \ (A : \text{ha일 경우})$$

여기서, Q : 최대계획우수유출량(m^3/s)
  C : 유출계수
  I : 유달시간(T) 내의 평균강우강도(mm/hr)
  A : 배수면적

▶ $1\text{ha} = 10,000\text{m}^2$
 $1\text{ar} = 100\text{m}^2$
 $1\text{ha} = 100\text{ar}$
 $1\text{km}^2 = 100\text{ha}$

② 강우강도(intensity of rainfall)

강우강도란 단위시간당 내린 비의 깊이(mm/hr)이며 강우강도공식은 Talbot형, Sherman형, Japanese형 등이 있다.

① Talbot형 : $I = \dfrac{a}{t+b}$

② Sherman형 : $I = \dfrac{c}{t^n}$

③ Japanese형 : $I = \dfrac{d}{\sqrt{t}+e}$

  여기서, I : 강우강도(mm/h)
    t : 지속시간(min)
    a, b, c, d, e, n : 상수

③ 유출계수

유역에 내린 전체 강우량에 대한 하수관거에 유입된 실제 우수유출량의 비율을 말한다.

$$C = \frac{Q}{IA}$$

여기서, Q : 최대우수유출량

A : 배수면적(집수면적)

I : 유달시간 내 평균강우강도(mm/hr)

【표 5-2】각종 유출계수

지표면의 종류	유출계수 (C)	지구별	유출계수 (C)
지붕	0.70~0.95	시중의 건물지구	0.70~0.90
콘크리트, 아스팔트 포장면	0.90~0.95	주택지구	0.50~0.70
돌, 벽돌의 포장면 (양호한 상태)	0.75~0.85	별로 조밀하지 않은 주택지구	0.25~0.50
돌, 벽돌의 포장면 (불량한 상태)	0.40~0.70	공원, 광장	0.10~0.30
머캐덤식 노면 및 보도	0.25~0.60	잔디밭, 정원, 목정, 전답	0.05~0.25
자갈로 된 노면 및 보도	0.15~0.30	산림지방	0.01~0.20
비포장 가로면, 공지 등	0.10~0.30		
공원, 잔디밭 정원, 목초지	0.05~0.20		
산림 및 농경지	0.01~0.20		

④ 유달시간(time of concentration)

우수가 배수유역의 최원격지점에서 유역의 출구까지 도달하는 데 걸리는 시간으로, 유입시간과 유하시간의 합으로 정의한다.

(1) 유입시간(t_1)

우수가 배수유역의 최원격지점에서 하수관거의 입구까지 유입되는 데 걸리는 시간

(2) 유하시간(t_2)

하수관거 내에 유입된 우수가 하수관거 내를 흘러 유역의 출구까지 유하하는 데 걸리는 시간

$$T = t_1 + t_2 = t_1 + \frac{L}{V}$$

여기서, t_1 : 유입시간(min)

L : 하수관거의 길이(m)

V : 관내의 평균유속(m/min)

알·아·두·기·

▶ 유출계수는 기후, 지세, 지질, 지표상황, 강우강도, 강우지속시간, 배수면적, 배수시설, 주거형태 등의 영향을 받으며, 이에 따라 유출계수 산출에 현저하게 영향을 미친다.

▶ 유달시간=유입시간+유하시간

☞ 유속 V의 단위에 유의하자.

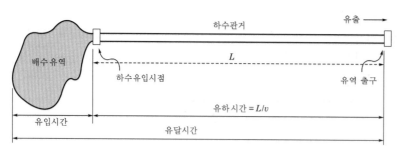

【그림 5-2】유달시간의 개념도

(3) 유달시간의 특성

① 유역면적이 작을수록 짧다.

② 형상계수가 작을수록 짧다.

③ 경사가 급할수록 짧다.

④ 비투수성 지표일수록 짧다.

  ※ 형상계수 $K = \dfrac{유역면적}{주하천길이의\ 제곱값}$ 이므로 K가 작으면 좁고 긴 유역이다.

  ※ 지체현상(retardation) : H에서 가장 먼 곳인 A에 내린 우수 가 H에 도달할 때까지 강우가 계속되지 않는 한 각 유역의 물이 동시에 H에 모이는 일이 없다. 이와 같은 현상을 지체 현상이라 한다.

  • 형상계수가 작을수록 지체현상은 커진다.

  • 강우지속시간이 유달시간보다 길 경우($T < t$)에는 전배수구 역에서 강우에 의한 유출이 동시에 H에 모인다.

  • 유달시간이 강우지속시간보다 길 경우($T > t$)에는 지체현상 이 발생한다.

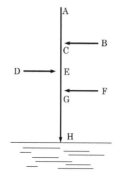

【그림 5-3】배수계통도

☞ 중요부분

04 계획하수량

① 분류식

① 오수관거 : 계획시간 최대오수량
② 우수관거 : 계획우수량

② 합류식

① 합류관거 : 계획시간 최대오수량+계획우수량
② 차집관거 : 우천 시 계획오수량 또는 계획시간 최대오수량의 3배

5-3 하수배제방식

┌─ **전년도 출제경향 및 학습전략 포인트** ─┐

▽ **전년도 출제경향**
- 하수배제방식

▽ **학습전략 포인트**
- 하수배제방식 : 분류식, 합류식
- 하수관거배치방식 : 직각식=수직식, 선형식=선상식

01 하수배제방식

☞ 중요부분

① 분류식(separate system)
– 위생적인 관점에서 유리

오수와 우수를 별도로 설치하여 오수만을 처리장으로 이송하는 방식으로 강우 시 오수가 방류되는 일이 없어 수계의 수질오염 방지에 효과적이다.

(1) 장점
① 하수에 우수가 포함되지 않으므로 하수처리장의 부하를 경감시키고 처리비용을 절감할 수 있다.
② 유량이 일정하며 유속이 빨라 관내에 침전물이 생기지 않는다.
③ 위생상 관점에서 분류식이 바람직하다.
④ 오수의 완전처리가 가능하다(강우 시 오수처리에 유리).
⑤ 유량 및 유속의 변동폭이 작다.
⑥ 처리장에 유입되는 토사유입량이 적다.

(2) 단점
① 관로의 직경이 작지만 관거의 공사비가 많이 든다.
② 강우 초기에는 도로나 관로 내에 퇴적된 오염물질이 그대로 강으로 합류된다.

③ 오수관거는 소구경이기 때문에 합류식에 비해 경사가 급해지고 매설깊이가 깊어진다.

④ 우천 시 우수가 미처리되어 전부 공공수역에 방류되기 때문에 수질 오탁의 문제가 발생한다.

⑤ 지하수의 유입량을 고려해야 한다.

❷ 합류식(conbined system)
- 경제적인 관점에서 유리

단일 관거로 오수와 우수를 한꺼번에 배제하는 방식으로 침수 피해가 빈번한 지역에 효과적인 방법이다.

(1) 장점

① 전우수량을 처리장으로 도달시켜 완전처리가 가능하다.

② 강우 시 수세(水洗)효과를 기대할 수 있다.

③ 관거의 부설비가 적게 든다.

④ 침수 피해 다발지역이나 우수배제시설이 정비되지 않은 지역에서 유리하다.

⑤ 단면적이 크기 때문에 폐쇄의 염려가 없고 관의 검사에 편리하다.

⑥ 관거의 단면이 크기 때문에 경사가 완만하다.

(2) 단점

① 우천 시 유량이 일정 이상이 되면 오수의 월류현상이 발생한다.

② 우천 시 처리장으로 다량의 토사가 유입되어 침전지에 퇴적된다.

③ 강우 시 비점오염원이 하수처리장에 유입되어 이에 따른 대책이 필요하다.

④ 청천 시 수위가 낮고 유속이 느려 오물이 침전하기 쉽다.

⑤ 하수관거 내의 유속변화폭이 크다.

⑥ 하수처리장에 유입하는 하수의 수질변동이 크다.

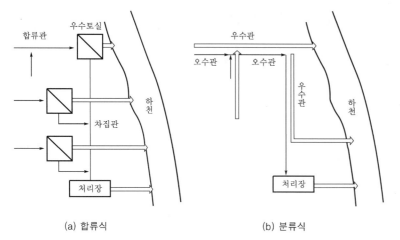

(a) 합류식   (b) 분류식

【그림 5-4】 분류식과 합류식의 하수도

【표 5-3】 배제방식의 비교

합류식	분류식
• 우천 시 미처리된 채 방류 • 수량이 불균일 • 펌프용량의 변화(청천, 우천) • 경제적 관점에서 유리 • 1개의 관으로도 충분 • 처리수질의 변동 • 관의 검사가 편리 • 사설하수관에 연결되기 쉬움	• 전오수를 처리장에 유입 • 수량이 균일 • 유량이 고정 • 오수의 완전처리가 가능(위생적 관점에서 유리) • 2개의 관 • 처리수질이 일정 • 방류장소 선정이 쉬움 • 강우 초기의 불결한 우수가 유출됨

02 하수관거배치방식(배수계통)

① 직각식(수직식 ; perpendicular system)

① 하수관거를 방류수면에 직각으로 배치하는 방식으로 하천유량
이 풍부할 때 하수배제가 가장 신속하며 경제적이다.
② 관거연장이 짧아지나 토구 수가 많아서 시내 하천의 수질오염
이 일어나기 쉽고 하천이 도시의 중심을 지나갈 때 적당한 방
식이다.
③ 방류수면의 수위가 높은 곳, 간만의 차가 심한 곳에는 역류를
막기 위해 방수, 방조문을 실치해야 한다.

② 차집식(intercepting system)

직각식을 개량한 것으로, 오염을 막기 위해서 하천, 호수, 바다 등에 나란히 차집거를 설치하여 차집간선에 따라 방류하는 방식이다. 그러므로 맑은 날씨에는 하수를 차집거에 의하여 처리장으로 보내서 그곳에서 일단 처리 후에 방류하고, 비가 올 때는 하수가 빗물로 충분히 희석되면 바로 방류한다.

③ 선형식(선상식 ; fan system)

지형이 한쪽 방향으로 경사져 있을 때 하수관을 수지상(나뭇가지)으로 배치하여 전 하수를 1개의 간선으로 모아 배제하는 방식이다. 이 방식은 지세가 단순하여 쉽게 한 지점으로 하수를 집결할 수 있을 경우 경제적이나, 시가지 중심의 밀집지역에 하수간선이나 펌프장이 집중된 대도시에서는 부적당하다.

④ 방사식(radial system)

지역이 광대해서 하수를 한 곳으로 배수하기 곤란할 때 배수지역을 수 개 또는 그 이상으로 구분해서 중앙으로부터 방사형으로 배관하여 각 개별로 배제하는 방식이다.

관저의 연장이 짧고 단면은 작아도 되나 하수처리장의 수가 많아지는 결점이 있다.

⑤ 평행식(평형식 ; parallel system or zone system)

광대한 대도시에 합리적이며 배수구역의 고저차가 심할 때 고부, 중부, 저부로 각각 독립된 배수계통을 만들어 배수한다.

⑥ 집중식(centralization system)

사방에서 1개소로 향해 집중유하시켜 펌프로 양수하는 방법이다.

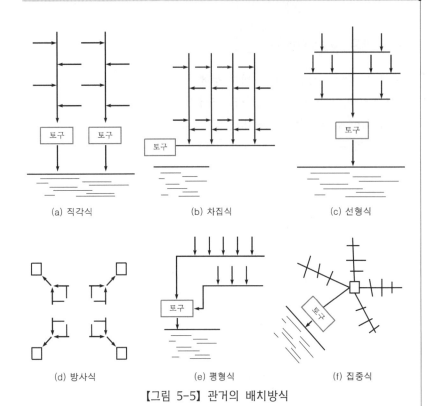

(a) 직각식   (b) 차집식   (c) 선형식

(d) 방사식   (e) 평형식   (f) 집중식

【그림 5-5】관거의 배치방식

예상 및 기출문제

5-1 하수도의 개요

1. 하수도시설을 계획할 때 일반적으로 목표연도는 몇 년 후로 하는가? [기사 04, 12, 13, 17, 산업 15]
① 10년
② 20년
③ 30년
④ 40년

2. 계획우수량 산정에 있어서 하수관거의 확률연수는 원칙적으로 몇 년으로 하는가? [기사 17]
① 2~3년
② 3~5년
③ 10~30년
④ 30~50년

해설 계획하수량은 20년을 원칙으로 하므로 계획우수량 산정에 있어 하수관거의 확률연수는 10~30년으로 보는 것이 합리적이다.

3. 상수도계획에서 계획연차 결정에 있어서 일반적으로 고려해야 할 사항으로 틀린 것은? [기사 17]
① 장비 및 시설물의 내구연한
② 시설확장 시 난이도와 위치
③ 도시발전상황과 물 사용량
④ 도시급수지역의 전염병 발생상황

4. 하수도 기본계획에서 계획목표연도의 인구추정방법이 아닌 것은? [기사 12]
① Stevens모형에 의한 방법
② Logistic곡선식에 의한 방법
③ 지수함수곡선식에 의한 방법
④ 생잔모형에 의한 조성법(Cohorot method)

해설 Stevens모형은 수문학의 수위-유량관계곡선의 연장방법 중 하나이다.

5. 하수도의 목적에서 하수도에 요구하는 기본적인 요건이 아닌 것은? [산업 04]
① 오수의 배제
② 우수의 배제
③ 유량공급
④ 오탁수의 처리

6. 하수도의 효과에 대한 내용으로 틀린 것은? [기사 00]
① 공중위생상의 효과
② 도시환경의 개선
③ 하천의 수질보전
④ 토지이용의 감소

7. 하수도시설에 의하여 얻어질 수 있는 하수도의 효과 중 가장 적당하지 않은 것은? [산업 98]
① 공중위생상의 효과
② 토지이용의 증대
③ 하천의 수질보전
④ 수자원개발효과

8. 다음 중 일반적인 하수도 설치의 궁극적인 목적이 아닌 것은? [기사 00]
① 침수재해 방지
② 하천 수질 보호
③ 생활환경 개선
④ 생태계 보호

9. 다음 중 하수도시설의 역할(목적)과 거리가 먼 것은? [산업 11]
① 생활환경의 개선
② 공공수역의 확대
③ 수질보전기능
④ 침수 방지

10. 하수처리장 부지 선정에 관한 설명으로 옳지 않은 것은? [산업 15]
① 홍수로 인한 침수위험이 없어야 한다.
② 방류수가 충분히 희석, 혼합되어야 하며, 상수도 수원 등에 오염되지 않은 곳을 선택한다.
③ 처리장의 부지는 장래 확장을 고려해서 넓게 하며, 주거 및 상업지구에 인접한 곳이어야 한다.
④ 오수 또는 폐수가 하수처리장까지 가급적 자연유하식으로 유입하고 또한 자연유하로 방류하는 곳이 좋다.

해설 하수처리장시설은 현재 혐오시설로 주민의 반감이 있을 수 있기 때문에 주거지나 상업지구는 피해야 한다.

11. 하수도계획을 위한 관련 계획의 조사에서 토지이용계획의 조사목적은? [산업 03]
① 하수도계획구역 설정
② 하수도매설계획
③ 하수도시설의 규모 및 배치
④ 펌프의 양정 결정

12. 하수도계획의 기본조사에서 하수방류지점의 위치 결정과 펌프양정 결정에 이용하는 하천조사에 속하는 것은? [산업 11]
① 하천과 수로의 종횡단면도
② 지하수위와 지반침하상황
③ 지형도
④ 지질도

13. 하수도의 기본계획 수립 시 조사사항으로 가장 거리가 먼 것은? [산업 99]
① 하수배제방식
② 계획인구 및 포화인구밀도
③ 오수량
④ 배수지의 크기 및 계통

⊷해설 배수지는 상수도시설이다.

14. 하수도계획에서 수질환경기준에 준하는 배제방식, 처리방법, 시설의 위치 결정에 활용하는 데 필요한 조사는? [산업 10, 12]
① 상수도 급수현황
② 방류수역의 허용부하량
③ 음용수의 수질기준
④ 공업용 수도의 현황

15. 하수도의 기본계획과 거리가 먼 것은? [산업 98]
① 하수배제방식
② 계획인구
③ 배수지의 위치
④ 종말처리장방식

16. 하수도계획의 기본적 사항에 관한 설명으로 옳지 않은 것은? [기사 10]
① 하수도계획의 목표연도는 시설의 내용연수, 건설기간 등을 고려하여 10~15년 범위로 한다.
② 계획구역은 계획목표연도에 시가화예상구역까지 포함하여 광역적으로 정하는 것이 좋다.
③ 신시가지 하수도계획의 수립 시에는 기존 시가지 및 신시가지를 합하여 종합적으로 고려해야 한다.
④ 공공수역의 수질보전 및 자연환경보전을 위하여 하수도 정비가 필요한 지역을 계획구역으로 한다.

⊷해설 하수도계획의 목표연도는 원칙적으로 20년 후로 한다.

17. 하수도시설의 일반적인 계통을 가장 옳게 나열한 것은? [산업 01]
① 집배수시설 – 방류 또는 처분시설 – 처리시설
② 처리시설 – 방류 또는 처분시설 – 집배수시설
③ 집배수시설 – 처리시설 – 방류 또는 처분시설
④ 처리시설 – 집배수시설 – 방류 또는 처분시설

18. 다음 중 하수도의 기본계획 시 조사항목이 아닌 것은? [산업 03]
① 하수배제방식
② 하수도계획구역 및 배수계통
③ 토지이용계획과 환경오염실태조사
④ 계획인구 및 오수량조사

19. 하수처리장계획 시 고려할 사항으로 맞지 않는 것은? [산업 98]
① 처리장의 부지면적은 확장 및 향후 고도처리계획을 예상하여 계획한다.
② 처리장의 위치는 방류수역의 이수상황 및 주변의 환경조건을 고려하여 정한다.
③ 처리시설은 계획시간 최대오수량을 기준으로 하여 계획한다.
④ 처리시설은 이상수위에도 침수되지 않는 지반고에 설치한다.

20. 하수에 관련된 사항 중 옳지 않은 것은? [기사 00]

① 하수란 생활이나 산업활동 등에 의하여 배출되는 오수와 우수를 말한다.

② 하수도라 함은 농작물의 경작하수를 포함하는 모든 하수를 배제 또는 처리하기 위한 시설이다.

③ 종말처리장이라 함은 하수를 최종적으로 처리하여 방류하기 위한 시설을 말한다.

④ 공공하수도시설의 규모 및 배치는 계획한 수량을 배제할 수 있어야 한다.

21. 하수도의 구성에 대한 설명으로 옳지 않은 것은? [산업 10, 11]

① 배제방식은 합류식과 분류식으로 대별할 수 있다.

② 지역이 광대한 대도시에서는 배수계통형식 중 선형식이 가장 적합하다.

③ 처리시설은 물리적, 생물학적, 화학적 시설로 대별할 수 있다.

④ 집·배수시설은 자연유하식이 원칙이나 펌프시설도 필요하다.

•해설▷ 선형식은 지형이 한쪽 방향으로 경사져 있을 때 전 하수를 1개의 간선으로 모아 배제하는 방식으로 대도시에는 부적당하다.

22. 하수도의 구성에 대해 맞는 설명은? [산업 96]

① 하수의 집수시설에서 펌프시설은 필요 없다.

② 하수처리시설은 생물학적 처리공정시설만을 의미한다.

③ 하수배제방식은 합류식과 분류식으로 구별할 수 있다.

④ 배수계통형식 중 방사식이 가장 좋다.

23. 하수도시설에 관한 설명으로 옳지 않은 것은? [기사 10]

① 하수도시설은 크게 관거시설, 펌프장시설 및 처리장시설로 구별한다

② 하수배제는 자연유하를 원칙으로 하고 있으며 펌프시설도 사용할 수 있다.

③ 하수처리장시설은 물리적 처리시설을 제외한 생물학적, 화학적 처리시설을 의미한다.

④ 하수배제방식은 합류식과 분류식으로 대별한다.

24. 하수도의 구성요소와 거리가 먼 것은? [산업 00]

① 관거시설 　　　　② 펌프장시설

③ 처리시설 　　　　④ 취수시설

5-2 계획하수량의 산정

25. 계획하수량의 산정방법으로 틀린 것은? [기사 11]

① 오수관거 : 계획 1일 최대오수량+계획우수량

② 우수관거 : 계획우수량

③ 합류식 관거 : 계획시간 최대오수량+계획우수량

④ 차집관거 : 우천 시 계획오수량

•해설▷ 오수관거는 계획시간 최대오수량으로 한다.

26. 다음 중 하수처리시설의 용량을 결정하는 데 기초가 되는 것은? [기사 11, 산업 04]

① 계획 1일 평균오수량

② 계획 1일 최대오수량

③ 계획 1시간 평균오수량

④ 계획 1시간 최대오수량

27. 합류식에서 하수차집관거의 계획하수량기준으로 옳은 것은? [기사 11]

① 계획시간 최대오수량 이상

② 계획시간 최대오수량의 3배 이상

③ 계획시간 최대오수량과 계획시간 최대우수량의 합 이상

④ 계획우수량과 계획시간 최대오수량의 합의 2배 이상

28. 하수의 계획 1일 최대오수량을 구하는 방법으로 맞는 것은? [산업 11]

① 1인 1익 평균오수량×계획인구+공장폐수

② 1인 1일 최대오수량×계획인구+공장폐수

③ 1인 1일 평균오수량×계획인구+공장폐수+지하수량+기타 배수량

④ 1인 1일 최대오수량×계획인구+공장폐수+지하수량+기타 배수량

29. 관거별 계획하수량에 대한 설명으로 옳지 않은 것은? [기사 12]

① 오수관거의 계획오수량은 계획 1일 최대오수량으로 한다.

② 우수관거에서는 계획우수량으로 한다.

③ 합류식 관거에서는 계획시간 최대오수량에 계획우수량을 합한 것으로 한다.

④ 차집관거는 우천 시 계획오수량으로 한다.

30. 고도처리 및 3차 처리시설의 계획하수량 표준에 관한 다음 표에서 빈칸에 알맞은 것으로 짝지어진 것은? [기사 15]

구분		계획하수량
		합류식 하수도
고도처리 및 3차 처리	처리시설	(가)
	처리장 내 연결관거	(나)

① (가) 계획시간 최대오수량, (나) 계획 1일 최대오수량

② (가) 계획시간 최대오수량, (나) 우천 시 계획오수량

③ (가) 계획 1일 최대오수량, (나) 계획시간 최대오수량

④ (가) 계획 1일 최대오수량, (나) 우천 시 계획오수량

31. 우리나라에서 간선 오수관거의 설계에 일반적으로 사용하고 있는 유입 시간의 표준치는 얼마나 되는가? [기사 98]

① 1분   ② 5분

③ 15분   ④ 30분

32. 합류식 하수관거의 설계 시 사용하는 유량은? [산업 13]

① 계획우수량＋계획시간 최대오수량의 3배

② 계획우수량＋계획시간 최대오수량

③ 계획시간 최대오수량의 3배

④ 계획 1일 최대오수량

> **해설** 합류식 하수관거의 설계 시에는 오수와 우수를 함께 배제하므로 계획우수량＋계획시간 최대오수량을 기준으로 한다.

33. 계획오수량 중 지하수량에 대한 설명으로 옳은 것은? [기사 13]

① 계획 1일 최대오수량의 70~80%를 표준으로 한다.

② 1인 1일 최대오수량의 10~20%로 한다.

③ 계획 1일 최대오수량의 1시간당 수량의 1.3~1.8배를 표준으로 한다.

④ 계획시간 최대오수량의 3배 이상으로 한다.

34. 계획 1일 최대오수량과 계획 1일 평균오수량 사이에는 일정한 관계가 있다. 계획 1일 평균오수량은 대체로 계획 1일 최대오수량의 몇 %를 표준으로 하는가? [산업 15]

① 45~60%   ② 60~75%

③ 70~80%   ④ 80~90%

35. 대도시의 경우 하수도계획에 있어서 1인 1일당 오수량은? [산업 97]

① 10~15L   ② 50~100L

③ 100~180L   ④ 180~250L

> **해설** 대도시의 경우 하수량은 급수량의 60~70%로 본다. 또 우리나라 급수량은 300~400lpcd이다.

36. 대도시나 공업도시의 계획 1일 평균오수량은 계획 1일 최대오수량의 몇 %로 하는가? [기사 96]

① 70%   ② 75%

③ 50%   ④ 85%

> **해설** 계획 1일 평균오수량은 계획 1일 최대오수량의 70~80%를 표준으로 한다.

37. 계획 1일 평균오수량은 계획 1일 최대오수량의 약 몇 %를 표준으로 하는가? [산업 13]

① 70~80%   ② 40~50%

③ 30~40%   ④ 10~20%

38. 하수처리장의 설계기준이 되는 기본적 하수량은 일반적으로 무엇을 기준으로 하는가? [산업 05]

① 계획 1일 평균오수량

② 계획 1일 최대오수량

③ 계획 1시간 최소오수량

④ 계획 1시간 최대오수량

39. 하수관거 중 개인주택에서 하수처리장까지 가정 하수를 운반하는 데 사용되지 않는 관거는? [산업 00]

① 지선 하수거　　　　② 간선 하수거
③ 우수거　　　　　　④ 차집 하수거

　해설　가정하수는 일반적으로 가정－지선 하수관거－간선 하수관거－차집관거－하수처리장 순으로 운반되며, 우수거는 하천으로 바로 배제된다.

40. 분류식 우수관거의 계획하수량에 대한 설명으로 옳은 것은? [기사 10]

① 계획시간 최대오수량으로 한다.
② 계획시간 최대우수량의 3배 이상으로 한다.
③ 계획시간 최대오수량에 계획우수량을 합한 것으로 한다.
④ 계획우수량으로 한다.

　해설　①은 오수관거, ②는 차집관거, ③은 합류식 관거의 계획하수량이다.

41. 계획오수량 산정에서 고려되는 것이 아닌 것은? [산업 12]

① 생활오수량　　　　② 공장폐수량
③ 지하수량　　　　　④ 차집하수량

　해설　계획오수량＝생활오수량＋공장폐수량＋지하수량이다.

42. 계획오수량에 대한 설명으로 옳은 것은 어느 것인가? [기사 12, 산업 99]

① 지하수량은 1인 1일 최대오수량의 10~20%로 한다.
② 계획 1일 평균오수량은 처리시설의 용량을 결정하는 데 기초가 되는 수치이다.
③ 계획 1일 평균오수량은 계획 1일 최대오수량의 90%를 표준으로 한다.
④ 계획시간 최대오수량은 계획시간 평균오수량의 1.3~1.9배를 표준으로 한다.

43. 계획오수량 산정 시 고려하는 사항에 대한 설명으로 옳지 않은 것은? [기사 13, 17]

① 지하수량은 1인 1일 최대오수량의 10~20%로 한다.

② 계획 1일 평균오수량은 계획 1일 최대오수량의 70~80%를 표준으로 한다.
③ 계획시간 최대오수량 계획 1일 평균오수량의 1시간당 수량의 0.9~1.2배를 표준으로 한다.
④ 계획 1일 최대오수량은 1인 1일 최대오수량에 계획인구를 곱한 후 공장폐수량, 지하수량 및 기타 배수량을 더한 값으로 한다.

　해설　계획시간 최대오수량은 계획 1일 평균오수량의 1시간당 수량의 1.3~1.8배를 표준으로 한다.

44. 하수도의 계획오수량에서 계획 1일 최대오수량 산정식은? [기사 99]

① 계획배수인구×1인 1일 최대오수량＋공장폐수량＋지하수량＋기타 배수량
② 계획배수인구＋공장폐수량＋지하수량
③ 계획배수인구×(공장폐수량＋지하수량)
④ 1인 1일당 최대오수량＋공장폐수량＋지하수량

45. 우리나라 대도시의 경우 하수로 방출되는 하수량은 급수량의 약 몇 %인가? [기사 98]

① 60~70%　　　　　② 70~80%
③ 80~90%　　　　　④ 90~95%

46. 하수량을 결정하기 위한 항목에 포함될 수 없는 것은? [산업 98]

① 도시분뇨생성량　　② 공장폐수량
③ 가정오수량　　　　④ 지하수량

　해설　오수량＝가정하수＋공장폐수＋지하수량

47. 다음 중 계획오수량에 포함되지 않는 것은 어느 것인가? [기사 08]

① 농업용수량　　　　② 지하수량
③ 공장폐수량　　　　④ 생활오수량

48. 분류식 하수관거에서 펌프장용량설계의 기준이 되는 것은? [기사 98]

① 계획 1일 평균오수량　② 계획 1일 최대오수량
③ 계획시간 최대오수량　④ 계획 순간 최대오수량

49. 다음 중 하수도계획에서 우수량 산정과 관계없는 것은? [기사 96]

① 강우강도
② 유출계수
③ 유역면적
④ 집수관거

50. 계획우수량 산정 시 유입시간을 산정하는 일반적인 kerby식과 스에이지식에서 각 계수와 유입시간의 관계로 틀린 것은? [기사 15]

① 유입시간과 지표면거리는 비례관계이다.
② 유입시간과 지체계수는 반비례관계이다.
③ 유입시간과 지표면평균경사는 반비례관계이다.
④ 유입시간과 설계강우강도는 반비례관계이다.

51. 우수배제계획에서 계획우수량을 산정할 때 고려할 사항이 아닌 것은? [기사 98]

① 유출계수
② 확률년
③ 배수면적
④ 경험식

52. 하수도시설 설계 시 우수유출량의 산정을 합리식으로 할 때 토지이용도별 기초유출계수의 표준값이 가장 작은 것은? [기사 12]

① 지붕
② 수면
③ 경사가 급한 산지
④ 잔디, 수목이 많은 공원

53. 우수량을 산정하는 합리식의 공식이 다음과 같을 때 각각의 단위로 틀린 것은? [산업 04]

$$Q = \frac{1}{360} CIA$$

① Q : m³/s
② C : 단위 없음
③ I : mm/hr
④ A : km²

해설 A의 단위는 ha이다.
km²이 되려면 $\frac{1}{3.6}$이다.

54. 우수량 계산 시 이용하는 합리식에 대한 설명 중 틀린 것은? (단, $Q = \frac{1}{360} CIA$) [기사 08, 12]

① Q는 유량을 나타내며 단위는 m³/s이다.
② C는 유출계수를 나타낸다.
③ I는 지표의 경사를 나타내며 유입속도를 결정한다.
④ A는 배수면적을 나타낸다.

55. 지역 내 강우량과 실제 우수유출량의 비율을 나타낸 것은? [산업 04]

① 확률강우
② 재현시간
③ 강우강도
④ 유출계수

해설 유출계수 = $\frac{실제\ 우수유출량}{총\ 강우량}$

56. 우수량에 대한 설명으로 틀린 것은? [산업 00]

① 유달시간은 유입시간과 유하시간을 합한 것과 같다.
② 강우강도는 단위시간에 내린 강우의 깊이로 단위는 mm/hr이다.
③ 유달시간이 강우지속시간보다 작을 때 지체현상이 일어난다.
④ 유출계수는 유출량과 강우량의 비이다.

해설 유달시간이 강우지속시간보다 클 때 지체현상이 발생한다.

57. 유역의 가장 먼 곳에 내린 빗물이 유역의 유출구 또는 문제의 지점에 도달하는 데 소요되는 시간을 무엇이라고 하는가? [기사 03]

① 도달시간
② 유하시간
③ 유입시간
④ 지체시간

58. 강우가 계속되는 기간의 길이로 분(min)으로 표시하는 강우자료는? [산업 11]

① 강우강도(rainfall intensity)
② 지속기간(duration)
③ 생기빈도(frequency)
④ 유입시간(time of inlet)

59. 우수유출량의 유달시간에 관한 사항 중 가장 옳은 것은? [산업 97]

① 유역면적이 클수록 짧다.
② 형상계수가 클수록 짧다.
③ 경사가 급할수록 짧다.
④ 투수성의 지표일수록 짧다.

60. 유달시간 T가 강우지속시간 t보다 작을 때 생기는 현상은? [산업 99]

① 지체현상이 일어난다.
② 유출계수에 따라 다르다.
③ 일부 유역의 강우만 하수관 관측지점을 통과한다.
④ 전 유역의 강우에 의한 유출이 하수관 관측지점을 통과한다.

> **해설** ㉮ $T<t$: 전 배수면적에서의 우수가 동시에 하수관 관측지점을 통과한다.
> ㉯ $T>t$: 지체현상이 발생된다.

61. 유달시간을 바르게 표현한 것은? (단, t_1 : 유입시간, L : 하수관거의 길이, V : 관내 유속) [산업 04]

① $T=t_1+\dfrac{L}{V}$

② $T=t_1+\dfrac{V}{L}$

③ $T=t_1-\dfrac{L}{V}$

④ $T=t_1-\dfrac{V}{L}$

62. 어느 지역에 비가 내려 배수구역 내 최원점에서 하수거의 입구까지 빗물이 유하하는 데 5분이 소요되었다. 하수거의 길이가 1,200m, 관내 유속이 2m/s일 때 유달시간은? [기사 00]

① 5분
② 11분
③ 15분
④ 20분

> **해설** $T=t+\dfrac{L}{V}$
> $=5\text{min}+\dfrac{1,200\text{m}}{2\text{m/s}}=5+\dfrac{1,200\text{m}}{2\times60\text{m/min}}$
> $=15\text{min}$

63. 어떤 지역의 강우지속시간(t)과 강우강도의 역수($1/I$)와의 관계를 구해보니 다음 그림과 같이 기울기가 1/3,000, 절편이 1/150이 되었다. 이 지역의 강우강도를 Talbot형$\left(I=\dfrac{a}{t+b}\right)$으로 표시한 것으로 옳은 것은? [기사 14]

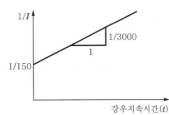

① $\dfrac{3,000}{t+20}$

② $\dfrac{20}{t+3,000}$

③ $\dfrac{10}{t+1,500}$

④ $\dfrac{1,500}{t+10}$

64. 유출계수 0.8, 강우강도 80mm/hr, 유역면적 5km²인 지역의 우수량을 합리식으로 구하면? [산업 05]

① 0.89m³/s
② 8.9m³/s
③ 88.9m³/s
④ 888.9m³/s

> **해설** $Q=\dfrac{1}{3.6}CIA=\dfrac{1}{3.6}\times0.8\times80\times5=88.89\text{m}^3/\text{s}$

65. 유출계수 0.6, 강우강도 2mm/min, 유역면적 2km²인 지역의 우수량을 합리식으로 구하면? [기사 99]

① 0.007m³/s
② 0.4m³/s
③ 0.667m³/s
④ 40m³/s

> **해설** 강우강도는 2mm/min이므로
> $2\text{mm}\times60/\text{hr}=120\text{mm/hr}$이다.
> $Q=\dfrac{1}{3.6}CIA=\dfrac{1}{3.6}\times0.6\times120\times2=40\text{m}^3/\text{s}$

66. 어느 유역의 강우강도는 $I=\dfrac{3,300}{t+17}$[mm/hr]로 표시할 수 있고 유역면적 200ha, 유입시간 5분, 유출계수 0.9, 관내 유속이 1m/s이다. 600m의 하수관에서 흘러나오는 우수량은 얼마인가? [기사 00]

① 5.25m³/s
② 2.65m³/s
③ 51.56m³/s
④ 102.65m³/s

해설

$$T = t + \frac{L}{V} = 5 + \frac{600}{1 \times 60} = 15\text{min}$$

$$\therefore\ Q = \frac{1}{360} \times 0.9 \times \frac{3,300}{15 + 17} \times 200 = 51.56\text{m}^3/\text{s}$$

67. 어떤 도시에서 재현기간 5년의 강우강도식이 $I = 225/t^{0.393}[\text{mm/hr}]$이고 배수면적은 0.04km²이며 유출계수는 0.6이다. 유역경계에서 우수거 입구까지 유입시간이 7분이고 우수거 하단까지의 유하시간이 9분이었다. 합리식에 의하여 우수거 하단에서의 최대계획우수유출량은? [기사 04]

① 0.5045m³/s ② 5.045m³/s
③ 50.45m³/s ④ 504.5m³/s

해설

$$I = \frac{225}{t^{0.393}} = \frac{225}{16^{0.393}} = 75.6\text{mm/hr}$$

$$T = t_1 + t = 7 + 9 = 16\text{min}$$

$$\therefore\ Q = \frac{1}{3.6}CIA$$

$$= \frac{1}{3.6} \times 0.6 \times 75.6 \times 0.04$$

$$= 0.504\text{m}^3/\text{s}$$

68. 강우강도 $I = \frac{3,500}{t[\text{분}] + 10}[\text{mm/hr}]$, 유역면적 2.0km², 유입시간 7분, 유출계수 $C = 0.7$, 관내 유속이 1m/s인 경우 관의 길이 500m인 하수관에서 흘러나오는 우수량은? [기사 04, 17]

① 53.7m³/s ② 35.8m³/s
③ 48.9m³/s ④ 45.7m³/s

해설

$$t = t_1 + \frac{L}{60V} = 7 + \frac{500}{60 \times 1} = 15.33\text{min}$$

$$I = \frac{3,500}{15.33 + 10} = 138.18\text{mm/hr}$$

$$\therefore\ Q = \frac{1}{3.6}CIA$$

$$= \frac{1}{3.6} \times 0.7 \times 138.18 \times 2.0 = 53.7\text{m}^3/\text{s}$$

69. 강우강도 $I = \frac{2,347}{t + 41}[\text{mm/hr}]$, 유역면적 5km², 유입시간 4분, 유출계수 0.85, 하수관거 내 유속 40m/min인 경우 1km의 하수관거 내 우수량은? [산업 04]

① 22.5m³/s ② 24.7m³/s
③ 35.6m³/s ④ 39.6m³/s

해설

$$t = t_1 + \frac{L}{V} = 29\text{min}$$

$$I = \frac{2,347}{29 + 41} = 33.53\text{mm/hr}$$

$$\therefore\ Q = \frac{1}{3.6}CIA$$

$$= \frac{1}{3.6} \times 0.85 \times 33.53 \times 5 = 39.6\text{m}^3/\text{s}$$

70. 강우강도 $I = \frac{3,000}{t + 15}[\text{mm/hr}]$, 유출계수 0.5, 배수면적 1km², 유입시간 5분, 관거 내 유속 1m/s, 관거 길이 600m인 경우 우수유출량을 합리식으로 구하면 얼마인가? [산업 05]

① 40.8m³/s ② 35.3m³/s
③ 21.7m³/s ④ 13.9m³/s

해설

$$t = t_1 + \frac{L}{60V} = 5 + \frac{600}{60 \times 1} = 15\text{min}$$

$$I = \frac{3,000}{15 + 15} = 100\text{mm/hr}$$

$$\therefore\ Q = \frac{1}{3.6}CIA$$

$$= \frac{1}{3.6} \times 0.5 \times 100 \times 1$$

$$= 13.9\text{m}^3/\text{s}$$

71. 주거지역(면적 3ha, 유출계수 0.5), 상업지역(면적 2ha, 유출계수 0.7), 녹지(면적 1ha, 유출계수 0.1)로 구성된 구역의 평균(총괄)유출계수는? [산업 06]

① 0.43 ② 0.50
③ 0.60 ④ 1.30

해설

$$C = \frac{3 \times 0.5 + 2 \times 0.7 + 1 \times 0.1}{3 + 2 + 1} = 0.5$$

72. 첨두율(peak factor)에 관한 설명 중 옳지 않은 것은? [산업 00]

① 첨두율이란 실제 하수량과 평균하수량의 비로 나타낸다.
② 첨두율은 소구경 관거에서는 낮고 대구경일수록 높다.
③ 인구와 첨두율의 관계도면으로 최대, 최소첨두율을 구할 수 있다.
④ 대구경의 하수거인 경우 첨두율이 1.3 이하이고, 지선일 경우 2.0이 넘을 수도 있다.

5-3 하수배제방식

73. 다음은 하수관거별 계획하수량을 나타낸 것이다. 틀린 것은? [기사 99, 16]
① 오수관거 : 계획시간 최대오수량
② 우수관거 : 계획시간 최대우수량
③ 합류관거 : 계획시간 최대오수량＋계획우수량
④ 차집관거 : 우천 시 계획오수량

74. 하수도시설의 계통 선정 시 우선적으로 결정하여야 할 사항은? [기사 10]
① 합류식 또는 분류식
② 직각식 또는 차집식
③ 우수토실의 설치
④ 선형식 또는 방사식

> **해설** 하수배제방식 → 하수관거배치방식 → 부대시설 설치 순이어야 한다. ①은 배제방식, ②, ④는 관거 배치방식, ③은 부대시설 설치이다.

75. 하수의 배제방법 중 오수관과 우수관을 별도로 설치하는 방식을 무엇이라 하는가? [산업 04]
① 합류식   ② 합리식
③ 분류식   ④ 차집식

76. 하수의 배제방식 중 분류식 하수관거의 특징이 아닌 것은? [기사 11]
① 처리장 유입하수의 부하농도를 줄일 수 있다.
② 우천 시 월류의 위험이 없다.
③ 처리장으로의 토사 유입이 적다.
④ 처리장으로 유입되는 하수량이 비교적 일정하다.

77. 분류식 배제방식의 특징에 관한 설명으로 옳은 것은? [기사 11]
① 일정량 이상이 되면 우천 시 오수가 월류할 수 있다.
② 우천 시 수세효과를 기대할 수 있다.
③ 관거 오접에 대한 철저한 감시가 필요하다.
④ 단일 관거로 오수와 우수를 배제하는 방법이다.

78. 하수배수방법인 분류식과 합류식의 장단점에 대하여 기술한 내용 중 옳지 않은 것은? [기사 05]
① 분류식은 우수관과 오수관을 별도로 매설하므로 비용이 많이 든다.
② 분류식의 경우 처리장에 유입하는 하수의 수질변동이 비교적 적다.
③ 분류식은 전 우수량을 처리장으로 도달시켜 완전 처리가 가능하다.
④ 합류식은 대량의 우수로 관내 자연세정이 가능하다.

79. 분류식의 오수관거 설계 시 하수량 결정에 고려하여야 하는 것은? [기사 04]
① 계획평균오수량
② 계획우수량
③ 계획시간 최대오수량
④ 계획시간 최대오수량에 우수량을 더한 값

> **해설** 분류식의 오수관거는 오수만 유하하므로 계획시간 최대오수량으로 설계한다.

80. 분류식 하수관거계통(separated system)의 특징에 대한 설명으로 틀린 것은? [산업 13]
① 오수는 처리장으로 도달, 처리된다.
② 우수관과 오수관이 잘못 연결될 가능성이 있다.
③ 관거 매설비가 큰 것이 단점이다.
④ 강우 시 오수가 처리되지 않은 채 방류되는 단점이 있다.

81. 하수관거의 배제방식에 대한 설명으로 옳지 않은 것은? [기사 11]
① 합류식은 청천 시 관내 오물이 침전하기 쉽다.
② 분류식은 합류식에 비해 부설비용이 많이 든다.
③ 분류식은 일정량 이상이 되면 우천 시 오수가 월류한다.
④ 합류식 관거는 단면이 커서 환기가 잘 되고 검사에 편리하다.

82. 분류식 하수관거시설에 관한 설명으로 옳지 않은 것은? [기사 04]

① 분류식은 관거 오접에 대한 철저한 감시가 필요하다.

② 분류식은 안정적인 하수처리를 실시할 수 있다.

③ 분류식은 오수관과 우수관의 별도 매설로 공사비가 많이 든다.

④ 분류식은 관거 내 퇴적이 적으며 수세효과를 기대할 수 있다.

해설 합류식은 관거 내에 퇴적이 적으며 수세효과를 기대할 수 있다.

83. 분류식 하수배제방식에 해당하는 것은 어느 것인가? [산업 96]

① 관거의 부설비가 적게 든다.

② 강우 시의 오수처리에 유리하다.

③ 관거의 단면적이 커서 관거 내의 검사가 용이하다.

④ 하수 중의 고형물이 관거에 퇴적하기 쉽다.

해설 분류식 하수배제방식의 특징
㉮ 관내 침전물이 생기지 않는다.
㉯ 관의 부설비가 많이 든다.
㉰ 오수만 처리하므로 처리비용이 절감된다.
㉱ 방류장소를 마음대로 선정할 수 있다.
㉲ 강우 시 초기 오염의 우수처리가 불가능하다.

84. 합류식 하수도에 대한 설명이 아닌 것은? [기사 96]

① 청천 시에는 수위가 낮고 유속이 적어 오물이 침전하기 쉽다.

② 우천 시에는 처리장으로 다량의 토사가 유입되어 침전지에 퇴적된다.

③ 단일관로로 오수와 우수를 배제하기 때문에 침수피해의 다발지역이나 우수배제시설이 정비되지 않은 지역에서 유리한 방식이다.

④ 소규모 강우 시 강우 초기에 도로나 관로 내에 퇴적된 오염물이 그대로 강으로 월류할 수 있다.

85. 합류식 하수관거에 대한 설명 중 옳지 않은 것은? [산업 08, 11]

① 초기 우수에 포함되어 있는 지상의 먼지나 지면상의 오염물질을 운반하여 처리장에서 처리할 수 있다.

② 대구경 관거가 되면 1계통으로 건설되어 오수관거와 우수관거의 2계통을 건설하는 것보다는 적게 든다.

③ 우천 시의 월류의 위험이 없고 하수처리장에 유입하는 하수의 수질변동이 비교적 낮다.

④ 관지름이 크므로 관의 폐쇄의 염려가 없고 검사 및 청소가 비교적 용이하다.

해설 강우 시와 청천 시 하수처리장에 유입되는 하수의 수질변동이 크다.

86. A도시는 하수의 배제방식으로서 분류식을 선택하였다. 하수처리장의 가동 후 계획된 오수량에 비해 유입오수량이 적으며 공공수역의 오염이 해결되지 않았다면 다음 중 이 문제에 대한 가장 큰 원인으로 생각할 수 있는 것은? [산업 12]

① 우수관의 잘못된 관종 선택

② 우수관의 지하수 침투

③ 오수관의 우수관으로의 오접

④ 하수배제지역의 강우 빈발

87. 하수의 배제방식의 분류식과 합류식에 대한 설명으로 옳지 않은 것은? [기사 12]

① 분류식은 오수만을 처리장으로 수송하는 방식으로 우천 시에 오수를 수역으로 방류하는 일이 없으므로 수질오염 방지상 유리하다.

② 분류식의 오수관거는 소구경이기 때문에 합류식에 비해 경사가 완만하고 매설깊이가 적어지는 장점이 있다.

③ 합류식은 단일관거로 오수와 우수를 배제하기 때문에 침수피해의 다발지역이나 우수배제시설이 정비되어 있지 않은 지역에서 유리하다.

④ 합류식은 분류식에 비해 시공이 용이하나 우천 시에 관거 내의 침전물이 일시에 유출되어 처리장에 큰 부담을 줄 수 있다.

88. 하수배제방식의 합류식과 분류식에 관한 설명으로 옳지 않은 것은? [기사 13, 17]
① 분류식이 합류식에 비하여 일반적으로 관거의 부설비가 적게 든다.
② 분류식은 강우 초기에 비교적 오염된 노면배수가 직접 공공수역에 방류될 우려가 있다.
③ 하수관거 내의 유속의 변화폭은 합류식이 분류식보다 크다.
④ 합류식 하수관거는 단면이 커서 관거 내 유지관리가 분류식보다 쉽다.

89. 합류식과 분류식에 대한 설명으로 옳지 않은 것은? [기사 13]
① 합류식의 경우 관경이 커지기 때문에 2계통인 분류식보다 건설비용이 많이 든다.
② 분류식의 경우 오수와 우수를 별개의 관로로 배제하기 때문에 오수의 배제계획이 합리적이 된다.
③ 분류식의 경우 관거 내 퇴적은 적으나 수세효과는 기대할 수 없다.
④ 합류식의 경우 일정량 이상이 되면 우천 시 오수가 월류한다.

90. 하천유량이 풍부할 때 하수를 신속히 배제할 수 있는 가장 경제적인 방법은? [산업 00]
① 직각식 ② 선형식
③ 방사식 ④ 집중식

91. 하수도의 관거배치방식에서 지역이 광대하여 하수를 한 곳으로 모으기 힘들 때 채용되는 형식은 어느 것인가? [산업 00]
① 직각식 ② 선형식
③ 방사식 ④ 집중식

92. 시형이 한쪽 방향으로 경사져 있을 때 그 고지에 따라 하수관을 배치하여 1개의 간선으로 모아 배제하는 방식은? [기사 99]
① 직각식 ② 차집식
③ 방사식 ④ 선상식

93. 전체 구역에서 발생하는 하수를 특정 장소로 집중시키고자 한다. 구역 내 지형구조가 한 방향으로 일정한 경사를 이루고 있을 때 이용할 수 있는 하수배제방식은? [산업 02]
① 선형식 ② 차집식
③ 직교식 ④ 방사식

94. 다음 중 배수계통의 특징이 잘못 서술된 것은 어느 것인가? [산업 98]
① 직각식 : 도시 중앙에 큰 강이 관통할 때 적합하다.
② 차집식 : 하수방류수가 많아지는 단점이 있다.
③ 선형식 : 한 방향으로 규칙적인 경사가 진 지역에 알맞다.
④ 방사식 : 중앙이 고지대인 지역에 적합하다.

해설 ②는 방사식의 설명이다.

95. 하수관거의 배치방식에 관한 설명 중 잘못된 것은? [기사 98]
① 방사식은 대도시와 같은 하수를 한 곳으로 모으기가 곤란할 때 채용된다.
② 선상식은 지역 내에 고저차가 심할 때 고부, 중부, 저부로 각각 독립된 배수계통을 만들어 배수한다.
③ 직각식은 하수관거의 연장이 짧아지고 토구수가 많아진다.
④ 토구수가 많다는 단점을 가진 직각식을 계량한 것이 차집식이다.

해설 ②는 평형식에 대한 설명이다.

96. 다음 하수의 배수계통 중 선형식의 특징으로 틀린 것은? [기사 96]
① 나뭇가지형태와 비슷한 모양으로 배치된다.
② 소도시보다 대도시에 적합하다.
③ 한 방향으로 경사진 지역에 적합하다.
④ 하수를 한 지점으로 집중시킬 수 있을 때 적합하다.

MEMO

chapter **6**

하수관로시설

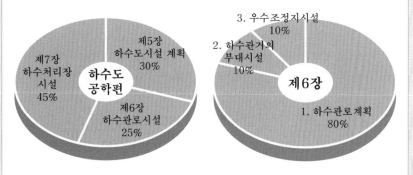

6 하수관로시설

6-1 하수관로계획

전년도 출제경향 및 학습전략 포인트

▣ **전년도 출제경향**
- 하수관거의 유속과 경사
- 최소관경과 최소토피
- 관정부식의 방지책

▣ **학습전략 포인트**
- 하수관거의 유속은 하류로 갈수록 유속은 빠르게 경사는 완만하게 한다.
  - 오수관·차집관 : 0.6~3m/s
  - 우수관·합류관 : 0.8~3m/s
  - 이상적 유속 : 1~1.8m/s
  - 경사 $= \dfrac{1}{관경(mm)}$
- 최소관경 : 오수관 200mm, 우수관 250mm
- 최소토피 : 1m
- 하수관거의 특성
- 하수관거의 종류(흄관)
- 하수관거의 모양(원형, 직사각형, 마제형)
- 하수관거의 접합(수면접합, 관정접합, 관저접합)
- 관정부식

01 계획하수량

대부분의 하수관거는 수리학적으로 개수로이며, 관거는 원칙적으로 암거로 한다.

① 오수관거에서는 계획시간 최대오수량으로 한다.

② 우수관거에서는 계획우수량으로 한다.

③ 합류식 관거에서는 계획시간 최대오수량+계획우수량으로 본다.

④ 차집관거에서는 우천 시 계획오수량 또는 계획시간 최대오수량의 3배 이상으로 한다.

⑤ 지역의 설정에 따라 계획하수량에 여유를 둘 수 있다. 일반적으로 오수관거의 경우 계획시간 최대오수량에 대해 소구경 관거(250~600mm)에서는 약 100%, 중구경 관거(700~1,500mm)에서는 약 50~100%, 대구경 관거(1,650~3,000mm)에서는 약 25~50% 정도의 여유를 두는 것이 좋다.

02 유량 및 유속의 계산

① 유량공식

$$Q = AV$$

② 유속공식

① Manning공식 : $V = \dfrac{1}{n} R_h^{\frac{2}{3}} I^{\frac{1}{2}}$

　　여기서, n : 조도계수
　　　　　　R_h : 경심
　　　　　　I : 동수경사

② Chezy공식 : $V = C R_h^{\frac{1}{2}} I^{\frac{1}{2}}$

　　여기서, C : Chezy의 유속계수
　　　　　　R_h : 경심
　　　　　　I : 동수경사

③ Ganguilet-Kutter공식

$$V = \dfrac{23 + \dfrac{1}{n} + \dfrac{0.00155}{I}}{1 + \left(23 + \dfrac{0.00155}{I}\right)\dfrac{n}{R_h^{1/2}}} (R_h\, I)^{1/2}$$

③ 유속 및 경사

① 관거 내에 토사 등이 침전, 정체하지 않는 유속일 것
② 하류관거의 유속은 상류보다 빠르게 할 것

▶ 경심(동수반경)
$$R_h = \dfrac{A(\text{유수 단면적})}{P(\text{윤변})}$$

▶ 원형관일 경우 $R_h = \dfrac{d}{4}$

▶ 직사각형관일 경우
$$R_h = \dfrac{bh}{b+2h}$$

▶ 하수관거는 Manning공식과 Kutter 공식을, 상수도관은 Hazen-Williams공식을 많이 사용한다.

③ 경사는 하류에 갈수록 완만하게 할 것

④ 급류는 관거에 손상을 주므로 피할 것

(1) 유속

【표 6-1】 하수관의 유속

관거	최소유속	최대유속
오수관거, 차집관거	0.6m/s	3.0m/s
우수관거, 합류관거	0.8m/s	3.0m/s

※ 우수관거의 최저유속이 큰 이유는 침전물의 비중이 오수관거보다 크기 때문이다.

(2) 하수관거의 경사

① 하수관거의 일반적인 평탄지 경사 : $\dfrac{1}{관경(mm)}$

② 적당한 경사의 토지 : $\dfrac{1}{관경(mm)} \times 1.5$

③ 급경사의 토지 : $\dfrac{1}{관경(mm)} \times 2.0$

☞ 중요부분

➡ 일반적으로 이상적인 유속은 1.0~1.8m/s이다.

03 최소관경과 매설위치

❶ 최소관경과 최소토피

구분	최소관경	최소토피
오수관거, 차집관거	200mm	• 관거의 최소토피 1.0m
우수관거, 합류관거	250mm	• 차도에서는 1.2m • 보도에서는 1.0m 이상 • 보통은 1.5~2.0m 정도로 매설

❷ 매설깊이 결정 시 고려사항

① 도로계획상 최소요구피복두께

② 가정배수설비와 연결을 위한 최소심도

③ 상수관 등 지하매설물과의 횡단문제

④ 지하수위와 지반의 토질조건

➡ 하수관의 매설위치 및 깊이는 지하매설물, 구조물 능늘 고려하여 도로, 하천, 철도 등의 관리자와 협의하여 결정한다.

04 관거가 받는 하중

① 직토압공식

흙의 마찰력을 전혀 고려하지 않고 단순히 관상부 매설토의 중량이 관에 직접 작용하는 것으로 가정해서 구하는 식

$$W_d = \gamma H$$

여기서, W_d : 매설토에 의한 연직토압(kgf/cm^2)
γ : 매설토의 단위중량(tf/m^3)
H : 토피(m)

② Marston공식

토압 계산에 가장 널리 이용되는 공식으로, 연직토압은 굴착도랑 바로 위의 흙기둥중량의 전체가 관에 전달되지 않고 굴착면에 인접하는 흙기둥 사이의 전단마찰력을 상쇄한 하중이 관에 작용하는 것으로 하여 구한다.

$$W = C_1 \gamma B^2$$

여기서, W : 관이 받는 하중(tf/m)
C_1 : 토피의 깊이와 토양의 종류에 따른 상수
γ : 매설토의 단위중량(tf/m^3)

$$B = \frac{3}{2} d + 0.3 [\text{m}]$$

여기서, B : 폭의 요소(도랑의 폭)(m)
d : 관의 외경(m)

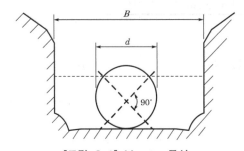

【그림 6-1】 Marston공식

05 | 하수관거의 종류

① 도관

① 가볍고, 산 및 알칼리성에 견디는 힘이 강하며 변형된 형태의 관 제작이 쉽다.
② 건물 연결관 등의 40cm 이하의 소구경관에 많이 쓰인다.
③ 충격에 약하므로 운반 및 시공 시 주의해야 하는 것이 단점이다.

② 원심력 철근콘크리트관(흄관)

① 가장 많이 사용되는 하수관거로서 수밀성과 외압에 대한 강도가 크다.
② 산 및 알칼리성에 약하다.
③ 통수능력의 변동이 적다.

③ 경질염화비닐관(PVC)

최근에 사용이 증가하는 추세이나 시공방법 및 재질상 파열과 처짐의 문제점이 있다.

④ 하수관거의 특성

① 외압에 대한 강도가 충분하고 파괴에 대한 저항력이 커야 한다.
② 관거 내면이 매끈하여 조도계수가 작아야 한다.
③ 유량의 변동에 대해 유속의 변동이 적은 수리특성을 가진 단면형이다.
④ 접속(이음)시공이 용이하고 수밀성과 신축성이 높아야 한다.
⑤ 산 및 알칼리에 대한 부식성과 내구성이 강해야 한다.
⑥ 경제성이 있도록 가격이 저렴해야 한다.

▶ 관거는 압력관 등을 제외하고는 내압에 대하여 고려할 필요는 없지만 외압에 대하여 충분히 견딜 수 있는 구조 및 재질을 사용하며, 교재에 제시한 것 외에 다른 관종을 사용하고자 할 때에는 내구성 및 내식성 등에 있어 KS제품과 동등한 성능 이상의 재료를 사용한다. 또한 동일 관종에서도 심도에 따른 구조적 안정성 검토를 반드시 시행하여 두께, 강도, 지하수 수위변화에 따른 수밀성 확보가 가능한 자재를 선정할 것을 권장한다. 또한 관종 선정 시에는 유량, 수질, 매설장소의 상황, 외압, 접합방법, 강도, 형상, 공사비 및 장래 유지관리 등을 충분히 고려하여 합리적으로 선정한다.

☞ 중요부분

06 하수관거의 단면 형상

 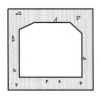 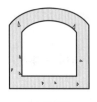

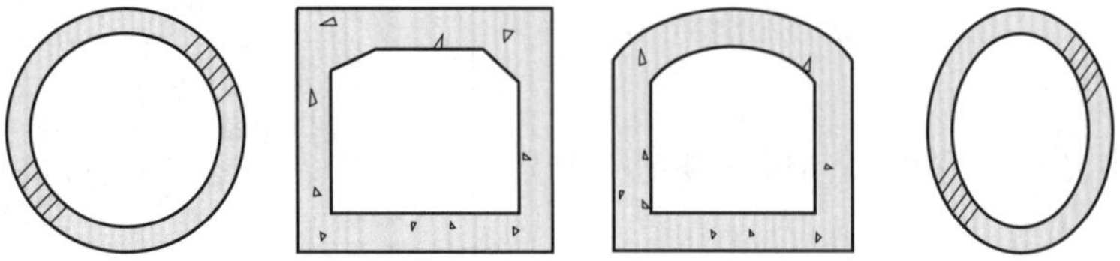

(a) 원형   (b) 직사각형   (c) 마제형   (d) 계란형

【그림 6-2】 관거 단면의 종류

➡ 하수관거의 단면 형상 선정 시 고려사항
① 수리학적으로 유리할 것
② 하중에 대해 안전할 것
③ 시공비가 저렴할 것
④ 유지관리가 용이할 것
⑤ 시공장소의 상황에 잘 적응할 것

【표 6-2】 단면 형상별 관거의 장단점

구분	장점	단점
원형	• 수리학적으로 유리 • 내경 3m 정도까지 공장제품을 사용할 수 있어 공기가 단축됨 • 역학 계산이 간단	• 지질에 따라 특별기초 필요 • 연결 부분이 많아 지하수침투량이 많음 • 대구경인 경우 운반비가 많이 듦
직사각형	• 토피 및 폭원의 제약이 있는 장소에 유리 • 역학 계산이 간단 • 대규모 공사에 가장 많이 이용	• 철근 부식 시 상주하중에 대해 불안 • 만류의 경우 유속·유량 감소
마제형	• 수리학적으로 유리 • 대구경 관거에 유리, 경제적 • 만류 시까지는 수리학적으로 유리 • 상부의 아치작용으로 역학적으로 유리	• 시공성이 열악 • 현장 타설의 경우 공기가 긺 • 구조 계산이 복잡
계란형	• 우량이 적은 경우 원형보다 유리 • 수직방향의 토압에 유리(원형관보다 관의 폭이 작아도 됨)	• 재질에 따라 제조비가 증가되는 경우도 있음 • 수직방향의 시공에 정확도가 요구되므로 면밀한 시공이 필요

07 하수관거의 접합

① 수면접합

① 관의 수위를 에너지경사선이나 계획수위와 일치되도록 접하는 방법이다.

② 수리학적으로 가장 유리한 방법으로 수위 계산이 필요하다.

② 관정접합

① 접속하는 관거의 내면 상단부를 일치시키는 방법이다.
② 만류 시에도 단면의 이용이 유효하다.
③ 수면접합보다는 못하나 비교적 정류를 얻을 수 있다.
④ 지세가 급하여 수위차가 많이 발생하는 곳에 적합하다.
⑤ 평탄한 지형에는 낙차가 많이 발생하여 관거의 매설깊이가 증대된다.
⑥ 굴착깊이가 커서 토공비가 많이 들고 펌프배수 시 양정이 증가한다.

③ 관중심접합

① 관거의 내면중심부를 일치시키는 방법이다.
② 수면접합과 관정접합의 중간방법이다.

④ 관저접합

☞ 중요부분

① 관거의 내면 하부를 일치시킨다.
② 수리학적으로 가장 불리한 방법으로 하수관거접합방식 중 가장 부적절하다.
③ 상류의 굴착깊이를 줄이기 위해 사용하며 공사비가 적게 든다.
④ 평탄한 지역에서 토공량을 줄이기 위해 사용한다.
⑤ 수위 상승을 방지하고 양정고를 줄일 수 있어 펌프를 이용한 하수배제 시 적합하다.

⑤ 계단접합

① 지세가 아주 급한 경우 관거의 기울기와 토공량 감소를 목적으로 사용한다.
② 통상 대구경 관거 또는 현장타설관거에 설치한다.
③ 계단의 높이는 1단당 0.3m 이내이다.

⑥ 단차접합

① 지세가 급한 급경사지의 경우 관거의 기울기와 토공량 감소를 목적으로 사용한다.

② 지표의 경사에 따라 적당한 간격으로 맨홀에 설치한다.

③ 맨홀 1개당 단차는 1.5m 이내이다(단차 0.6m 이상 시 → 부관 설치).

▶ 단차접합과 계단접합

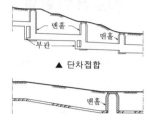

▲ 단차접합

▲ 계단접합

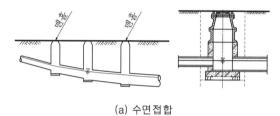

(a) 수면접합

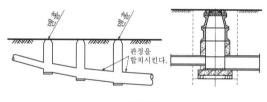

(b) 관정접합

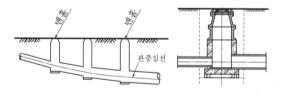

(c) 관중심접합

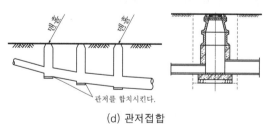

(d) 관저접합

【그림 6-3】 관거의 접합

08 하수관거의 이음

① 소켓이음(socket joint)

① 도관 또는 콘크리트관에 많이 이용한다(주철관의 연결에 적합하지 않음).
② 소구경관에 이용한다.
③ 고무링, 모르타르를 사용한다(수밀성 유지).
④ 고무링을 이용하면 시공이 용이하다.

② 칼라이음(collar joint)

① 접합부의 강도가 높아 누수가 적다.
② 내압에 잘 견딘다.
③ 흄관접합에 이용한다.
④ 배수가 곤란한 곳에서는 시공이 곤란하다.

③ 맞물림이음(butt joint)

① 중·대구경관에 사용할 때 시공이 용이하다.
② 배수가 곤란한 곳에서도 시공이 용이하다.
③ 연결부의 관두께가 얇아 연결부가 약하고 누수의 원인이 된다.

09 관정부식

① 관정부식(crown corrosion)

하수 내 유기물, 단백질, 기타 황화합물이 혐기성 상태에서 분해되어 생성되는 황화수소(H_2S)가 하수관 내의 공기 중으로 솟아오르면 호기성 미생물에 의해서 SO_2나 SO_3가 된다. 이들이 관정부의 물방울에 녹으면 황산(H_2SO_4)이 되는데, 이 황산이 콘크리트관에 함유되어 있는

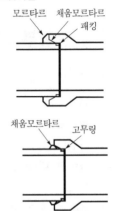
▶ 소켓이음

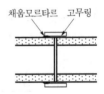
▶ 칼라이음

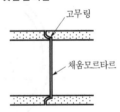
▶ 맞물림이음

☞ 중요부분

201

철(Fe), 칼슘(Ca), 알루미늄(Al) 등과 반응하여 황산염이 되어 콘크리트관을 부식파괴하는 현상을 관정부식이라고 한다.

➋ 관정부식의 방지대책

① 하수의 유속을 증가시켜 하수관 내 유기물질의 퇴적을 방지한다.
② 용존산소농도를 증가시켜 하수 내 생성된 황화합물질을 감소시킨다.
③ 하수관 내를 호기성 상태로 유지하여 황화수소의 발생을 억제한다.
④ 하수관 내에 염소 등의 소독제를 주입하여 관내의 미생물을 제거한다.
⑤ 콘크리트관 내부를 PVC나 기타 물질로 피복하고 이음 부분은 합성수지를 사용하여 내산성이 있게 한다.

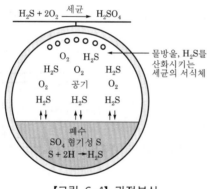

【그림 6-4】 관정부식

용존산소 결핍 → 혐기성 세균

환원 ← 황화합물 분해

H_2S 생성

호기성 미생물

산화

SO_2, SO_3 + H_2O

H_2SO_4
+
관정 → Fe, Ca, Al

부식

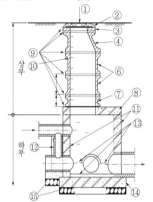

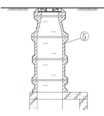

▶ 맨홀의 각부 명칭

① 맨홀 뚜껑
② 콘크리트 틀
③ 높이조정 콘크리트블록
④ 측괴(맨홀 한쪽 경사벽)
⑤ 측괴(맨홀 양쪽 경사벽)
⑥ 측괴(맨홀 측벽 h_1=600)
⑦ 측괴(맨홀 측벽 h_2=300)
⑧ 상판
⑨ 모르타르
⑩ 사다리
⑪ 측벽
⑫ 부관
⑬ 인버트
⑭ 저판
⑮ 기초

☞ 중요부분

6-2 하수관거의 부대시설

전년도 출제경향 및 학습전략 포인트

▣ 전년도 출제경향
● 맨홀의 설치

▣ 학습전략 포인트
● 맨홀의 설치간격
● 역사이펀 정의

01 맨홀(manhole)

① 설치목적

하수관거의 청소, 점검, 장애물 제거, 보수를 위한 사람 및 기계의 출입을 가능하게 하고 악취나 부식성 가스의 통풍 및 환기, 관거의 접합을 위한 시설이다.

② 설치장소

① 맨홀은 관거의 기점, 방향, 경사 및 관의 직경 등이 변하는 곳, 단차가 발생하는 곳, 관거가 합류하는 곳에 설치하며 가능한 한 많이 설치하는 것이 관거의 유지관리상 필요하다.
② 맨홀은 관거의 직선부에서도 관경에 따라 아래와 같은 범위 내의 간격으로 설치한다.

【표 6-3】 맨홀의 관경별 최대간격

관경(mm)	300 이하	600 이하	1,000 이하	1,500 이하	1,650 이하
최대간격(m)	50	75	100	150	200

③ 맨홀의 종류 : 표준맨홀, 측면맨홀, 계단맨홀, 낙하맨홀 등 이 있으며 낙하맨홀은 부관(bypass)을 설치하는 것이 바람직하다.

④ 맨홀의 부속물

㉮ 인버트(invert) : 부패 시 악취가 발생하는 것을 방지하기 위해 설치한다.

㉠ 인버트는 하류관거를 기준으로 관경 및 경사와 동일하게 한다.

㉡ 인버트의 발디딤부는 10~20%의 횡단경사를 둔다.

㉢ 인버트의 폭은 하류측 폭을 상류까지 같은 넓이로 연장한다.

㉣ 상류관과 인버트 저부의 단차는 3~10cm 정도를 확보한다.

㉯ 발디딤부

㉠ 부식이 발생하지 않는 재질을 사용한다.

㉡ 이용하기에 편리하도록 설치한다.

02 등공(lamp hole)

대구경의 하수관거에서 맨홀의 간격이 긴 경우 또는 곡선부가 있을 때 관거 내에 등을 달아서 부근의 맨홀에서 관거 내의 점검 및 청소를 하는 작업원에게 위치를 알리기 위해서 설치하는 맨홀 대용의 구멍을 말하며, 등공의 구조는 관정에서 도관에 의하여 노면으로 통하는 것으로 한다.

03 받이

① 우수받이(빗물받이 ; street inlet)

① 우수 내의 부유물이 하수관거 내에 침전하여 일어나는 부작용을 방지하기 위해서 우수받이를 설치하며, 저부에는 깊이 15cm 이상의 니토실(토사받이)을 반드시 설치한다.

② 노면배수용 빗물받이의 간격은 20~30cm 정도로 하며, 빗물
받이의 규격은 내폭 30~50cm, 깊이 80~100cm 정도로 한다.
③ 빗물받이 설계 시 고려사항
㉮ 빗물받이는 도로 옆의 물이 모이기 쉬운 장소나 L형 측구의
유하방향 하단부에 반드시 설치한다.
㉯ 빗물받이는 보도와 차도의 구분이 있는 경우에는 그 경계에
설치한다.
㉰ 빗물받이는 보도와 차도의 구분이 없는 경우에는 도로와 사
유지의 경계에 설치한다.
㉱ 빗물받이는 원칙적으로 공공도로 내에 설치하나 지역실정,
유지관리를 고려하여 설치한다.

❷ 오수받이(collecting sewer)

① 오수를 받는 시설로서 공공도로와 사유지 경계면에 유지관리
가 편리한 곳에 설치한다.
② 오수받이 저부에는 다른 받이와는 달리 인버트를 설치한다.

04　우수토실

　합류식 하수관거에 있어서 우수유출량의 전부를 처리장으로 보내 처
리하는 것은 막대한 비용이 필요하다. 그러므로 적당한 방류수역이 있
는 경우에는 하수량이 우천 시의 계획하수량에 달하면 그 이상의 우수
를 하천이나 해안으로 방류되도록 관거의 도중에 설치하는 시설을 말
한다.

05　연결관

① 하수를 본관에 유입시키기 위하여 받이와 하수 본관을 연결한
관을 말하며, 주로 도관이나 PVC관, 흄관 등이 많이 사용된다.
② 연결관의 관 중심선은 하수 본관의 중심선보다 윗부분 45° 부
근에 연결하며, 연결관의 경사는 최소 1% 이상으로 한다.

06 측구

도로와 접한 사유지에서 우수를 배제하기 위해 도로 양쪽 사유지와 도로의 경계선에 따라 설치한 배수로를 말한다.

07 토구(out fall)

토구(out fall)는 하수도시설로부터 하수를 공공수역에 방류하는 시설을 말한다. 위치 및 구조는 방류수역의 위치, 수량, 물 이용상황, 수질환경기준의 설정상황 및 하천개수계획 등을 충분히 조사한 후 결정하며 외수의 역류를 방지할 수 있도록 하고 방류수역의 수질 및 수량에 대하여 지장이 없도록 한다. 토구의 분류는 다음 세 가지로 분류된다.
  ① 하수처리장에서 처리수의 토구
  ② 분류식에서의 우수토구 및 펌프장의 토구
  ③ 합류식에서 우수토실 및 펌프장의 토구

08 환기장치(ventilation)

하수관거 내에서 발생하는 메탄(CH_4), 황화수소(H_2S), 탄산(CO_2) 등 폭발성 또는 유독성 기체를 제거할 뿐만 아니라 기압이 축적되는 것을 방지하기 위해 설치하는 장치를 말한다.

09 역사이펀(inverted siphon)

① 정의 및 개요

① 하수관거 시공 중 장애물 횡단방법으로 하수관거가 하천, 철도, 지하철 등 평면통괴기 불가능한 지하매설물을 횡단하는 경

우 평면교차가 불가능하여 동수경사선 이하로 매설하는 하수
관거시설이다.

② 매설깊이가 깊어 큰 하중을 받으므로 균열, 파손이 생기기 쉬
우므로 견고한 구조물로 해야 한다.

③ 내부검사 및 보수가 곤란하므로 가급적 피하는 것이 좋다.

설계 시 고려사항

① 역사이펀 관거 내의 유속은 토사가 침전되는 것을 방지하기
위해 상류측 관거 내의 유속보다 20~30% 증가시킨다.

② 역사이펀 부분은 계획하저면보다 1m 정도 깊게 매설하며 관
경은 최소 250mm 이상으로 한다.

③ 입구와 출구 형상은 손실수두를 적게 하기 위해 종구(bell
mouth)형으로 한다.

④ V자형 역사이펀에서는 청소 등을 위해 필요한 wire rope를 설
치한다.

⑤ 역사이펀의 깊이가 5m 이상인 경우 배수펌프설치대를 둔다.

⑥ 역사이펀 관거의 설치위치는 교대, 교각 등의 바로 밑은 피
한다.

☑ 역사이펀의 예

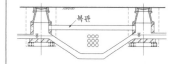

10 간선 및 지선

간선(main sewer)은 하수의 종말처리장지점에 연결 도입되는 모든
노선이고, 지선(branch sewer)은 준간선 또는 간선하수관거와 연결되
어 있는 것으로 각 건물로부터 배수와 노면배수를 원활하게 하기 위하
여 설치된 하수관이다.

① 간선의 배치

하수는 자연유하에 의하기 때문에 간선이 길어지며, 하류에서는 단
면도 커지고 매설깊이는 깊어져 공사비는 증대되고 공사의 위험도가
높아진다. 그러므로 간선 선정은 높은 곳에서 낮은 곳으로 흐르는 자연
유하식을 택한다.

② 지선의 배치

① 배수상의 분수령을 고려한다.
② 우회 굴곡을 피한다.
③ 신속히 간선에 유입시킨다.
④ 번잡한 도로나 지하매설물이 많은 곳은 대구경관의 매설을 피한다.
⑤ 급한 언덕에는 경사를 완만히 하고 계단을 둔다.

6-3 우수조정지시설

전년도 출제경향 및 학습전략 포인트

▣ **전년도 출제경향**
  • 우수조정지의 설치장소

▣ **학습전략 포인트**
  • 우수조정지의 정의 : 임시저장, 침수 방지
  • 우수조정지의 설치장소

---

01 우수조정지(유수지)

우천 시 배수구역으로부터 방류되는 초기 우수의 오염부하량을 감소시키고 우수량이 많아서 펌프에 의한 양수가 곤란한 경우에는 우수를 임시로 저장하여 유량을 조절함으로써 하류지역의 우수유출이나 침수를 방지하는 시설이다.

① 설치장소

① 하수관거의 유하능력(용량)이 부족한 곳
② 하류지역의 펌프장능력이 부족한 곳
③ 방류수역의 유하능력이 부족한 곳

② 설치목적

① 시가지의 침수 방지
② 유출계수의 감소
③ 첨두유량의 감소
④ 유달시간의 증대

③ 설계 시 고려사항

① 합리식에 의해서 설계한다.

☞ 중요부분

② 우수의 방류방식은 자연유하를 원칙으로 한다.

③ 효율을 높이기 위해 다목적으로 계획한다.

④ 방류관거는 하천의 유하능력을 고려하고 계획방류량을 방류시 킬 수 있어야 한다.

⑤ 유역의 강우강도식을 필요로 하며 설계강우조건, 물의 이용분 배조건, 유역의 면적조건 등을 고려해야 한다.

⑥ 첨두유입량은 첨두유출량에 비하여 크게 한다.

④ 구조 및 형식

구조 형식	내용	방류(조절) 방식
댐식	흙댐 또는 콘크리트댐에 의해서 하수를 저류하는 방식	자연유하식
굴착식	평지를 파서 하수를 저류하는 방식	자연유하식 펌프배수, 수문조작
지하식	일시적으로 지하의 저류조, 관거 등에 하수를 저류 하여 양수조정지로서의 기능을 갖도록 하는 방식	저류수심이 크지 않아 펌프배수가 일반적
현지 저류식	공원, 교정, 건물 사이, 지붕 등을 이용하여 양수 를 저류하는 시설로 보통 현지에 내린 비만을 대상 으로 하기 때문에 관거의 상류측에 설치	자연유하식

02 우수저류지(지하식과 유사)

우천 시에 우수가 오수와 더불어 무처리상태로 공공수역에 합류되는 합류식 하수도의 결점을 개선하기 위한 방법이다. 초기 우수의 방류부하량을 감소시키는 시설로서 저류된 하수는 강우 종료 후에 하수처리장으로 수송하여 처리한다.

(1) 우수저류지의 효과

① 우천 시 방류부하량의 감소

② 우천 시 합류식 하수의 침전

③ 우천 시 합류식 하수의 일시 저류

※ 우수저류시설 : 주차장, 운동장, 단지 내 공원, 녹지, 공장저류, 우수조정지, 우수저류관, 우수체수지, 홍수조절지 등

예상 및 기출문제

6-1 하수관로계획

1. 하수관거계획 시 고려사항에 대한 설명으로 옳지 않은 것은? [산업 10]
① 오수관거의 계획하수량은 계획시간 최대오수량을 기준으로 한다.
② 관거는 원칙적으로 암거로 하며, 수밀한 구조로 하여야 한다.
③ 합류식에서 하수의 차집관거는 우천 시 계획오수량을 기준으로 계획한다.
④ 오수관거와 우수관거가 교차하여 역사이펀을 피할 수 없는 경우에는 우수관거를 역사이펀으로 하는 것이 바람직하다.

▶**해설** 교차연결을 피할 수 없을 경우에는 우수관거를 오수관거 위에 배치한다.

2. 하수관거의 단면 형상 선정 시 고려할 사항으로 가장 거리가 먼 것은? [산업 04]
① 수리학적으로 유리할 것
② 하중에 대해 경제적일 것
③ 시공이 간편하고 비용이 저렴할 것
④ 역학 계산이 간단할 것

3. 하수관거 단면 형상을 결정할 때 고려해야 할 사항으로 틀린 것은? [산업 96]
① 수리학적으로 유리할 것
② 하수량변동에 대해서 유속변동이 많을 것
③ 노면하중, 토압에 경제적인 단면일 것
④ 재료를 구하기 쉽고 시공이 간편하며 건설비가 저렴할 것

4. 하수관로계획에 대한 설명으로 틀린 것은? [기사 06]
① 단면 형상은 수리학적으로 유리하며 경제적인 것이 바람직하다.
② 관거부설비의 견지에서 보면 합류식이 분류식보다 유리하다.
③ 유속은 하류부가 상류부보다 느린 것이 좋다.
④ 경사는 하류로 갈수록 완만하게 하는 것이 좋다.

5. 하수관로에 관한 설명 중 틀린 것은? [산업 96]
① 대부분의 하수관거는 수리학적으로 관수로이다.
② 단면형은 재료의 구득이 쉽고 시공이 간편하며 건설비가 저렴한 것 등을 고려하여야 한다.
③ 최저유속은 하수부유물의 침전이나 정체 등이 생기지 않는 유속이어야 한다.
④ 하수도 맨홀은 구경이 다른 관의 접합목적도 있다.

▶**해설** 하수관거는 대부분 수리학적으로 개수로이다.

6. 하수관거의 유속과 경사는 하류로 갈수록 어떻게 되도록 설계하여야 하는가? [기사 07]
① 유속 : 증가, 경사 : 감소
② 유속 : 증가, 경사 : 증가
③ 유속 : 감소, 경사 : 증가
④ 유속 : 감소, 경사 : 감소

7. 하수관망 설계기준에 대한 설명으로 옳지 않은 것은? [기사 11]
① 관경은 하류로 갈수록 크게 한다.
② 오수관거의 유속은 0.6~3m/s가 적당하다.
③ 유속은 하류로 갈수록 작게 한다.
④ 경사는 하류로 갈수록 완만하게 한다.

8. 우수관과 오수관의 최소유속을 비교한 설명으로 옳은 것은? [산업 15]

① 우수관의 최소유속이 오수관의 최소유속보다 크다.
② 오수관의 최소유속이 우수관의 최소유속보다 크다.
③ 세척방법에 따라 최소유속은 달라진다.
④ 최소유속에는 차이가 없다.

해설 ㉮ 오수관의 유속범위 : 0.6~3m/s
　　　　㉯ 우수관의 유속범위 : 0.8~3m/s

9. 오수관거 내에서 부유물의 침전을 막기 위해 요구되는 최소유속은 얼마인가? [기사 13, 산업 97, 13]

① 0.2m/s   ② 0.6m/s
③ 2.0m/s   ④ 2.5m/s

10. 오수관거의 설계 시에 적합한 유속범위는? [기사 96, 산업 11]

① 0.1~1.0m/s   ② 0.3~2.0m/s
③ 0.6~3.0m/s   ④ 1.0~4.0m/s

11. 하수관의 설계 시 알맞은 유속범위는? [기사 14, 산업 97]

① 우수관 : 1.0~5.0m/s, 오수관 : 0.6~5.0m/s
② 우수관 : 0.1~1.0m/s, 오수관 : 0.2~1.2m/s
③ 우수관 : 0.6~3.0m/s, 오수관 : 0.8~3.0m/s
④ 우수관 : 0.8~3.0m/s, 오수관 : 0.6~3.0m/s

12. 하수관거 내의 이상적인 유속은? [기사 96, 13]

① 0.1~0.9m/s   ② 1.0~1.8m/s
③ 2.0~3.5m/s   ④ 2.5m/s 이상

13. 차집관거의 평균유속으로 적당한 범위는 어느 것인가? [기사 98]

① 0.3~1.0m/s   ② 0.3~1.0m/min
③ 0.6~1.0m/s   ④ 0.6~1.0m/min

14. 합류관거나 우수관거가 오수관거보다 최저유속이 높게 규정되어 있다. 다음 중 그 이유로 가장 타당한 것은? [기사 05, 10]

① 배수를 더 빨리 하기 위해서
② 경사가 크기 때문에
③ 유량이 더 많기 때문에
④ 침전물의 비중이 더 높기 때문에

15. 하수관거의 유속과 경사를 결정할 때 고려하여야 할 사항에 대한 설명으로 옳은 것은? [기사 08, 10]

① 오수관거는 계획 최대오수량에 대하여 유속을 최소 0.8m/s로 한다.
② 우수관거 및 합류관거는 계획 수량에 대하여 유속을 최대 3.0m/s로 한다.
③ 유속은 일반적으로 하류방향으로 흐름에 따라 점차 낮아지도록 한다.
④ 오수관거, 우수관거 및 합류관거의 이상적인 유속은 2.0~2.5m/s 정도이다.

16. 계획하수량을 수용하기 위한 관거의 단면과 경사를 결정함에 있어 고려할 사항으로 틀린 것은? [기사 14, 17]

① 관거의 경사는 일반적으로 지표경사에 따라 결정하며 경제성 등을 고려하여 적당한 경사를 정한다.
② 오수관거의 최소관경은 200mm를 표준으로 한다.
③ 관거의 단면은 수리학적으로 유리하도록 결정한다.
④ 경사를 하류로 갈수록 점차 급해지도록 한다.

해설 경사는 하류로 갈수록 완만하게 유속은 빠르게 한다.

17. 하수관을 이용하여 폐수를 운반할 때 하수관의 지름이 0.5m에서 0.3m로 변화하였을 경우 지름이 0.5m인 하수관 내의 유속이 2m/s라면 지름이 0.3m인 하수관 내의 유속(m/s)은? [기사 00]

① 0.72   ② 1.20
③ 3.33   ④ 5.56

해설 $A_1 V_1 = A_2 V_2$

$$\frac{\pi d_1^2}{4} V_1 = \frac{\pi d_2^2}{4} V_2$$

$$\therefore \ V_2 = \frac{d_1^2}{d_2^2} V_1 = \frac{0.5^2}{0.3^2} \times 2 = 5.56 \text{m/s}$$

18. 계획하수량이 32m³/s, 하수관 내 유속이 1.2m/s 인 경우 하수관의 관지름은? [산업 07]

① 5.83cm   ② 5.83m

③ 5.38cm   ④ 5.38mm

 $A = \dfrac{Q}{V}$

$$\frac{\pi d^2}{4} = \frac{32\text{m}^3/\text{s}}{1.2\text{m}/\text{s}}$$

$$\therefore \ d = \sqrt{\frac{32 \times 4}{1.2 \times \pi}} = 5.83\text{m}$$

19. 오수 및 우수관거의 설계에 대한 설명으로 옳지 않은 것은? [기사 11]

① 오수관거의 최소관경은 200mm를 표준으로 한다.

② 우수관경의 결정을 위해서는 합리식을 적용한다.

③ 우수관거 내의 유속은 가능한 한 사류상태가 되도록 한다.

④ 오수관거의 계획하수량은 계획시간 최대오수량으로 한다.

20. 우수관거 및 합류관거의 최소관경에 대한 표준 크기는? [산업 10]

① 350mm   ② 250mm

③ 200mm   ④ 150mm

> **해설** 하수관거의 최소직경
> ㉮ 오수관거 : 200mm
> ㉯ 우수관거 및 합류관거 : 250mm

21. 하수시설 중 연결관의 최소관경은 얼마인가? [산업 10]

① 100mm   ② 150mm

③ 200mm   ④ 250mm

> **해설** 연결관(connecting sewer)의 내경은 150~250mm 정도를 사용하고, 일반적으로 우수받이의 경우 L형 측구의 폭이 30cm일 경우에는 150mm 관을, 35cm일 경우에는 250mm의 관을 사용하고 오수 연결하수관은 유출하수량에 따라 적당한 경관을 선택한다.

22. 하수도시설기준에서 분류식 오수관거에 대한 최소관경의 표준으로 옳은 것은? [산업 11]

① 150mm   ② 200mm

③ 300mm   ④ 350mm

23. 평탄한 지형에서 가정하수관거의 직경이 0.5m 일 경우 관거의 경사는 어느 것이 적당한가? [산업 99]

① $\dfrac{1}{50}$ ② $\dfrac{1}{100}$

③ $\dfrac{1}{500}$ ④ $\dfrac{1}{1,000}$

> **해설** 평탄지형에서의 경사 = $\dfrac{1}{\text{관경(mm)}}$

24. 지반고가 50m인 지역에 하수관을 매설하려고 한다. 하수관의 지름이 300mm일 때 최소흙두께를 고려한 관로시점부의 관저고(관 하단부의 표고)는? [산업 13]

① 49.7m   ② 49.5m

③ 49.0m   ④ 48.7m

> **해설** 하수관거의 경사 = $\dfrac{1}{\text{관경(mm)}} = \dfrac{1}{300} = 0.003$이다.
> 최소흙두께 1.2m를 고려하면
> 50m × 0.003 = 0.15m의 고저차를 고려하여 계산한다.
> 따라서 50m − 1.2m − 0.15m = 48.65m가 된다.

25. 하수도시설기준에 의한 하수관의 최소매설깊이는 몇 m인가? [산업 00]

① 0.5m   ② 1.0m

③ 1.5m   ④ 2.0m

26. 대규모 공사에서 가장 많이 이용되는 하수관거의 단면 형상은? [산업 97]

① 원형   ② 장방형

③ 마제형   ④ 계란형

27. 하수관거의 단면 형상은 원형, 직사각형, 말굽형, 계란형 등이 있다. 다음 중 말굽형의 장점이 아닌 것은? [기사 04]
① 수리학적으로 유리하다.
② 대구경 관거에 유리하며 경제적이다.
③ 현장타설의 경우 공사기간이 단축된다.
④ 상반부의 아치작용에 의해 역학적으로 유리하다.

28. 대구경 관거에 유리하며 경제적이고 상반부의 아치작용에 의해 역학적으로 유리한 하수관거의 단면 형상은? [기사 04]
① 사다리꼴형 ② 직사각형
③ 말굽형 ④ 계란형

해설 하수관거 중에서 수리학적으로 경제적이고, 역학적으로 가장 튼튼한 하수관거는 마제형(말굽형) 하수관거이다.

29. 다음 중 하수관거의 단면에 대한 설명으로 옳지 않은 것은? [기사 10]
① 계란형은 유량이 적은 경우 원형거에 비해 수리학적으로 유리하다.
② 말굽형은 상반부의 아치작용에 의해 역학적으로 유리하다.
③ 원형, 직사각형은 역학 계산이 비교적 간단하다.
④ 원형은 주로 공장제품이므로 지하수의 침투를 최소화할 수 있다.

해설 원형관은 지하수의 침투가 우려된다.

30. 하수관거의 단면에 대한 설명으로 ㉠과 ㉡에 알맞은 것은? [기사 13]

관거의 단면 형상에는 (㉠)을 표준으로 하고, 소규모 하수도에서는 (㉡)을 표준으로 한다.

① ㉠ 원형 또는 계란형 ㉡ 원형 또는 직사각형
② ㉠ 원형 ㉡ 직사각형
③ ㉠ 계란형 ㉡ 원형
④ ㉠ 원형 또는 직사각형 ㉡ 원형 또는 계란형

31. 원심력을 이용해서 콘크리트관을 다지기 때문에 강도와 내구성이 높고 통수능력의 변동이 적은 장점이 있는 하수관은? [기사 98]
① 도관
② 흄(Hume)관
③ 현장치기 철근콘크리트관
④ 무근콘크리트관

해설 원심력 철근콘크리트관=흄관이다.

32. 재질은 철근콘크리트관과 유사하며 원심력에 의해 굳혀 강도가 뛰어나므로 하수관거용으로 가장 많이 사용되는 하수관은? [기사 11]
① 도관 ② 흄(Hume)관
③ PC관 ④ VR관

33. 하수관으로 이용되는 도관에 관한 설명 중 틀린 것은? [기사 97]
① 다른 관종에 비해 가볍고 시공이 쉽다.
② 화학변화에 대해 비교적 저항이 강하다.
③ 보통 내경 40cm 이하의 소형관에 사용된다.
④ 충격에 강하다.

해설 도관은 충격에 약하다.

34. 하수관거가 갖추어야 할 특성에 대한 설명으로 옳지 않은 것은? [산업 04]
① 관내의 내면이 매끈하고 조도계수가 클 것
② 경제성이 있도록 가격이 저렴할 것
③ 산·알칼리에 대한 내구성이 양호할 것
④ 외압에 대한 강도가 높고 파괴에 대한 저항력이 클 것

35. 하수관거의 특성이 아닌 것은? [기사 10, 산업 08, 15]
① 외압에 대한 강도가 충분하고 파괴에 대한 저항이 커야 한다.
② 유량의 변동에 대해서 유속의 변동이 큰 수리특성을 지닌 단면형이어야 한다.
③ 산 및 알칼리의 부식성에 대해서 강해야 한다.
④ 이음의 시공이 용이하고 그 수밀성과 신축성이 높아야 한다.

36. 하수도에 사용되는 관거에 요구되는 특성으로 틀린 사항은? [산업 11]

① 파괴에 대한 저항력이 클 것
② 조도계수가 클 것
③ 이음의 시공이 용이할 것
④ 중량이 적을 것

37. 하수관거의 단면 형상 선정 시 고려할 사항으로 가장 거리가 먼 것은? [산업 04]

① 수리학적으로 유리할 것
② 하중에 대해 경제적일 것
③ 시공이 간편하고 비용이 저렴할 것
④ 역학 계산이 간단할 것

38. 하수관거의 단면 형상에 대한 설명으로 옳지 않은 것은? [산업 07, 10]

① 하수관거의 단면 형상은 수리학적으로 유리하며 하수량의 변동에 대해서 유속변동이 적어야 한다.
② 관거의 단면 형상은 원형, 장방형 또는 마제형을 표준으로 한다.
③ 장방형 단면은 피복두께, 폭원에 제한을 받는 경우에 유리하고 역학상의 계산이 간단하다.
④ 원형관은 수리학적으로 유리한 것이 장점이고, 특히 공장제품을 사용할 때 지하수침입량이 없다.

🔖**해설** 원형관은 이음 부분이 많아 지하수가 침입할 가능성이 높다.

39. 하수관거가 합류하는 지점의 하수흐름을 원활하게 하기 위한 2관의 중심교각으로 맞는 것은? [산업 96]

① 30~45°이며 최대 60° 이하
② 30~45°이며 최대 50° 이하
③ 25~50°이며 최대 60° 이하
④ 25~45°이며 최대 50° 이하

40. Marston방법을 이용하여 직경 1,000mm의 하수관을 매설할 때 요구되는 폭은? [기사 00]

① 150cm
② 180cm
③ 210cm
④ 250cm

🔖**해설** $B = \dfrac{3}{2}d + 30 = \dfrac{3}{2} \times 100 + 30$

41. 관경이 다른 하수관의 접합방법 중 시공 시 사후의 흐름은 원활하나 굴착깊이가 커지는 접합방법은? [산업 99, 17]

① 수면접합
② 관정접합
③ 관중심접합
④ 관저접합

42. 하수관거의 접합방법 중에서 수리학적으로 가장 유리한 방법은? [기사 97]

① 관정접합
② 관저접합
③ 관중심접합
④ 수면접합

43. 다음 중 관거의 관경이 변화하는 경우 또는 2개의 관거가 합류하는 경우의 가장 적합한 접합방법은? [산업 12]

① 관중심접합
② 관저접합
③ 수면접합
④ 단차접합

44. 하수관로의 접합방법 중 수리학적으로 양호하며 특별한 경우를 제외하고는 원칙적으로 사용되는 방법은? [산업 13]

① 계단접합
② 수면접합
③ 관저접합
④ 관중심접합

45. 급경사지에서 관내의 유속조정과 최소토피를 유지하며 상류측의 굴착깊이를 줄일 수 있는 관접합은? [기사 00]

① 단차접합
② 소켓접합
③ 관저접합
④ 수면접합

46. 관거의 접합방법 중에서 유수는 원활하지만 관거의 매설깊이가 증가하여 토공비가 많이 들고 펌프배수 시 펌프양정을 증가시키는 단점이 있는 것은 어느 것인가? [기사 99, 산업 14]

① 수면접합
② 관저접합
③ 관중심접합
④ 관정접합

47. 다음 중 관거의 접합방법 중에서 관의 매설깊이가 얕아서 공사비가 줄고 펌프의 배수에도 유리한 방법은? [기사 06, 12, 15]

① 수면접합　　　　② 관정접합
③ 관중심접합　　　④ 관저접합

48. 하수관의 접합방식 중 수리학적으로 가장 좋지 않은 방식은? [기사 99]

① 수면 접합　　　② 관정 접합
③ 관저 접합　　　④ 관중심 접합

49. 하수관거의 접합에 있어서 경사가 급한 경우에 원칙적으로 적용 가능한 접합방법은? [산업 11]

① 관정접합　　　② 수면접합
③ 단차접합　　　④ 관저접합

50. 다음 중 하수관의 접합방법에 관한 설명으로 틀린 것은? [기사 01]

① 관정접합은 토공량을 줄이기 위하여 평탄한 지형에 많이 이용되는 방법이다.
② 관저접합은 관의 내면 하부를 일치시키는 방법이다.
③ 단차접합은 아주 심한 급경사지에 이용되는 방법이다.
④ 관중심접합은 관의 중심을 일치시키는 방법이다.

51. 다음은 관거의 접합방법에 관한 설명이다. 틀린 것은? [산업 02]

① 수면접합 : 수리학적으로 대개 계획 위를 일치시켜 접합시키는 것으로서 양호한 방법이다.
② 관정접합 : 유수의 흐름은 원활하지만 굴착깊이가 증가되어 공사비가 증가된다.
③ 관중심접합 : 수면접합과 관저접합의 중간적인 방법이나 보통 수면접합에 준용된다.
④ 관저접합 : 수위 상승을 방지하고 양정고를 줄일 수 있으나 굴착깊이가 증가되어 공사비가 증대된다.

52. 관거접합에 대한 설명으로 옳지 않은 것은? [산업 12]

① 관거의 관경이 변화하는 경우 또는 2개의 관거가 합류하는 경우의 접합방법은 원칙적으로 수면접합 또는 관정접합으로 한다.

② 2개의 관거가 곡선을 갖고 합류하는 경우의 곡률반경은 내경의 3배 이하로 한다.
③ 2개의 관거가 합류하는 경우의 중심교각은 되도록 60° 이하로 한다.
④ 지표의 경사가 급한 경우에는 관경변화에 대한 유무에 관계없이 원칙적으로 지표의 경사에 따라서 단차접합 또는 계단접합으로 한다.

> **해설** 2개의 관거가 곡선을 갖고 합류하는 경우의 곡률반경은 내경의 5배 이상으로 한다.

53. 하수관거접합에 관한 설명으로 옳지 않은 것은? [산업 13]

① 2개의 관거가 합류하는 경우 두 관의 중심교각은 가급적 60° 이하로 한다.
② 접속관거의 계획수위를 일치시켜 접속하는 방법을 수면접합이라 한다.
③ 2개의 관거가 곡선을 갖고 접하는 경우에는 곡률반지름은 내경의 5배 이상으로 하는 것이 바람직하다.
④ 2개의 관거접합 시 관저접합을 원칙으로 한다.

> **해설** 관저접합은 가장 부적절한 접합방식이지만 토공량을 줄일 수 있고 하수펌프배제에 적합하다.

54. 다음 이음방법 중 하수도용 주철관 연결에 적합하지 않은 것은? [산업 98]

① 소켓이음　　　② 용접이음
③ 볼트이음　　　④ 플랜지이음

> **해설** 소켓이음은 도관, 흄관 등의 연결에 주로 이용된다.

55. 하수관의 관정부식을 일으키는 황화수소(H_2S)가 발생하는 이유는? [기사 05]

① 황화합물은 하수관에 유입되면 메탄가스에 의해 환원되기 때문이다.
② 용존산소가 부족해서 황화합물을 산화시키기 때문이다.
③ 용존산소가 풍부해서 황화합물을 산화시키기 때문이다.
④ 용존산소가 없으면 혐기성 세균이 황화합물을 분해하여 환원시키기 때문이다.

56. 하수관거의 관정부식(crown corrosion)이 되는 주요 원인물질은? [산업 04, 10, 11, 15]

① 황화합물
② 질소화합물
③ 칼슘화합물
④ 염소화합물

•해설 관정부식의 주원인물질은 황화수소를 포함한 황화합물이다.

57. 하수관거의 관정부식에 관한 설명 중 틀린 것은 어느 것인가? [기사 98]

① 수온이 비교적 높고 관내에 오수가 정체될 때 발생하기 쉽다.
② 오수가 혐기성 상태에서 황화수소를 발생할 때 일어난다.
③ 황화수소는 공기 중의 분압에 의해 관벽이나 관정의 습기 속에 용해된다.
④ 황화수소는 혐기성 미생물에 의해 황산으로 변화하여 관을 침식시킨다.

58. 하수관거 내에 황화수소(H_2S)가 통상 존재하는 이유는 무엇인가? [기사 03, 10, 12, 15]

① 용존산소로 인해 유황이 산화하기 때문이다.
② 용존산소의 결핍으로 박테리아가 메탄가스를 환원시키기 때문이다.
③ 용존산소의 결핍으로 박테리아가 황산염을 환원시키기 때문이다.
④ 용존산소로 인해 박테리아가 메탄가스를 환원시키기 때문이다.

59. 콘크리트하수관의 내부천정이 부식되는 현상에 대한 대응책이다. 틀린 것은? [기사 06]

① 하수 중의 유기물농도를 낮춘다.
② 하수 중의 유황함유량을 낮춘다.
③ 관내의 유속을 감소시킨다.
④ 하수에 염소를 주입한다.

60. 관정부식을 예방하기 위한 방법으로 적당하지 않은 것은? [기사 03]

① 관내의 유속증가

② 내부벽면의 라이닝(피복)
③ 염소투입
④ 매설심도 증가

61. 관의 갱생공법으로 기존관 내의 세척(cleaning)을 수행하는 일반적인 공법이 아닌 것은? [기사 12]

① 제트(jet)공법
② 로터리(rotary)공법
③ 스크레이퍼(scraper)공법
④ 실드(sheild)공법

•해설 실드공법이란 연약지반이나 대수지반(帶水地盤)에 터널을 만들 때 사용되는 굴착공법이다.

6-2 하수관거의 부대시설

62. 하수의 맨홀 내에 존재하며 인체에 가장 해로운 기체는? [산업 96]

① 메탄가스
② 탄산가스
③ 황화수소
④ 암모니아

63. 맨홀에 인버트를 설치하지 않았을 때의 문제점이 아닌 것은? [기사 97]

① 맨홀 내에 퇴적물이 쌓이게 된다.
② 맨홀 내에 물기가 있어 작업이 불편하다.
③ 환기가 되지 않아 냄새가 발생한다.
④ 퇴적물이 부패되어 악취가 발생한다.

•해설 인버트는 맨홀 내에서 관의 저부에 연결시켜 하수의 흐름을 원활하게 하고 부패와 악취가 발생하지 않도록 하는 부속시설이다.

64. 하수관거 맨홀의 관경별 최대간격을 연결한 것으로 적합하지 않은 것은? [기사 12, 산업 00]

① 관경 600mm 이하, 최대간격 50m
② 관경 1,000mm 이하, 최대간격 100m
③ 관경 1,500mm 이하, 최대간격 150m
④ 관경 1,650mm 이상, 최대간격 200m

•해설 관경 600mm 이하의 최대간격은 75m

65. 하수도 맨홀 설치 시 관경별 최대간격에 차이가 있다. 관거 직선부에서 관경 600mm 초과 1,000mm 이하에서 맨홀의 최대간격은? [기사 13]

① 60m   ② 75m

③ 90m   ④ 100m

> **해설** 관경 600mm 이하일 경우는 75m당, 관경 600mm 초과 1,000mm 이하일 때는 100m당 하나씩 설치한다.

66. 인버트를 두지 않아도 되는 것은? [산업 96]

① 오수받이   ② 맨홀

③ 합류식 받이   ④ 우수받이

67. 부관(bypass)을 설치하는 것이 가장 바람직한 맨홀은? [산업 98]

① 표준맨홀   ② 측면맨홀

③ 계단맨홀   ④ 낙하맨홀

68. 맨홀의 설치장소로 타당하지 않은 곳은 어느 것인가? [산업 04]

① 하수관의 방향이 바뀌는 곳

② 하수관의 관경이 변하는 곳

③ 하수관의 경사가 변하는 곳

④ 하수관 내 수량변화가 적은 곳

69. 다음은 하수관의 맨홀(manhole) 설치에 관한 사항이다. 틀린 것은? [기사 04]

① 맨홀의 설치간격은 관의 직경에 따라 다르다.

② 관거의 기점 및 방향이 변화하는 곳에 설치한다.

③ 관이 합류하는 곳은 피하여 설치한다.

④ 맨홀은 가능한 한 많이 설치하는 것이 관거의 유지관리에 유리하다.

> **해설** 맨홀은 관이 합쳐지거나 분기되는 곳에 설치한다.

70. 하수관거시설 중 맨홀의 설치를 위하여 고려하여야 할 사항에 대한 설명으로 옳지 않은 것은? [산업 12]

① 일반적으로 최대거리가 100m를 넘지 않게 한다.

② 관거의 방향이 바뀌는 지점에 설치한다.

③ 두 관거의 단차가 발생하는 곳에 설치한다.

④ 관거가 합류하는 곳에 설치한다.

> **해설** 맨홀은 관거의 기점, 방향, 경사, 관경이 변하는 곳, 관거의 단차가 발생하는 곳, 합류하는 곳에 설치하며, 직선부도 관경에 따라 최대간격 50~200m 간격으로 설치한다.

71. 다음 하수관거의 시공 중 장애물 횡단방법으로 적합한 것은? [산업 05]

① 등공   ② 역사이펀

③ 토구   ④ 맨홀

72. 하수관거가 하천, 지하철, 기타 이설 불가능한 지하매설물을 횡단하는 경우에는 역사이펀공법을 사용하는데, 역사이펀 설계 시의 주의사항으로 가장 거리가 먼 것은? [기사 99]

① 역사이펀의 관내 유속은 상류측 관거의 유속보다 낮게 한다.

② 상하류 역사이펀실에는 깊이 0.5m 이상의 진흙받이를 설치한다.

③ 양측 끝 역사이펀실에는 물막이용 수문 또는 이토실을 설비한다.

④ 역사이펀의 입구, 출구는 손실수두를 적게 하기 위해 bell mouth형으로 한다.

73. 역사이펀(inverted syphon)에 관한 설명으로 옳지 않은 것은? [산업 12]

① 역사이펀 관거의 유입구와 유출구에는 손실수두를 적게 하기 위하여 종모양형으로 한다.

② 역사이펀의 구조는 장애물 양측의 역사이펀실을 설치하고 이것을 역사이펀 관거로 연결한다.

③ 역사이펀 관거의 관내 유속은 상류관거의 관내 유속보다 20~30% 증가시킨다.

④ 하류관거유하능력이 부족한 곳, 하류지역 펌프장 능력이 부족한 곳 등에 설치한다.

> **해설** ④는 우수조정지(유수지)에 대한 설명이다.

74. 다음은 하수관거 역사이펀의 설계에 관한 사항이다. 적합하지 않은 것은? [기사 03]

① 역사이펀 양단부에 설치하는 역사이펀실에는 반드시 니토실을 설치한다.

② 역사이펀 관거는 계획하저면보다 적어도 1m 이상 깊게 매설한다.

③ 고장 시를 대비하여 상류부에서 직접 하천으로 방류할 수 있는 설비를 갖추는 것이 좋다.

④ 역사이펀 내의 유속은 상류 하수관 내의 유속보다 느리게 한다.

75. 다음 중 역사이펀의 설계 시 주의할 사항으로 적합지 않은 것은? [산업 02]

① 역사이펀의 관내 유속은 상류측 관거의 유속보다 20~30% 증가시킨다.

② 역사이펀의 입구와 출구 형상은 손실수두와 관계가 없으므로 어떤 형상으로 해도 좋다.

③ 역사이펀관은 일반적으로 복수관으로 한다.

④ 수조의 깊이가 5m 이상일 때는 중간단에 배수펌프 설치대를 장치한다.

해설 역사이펀의 입구와 출구 형상은 bell mouth형으로 하여 손실수두를 작게 한다.

76. 다음 중 하수관거의 부속시설에 대한 설명으로 틀린 것은? [기사 96]

① 우수 유입구는 측구에 흐르는 우수를 우수받이로 유입시키는 시설이다.

② 받이는 오수받이와 우수받이로 대별할 수 있다.

③ 연결관은 하수 본관의 중심선보다 아래쪽에 연결시킨다.

④ 계단 맨홀의 1단 높이는 30cm 정도이다.

77. 하수관거의 부속설비에 대한 설명으로 옳지 않은 것은? [산업 97]

① 맨홀은 하수관거의 청소, 점검, 보수 등을 위해 사람의 출입, 통풍, 환기 등을 목적으로 설치한다.

② 우수받이는 우수 내의 고형부유물이 하수관거 내에 침전하여 일어나는 부작용을 방지하기 위한 시설이다.

③ 역사이펀은 하천, 철도, 지하철 등의 지하매설물을 횡단하기 위해 수두경사선 이하로 매설된 하수관거 부분이다.

④ 토구는 하천 또는 바닷물이 하수관거 내로 유입되는 것을 방지하는 시설이다.

해설 ④는 방조문에 대한 설명이다.

78. 합류식 하수도의 시설에 해당되지 않는 것은 어느 것인가? [기사 98]

① 오수받이　　　　② 연결관

③ 우수토실　　　　④ 오수관거

79. 우수가 하수관거에 유입되기 전에 우수받이를 설치하는 주목적은 무엇인가? [기사 05]

① 하수거의 용량 이상으로 우수가 유입되는 것을 차단하기 위하여

② 하수관에서 유속을 증가시키는 수두를 조절하기 위하여

③ 하수에서 발생하는 악취를 제거하기 위하여

④ 우수 내 부유물이 하수거 내에 침전하는 것을 방지하기 위하여

80. 합류 시 하수도에서, 강우 시 하수관거의 도중에서 우수를 배제하거나 분류시키는 시설물을 무엇이라 하는가? [산업 08]

① 우수토실　　　　② 역사이펀

③ 연결관　　　　④ 토구

81. 받이와 하수관거를 연결해서 하수를 본관에 유집시키기 위하여 도로를 횡단하여 매설하는 것은 어느 것인가? [산업 03]

① 오수받이　　　　② 우수받이

③ 우수 유입구　　　④ 연결관

82. 옥내 배수설비와 관계없는 설비는? [산업 03]

① 트랩　　　　② 유지차단장치

③ 위생기구　　　　④ 우수배출실

해설 우수배출실은 옥외의 배수설비이다.

6-3 우수조정지시설

83. 하수침사지에 대한 설명 중 틀린 것은?

[기사 06]

① 수밀성이 있는 철근콘크리트구조로 한다.

② 유입부는 편류를 방지하도록 고려한다.

③ 합류식의 침사지에서 부패의 우려는 없다.

④ 체류시간은 30~60초를 표준으로 한다.

▶**해설** 합류식 침사지에서는 부패의 우려가 발생한다.

84. 펌프장시설 중 오수침사지의 평균유속과 표면부하율의 설계기준은?

[기사 14]

① 0.6m/s, 1,800m^3/m^2 · day

② 0.6m/s, 3,600m^3/m^2 · day

③ 0.3m/s, 1,800m^3/m^2 · day

④ 0.3m/s, 3,600m^3/m^2 · day

85. 우수조정지를 설치하여야 하는 곳과 가장 거리가 먼 것은?

[기사 17, 산업 04, 15]

① 하류관거의 유하능력이 부족한 곳에 설치한다.

② 하수처리장이 설치되지 않은 곳에 설치한다.

③ 하류지역의 펌프장능력이 부족한 곳에 설치한다.

④ 방류수로의 유하능력이 부족한 곳에 설치한다.

86. 우수저류지의 설치목적에 대한 설명 중 거리가 가장 먼 것은?

[산업 03]

① 우천 시 방류부하량의 감소

② 우천 시 합류식 하수의 침전

③ 우천 시 합류식 하수의 일시 저류

④ 우천 시 처리장으로 유입되는 하수의 부하농도 감소

87. 우수량이 많아서 일시에 펌프에 의한 양수가 곤란한 경우 우수를 일시 저류하는 시설은?

[산업 04]

① 흡입조

② 토출조

③ 우수조정지

④ 침사조

88. 우천 시 배수구역으로부터 방류되는 초기 우수의 오염부하량을 감소시키고 우수를 일시 저류하여 유량조절을 할 수 있는 시설은?

[산업 02]

① 침사지

② 우수토실

③ 우수펌프장

④ 우수조정지

89. 도시화에 의한 우수유출량의 증대로 하수관거 및 방류수로의 유하능력이 부족한 곳에 설치하여 하류지역의 우수유출이나 침수 방지에 효과적인 기능을 발휘하는 시설은?

[산업 97, 14]

① 토구

② 침사지

③ 우수받이

④ 유수지

▶**해설** 우수조정지에 대한 설명이며, 우수조정지＝유수지이다.

90. 초겨울 강우 시 도시의 우수유출량이 증대하여 하류의 시설 및 수로의 능력을 늘리기 위해서 사용되는 시설물은?

[기사 02]

① 침사지

② 역사이펀

③ 토구

④ 유수지

91. 우수조정지를 설치하고자 할 때 효과적인 기능을 발휘할 수 있는 위치로 적당하지 않은 것은 어느 것인가?

[기사 11, 13, 산업 98]

① 하수관거의 용량이 부족한 곳

② 하류지역의 배수펌프장능력이 부족한 곳

③ 인구밀집현상이 심화된 고지대

④ 방류수로의 유하능력이 부족한 곳

92. 우수조정지의 일반적인 설치위치로 옳지 않은 것은?

[기사 10]

① 지하수에 의한 오염의 우려가 있는 곳

② 하류관거의 유하능력이 부족한 곳

③ 펌프장능력이 부족한 곳

④ 방류수로유하능력이 부족한 곳

93. 우수조정지에 대한 설명으로 틀린 것은?

[기사 14]

① 우수의 방류방식은 자연유하를 원칙으로 한다.
② 우수조정지의 구조형식은 댐식, 굴착식 및 지하식으로 한다.
③ 각 시간마다의 유입우수량은 강우량도를 기초로 하여 산정할 수 있다.
④ 우수조정지는 보도와 차도의 구분이 있는 경우에는 그 경계를 따라 설치한다.

94. 우수조정지에 관한 설명 중 부적당한 것은 어느 것인가?

[산업 00]

① 조정지에서의 방류방식은 자연유하를 원칙으로 한다.
② 효율을 높이기 위하여 다목적으로 계획한다.
③ 방류관거는 계획방류량을 방류시킬 수 있어야 한다.
④ 우수관 부대설비로는 우수지, 측구, 우수받이 등이 있다.

95. 우수조정지에 관한 설명으로 옳지 않은 것은?

[산업 10]

① 댐식, 굴착식, 지하식 등이 있다.
② 하류의 유하능력이 부족할 때 설치한다.
③ 첨두유입량은 첨두유출량에 비해 작다.
④ 우수의 방류방식은 자연유하를 원칙으로 한다.

96. 다음 우수저류시설 중에서 지역 내 저류시설이 아닌 것은?

[산업 03]

① 주차장 저류
② 운동장 저류
③ 단지 내 저류
④ 우수조정지

해설 우수조정지는 지역 외 저류시설이다.

97. 우수조정지의 구조형식으로 거리가 먼 것은?

[기사 11, 21]

① 댐식(제방 높이 15m 미만)
② 월류식
③ 지하식
④ 굴착식

98. 다음 중 우수조정지의 구조형식이 아닌 것은?

[기사 13]

① 댐식
② 굴착식
③ 계단식
④ 지하식

해설 우수조정지는 우수를 일시 저류시키는 시설로서 댐식, 굴착식, 지하저장 등이 있다.

99. 다음은 우수조정지를 설치하는 목적이다. 틀린 것은?

[산업 95]

① 시가지의 침수 방지
② 유출계수의 증대
③ 첨두유량의 감소
④ 유달시간의 증대

100. 우천 시에 우수가 오수와 더불어 무처리상태로 공공수역으로 합류되는 합류식 하수도의 결점을 개선하기 위한 방법으로 가장 좋은 것은?

[기사 95]

① 우수저류지의 설치
② 관거의 형상이나 크기를 작게 한다.
③ 사이펀 등을 많이 설치한다.
④ 관 경사를 완만히 한다.

101. 우수저류지에 대한 설명으로 가장 거리가 먼 것은?

[산업 03]

① 우천 시 방류부하량을 줄인다.
② 지상형과 지하형 또는 병설형과 독립형으로 나눈다.
③ 하수처리장의 부하농도를 줄이기 위한 것이다.
④ 크게 우수저류형과 우수침투형으로 분류할 수 있다.

해설 우수저류지는 초기 우수의 방류부하량을 감소시키는 시설이다.

102. 우수조정지에 대한 설명으로 옳지 않은 것은?

[기사 13]

① Ripple식에 의해 설계한다.
② 하수관거 유하능력이 부족한 곳에는 우수조정지를 설치한다.
③ 우수의 방류방식은 자연유하를 원칙으로 한다.
④ 우수조정지의 구조형식은 댐식(제방높이 15m 미만), 굴착식 및 지하식으로 한다.

해설 Ripple식은 저수지의 용량을 결정하는 방법이다.

chapter 7

하수처리장시설

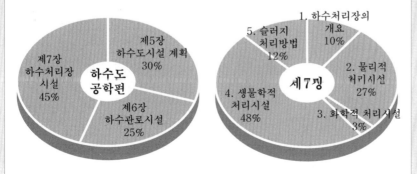

제7장
하수처리장
시설
45%

제5장
하수도시설 계획
30%

하수도
공학편

제6장
하수관로시설
25%

5. 슬러지
처리방법
12%

1. 하수처리장의
개요
10%

2. 물리적
처리시선
27%

제7장

4. 생물학적
처리시설
48%

3. 화학적 처리시설
3%

7 하수처리장시설

7-1 하수처리방법

전년도 출제경향 및 학습전략 포인트

▣ **전년도 출제경향**
- BOD 용적부하 계산
- MLSS의 정의
- 슬러지용적지수의 개념
- 슬러지반송비 계산 : $r = \dfrac{M}{S-M}$
- 활성슬러지변법 중 연속회분식 활성슬러지법

▣ **학습전략 포인트**
- 하수침사지의 제원
- 고도처리(질소와 인의 제거법)
- 활성슬러지법
  - BOD 용적부하 $= \dfrac{BOD \cdot Q}{V}$, BOD 슬러지부하 $= \dfrac{BOD \cdot Q}{MLSS \cdot V}$
  - 슬러지반송비(r)
  - 슬러지용적지수(SVI)
  - 슬러지팽화(sludge bulking)
  - 활성슬러지법의 변법

01 하수처리장의 개요

① 하수처리의 개념

하수관거를 통해 배제된 하수를 인공적으로 처리하여 무해화·안정화시키는 공정으로서 하수의 주성분인 유기물의 제거가 확실하고 경제적인 생물학적 처리를 주로 이용한다.

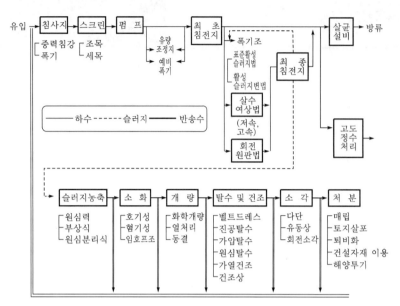

【그림 7-1】 하수처리계통도

② 하수처리방법의 종류

(1) 1차 처리

1차 처리는 수중의 부유물질 제거를 위한 것으로 예비처리라고 할 수 있으며, 부유물의 제거와 아울러 BOD의 일부도 제거된다. 일반적으로 스크린, 분쇄기, 침사지, 침전지 등으로 이루어지고 물리적 처리가 그 주체이다.

☞ 물리적 처리

(2) 2차 처리

수중의 용해성 유기 및 무기물의 처리공정으로 활성슬러지법, 살수여상 등의 생물학적 처리와 산화, 환원, 소독, 흡착, 응집 등의 화학적 처리를 병용하거나 단독으로 이용한다.

☞ 생물·화학적 처리

(3) 3차 처리

3차 처리는 2차 처리수를 다시 고도의 수질로 하기 위하여 행하는 처리법의 총칭으로, 제거해야 할 물질의 종류에 따라 각기 다른 방법이 적용되며, 제거해야 할 물질에는 질소나 인, 미분해된 유기 및 무기물, 중금속, 바이러스 등이 있다.

☞ 고도처리

※ 하수처리방법
- 예비처리 : 굵은 부유물, 부상 고형물, 유지의 제거와 분리를 위해 하수를 고체와 액체로 분리하는 과정
- 1차 처리 : 미세한 부유물질을 주로 침전(물리적 방법)으로 제거하는 과정
- 2차 처리 : 하수 중에 남아 있는 미생물에 의해 제거하는 생물학적 처리과정
- 3차 처리 : 난분해성 유기물, 부유물질, 부영양화유발물질을 제거하는 과정

02 물리적 처리시설

> **하수의 물리적 처리방법**
> 침전, 여과, 흡착 등

처리조작, 공정 및 보조설비에 유지관리문제를 일으키는 하수성분(굵은 부유물, 부상 고형물)을 제거(고체와 액체로 분리)하는 것

① 스크린

비교적 큰 부유물질 제거

(1) 통과유속
① 봉스크린, 격자스크린, 망스크린 : 0.45m/s 이하
② 정수장 취수용 스크린 : 1.0m/s 이하

(2) 목적
① 하수 중 큰 부유물, 협잡물 제거
② 후속처리(약품처리, 생물학적 처리)시설의 부하 경감
③ 펌프 손상, 관 폐색 방지

② 분쇄기

임펠러 손상, 펌프의 폐색, 후속처리시설의 폐쇄를 미연에 방지하기 위하여 유입하수 내의 고형물질을 파쇄시키는 장치로 부유물을 0.5~1cm 크기로 자른 다음 하수 내로 되돌려 보내 하수처리과정에서 제거되게 한다.

▶ 하수처리장 앞부분에 설치

③ 하수침사지

비중 2.65 이상, 직경 0.2mm 이상의 비부패성 무기물 및 입자가 큰 부유물 제거

(1) 평균유속

0.3m/s의 독립입자 침전

(2) 형상

직사각형과 정사각형

(3) 설치목적

① 토사류 등에 의한 펌프 손상 방지
② 관, 밸브 등의 폐색, 마모 방지
③ 슬러지 생성량 감소
④ 화학처리, 생물학적 처리의 부하 감소

(4) 설계이론

① 침사지의 수 : 2지 이상
② 통과유속 : 0.15~0.3m/s
③ 체류시간 : 30~60초
④ 깊이 : 1.5~2m
⑤ 침사량 : 하수량 1,000m³당 0.05~0.2m³ 정도

④ 유량조정조

유량조정조는 유입하수의 유량과 수질의 변동을 흡수해서 균등화함으로써 충격부하에 대비하며 처리시설의 처리효율을 높이고 처리수량의 향상을 도모할 목적으로 설치하는 시설이다. 소규모 도시의 처리장의 경우 유입수량과 수질의 변동이 크므로 필요 시 설치할 수 있다.

▶ 유량조정조에는 난류를 일으키는 교반시설을 설치한다.

⑤ 침전지(clarifier)

(1) 최초 침전지

① 장방형 침전지의 길이와 폭의 비=3 : 1~5 : 1

② 장방형 침전지의 폭과 깊이의 비＝1 : 1∼2.25 : 1

③ 원형 침전지의 최대직경＝90m

④ 침전지의 유효수심＝2.5∼4m

⑤ 침전시간＝2∼4시간

⑥ 표면부하율＝25∼40m^3/m^2·d

⑦ 슬러지 제거기 설치 시 장방형 침전지의 바닥기울기＝$\frac{1}{100} \sim \frac{1}{50}$

⑧ 슬러지 제거기 설치 시 원형 및 정사각형 침전지의 바닥기울기

$= \frac{1}{20} \sim \frac{1}{10}$

⑨ 슬러지 제거를 위해 조의 바닥에 호퍼 설치 시 측벽의 기울기
＝60° 이상

(2) 최종 침전지

① 표면부하율＝20∼30m^3/m^2 · day

② 고형물부하율＝150∼170kg/m^2 · day

③ 침전시간＝3∼5시간

(3) 침전이론 및 관계식

① Stokes의 법칙

$$V_s = \frac{(\rho_s - \rho_w)\,g\,d^2}{18\mu} = \frac{(s-1)\,g\,d^2}{18\nu}$$

여기서, V_s : 입자의 침강속도(cm/s)

　　　　g : 중력가속도

　　　　ρ_s : 입자의 밀도(g/cm^3)

　　　　ρ_w : 물의 밀도(g/cm^3)

　　　　s : 비중

　　　　μ : 물의 점성계수(g/cm · s)

　　　　ν : 물의 동점성계수

　　　　d : 입자의 직경(cm)

※ 표면부하율(V_0)＝수면적부하

$$= \frac{유입수량(\text{m}^3/\text{day})}{표면적(\text{m}^2)} = \frac{Q}{A}$$

② 침전지에서 100% 제거할 수 있는 입자의 최소침강속도

☞ 중요부분

$$V_0 = \frac{Q}{A}$$

여기서, V_0 : 완전 제거가 가능한 입자의 최소침강속도(m/day)

③ 침전 제거효율(침전효율, 침전효과)

$$E = \frac{V_s}{V_0} \times 100 = \frac{V_s}{Q/A} \times 100 = \frac{V_s}{h/t} \times 100 \, [\%]$$

④ 침전지 체류시간(HRT : hydraulic retention time)

$$t = \frac{\cancel{V}}{Q}$$

여기서, t : 체류시간(hr)
$\cancel{V}$: 침전지 체적(m^3)
Q : 유입수량(m^3/hr)

⑤ 월류부하

$$월류부하 = \frac{Q}{L} \, [m^3/m \cdot day]$$

여기서, L : 월류위어의 길이(m)

(4) 부상 분리(flotation)

유지류, 지방류, 섬유질 등 밀도가 낮은 고형물의 분리 제거

① 부상속도 : Stokes의 법칙 응용

$$V_s = \frac{(\rho_w - \rho_s) \, g \, d^2}{18\mu}$$

② A/S비 : $\dfrac{공기(air)}{고형물(solid)}$ 의 비

$$A/S비 = \frac{주입 \ 또는 \ 감압에 \ 의한 \ 공기량(mg/L)}{폐수 \ 내 \ 고형물농도(mg/L)}$$

$$= \frac{1.3 S_a (f_p - 1)}{S} \left(\times \frac{R}{Q} \right)$$

여기서, S : 폐수 내 고형물농도(mg/L)
S_a : 공기용해도(mg/L)
f : 상수(=0.5)
p : 작용압력
1.3 : 공기의 비중량
R/Q : 반송률

➡ 하수의 화학적 처리방법
중화, 소독, 산화, 환원 등

03 | 화학적 처리시설

① 중화(pH 조절)

공장폐수 중에는 공정에 따라서 강산성 또는 강알칼리성의 폐수가 발생하는데, 중화는 이러한 과잉의 산과 알칼리를 제거하여 pH를 중성으로 조정하는 공정이다.
① 산성폐수 중화 : 가성소다, 소다회, 생석회, 소석회 이용
② 염기성폐수 중화 : 황산, 염산, 탄산가스(CO_2) 이용

② 산화(oxidation)와 환원(reduction)

산화·환원의 조작은 폐수처리에 있어서도 중요한 방법이며, 폭넓게 이용되고 있다. 일반적으로 원자 또는 원자단이 전자를 상실하는 반응을 산화, 전자를 받게 되는 반응을 환원이라 한다.
중금속의 제거 시 이용한다.

③ 화학적 응집

콜로이드입자는 수중에서 전기적 반발력, 전기력, 인력, 중력에 의해서 전기역학적으로 평형이 되어 안정된 상태로 분산하고 있다. 이를 그대로 고액분리하는 것은 어려우므로 콜로이드를 서로 맞붙여서 입자를 크게 할 필요가 있다. 화학적 응집은 이러한 입자의 제타전위를 화학약품첨가로 전기적 중화에 의한 반발력을 감소시키고 입자를 충돌시켜 입자끼리 크게 뭉치게 하여 침전시키는 방법이다.
일반적으로 용해성 물질(콜로이드)의 제거 시 이용한다.

④ 이온교환(ionic exchange)

산성 양이온교환수지나 염기성 음이온교환수지, 폐수 중의 이온과의 사이에 이온교환이 이루어지며, 폐수 중의 이온성 물질이 제거되는 것이다.
Zeolite 등 이온교환수지를 이용하여 특정 이온 제거에 이용한다.

⑤ 흡착(adsorption)

흡착은 용액 중의 분자가 물리적 또는 화학적 결합력에 의해서 고체의 표면에 달라붙는 현상을 말하며, 이때 흡착되는 분자를 피흡착제, 분자가 흡착될 수 있도록 표면을 제공하는 물질을 흡착제라고 한다.

일반적으로 가장 많이 사용하는 흡착제는 활성탄소(활성탄)이다.

(1) 흡착의 3단계

① 흡착제 주위의 막을 통해서 피흡착제의 분자가 이동하는 단계

② 공극을 통해서 피흡착제가 확산되는 단계

③ 흡착제와 피흡착제 사이에 결합이 이루어지는 단계

▶ 흡착의 3단계

이동 → 확산 → 결합

(2) 흡착의 적용

① 저농도 폐수에 적용

② 고농도 폐수에서 침전, 여과, 부상처리 후 후속처리

③ 상수정수처리과정에서 원수의 수질 악화 시, 약품침전 시 응집제와 혼용

④ 탁도나 악취 제거에 유용

(3) 흡착에 관련된 기본식

활성탄흡착에는 보통 Freundrich공식을 이용한다.

$$\frac{X}{M} = KC^{\frac{1}{n}}$$

여기서, X : 흡착된 용질의 양

M : 흡착제의 중량

X/M : 흡착제의 단위중량당 흡착량

K, n : 경험적 상수

C : 평형상태 후 남은 피흡착제의 농도

04 생물학적 처리시설

① 생물학적 처리의 기본

(1) 생물학적 하수처리의 방법

① 호기성 처리법 : 활성슬러지법, 살수여상법, 회전원판법, 산화
지법

② 임의성 처리법 : 살수여상법, 산화지법

③ 혐기성 처리법 : 소화, 임호프(Imhoff)조, 부패조, 산화지

(2) 생물학적 처리를 위한 운영조건(호기성 처리 시)

① 영양물질 : BOD : N : P의 농도비가 100 : 5 : 1이 되도록 조정

② 용존산소 : 최저DO는 0.5~2.0mg/L로 유지

③ pH : 6.5~8.5로 유지(최적 pH 6.8~7.2)

④ 수온 : 20~40℃로 높게 유지

⑤ 독성물질 : 일반적으로 Cu, Cd, Cr, CN, Cl, Hg, phenol 등이
포함되면 안 됨

⑥ 혐기성 처리 시 : 중온소화는 30~35℃, 고온소화는 50~55℃로
유지하여야 하며, 알칼리도는 2,000mg/L 이상을 유지

(3) 미생물의 성장과 먹이의 관계

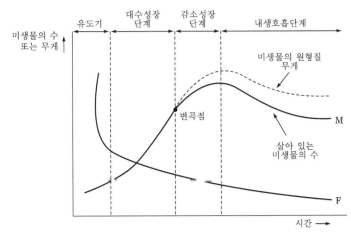

【그림 7-2】미생물의 성장곡선

① 대수성장단계 : 유기물의 분해속도가 가장 빠른 성장단계

➡ 포기조와 폭기조는 같은 의미이다.

② 감소성장단계 : 침전성이 양호해지는 단계(플록형성 시작)

③ 내생호흡단계 : 침전효율이 가장 양호한 단계

❷ 활성슬러지법(활성오니법)

- 포기조(폭기조)에 유입되는 하수에 산소를 공급하여 호기성 미생물의 대사작용에 의해 유기물을 제거하는 원리를 이용한 방법
- 우리나라 하수처리장에서 가장 많이 이용하는 방법

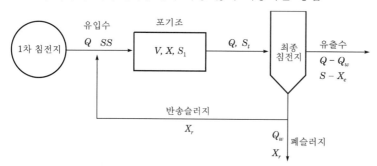

【그림 7-3】 활성슬러지의 주요 계통도

(1) 활성슬러지법과 관련된 기본공식

① BOD 용적부하

㉮ 포기조 단위용적당 제거되는 BOD 양

㉯ 활성슬러지법의 설계나 유지관리의 기본적 지표

$$\text{BOD 용적부하} = \frac{1일 \ BOD \ 유입량(kg \cdot BOD/day)}{포기조 \ 용적(m^3)}$$

$$= \frac{하수의 \ BOD \times 하수량}{포기조 \ 용적(m^3)}$$

$$= \frac{BOD \cdot Q}{V} = \frac{BOD \cdot Q}{Ah} = \frac{BOD \cdot Q}{Qt}$$

$$= \frac{BOD}{t} [kg \cdot BOD/m^3 \cdot day]$$

② BOD 슬러지부하(MLSS부하, F/M비)

㉮ 포기조 내 슬러지(MLSS) 1kg당 1일에 가해지는 BOD 무게

$$\text{BOD 슬러지부하} = \frac{1일 \ BOD \ 유입량(kg \cdot BOD/day)}{MLSS농도(kg)}$$

$$= \frac{BOD \cdot Q}{MLSS \cdot V} = \frac{BOD \cdot Q}{MLSS \cdot A \cdot h} = \frac{BOD \cdot Q}{MLSS \cdot Q \cdot t}$$

$$= \frac{BOD}{MLSS \cdot t} [kg \cdot BOD/kg \cdot MLVSS \cdot day]$$

④ MLSS : 포기조 중의 부유물질로서 포기조 내의 미생물을 의미한다.

③ 폭기시간 및 체류시간 : 원폐수가 포기조 내에 머무르는 시간

$$\text{폭기시간} \quad t = \frac{\text{포기조의 용적}}{\text{유입수량}} = \frac{V[\text{m}^3]}{Q[\text{m}^3/\text{day}]} \times 24[\text{hr}]$$

$$\text{체류시간} \quad t' = \frac{\text{포기조의 용적}}{\text{유입수량}(1+\text{반송비})} = \frac{V}{Q(1+r)} = \frac{t}{1+r}[\text{hr}]$$

여기서, Q : 유입하수량(m^3/day)
V : 포기조의 용적(m^3)
t : 폭기시간
r : 반송비($= Q_r / Q$)
Q_r : 반송슬러지양

④ 수리학적 및 체류시간(HRT : Hydraulic Reteution Time)

$$\text{HRT} = \frac{V}{Q}$$

⑤ 고형물 체류시간(SRT : solid retention time)

$$\text{SRT} = \frac{XV}{X_r Q_w + (Q - Q_w)X_e} \fallingdotseq \frac{XV}{X_r Q_w}$$

여기서, X_r : 반송슬러지 SS농도
X_e : 유출수 내의 SS농도($\fallingdotseq 0$)
Q_w : 폐슬러지양
X : 포기조 내의 MLSS농도

⑥ 슬러지 용적지수(sludge volume index, SVI)

㉮ 포기조혼합액(MLSS) 1L를 30분간 침전시킨 후 1g의 MLSS가 슬러지로 형성될 때 차지하는 부피를 단위부피(mL)당으로 나타낸 값을 말한다.

㉯ 슬러지의 침강농축성을 나타내는 지표이다.

㉰ SVI는 슬러지 팽화 발생 여부를 확인하는 지표이다.

㉱ SVI가 50~150일 때 침전성은 양호하고, 200 이상이면 슬러지 팽화가 발생한다.

㉲ SVI가 작을수록 농축성이 좋다.

$$\text{SVI} = \frac{\text{30분간 침전 후 슬러지 부피}(\text{mL/L})}{\text{MLSS농도}(\text{mg/L})} \times 1,000$$

$$= \frac{\text{SV}[\%]}{\text{MLSS농도}(\text{mg/L})} \times 10,000$$

⑦ 슬러지 밀도지수(SDI : sludge density index)

㉮ 침전슬러지양 100mL 중에 포함되는 MLSS를 g수로 나타낸 것으로 SVI의 역수이다.

▶ 슬러지 용량(SV)

포기조의 혼합액 1L를 30분간 침전시켰을 때 침전된 슬러지 부피(mL)

$$\text{SV} = \frac{\text{30분간 침전된}}{\text{포기조}} \times 100\text{mg/L}$$

㉯ 슬러지 침강성 판단과 슬러지 반송률 결정에 사용된다.

  ㉰ 최적 SDI가 0.83~1.76이면 침강성이 좋으며, 최소한 0.7 이
상이어야 한다.

$$\mathrm{SDI} = \frac{100}{\mathrm{SVI}} \text{ 또는 } \mathrm{SDI} \times \mathrm{SVI} = 100$$

⑧ 슬러지 반송률

  ㉮ 포기조 내의 MLSS농도를 일정하게 유지하기 위해서는 침강
슬러지의 일부를 다시 포기조에 반송해야 하는데, 이를 슬러
지 반송이라 한다.

  ㉯ $X(Q + Q_r) = X_r Q_r$ 에서 $X(1+r) = X_r r$ 이므로 $X = \dfrac{X_r r}{1+r}$ 이고,

r 에 대해서 정리하면

$$r = \frac{\mathrm{MLSS}농도 - 유입수의\ \mathrm{SS}}{반송슬러지\ \mathrm{SS} - \mathrm{MLSS}농도} \times 100 = \frac{X - \mathrm{SS}}{X_r - X} \times 100[\%]$$

또는 $r = \dfrac{X - \mathrm{SS}}{\dfrac{10^6}{\mathrm{SVI}} - X} \times 100[\%]$

여기서, X : 포기조 내의 MLSS농도

      SS : 유입수의 SS농도

      X_r : 반송슬러지 SS농도

(2) 활성슬러지 운전상 유의점

① 슬러지 팽화현상(sludge bulking) : 슬러지 팽화란 일반적으로
사상균의 과도한 성장으로 SVI가 현저하게 증가하고 응집성이
나빠져 포기조 내에서 처리수의 분리가 곤란하게 되어 활성슬
러지가 최종 침전지로 넘어갈 때 잘 침전되지 않고 부풀어 오
르는 현상

  ㉮ 원인

    ㉠ 유입수 및 수질의 과도한 변동

    ㉡ 유기물의 과도한 부하

    ㉢ 용존산소의 부족

    ㉣ 영양염류의 부족

    ㉤ MLSS농도의 저하

    ㉥ pH값의 저하

    ㉦ 슬러지 배출량의 조절 불량

    ㉧ 높은 C/N비

▶ 과도한 질산화

㉯ 방지대책

　　　　㉠ 포기조 내의 체류시간을 30분 이내로 제한한다.

　　　　㉡ 염소를 희석수에 살수한다.

　　　　㉢ MLSS의 농도를 증가시켜 F/M비를 낮춘다.

　　　　㉣ BOD부하를 반감시킨다.

　　　　㉤ 하수를 단계적으로 유입한다.

　　　　㉥ 슬러지 반송률을 증가시킨다.

　　　　㉦ 용존산소를 높이기 위하여 포기를 증가시킨다.

　② 슬러지 부상현상 : 포기조에서 질산화에 의해 생성된 NO_3^-로 인해 2차 침전지에서 탈질소화가 발생하여 N_2가스가 생성되어 슬러지 플록에 부착되어 침전된 슬러지를 부상시키는 현상

　　㉮ 원인

　　　㉠ 최종 침전지에서의 슬러지의 체류시간이 길 때

　　　㉡ 폭기시간이 너무 길어 질산화가 발생한 경우

　　　㉢ 최종 침전지의 설계 불량

　　㉯ 방지대책

　　　㉠ 최종 침전지에 침전된 슬러지를 빠르게 제거한다.

　　　㉡ 반송슬러지의 양수율을 증가시키거나 포기량을 감소시킨다.

　　　㉢ 침전을 개선한다.

(3) 활성슬러지법의 변법

　① 표준활성슬러지법 : 가장 일반적으로 이용되고 있는 처리방법으로 유입수를 포기조 내에서 일정 시간 폭기하여 활성슬러지와 혼합시킨 후 혼합액을 최종 침전지로 이송해서 활성슬러지를 침전분리한다.

　　㉮ 포기조의 MLSS농도 : 1,500~3,000mg/L

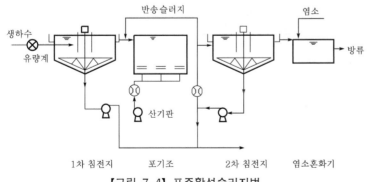

【그림 7-4】 표준활성슬러지법

ⓝ 폭기시간 : 6~8시간

ⓓ F/M비 : 0.2~0.4

ⓡ 슬러지 반송률 : 20~50%

ⓜ SRT : 3~6일 정도

② **계단식 폭기법** : 반송슬러지를 포기조의 유입구에 전량 반송하지만 유입수는 포기조의 길이에 걸쳐 골고루 하수를 분할해서 유입시키는 방법이다. 포기조 내 산소이용률을 균등화시키며, 유입하수의 BOD부하량이 높아져도 F/M비를 적정한 범위로 유지하기 쉽고 포기조 내에서 유출하는 MLSS농도를 낮출 수 있으므로 SVI가 높아져도 그 대응이 쉬운 방법이다.

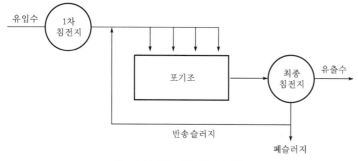

【그림 7-5】 계단식 폭기법

③ **접촉안정법** : 포기조에서 유입폐수와 포기조 MLSS를 30분 동안 접촉시킨 후 플록 내에 유기물을 흡착시킨다. 그 다음 안정조에서는 침전지에서 반송된 슬러지를 폭기시키며 흡착된 유기물을 산화시킨다. 대량의 폐수를 폭기시키는 대신에 소량의 반송슬러지를 폭기시키는 방법으로 유기물의 상당량이 콜로이드상태로 존재하는 도시하수를 처리하기 위해 개발되었다. 일반적으로 최초 침전지를 생략한다.

▶ **접촉안정법**

도시하수를 처리하기 위해 개발

【그림 7-6】 접촉안정법

④ **장시간 폭기법** : 소규모의 가정하수를 처리하기 위한 것으로 포기조에서 활성슬러지를 오랜 시간 폭기함으로써 세포가 내

▶ **장시간 폭기법**

소규모 하수처리시설에 주로 이용

생 호흡기에서 유기물질이 제거되도록 설계된 것이다. SRT는 15일 이상, F/M비는 0.03~0.05 이하, MLSS는 4,000mg/L 정도, 반송률 50~150%로 적용되고, 폭기시간이 16~24시간으로 낮은 BOD-SS부하로 운전하는 방식이며, 잉여슬러지양을 최대한 감소키시기 위한 방법으로 한다. 일반적으로 최초침전지는 생략하며, 표준활성슬러지법과 흐름도가 기본적으로 같다.

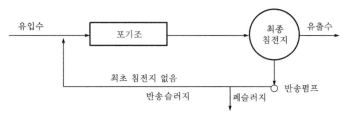

【그림 7-7】 장시간 폭기법

⑤ 산화구법 : 타원 모양의 유로를 갖는 형상으로 유속은 대체로 0.25~0.35m/s로 유지되게 설계한다. 포기조는 다음 그림에서와 같이 일정 지역에서 수행되어 질화와 탈질이 1개의 포기조 내에서 진행된다는 장점을 가지고 있다.

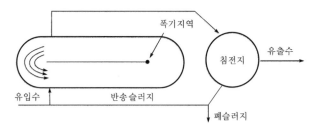

【그림 7-8】 산화구법

⑥ 순산소식 활성슬러지법 : 포기조 내의 미생물을 위하여 공기를 주입시키는 대신에 순산소를 주입시키는 방법으로 뚜껑이 덮힌 포기조를 사용한다. 이 방법의 장점은 용존산소 공급에 따른 전력소모가 적고, 활성슬러지의 반응상태가 양호하여 반응시간을 줄일 수 있고, 잉여슬러지의 양을 감소시키며, 슬러지 침전특성을 양호하게 하고, 처리장의 부지요구량이 적다는 점이다.

⑦ 점강식 폭기법 : 산기식 포기장치를 사용하며 유입부에 많은 산기기(산기장치)를 설치하고 포기조의 말단부에는 적은 수의 산기기를 설치하여 포기조위치에 따른 산소요구의 변화에 적합하도록 포기하는 방법이다.

⑧ 기타 활성슬러지변법 : 호기성 소화법, 수정식 포기조, 크라우스(Kraus)공법, 고속폭기식 침전법, 연속회분식 활성슬러지법(SBR)

❸ 살수여상법(trickling filter)

▶ 유럽에서 많이 사용하며, 국내에서는 활성슬러지법을 주로 사용한다.

살수여상법은 보통 도시하수의 2차 처리를 위하여 사용되며, 최초 침전지의 유출수를 미생물 점막으로 덮인 여재 위에 뿌려서 미생물막과 폐수 중의 유기물을 접촉시켜 처리하는 방법으로 침사지, 침전지, 활성슬러지보다 손실수두가 큰 시설이다.

(1) 살수여상의 구조

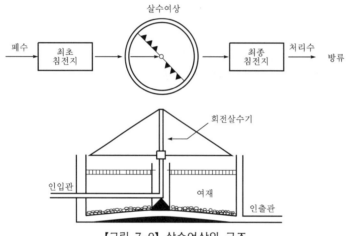

【그림 7-9】 살수여상의 구조

① 여상

㉮ 형상 : 원형, 장방형

㉯ 지름 : 50m 이하

㉰ 깊이 : 2m 이하

㉱ 바닥경사 : 1/100~2/100

② 여재

㉮ 여재의 종류 : 쇄석, 플라스틱여재, 자갈, 광재

㉯ 여재의 크기 : 30~50mm(저율여상), 50~60mm(고율여상)

(2) 살수여상의 종류

① 저율살수여상(표준살수여상) : 폐수가 재순환 없이 1회만 여상을 통과하며, 낮은 수리학적 부하로 인해 폐수는 배수조로부터

자동사이펀이나 펌프에 의해 간헐적으로 여상에 주입되는 방식이다.

㉮ 탈리된 미생물막은 안정되어 있고 쉽게 침강된다.

㉯ 구조가 간단하고 운전이 용이하며 에너지 비용이 적게 소요된다.

㉰ 과부하에 민감하여 여상이 폐색되거나 파리가 번식하기 쉽다.

㉱ 소규모 처리장에 적합하다.

② 고율살수여상 : 여상을 통과한 폐수를 연속적으로 여상에 주입시켜 이미 여상을 통과한 순환수를 반송시킴으로써 높은 여과속도가 유지되고 여재에서는 계속적으로 점막의 일부가 고형물의 형태로 탈리되는 방식이다.

㉮ 대규모 처리시설에 적합하다.

㉯ 주입 사이펀이 필요 없다.

㉰ 표준살수여상보다 BOD 제거율이 낮으며, 침강성도 덜 양호하다.

③ 2단 살수여상 : 이 형식은 2기의 여과상을 사용하므로 표준법과 동일한 BOD 제거율을 얻을 수 있어서 질이 좋은 처리수가 요구될 때나 농도가 높은 폐수를 처리할 때 적합하다.

(3) 살수여상의 장단점(활성슬러지법과 비교해서)

☞ 중요부분

① 장점

㉮ 건설비와 유지비가 적게 든다.

㉯ 폭기에 동력이 필요 없다.

㉰ 운전이 간편하며 폐수의 수질이나 수량변동에 덜 민감하다.

㉱ 슬러지 팽화문제가 없다.

㉲ 슬러지 반송이 필요 없다.

② 단점

㉮ 연못화현상으로 인한 여상의 폐색이 잘 일어난다.

㉯ 냄새를 유발하기 쉽다.

㉰ 여름철에 여상 파리가 발생할 우려가 있으며, 겨울철에 동결문제가 있다.

㉱ 미생물의 탈락으로 처리수가 악화되는 일이 있다.

㉲ 수두손실이 크다.

㉳ 활성슬러지법에 비해 처리효율이 낮다.

구분	저율살수여상(표준살수여상법)	고율살수여상(고속살수여상법)
여재의 크기	25~30mm	50~60mm
BOD부하	$0.3kg \cdot BOD/m^3 \cdot day$	$1.2kg \cdot BOD/m^3 \cdot day$
살수부하율	$1~3m^3/m^2 \cdot day$	$15~25m^3/m^2 \cdot day$
BOD 제거율	75~80%	• 1단 : 65~75% • 2단 : 90~95%
SS 제거율	70~80%	65~75%
특징	• 구조가 간단하고 운전이 쉽다. • 에너지비용이 적게 소요된다. • 부지면적이 넓게 소요된다. • 소규모 처리장에 적합하다. • Psychoda종류의 파리가 번식하기 용이하다. • 과부하에 민감하다.	• 살수기의 자동운전이 용이하다. • 유입하수의 유량, 온도, 유독물질의 영향이 적다. • 대규모 처리장에 적합하다. • 여상파리의 발생·비산이 적다. • 악취 발생이 적다.

④ 회전원판법(RBC : rotating biological contactor)

원판들을 연결하여 수평회전축을 중심으로 회전시키며 수평축 아래의 원판을 하수에 잠기게 하여 원판에 부착되어 번식한 미생물군을 이용하여 하수 중의 유기물질을 흡착·산화 제거하여 하수를 정화하는 방법이다.

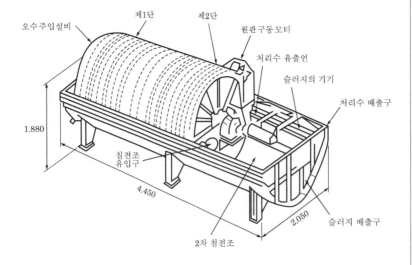

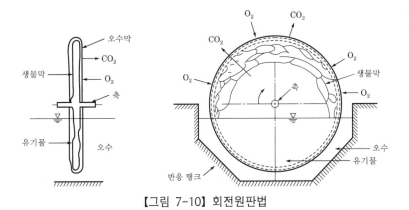

【그림 7-10】 회전원판법

① 장점
　㉮ 별도의 폭기장치와 슬러지 반송이 필요 없고 유지비가 적게 들며 관리가 용이하다.
　㉯ 고농도부터 저농도 하수까지 처리가 가능하다.
　㉰ 다단식을 취하므로 BOD 부하변동에 강하다.
　㉱ 슬러지 발생량이 적다.
　㉲ 질소와 인의 제거가 가능하며 pH 변화에 비교적 잘 적응한다.
　㉳ 충분한 난류에 의하여 하수가 적절히 혼합된다.
　㉴ 수리학적 부하변동에 강하다.

② 단점
　㉮ 정화기구가 복잡하여 해석이 어렵고 인위적으로 제어할 수 없다.
　㉯ 폐수의 성상에 따라 처리효율이 크게 좌우된다.
　㉰ 온도의 영향을 크게 받으므로 저온 시의 대책이 필요하다.
　㉱ 운전이 원활하지 못할 경우 원판면상에서 심한 혐기성 냄새가 난다.
　㉲ 회전축의 파손이 발생하기 쉽다.
　㉳ 일광에 의한 조류번식과 강우에 의한 미생물막의 탈리가 생긴다.
　㉴ 슬러지 배출시설이 필요하다.

　※ **생물막법** : 원판이나 침지상 등에 미생물을 부착·고정시켜 생물막을 형성하게 하고, 폐수가 그 생물막에 자주 접촉하게 함으로써 폐수를 정화시키는 방법으로 살수여상법과 회전원판법을 뜻한다.

알·아·두·기·

▶ 자연정화기능을 이용한 에너지 절약형 처리방법(폭기시설이 필요 없음)

⑤ 산화지법(oxidation pond)

얕은 연못에서 박테리아와 조류 사이의 공생관계에 의해 유기물을 분해·처리하는 방법이다.

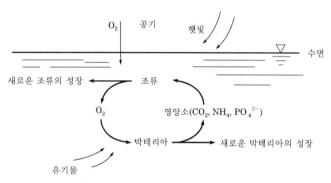

【그림 7-11】 박테리아와 조류의 공생원리

(1) 산화지의 구조

① **형상** : 원형, 정사각형, 직사각형

② **수위** : 최저 0.3m, 최고 1.5m

③ **장점**

㉮ 최초의 투자비 및 시공비, 운영비가 적게 든다.

㉯ 하천유량이 적은 경우 산화지의 방류를 억제하고, 유량이 많은 경우 방류할 수 있다.

㉰ 하수관거의 지하수 또는 우수의 유입이 많더라도 큰 영향을 받지 않는다.

③ **단점**

㉮ 체류시간이 길고 소요부지가 많이 필요하다.

㉯ 겨울철에는 처리효율이 50% 정도로 낮다.

㉰ 냄새를 유발한다.

㉱ 산화지의 유출수가 방류될 경우 하천오염을 유발할 우려가 있다.

05 하수의 고도처리(3차 처리)

하수는 2차 처리인 생물학적 처리(활성슬러지법, 살수여상법 등)를 거친 후에도 오염물질의 완전한 제거가 어려우므로 물을 원래의 수질로 환원시키기 위하여 실시하는 처리단계로, 주요 제거대상은 영양염류이다.

① 물리적 방법

① Air stripping에 의한 암모니아 제거
② 여과, 응집침전법
③ 증류(distillation)
④ 부상(flotation)법
⑤ 역삼투법
⑥ 활성탄흡착법

② 화학적 방법

① 응집, 이온교환법
② 전기투석법
③ 산화·환원법

③ 생물학적 방법

① 질소 제거법
  ㉮ 생물학적 질산화-탈질법
  ㉯ 이온교환법
  ㉰ break point 염소주입법
  ㉱ 무산소호기법(anoxic oxic)
② 인 제거법
  ㉮ A/O법(anaerobic oxic, 혐기 호기법)
  ㉯ phostrip법
③ 질소, 인 동시 제거법
  ㉮ 수정bardenpho법
  ㉯ A2/O법(anaerobic anoxic oxic, 혐기 무산소호기법)
  ㉰ SBR법, UCT법, VIP법, 수정 phostrip법 등

☞ 중요부분

06 각 시설별 설계기준

① 침사지(중력식)

구분	설계기준
수면적부하(오수)	$1,800\text{m}^3/\text{m}^2 \cdot \text{day}$
수면적부하(우수)	$3,600\text{m}^3/\text{m}^2 \cdot \text{day}$
최소제거입자(오수)	$0.2\text{mm}(\rho=2.65)$
최소제거입자(우수)	$0.4\text{mm}(\rho=2.65)$
체류시간	$30\sim60\text{s}$
평균유속	0.3m/s

☜ 중요부분

② 포기조(표준활성슬러지법)

구분	설계기준
MLSS농도	$1,500\sim4,000\text{mg/L}$
송기량	$0.8\sim1.1\text{kg/kg BOD 제거량}$
유효수심	$4.0\sim6.0\text{m}$
지폭과 수심의 비	수심의 $1\sim2$배
여유고	80m 정도

③ 1차(최초) 침전지

구분	설계기준
표면부하율(분류식)	$35\sim70\text{m}^3/\text{m}^2 \cdot \text{day}$
표면부하율(합류식)	$25\sim50\text{m}^3/\text{m}^2 \cdot \text{day}$
침전시간	계획 1일 최대오수량에 대하여 표면부하율과 유효수심을 고려하여 정하며, 일반적으로 $2\sim4$시간으로 한다.
유효수심	$2.5\sim4\text{m}$
침전지 형상	원형, 직사각형, 정사각형
장폭비	• 직사각형 $1:3$(폭 : 길이) • 원형 및 정사각형 $6:1\sim12:1$(폭 : 깊이)
바닥경사	• 직사각형 $1:100\sim1:50$ • 원형 $1:20\sim1:10$
침전지 수면여유고	$40\sim60\text{cm}$
월류weir부하	$250\text{m}^3/\text{m} \cdot \text{day}$ 이하

 **2차(최종) 침전지**

구분	설계기준
표면부하율	$20{\sim}30m^3/m^2 \cdot day$ SRT가 길고 MLSS농도가 높은 고도처리의 경우 $15{\sim}25m^3/m^2 \cdot day$
고형물부하율	$40{\sim}125kg/m^2 \cdot day$
침전시간	계획 1일 최대오수량에 따라 정하며, 일반적으로 $3{\sim}5$시간으로 한다.
유효수심	$2.5{\sim}4m$
침전지 형상	원형, 직사각형, 정사각형
장폭비	• 직사각형 $1 : 3$(폭 : 길이) • 원형 및 정사각형 $6 : 1{\sim}12 : 1$(폭 : 깊이)
바닥경사	• 직사각형 $1 : 100{\sim}1 : 50$ • 원형 $1 : 20{\sim}1 : 10$
침전지 수면여유고	$40{\sim}60cm$
월류weir부하	$190m^3/m \cdot day$ 이하

알·아·두·기·

7-2 슬러지 처리방법

전년도 출제경향 및 학습전략 포인트

▼ **전년도 출제경향**
- 슬러지처리별 목적
- 호기성 소화와 혐기성 소화의 비교

▼ **학습전략 포인트**
- 슬러지처리의 목적
- 슬러지함수율과 부피관계 : $\dfrac{V_2}{V_1} = \dfrac{100 - W_1}{100 - W_2}$
- 슬러지처리순서 : 농축 – 소화 – 개량 – 탈수 – 건조 – 최종 처분
- 호기성 소화, 혐기성 소화

01 슬러지 처리의 개요

① 슬러지 처리의 목적

① 슬러지 중의 유기물을 무기물로 바꾸어 생화학적으로 안정화
② 병원균을 제거함으로써 위생적으로 안정화
③ 슬러지의 처분량을 줄이는 부피의 감량화
④ 부패와 악취의 감소 및 제거
⑤ 슬러지를 처분함에 있어서의 편리, 안전(처분의 확실성)

② 계획슬러지양

계획슬러지양은 계획 1일 최대오수량을 기준으로 하여 하수처리장의 부유물 제거율과 유기물의 고형물로서 전환, 슬러지의 함수율 등을 정하여 산정한다.

① 슬러지함수율과 고형물함량의 관계

고형물함량＝1－함수율

② 슬러지함수율과 부피의 관계

$$\frac{V_2}{V_1} = \frac{100 - W_1}{100 - W_2}$$

$$V_2(100 - W_2) = V_1(100 - W_1)$$

▶ **슬러지의 목적**
① 안정화
  - 생화학적(유기물 → 무기물)
  - 위생적(병원균 제거)
② 부피 감량화
③ 악취 및 부패 감소

☞ 중요부분

여기서, V_1 : 수분 W_1%일 때 슬러지 부피

V_2 : 수분 W_2%일 때 슬러지 부피

❸ 슬러지 처리계통

슬러지는 슬러지 농축-소화-개량-탈수-소각-최종 처분의 과정을 거쳐 처리한다.

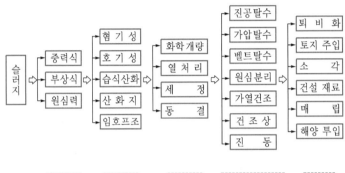

【그림 7-12】 슬러지 처리계통도

(1) 농축(sludge thickening)

슬러지 부피를 감소시켜 후속공정의 규모를 줄이고 처리효율을 향상시키기 위한 목적을 가지고 있으며, 최초 침전지에서 발생하는 슬러지는 농축과정을 생략하고 바로 소화과정으로 이송한다.

① 중력식 농축조

㉮ 조 내에 오니를 체류시켜 중력에 의한 자연침강 및 압밀을 이용한 방법

㉯ 구조 및 형상 : 원형, 직사각형

㉰ 부대시설 : 슬러지 유입관, 배출관, 상등수 유출관, 월류위어를 설치

㉱ 농축조용량 : 계획슬러지양의 18시간분 이하

㉲ 고형물부하 : $25 \sim 70 \text{kg/m}^2 \cdot \text{day}$

㉳ 유효수심 : $3 \sim 4\text{m}$

② 부상식 농축조

㉮ 작은 공기방울을 수면에 투입시켜 수면의 입자와 결합시킨 다음 부력에 의해 고형물을 부상시키는 방법

▣ 겨울에 비하여 여름에 농축이 어렵다.

ⓝ 형상 : 원형이나 장방형

ⓓ 고형물부하 : $80 \sim 150 kg/m^2 \cdot day$ 표준

ⓡ 체류시간 : 2시간 이상

ⓜ 농축조의 수 : 2지 이상

③ **원심분리식 농축조**

㉮ 원심분리기를 사용, 원심력을 이용하여 슬러지를 강제적으로 고액분리하는 방법

ⓝ 형식 : 횡형

ⓓ 농축슬러지 함수율 : 96% 정도

ⓡ 고형물회수율 : $85 \sim 95\%$ 정도

【표 7-1】 슬러지 농축방법의 비교

농축 방법	장점	단점
중력식 농축조	• 간단한 구조, 유지관리가 용이 하다. • 1차 슬러지에 적합하다. • 저장과 농축이 동시에 가능하다. • 약품이 소요되지 않는다. • 동력비의 소요가 적다.	• 악취문제가 발생한다. • 잉여슬러지의 농축에 부적합하다. • 잉여슬러지 농축소요면적이 크다.
부상식 농축조	• 잉여슬러지에 효과적이다. • 고형물회수율이 비교적 높다. • 약품주입이 없어도 운전이 가능 하다.	• 동력비가 많이 소요된다. • 악취문제가 발생한다. • 다른 방법보다 소요부지가 크다. • 유지관리가 어렵고 부식이 유발 된다.
원심 농축조	• 소요부지가 적다. • 잉여슬러지에 효과적이다. • 악취문제가 적다. • 약품주입이 없어도 운전이 가능 하다. • 고농도로 농축이 가능하다.	• 시설비와 유지비가 고가이다. • 유지관리가 어렵다. • 연속운전이 필수이다.

(2) 소화(안정화 ; sludge digestion)

슬러지 탈수 및 최종 처분을 용이하게 하기 위하여 슬러지 내 유기물을 분해해서 부패성을 감소시키고 병원균 등을 사멸시켜 위생적으로 안전하게 만드는 안정화방식이다.

① **호기성 소화** : 호기성 및 임의성 미생물이 산소를 이용하여 분해 가능한 유기물과 세포질을 분해시켜 무기물화하는 방식으로 반응이 빠르고 생물의 에너지효율이 높다.

▶ 소화

생물학적 방법으로서 유기물을 무기물로 바꿔 안정화시키는 과정이다.

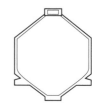

(a) 원통형 소화조

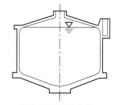

(b) 독일식 소화조

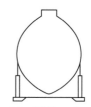

(c) 계란형 소화조

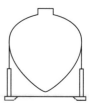

(d) 구-원추형 소화조

② 혐기성 소화

㉮ 유기물이 혐기성 세균의 활동에 의해 무기물로 분해되어 안
정화하는 방식으로 슬러지 무게와 부피가 감소되며 메탄과
같은 유용한 가스를 얻는다.

㉯ 1단계인 유기산 생성단계와 2단계인 메탄 생성단계로 구성
되는 2단계 소화방식이다.

㉰ 2단계에서 소화가스 발생량은 메탄(CH_4)이 2/3, CO_2가 1/3
의 비율로 생성되며 기타 H_2S, NH_3, SO_2(가장 적게 발생)
등이 생성된다.

※ 소화조의 작동이 정상인지 알아보는 방법

- 주입된 슬러지양에 대한 가스의 1일 발생량 확인
- 소화가스 내의 CO_2가 차지하는 비율 확인
- 소화 중인 슬러지의 휘발성산 함유도 확인

▶ 임호프탱크(imhoff tank)

부유물의 침전과 침전물의 혐기성 소
화가 하나의 탱크 내에서 이루어지는
처리시설로, 임호프탱크는 2개의
층으로 구성되어 있어 상부에서 침
전이 진행되고 하부에서는 슬러지
의 혐기성 소화가 이루어진다.

【표 7-2】호기성과 혐기성 슬러지 소화방법 비교

구분	호기성	혐기성
BOD	처리수의 BOD가 낮다.	처리수의 BOD가 높다.
동력	동력이 소요된다.	동력시설 없이 연속처리가 가능하다.
냄새	없다.	많이 난다.
비료	비료가치가 높다.	비료가치가 낮다.
부산물	가치 있는 부산물 생성 안 됨	유효자원인 메탄 생성
시설비	적게 든다.	많이 든다.
운전	운전이 쉽다.	운전이 까다롭다.
질소	질소가 산화되어 NO_2, NO_3로 방출한다.	질소가 NH_3-N으로 방출된다.
규모	소규모 시설에 좋다.	대규모 시설에 적합하다.
적용	2차 슬러지에 적용하는 것이 가능하다.	1차 슬러지에 보다 적합하다.
병원균	사멸률이 낮다.	사멸률이 높다.
최초 시설비	적게 든다.	많이 든다

(3) 개량(sludge conditioning)

후속되는 탈수공정을 용이하게 할 목적으로 시행한다.

| 슬러지 개량 | → | 물리적 · 화학적 특성변화 | → | 탈수량 및 탈수율 증가 |

① 세정(elutriation)
  ㉮ 소화슬러지의 알칼리도 감소로 슬러지 개량 시 약품요구량
     이 절감된다.
  ㉯ 비료가치가 낮아진다.

② 약품처리(chemical conditioning)
  ㉮ 응집제 사용으로 탈수성이 증가한다.
  ㉯ 응집제로는 명반, 철염, 고분자 응집제를 사용한다.

③ 열처리
  ㉮ 슬러지를 140℃까지 가열한 후 냉각시킨다.
  ㉯ 세포 내 수분분리로 탈수성이 증가한다.

④ 동결-융해
  ㉮ 20℃까지 동결 후 융해시킨다.
  ㉯ 설비의 유지관리비가 비싸 적용이 곤란하다.

(4) 탈수(dewatering)

① 슬러지의 부피 감소가 목적이다.
② 진공여과법, 원심탈수법, 가압탈수법이 있다.

☜ 중요부분

【표 7-3】 탈수법의 특징

항목	진공여과법	가압탈수법	원심탈수법
함수율	72~80%	55~70%	75~80%
소요면적	넓다.	넓다.	작다.
여포세척 소요수량 (세척압력)	많다. ($2\sim3kgf/cm^2$)	보통 ($6\sim8kgf/cm^2$)	적다.
특징	• 슬러지의 종류와 무관하게 탈수가 가능하다. • 고형물의 회수율이 높다. • 유지 · 운전비가 비싸다.	• 저압에서 운전하기 때문에 운전에 무리가 적다. • 연속운전이 안 된다. • 인건비가 많이 소요된다.	• 시설비가 진공여과보다 저렴하다. • 슬러지 개량이 불필요한 경우가 대부분이다. • 진공여과보다 고형물의 회수율이 적다.

(5) 소각(inceneration)

① 위생적으로 가장 안전하다.

② 부패성이 없다.

③ 탈수케이크에 비해 혐오감이 적다.

④ 슬러지 용적이 1/50∼1/100로 감소된다.

⑤ 다른 처리법에 비해 필요부지면적이 적다.

⑥ 대기오염 방지를 위한 대책이 필요하다.

⑦ 다단로, flash drying, 유동층 연소, atomized spray, 습식 연소법이 있다.

(6) 최종 처분

① 토지살포법

② 늪 처리법

③ 퇴비화(경비가 적게 소요되고 가장 바람직한 방법)

④ 매립 및 해양투기법

【표 7-4】잉여슬러지의 부피감소

처리 공정	조건	부피감소율		비고
		전체[1]	DS[2]	
잉여 슬러지	함수율 99%	100 (1)	1	
농축	농축 후의 함수율 97%	33 (1/3)	1	농축 후의 부피 $= \dfrac{DS}{(100-함수율) \times \dfrac{1}{100}}$ $= \dfrac{1}{0.03} = 33$
소화	• VSS 60% • 소화율 50% • 소화 후의 함수율 　96%	18 (1/6)	0.7	• 소화 후의 DS 　$=1.0 \times 0.6 \times 0.5 + 1.0 \times 0.4 = 0.7$ • 소화 후의 부피 $= \dfrac{0.7}{0.04} ≒ 18$
탈수	• 약품주입률 30% • 탈수 후의 함수율 　78%	4 (1/25)	0.9	• 탈수 후의 DS$=0.7 \times 1.3 ≒ 0.9$ • 탈수 소화 후의 부피 $= \dfrac{0.9}{0.22} ≒ 4$
소각	외관비중 0.8	0.8 (1/125)	0.6	• 소각감량분 　−케이크 중의 유기성분 　$=1.0 \times 0.6 \times 0.5 = 0.3$ • 소각 후의 무게$=0.9-0.3=0.6$ • 소각 후의 부피$= \dfrac{0.6}{0.8} ≒ 0.8$

1) 잉여슬러지 전체부피에 대한 부피감소율, ( )는 분수표시
2) DS : 건조슬러지

☞ 중요부분

▶ 전체에 대한 부피감소율

① 농축 → $\dfrac{1}{3}$

② 소화 → $\dfrac{1}{6}$

③ 탈수 → $\dfrac{1}{25}$

7-1 하수처리방법

1. 일반적인 하수처리의 절차로 옳은 것은? [기사 07]
① 유량조절조-침사지-최초 침전지-포기조-최종
침전지
② 유량조절조-침사지-포기조-최초 침전지-최종
침전지
③ 침사지-유량조절조-최초 침전지-포기조-최종
침전지
④ 침사지-유량조절조-포기조-최초 침전지-최종
침전지

2. 다음 하수도의 구성 및 계통에 관한 설명 중 틀린
것은? [기사 97]
① 하수도의 계통은 일반적으로 집·배수시설, 처리
시설, 방류 또는 처분시설로 구성된다.
② 하수의 집·배수시설은 자연유하식이 원칙으로 펌
프시설도 사용할 수 있다.
③ 하수처리시설은 물리적, 생물학적 처리시설을 말
하는 것으로 화학적 처리시설은 제외한다.
④ 하수배제방식은 합류식과 분류식으로 대별할 수 있다.

3. 하수처리방법의 선정기준과 가장 거리가 먼 것은?
[산업 15]
① 유입하수의 수량 및 수질부하
② 수질환경기준의 설정현황
③ 처리장 입지조건
④ 불명수 유입량

4. 하수처리방법에 관한 설명 중 틀린 것은? [기사 95]
① 하수의 예비처리란 처리조작, 공정 및 보조설비에
유지관리문제를 일으키는 하수성분을 제거하는 것
이다.

② 하수의 1차 처리란 부유물질과 유기물질의 일부를
화학적 조작으로 제거하는 것이다.
③ 하수의 2차 처리는 생물학적으로 분해 가능한
유기물질과 부유물질을 제거하는 데 그 목적이
있다.
④ 하수처리 중 영양소의 제거와 관리는 부영양화 방
지와 밀접한 관계가 있다.

5. 하수처리방법의 선택 시 고려해야 할 사항과 거리
가 먼 것은? [기사 10]
① 처리수의 목표수질
② 송수량과 관종
③ 처리장의 입지조건
④ 방류수역의 현재 및 장래 이용상황

해설 송수는 상수도시설이다.

6. 하수처리에 관한 설명으로 틀린 것은? [산업 96]
① 하수처리방법은 물리·화학·생물학적 공정으로 대
별할 수 있다.
② 보통침전은 응집제를 사용하는 물리적 처리공정
이다.
③ 소독은 화학적 처리공정이라 할 수 있다.
④ 생물학적 처리공정은 호기성 분해와 혐기성 분해
로 대별할 수 있다.

7. 관거 내의 침입수(Infiltration) 산정방법 중에서 주요
인자로서 일평균하수량, 상수사용량, 지하수사용량, 오수
전환율 등을 이용하여 산정하는 방법은? [기사 14, 21]
① 물 사용량평가법
② 일 최대유량평가법
③ 야간 생활하수평가법
④ 일 최대-최소유량평가법

정답 1. ③ 2. ③ 3. ④ 4. ② 5. ② 6. ② 7. ①

8. 하수도시설에 손상을 주지 않기 위하여 설치되는 전처리공정이 필요하지 않은 폐수는? [기사 03]

① 대형 부유물질만을 함유하는 폐수

② 아주 미세한 부유물질만을 함유하는 폐수

③ 침전성 물질을 다량으로 함유하는 폐수

④ 산성 또는 알칼리성이 강한 폐수

해설 미세한 부유물질만을 함유하는 폐수는 전처리 공정을 필요로 하지 않는다.

9. 하수처리에 사용되는 화학적 단위공정으로 일반적인 화학적, 생물학적 처리방법으로 제거되지 않는 유기물질의 제거에 적합한 방법은? [산업 12, 17]

① 탈염소공정　　　② 회전원판공법

③ 혼합공정　　　　④ 흡착공정

10. 하수처리과정 중 3차 처리의 주 제거대상이 되는 것은? [산업 96]

① 부유물질　　　　② 유기물질

③ 발암물질　　　　④ 영양염류

11. 다음 하수처리방법 중 물리적 처리방법이 아닌 것은? [산업 04, 11]

① 침전　　　　　　② 여과

③ 흡착　　　　　　④ 환원

해설 환원은 화학적 처리방법이다.

12. 도시하수처리계통에서 가장 나중에 처리되는 공정은? [산업 99]

① 침사조　　　　　② 소독조

③ 활성슬러지　　　④ 침전조

13. 생물학적 처리를 위한 영양조건으로 하수의 일반적인 BOD : N : P의 비는? [기사 97]

① BOD : N : P=100 : 50 : 10

② BOD : N : P=100 : 10 : 1

③ BOD : N : P=100 : 10 : 5

④ BOD : N : P=100 : 5 : 1

14. 생물학적 처리방법으로 하수를 처리하고자 한다. 이를 위한 운영조건으로 틀린 것은? [기사 04]

① 영양물질인 BOD : N : P의 농도비가 100 : 5 : 1이 되도록 조절한다.

② 포기조 내 용존산소는 통상 2mg/L로 유지한다.

③ pH의 최적조건은 6.8~7.2로서 이때 미생물이 활발하게 활동한다.

④ 수온은 낮게 유지할수록 경제적이다.

해설 수온은 높게(20~40℃) 유지시켜야 한다.

15. 활성슬러지 미생물의 대수증식기에 대한 설명으로 옳지 않은 것은? [산업 10]

① 물질대사활동이 최대속도에 이른다.

② 미생물의 수가 비교적 균일하다.

③ F/M비가 클 때 일어난다.

④ 침전성이 없거나 극소하다.

해설 미생물의 대수성장단계는 미생물의 수가 대수적으로 증가하며, 유기물의 분해속도가 가장 빠른 단계이며, 침전성이 나쁘므로 BOD 제거율이 낮다.

16. 생물학적 폐수처리의 유기물분해속도가 가장 빠른 성장단계와 침전성이 가장 양호한 단계를 각각 맞게 선택한 것은? [기사 01]

① 대수성장단계, 내호흡단계

② 내호흡단계, 대수성장단계

③ 감소성장단계, 내호흡단계

④ 대수성장단계, 감소성장의 중간단계

17. 미생물을 이용하여 하수처리를 실시할 때 유기물분해속도가 가장 빠른 미생물의 성장단계는? [기사 13]

① 감소성장단계

② 내호흡단계

③ 대수성장단계

④ 대수-감소성장의 중간단계

해설 대수성장단계는 미생물이 유기물을 분해하는 최정점이다.

18. 하수처리시설의 침사지에 대한 설명으로 옳지 않은 것은? [산업 10]
① 평균유속은 1.5m/s를 표준으로 한다.
② 체류시간은 30~60초를 표준으로 한다.
③ 수심은 유효수심에 모래 퇴적부의 깊이를 더한 것으로 한다.
④ 오수침사지의 표면부하율은 1,800m³/m²·day 정도로 한다.

해설 하수침사지의 평균유속은 0.3m/s이다.

19. 다음 하수도의 침사지에 대한 설명으로 옳지 않은 것은? [기사 97]
① 침사지의 평균유속은 0.3m/s를 표준으로 한다.
② 침사지의 체류시간은 30~60초를 표준으로 한다.
③ 침사량은 일반적으로 하수량 1,000m³당 0.05~0.2m² 정도이다.
④ 유효수심은 유입관거의 침전효율에 따르는 것을 원칙으로 한다.

해설 유효수심은 침전효율과 관계없으며 표면부하율, 평균유속, 체류시간에 따라 달라진다.

20. 하수처리시설의 펌프장시설에 설치되는 침사지에 대한 설명 중 틀린 것은? [기사 13]
① 견고하고 수밀성 있는 철근콘크리트구조로 한다.
② 유입부는 편류를 방지하도록 고려한다.
③ 침사지의 평균유속은 3.0m/s를 표준으로 한다.
④ 체류시간은 30~60초를 표준으로 한다.

해설 하수처리시설의 침사지에서의 평균유속은 0.3m/s를 표준으로 한다.

21. 침사지는 하수 중의 직경 0.2mm 이상의 비부패성 무기물 및 입자가 큰 부유물을 제거하기 위한 시설이다. 효율적인 침사지 설계를 위한 설명 중 적합하지 않은 것은? [산업 99]
① 침사지의 평균유속은 3m/s를 표준으로 한다.
② 침사지의 체류시간은 30~60초를 표준으로 한다.
③ 침사지의 형상은 직사각형, 정사각형 등으로 한다.
④ 오수침사지의 표면부하율은 1,800m³/m²·day 정도로 한다.

22. 하수도시설 중 펌프장시설의 침사지에 대한 설명으로 틀린 것은? [산업 11]
① 일반적으로 하수 중의 지름 0.2mm 이상의 비부패성 무기물 및 입자가 큰 부유물을 제거하기 위한 것이다.
② 침사지의 지수는 단일지수를 원칙으로 한다.
③ 펌프 및 처리시설의 파손을 방지하도록 펌프 및 처리시설의 앞에 설치한다.
④ 합류식에서는 우천 시 계획하수량을 처리할 수 있는 용량이 확보되어야 한다.

23. 하수시설 중 펌프장에 설치하는 침사지에 대한 설명으로 적합하지 않은 것은? [기사 04, 산업 00]
① 침사지의 체류시간은 10분이 일반적이다.
② 일반적으로 직경 0.2mm 이상의 비부패성 무기물 및 입자가 큰 부유물질을 제거하는 것이 목표이다.
③ 합류식 관거에서는 청천 시와 우천 시에 따라 오수전용과 우수전용으로 구별하여 설치하는 것이 좋다.
④ 침사지의 평균유속은 0.3m/s를 표준으로 한다.

해설 침사지에서의 체류시간은 30~60초를 표준으로 한다.

24. 하수시설 중 펌프장에 설치하는 중력식 침사지에 대한 설명으로 옳지 않은 것은? [산업 12]
① 침사지의 체류시간은 5~10분을 표준으로 한다.
② 침사지의 형상은 직사각형이나 정사각형 등으로 하고 지수는 2지 이상으로 하는 것을 원칙으로 한다.
③ 합류식 관거에서는 청천 시와 우천 시에 따라 오수전용과 우수전용으로 구별하여 설치하는 것이 좋다.
④ 침사지의 평균유속은 0.3m/s를 표준으로 한다.

해설 하수침사지의 체류시간은 30~60초이다.

25. 다음 중 하수침사지의 체류시간으로 적당한 것은? [산업 96]
① 0.5~1분 ② 5~8분
③ 8~10분 ④ 20분 이내

26. 하수처리장의 최초 침전지에 대한 설명 중 틀린 것은? [기사 99]

① 장방형 침전지의 경우 폭과 길이의 비는 1 : 3~1 : 5 정도로 한다.

② 표면부하율은 계획 1일 최대오수량에 대하여 25~40m³/m² · day로 한다.

③ 월류위어의 부하율은 일반적으로 200m³/m · day 이상으로 한다.

④ 침전지의 유효수심은 2.5~4m를 표준으로 한다.

🔹해설 최초 침전지의 월류위어의 부하율은 일반적으로 250m³/m · day로 한다.

27. 다음은 하수도시설 중 최초 침전지에 대한 설명이다. 틀린 것은? [기사 96]

① 슬러지 제거기 설치의 경우 침전지 바닥의 경사는 장방형에 있어 1 : 100~1 : 50의 경사이다.

② 표면부하율은 계획 1일 최대오수량을 기준으로 25~40m³/m² · day 이내로 하여야 한다.

③ 유효수심은 2.5~4m를 표준으로 한다.

④ 침전지의 수면여유고는 20~30cm 정도를 두어야 한다.

🔹해설 침전지의 수면여유고는 40~60cm이다.

28. 하수도시설의 1차 침전지에 대한 설명으로 옳지 않은 것은? [기사 12]

① 침전지 형상은 원형, 직사각형 또는 정사각형으로 한다.

② 직사각형 침전지의 폭과 길이의 비는 1 : 3 이상으로 한다.

③ 유효수심은 2.5~4m를 표준으로 한다.

④ 침전시간은 계획 1일 최대오수량에 대하여 일반적으로 12시간 정도로 한다.

🔹해설 하수시설의 1차 침전지 체류시간은 일반적으로 2~4시간 정도이다.

29. 하수의 2차 처리시설에서 최종 침전지에 대한 설명으로 적합하지 않은 것은? [기사 00]

① 고형물부하량은 95~145kg/m² · day로 한다.

② 유효수심은 2.5~4m로 한다.

③ 침전시간은 계획 1일 최대오수량에 대하여 12~24시간으로 한다.

④ 수면의 여유고는 40~60cm로 한다.

🔹해설 침전시간은 계획 1일 최대오수량에 대하여 3~5시간으로 한다.

30. 하수처리장의 2차 침전지 설계 시 고려해야 할 사항이 아닌 것은? [산업 12]

① 표면부하율
② 고형물부하율
③ 유기물질부하율
④ 침전시간

🔹해설 유기물질부하율은 1차 침전지와 관련이 있다.

31. 하수처리장 침전지의 수심이 3m이고 표면부하율이 36m³/m² · day일 때 침전지에서의 체류시간은 얼마인가? [산업 04]

① 30분
② 1시간
③ 2시간
④ 3시간

🔹해설 $V = \dfrac{Q}{A} = \dfrac{h}{t}$ 에서 $\dfrac{36}{24} = \dfrac{3}{t}$

∴ $t = 2\text{hr}$

또는 $t = \dfrac{h}{V} = \dfrac{3}{36/24} = 2\text{hr}$

32. 유입량 1.2m³/s인 하수를 침전속도 120m/hr인 정방형 침사지로 처리하고자 한다. 침사지 한 변의 길이는? [산업 97]

① 5m
② 6m
③ 7m
④ 8m

🔹해설 침사지 면적 $A = \dfrac{Q}{V} = \dfrac{1.2}{120} \times 3,600 = 36\text{m}^2$

따라서 정방형이므로 침사지 규격은 6m×6m 이다.

33. 하수처리장 2차 침전지에서 슬러지 부상이 일어날 경우 관계되는 작용은? [산업 04]

① 질산화반응
② 탈질반응
③ 핀플록반응
④ 미생물플록이 형성되지 않음

🔹해설 탈질반응에 의하여 슬러지가 부상된다.

34. 유효폭과 길이가 각각 20m 및 30m인 침전지에서 하루에 10,000m³의 하수를 처리할 경우 표면부하율은 얼마인가? [산업 99]

① $5.0\text{m}^3/\text{m}^2 \cdot \text{day}$
② $15.0\text{m}^3/\text{m}^2 \cdot \text{day}$
③ $16.7\text{m}^3/\text{m}^2 \cdot \text{day}$
④ $33.3\text{m}^3/\text{m}^2 \cdot \text{day}$

해설 표면부하율 $\dfrac{Q}{A} = \dfrac{10,000}{20 \times 30} = 16.7\text{m}^3/\text{m}^2 \cdot \text{day}$

35. 최초 침전지의 표면적이 250m², 깊이가 3m인 직사각형 침전지가 있다. 하수 350m³/hr가 유입할 때 수면적부하는? [기사 00]

① $30.5\text{m}^3/\text{m}^2 \cdot \text{day}$
② $33.6\text{m}^3/\text{m}^2 \cdot \text{day}$
③ $36.7\text{m}^3/\text{m}^2 \cdot \text{day}$
④ $39.6\text{m}^3/\text{m}^2 \cdot \text{day}$

해설 수면적부하율 $\dfrac{Q}{A} = \dfrac{350\text{m}^3/\text{hr} \times 24\text{hr}}{250\text{m}^2}$
$= 33.6\text{m}^3/\text{m}^2 \cdot \text{day}$

36. 지름 20m인 원형 침전지로 유량 3,140m³/day의 하수를 처리할 때의 표면부하율(수면부하율)은 얼마인가? [산업 96]

① $0.1\text{m}^3/\text{m}^2 \cdot \text{day}$
② $0.13\text{m}^3/\text{m}^2 \cdot \text{day}$
③ $7.85\text{m}^3/\text{m}^2 \cdot \text{day}$
④ $10.0\text{m}^3/\text{m}^2 \cdot \text{day}$

37. 인구가 100,000명인 A도시의 1일 1인당 오수량이 250L이다. 하수를 처리하기 위해 유효수심 3m, 침전시간 2시간으로 설계하려면 침전지의 면적은 얼마가 적당한가? [기사 96]

① 347m^2
② 521m^2
③ 694m^2
④ $1,563\text{m}^2$

해설 수면적부하는 $\dfrac{Q}{A} = \dfrac{h}{t}$ 에서

$Q = 100,000\text{명} \times 250\text{L/인} \cdot \text{일} \times 10^{-3}\text{m}^3/\text{L}$
$= 25,000\text{m}^3/\text{day}$

$\dfrac{25,000\text{m}^3/\text{day}}{A} = \dfrac{3\text{m}}{2\text{hr}}$

$\therefore A = \dfrac{2\text{hr} \times 25,000\text{m}^3/\text{day}}{3\text{m}}$

$= \dfrac{2 \times \frac{1}{24}\text{day} \times 25,000\text{m}^3/\text{day}}{3\text{m}}$

$= 694.4\text{m}^2$

38. 하수처리법 중 활성슬러지법에 대한 설명으로 옳은 것은? [산업 12]

① 세균을 제거함으로써 슬러지를 정화한다.
② 부유물을 활성화시켜 침전·부착시킨다.
③ 1가지 미생물군에 의해서만 처리가 이루어진다.
④ 호기성 미생물의 대사작용에 의하여 유기물을 제거한다.

해설 활성슬러지법은 생물학적 작용에 의하여, 특히 호기성 미생물에 의하여 유기물을 분해함으로써 정화하는 과정이다.

39. 우리나라 하수종말처리장에서 가장 많이 이용되고 있는 처리방법은? [기사 97]

① 활성슬러지법
② 살수여상법
③ 접촉폭기법
④ 회전원판접촉법

40. 다음의 처리방법 중 일반적으로 BOD 제거율이 가장 좋은 처리방법은? [산업 99]

① 혐기성 소화법
② 살수여상법
③ 회전원판법
④ 활성슬러지법

41. 생물학적 하수처리방법이 아닌 것은? [산업 98]

① 살수여상법
② 공기부상법
③ 회전원판법
④ 활성슬러지법

42. 하수처리방법 중 활성슬러지법은 어떤 원리를 이용한 것인가? [산업 08]

① 호기성 미생물의 대사작용에 의해서 유기물을 제거한다.
② 부유물을 활성화시켜 침전·부착시킨다.
③ 부유생물을 이용하는 방법과 쇄석 등의 표면에 부착한 생물막을 이용하는 방법 등이 있다.
④ 세균을 제거함으로써 슬러지를 정화시킨다.

43. 하수의 예비폭기효과와 관계가 없는 것은? [산업 13]

① 하수가 혐기성 상태로 되는 것을 방지
② 펌프양수 시 흡수정 바닥에 부유물의 침전 방지
③ 부유물질의 플록형성
④ 비교적 큰 부유협잡물의 제거

해설 폭기는 용존산소량을 증가시키기 위한 절차이지 부유물 제거가 목적이 아니다.

44. 활성슬러지법의 관리요인으로 옳지 않은 것은?
[기사 15]

① 활성슬러지 슬러지용량지표(SVI)는 활성슬러지의 침강성을 나타내는 자료로 활용된다.
② 활성슬러지 부유물질농도측정법으로 MLSS는 활성슬러지 안의 강열감량을 의미한다.
③ 수리학적 체류시간(HRT)은 유입오수의 반응탱크에 유입부터 유출까지의 시간을 의미한다.
④ 고형물체류시간(SRT)은 처리시스템에 체류하는 활성슬러지의 평균체류시간을 의미한다.

45. 표준활성슬러지법의 공정도로 옳은 것은?
[산업 13]

① 1차 침전지 → 소독조 → 침사지 → 2차 침전지 → 포기조 → 방류
② 침사지 → 1차 침전지 → 2차 침전지 → 소독조 → 포기조 → 방류
③ 포기조 → 1차 침전지 → 침사지 → 2차 침전지 → 소독조 → 방류
④ 침사지 → 1차 침전지 → 포기조 → 2차 침전지 → 소독조 → 방류

해설 일반적인 활성슬러지법의 처리순서로는 침사지 → 유량조정조 → 1차 침전지 → 포기조 → 2차 침전지 → 소독조 → 토구 순서이다.

46. 활성슬러지법의 변법이 아닌 것은? [기사 02]
① 호기성 산화지
② 장시간폭기법
③ 산화구법
④ 계단식 폭기법

47. 산화구(Oxidation ditch)법은 생물학적 처리법 중 어디에 속하는가?
[기사 11]

① 산화지법
② 살수여상법
③ 회전원판법
④ 활성슬러지법

해설 산화구법은 활성슬러지법의 변법이고 산화지법, 살수여상법, 회전원판법은 통칭해서 생물막법이라고 부른다.

48. 호기성 생물처리법을 분류할 때 활성슬러지법의 일종이 아닌 것은?
[산업 11]

① 점강포기법
② 접촉산화법
③ 산화구법
④ 장기포기법

49. 활성슬러지법 중에서 슬러지 발생량이 가장 적은 방식은?
[산업 04]

① 계단식 폭기법
② 표준폭기법
③ 접촉안정법
④ 장기폭기법

해설 장기폭기법
㉮ 슬러지양이 크게 감소한다.
㉯ 폭기시간은 18~24시간이다.
㉰ 초기 시설비가 크다.
㉱ 최초 침전지가 없다.

50. 활성슬러지법 중 다음과 같은 특징을 갖는 방법은?
[산업 15]

- 1차 침전지를 생략하고 유기물부하를 낮게 하여 잉여슬러지의 발생을 제한하는 방법으로, 잉여슬러지의 발생량이 표준활성슬러지법에 비해 적다.
- 질산화가 진행되면서 pH의 저하가 발생한다.

① 계단식 폭기법
② 심층폭기법
③ 장기폭기법
④ 산화구법

해설 장기폭기법은 낮은 BOD-SS부하로 운전하는 방식이며, 잉여슬러지양을 최대한 감소시키기 위한 방법이다.

51. 하수처리방법 중 표준활성슬러지법과 그 흐름도가 기본적으로 같은 것은?
[기사 03]

① 산화구법
② 접촉안정화법
③ 장기폭기법
④ 계단식 폭기법

52. 하수의 생물학적 처리법 중 산화구법(oxidation ditch process)이 속하는 처리법은?
[기사 12]

① 산화지법
② 소화법
③ 활성슬러지법
④ 살수여상법

53. 잉여슬러지양을 크게 감소시키기 위한 방법으로 BOD-SS부하를 아주 작게, 폭기시간을 길게 하여 내생 호흡상으로 유지되도록 하는 활성슬러지의 변법은? [기사 95]

① 계단식 폭기법　　② 심층폭기법
③ 완전혼합폭기법　　④ 장기폭기법

54. 계단식 폭기법의 특징에 대한 다음 설명 중 적합하지 않은 것은? [기사 02]

① 유입수를 분할해서 유입시키도록 포기조 내 산소 이용률을 균등화시킨다.
② 유입수의 BOD부하량이 높아져도 F/M비를 적정한 범위로 유지하기 쉽다.
③ 포기조 내에서 유출하는 혼압액의 MLSS농도를 낮출 수 있으므로 SVI가 높아져도 그 대응이 쉽다.
④ 폭기시간이 길므로 포기조의 미생물은 내생호흡율 단계에 있으므로 슬러지 생산량이 매우 적다.

해설 ④는 장기폭기법에 대한 설명이다.

55. 다음 그림은 어떤 처리방식을 나타낸 것인가? [산업 05]

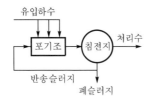

① 표준활성슬러지법　　② 계단식 폭기법
③ 접촉안정법　　④ 산화구법

해설 유입하수가 포기조의 길이에 걸쳐 분할해서 유입되고 있으므로 계단식 폭기법이라고 할 수 있다.

56. 산기식 포기장치를 사용하며 유입부에는 산기기를 많이 설치하고 포기조의 말단부에는 산기기를 적게 설치하는 활성슬러지의 변법은? [기사 04]

① 점감식 포기법(tapered aeration)
② 계단식 포기법(step aeration)
③ 장기포기법(extended aeration)
④ 수정식 포기법(modified aeration)

57. 접촉산화법의 특징으로 옳은 것은? [기사 10]

① 미생물량과 영향인자를 정상상태로 유지하기 위한 조작이 비교적 쉽다.
② 초기 건설비가 적다.
③ 대규모 시설에 적합하다.
④ 분해속도가 낮은 기질 제거에 효과적이다.

58. 접촉산화법의 특징에 대한 설명으로 틀린 것은? [산업 14]

① 생물상이 다양하여 처리효과가 안정적이다.
② 유입기질의 변동에 유연한 대처가 곤란하다.
③ 반송슬러지가 필요하지 않으므로 운전관리가 용이하다.
④ 고부하에서 운전하면 생물막이 비대화되어 접촉재가 막히는 경우가 발생한다.

해설 접촉산화법은 처리수를 촉매나 특수한 여지 또는 생물막에 접촉시켜 산화하는 방법이다.

59. 활성슬러지법에 있어서 MLSS란 무엇을 의미하는가? [기사 13, 산업 00, 11, 13, 15]

① 방류수 중의 부유물질
② 반송슬러지 중의 부유물질
③ 하수 중의 용존물질
④ 포기조 중의 부유물질

60. 포기조 내에서 MLSS를 일정하게 유지하기 위한 방법으로 가장 적절한 것은? [기사 13, 산업 07]

① 폭기율을 조정한다.
② 슬러지 반송률을 조정한다.
③ 하수 유입량을 조정한다.
④ 슬러지를 바닥에 침전시킨다.

해설 포기조 내의 MLSS농도를 일정하게 유지하기 위해서는 침강슬러지의 일부를 다시 포기조에 반송하는데, 이 슬러지를 반송슬러지라고 한다.

61. 활성슬러지법에서 반송슬러지를 포기조로 다시 보내는 목적으로 옳은 것은? [산업 11]

① 용존산소의 증가　　② 희석효과 증가
③ 응집 촉진　　④ 포기조의 농도 유지

62. 활성슬러지법에서 최종 침전지의 슬러지를 포기조로 반송하는 이유는? [기사 12]

① 포기조의 산소농도를 일정하게 유지하기 위하여

② 포기조 내의 미생물의 양을 일정하게 유지하기 위하여

③ 최종 침전지 내의 침전성을 향상시키기 위하여

④ 최종 침전지 내의 미생물의 양을 일정하게 유지하기 위하여

63. 활성슬러지법에서 BOD 용적부하는? [기사 05, 11]

① $\dfrac{\text{하수량} \times \text{하수의 BOD}}{\text{포기조 부피}}$

② $\dfrac{\text{하수량} \times \text{하수의 BOD}}{\text{포기조 부피} \times \text{부유물}}$

③ $\dfrac{\text{포기조 부피}}{\text{하수량} \times \text{하수의 BOD}}$

④ $\dfrac{\text{포기조 부피} \times \text{부유물}}{\text{하수량} \times \text{하수의 BOD}}$

▸**해설** BOD 용적부하 $= \dfrac{BOD \cdot Q}{V}$

64. 포기조 부피 $5,000m^3$, 유입유량 $25,000m^3/day$, BOD 농도 120mg/L일 때 BOD 용적부하는? [기사 10]

① $0.6kg/m^3 \cdot day$

② $0.9kg/m^3 \cdot day$

③ $6kg/m^3 \cdot day$

④ $9kg/m^3 \cdot day$

▸**해설** BOD 용적부하 $= \dfrac{BOD \cdot Q}{V}$

$$= \dfrac{120 \times 10^{-3}kg/m^3 \times 25,000m^3/day}{5,000m^3}$$

$$= 0.6kg/m^3 \cdot day$$

65. 유량 $3,000m^3/day$, BOD농도 200mg/L인 하수를 용량 $500m^3$인 포기조로 처리할 때 BOD 용적부하는 얼마인가? [기사 00]

① $0.12kg/m^3 \cdot day$

② $0.30kg/m^3 \cdot day$

③ $1.20kg/m^3 \cdot day$

④ $3.00kg/m^3 \cdot day$

▸**해설** BOD 용적부하 $= \dfrac{BOD \cdot Q}{V}$

$$= \dfrac{200 \times 10^{-3}kg/m^3 \times 3,000m^3/day}{500m^3}$$

$$= 1.2kg/m^3 \cdot day$$

66. 하수종말처리장 유입수의 평균 BOD 1,800mg/L, 평균유량 $2,000m^3/day$, 포기조의 MLSS 2,500mg/L, 포기조의 부피 $14,000m^3$일 때 F/M비는? [산업 04]

① 0.08kg BOD/kg MLSS · day

② 0.10kg BOD/kg MLSS · day

③ 0.18kg BOD/kg MLSS · day

④ 0.21kg BOD/kg MLSS · day

▸**해설** $F/M비 = \dfrac{BOD \cdot Q}{MLSS \cdot V} = \dfrac{1,800 \times 2,000}{2,500 \times 14,000} = 0.10$

67. 포기조에 유입하수량이 $4,000m^3/day$, 유입 BOD가 150mg/L, 미생물의 농도(MLSS)가 2,000mg/L일 때 유기물질부하율 0.6kg BOD/m^3 · day로 설계하는 활성슬러지 공정의 F/M비(kg BOD/kg MLSS · day)는? [산업 11]

① 0.3   ② 0.6

③ 1.0   ④ 1.5

▸**해설** $F/M비 = \dfrac{BOD \cdot Q}{MLSS \cdot V}$

유기물질부하율 = BOD 용적부하

$0.6kg \ BOD/m^3 \cdot d = \dfrac{BOD \cdot Q}{V}$

$$V = \dfrac{150mg/L \times 4,000m^3/d}{0.6kg \ BOD/m^3 \cdot d}$$

$$= \dfrac{150 \times 4,000}{0.6} \times 10^{-3}m^3 = 10^3m^3$$

$$\therefore \ F/M비 = \dfrac{150mg/L \times 4,000m^3/d}{2,000mg/L \times 10^3m^3} = 0.3$$

68. 활성슬러지 공정의 설계에 있어 F/M비는 매우 유용하게 사용된다. 만일 유입수의 BOD가 2배 증가하고 반응조의 체류시간을 1.5배로 증가시키면 F/M비는? [기사 13]

① 50% 증가   ② 33% 증가

③ 25% 감소   ④ 33% 감소

해설
$$\text{F/M비} = \frac{\text{BOD} \cdot Q}{\text{MLSS} \cdot V} = \frac{\text{BOD}}{\text{MLSS} \cdot t}$$
$$= \frac{2}{1.5} \times 100 = 133.3\% \text{이므로 } 33\% \text{ 증가}$$

69. 표준활성슬러지법에서 F/M비 0.3kg BOD/kg MLSS·day, 포기조 유입 BOD 200mg/L인 경우에 폭기시간을 8시간으로 하려면 MLSS농도를 얼마로 유지하여야 하는가? [기사 14]

① 500mg/L
② 1,000mg/L
③ 1,500mg/L
④ 2,000mg/L

해설
$\text{F/M비} = \dfrac{1\text{일 BOD 유입량}}{\text{MLSS} \cdot t}$ 이므로 포기조 유입 BOD가 200mg/L인 경우에 폭기시간을 8시간으로 하려면 1일 BOD 유입량은 $t = 8/24\text{hr}$

$\therefore 0.3 = \dfrac{200}{\text{MLSS} \times 8/24}$ 이므로 MLSS=2,000mg/L

70. 다음의 유입하수 10,000m³/day, 유입 BOD농도 120mg/L, 포기조 내 MLSS농도 2,000mg/L, BOD부하 0.3kg BOD/kg MLSS·day일 때 포기조의 용적은? [산업 05]

① 600m³
② 1,200m³
③ 2,000m³
④ 2,500m³

해설
$\text{BOD부하} = \dfrac{\text{BOD} \cdot Q}{\text{MLSS} \cdot V}$ 로부터

$$V = \frac{\text{BOD} \cdot Q}{\text{MLSS} \cdot \text{BOD 부하}} = \frac{120 \times 10,000}{2,000 \times 0.3}$$
$$= 2,000\text{m}^3$$

71. 하수의 유입량이 29,000m³/day, 포기조의 부피가 8,500m³, MLSS는 2,500mg/L일 때 폭기시간은 얼마인가? [기사 96]

① 약 5시간
② 약 7시간
③ 약 9시간
④ 약 12시간

해설
$$t = \frac{V}{Q} = \frac{8,500}{29,000} = 0.29\text{day} \fallingdotseq 7\text{hr}$$

72. 최종 침전지의 규격이 5m×25m×2m이고 처리장의 유입량이 650m³/day일 경우 침전지의 체류시간은? (단, 슬러지의 반송률은 60%이다.) [산업 97, 13]

① 3.57시간
② 4.48시간
③ 5.76시간
④ 6.59시간

해설
$$t = \frac{V}{Q(1+r)} = \frac{5 \times 25 \times 2}{650 \times (1+0.6)} = 0.24\text{day}$$

73. 활성슬러지법에서 포기조용적 500m³, 유입수량(Q) 80m³/hr, 슬러지 반송률 0.25Q인 경우 폭기시간은? [산업 10]

① 4시간
② 5시간
③ 6시간
④ 7시간

해설
$V = \dfrac{Q}{A} = \dfrac{h}{t}$ 로부터

$$t = \frac{V}{Q} = \frac{500\text{m}^3}{80\text{m}^3/\text{hr} + 0.25 \times 80\text{m}^3/\text{hr}} = 5\text{hr}$$

74. 포기조 내 MLSS가 3,000mg/L, 체류시간 4시간, 포기조의 크기가 1,000m³인 활성슬러지 공정에서 최종 유출수의 SS는 20mg/L일 때 매일 폐기되는 슬러지는 60m³이다. 폐슬러지의 농도가 10,000mg/L이라면 세포의 평균체류시간은? [기사 15]

① 4.2일
② 8.2일
③ 10일
④ 25일

해설
$$\text{SRT} = \frac{XV}{X_r Q_w + (Q - Q_w)X_e}$$
$$= \frac{3,000\text{mg/L} \times 1,000\text{m}^3}{60\text{m}^3/\text{d} \times 10^4\text{mg/L} + (1,000 \times 6\text{m}^3/\text{d} - 60\text{m}^3/\text{d}) \times 20\text{mg/L}}$$
$$= 4.17\text{day}$$

75. 인구 1인당 생활오수의 BOD오염부하원단위를 50g/인·일이라 할 때 인구가 10만 명인 도시의 하수처리장에 유입되는 BOD부하는? [산업 04, 11]

① 5,000kg/일
② 500kg/일
③ 50kg/일
④ 50ton/일

해설
$100,000\text{명} \times 50\text{g/인} \cdot \text{일} \times \left(\dfrac{1\text{kg}}{1,000\text{g}}\right) = 5,000\text{kg/일}$

76. 하수처리장에서 480,000L/day의 하수량을 처리한다. 펌프장의 습정(wet well)을 하수로 채우기 위하여 40분이 소요된다면 습정의 부피는 몇 m³인가? [기사 11]

① 12.3m³
② 13.3m³
③ 14.3m³
④ 15.3m³

해설
$$480,000\text{L/day} = \frac{480,000\text{L}}{1,440\text{min}}$$
$$\therefore \frac{480,000\text{L}}{1,440\text{min}} \times 40\text{min} = 13,333\text{L} = 13.3\text{m}^3$$

77. 유입하수량 20,000m³/day, 폭기조 유입수의 BOD농도를 140mg/L, BOD 제거율을 90%로 할 경우 공기량은? (단, 산소 1kg에 대해 필요한 공기량은 3.5m³이고, 생화학적 반응에 이용되는 공기량은 공급량의 7%로 가정한다.)　[기사 12]

① 116,000m³/day　　② 126,000m³/day
③ 136,000m³/day　　④ 146,000m³/day

해설
㉮ 유입BOD량 $= CQ = 140\text{mg/L} \times 20,000\text{m}^3/\text{day}$
　　$= 140 \times 10^{-6}\text{kg}/10^{-3}\text{m}^3$
　　　$\times 20,000\text{m}^3/\text{day}$
　　$= 2,800\text{kg/day}$

㉯ BOD 제거량 = 유입BOD량×BOD 제거율
　　$= 2,800\text{kg/day} \times 0.9$
　　$= 2,520\text{kg/day}$

㉰ 송기량 $= \dfrac{\text{BOD 제거량×산소 1kg당 공기량}}{\text{생화학적 반응의 공기량비율}}$
　　$= \dfrac{2,520\text{kg/day} \times 3.5\text{m}^3/\text{kg}}{0.07}$
　　$= 126,000\text{m}^3/\text{day}$

78. 슬러지용적지수(SVI)에 관한 설명 중 옳지 않은 것은?　[기사 05, 12]

① 포기조 내 혼합물을 30분간 정지한 후 침강한 1g의 슬러지가 차지하는 부피(mL)로 나타낸다.
② 정상적으로 운전되는 포기조의 SVI는 50 : 150 범위이다.
③ SVI는 슬러지밀도지수(SDI)에 100을 곱한 값을 의미한다.
④ SVI는 폭기시간, BOD농도, 수온 등에 영향을 받는다.

79. 슬러지부피지수(SVI)가 150인 활성슬러지법에 의한 처리조건에서 슬러지밀도지표(SDI)는?　[산업 15]

① 0.67　　　　　② 6.67
③ 66.67　　　　④ 666.67

해설 SDI×SVI=100이므로 SDI $= \dfrac{100}{150} = 0.67$

80. SVI(Sludge Volume Index)에 대한 설명으로 옳지 않은 것은?　[산업 13]

① 측정시료는 2차 침전지에서 채취한다.
② 활성슬러지의 침강성을 나타내는 지표이다.
③ SVI는 50~150의 범위가 적당하다.
④ 활성슬러지 팽화 여부를 확인하는 지표로 사용한다.

해설 SVI는 최초 침전지(1차 침전지)에서 채취하며, 슬러지 팽화의 지표가 된다.

81. 슬러지밀도지표(SDI)와 슬러지용량지표(SVI)와의 관계로 옳은 것은?　[기사 14]

① SDI $= \dfrac{10}{\text{SVI}}$　　② SDI $= \dfrac{100}{\text{SVI}}$
③ SDI $= \dfrac{\text{SVI}}{10}$　　④ SDI $= \dfrac{\text{SVI}}{100}$

해설 SDI×SVI=100

82. 슬러지용적지수에 대한 설명 중 맞는 것은 어느 것인가?　[산업 05, 17]

① 침전슬러지양 100mL 중에 포함되는 MLSS를 그램수로 나타낸 것이다.
② 슬러지의 벌킹 여부를 확인하는 지표로 사용된다.
③ 수치가 클수록 침전성이 양호한 것이다.
④ SVI가 200 이상일 때 침전성은 양호하다.

83. SVI에 대한 설명으로 옳지 않은 것은?　[기사 10]

① 활성슬러지의 침강성을 나타내는 지표이다.
② SVI가 100 전후로 활성슬러지의 침강성이 양호한 경우에는 일반적으로 압밀침강에 해당된다.
③ SVI가 낮을수록 슬러지가 농축되기 쉽다.
④ SVI가 높아지면 MLSS도 상승한다.

해설 SVI $= \dfrac{\text{SV[\%]}}{\text{MLSS}} \times 10,000$이므로 SVI와 MLSS는 반비례관계이다.

84. 활성슬러지법에 의한 하수처리 시 포기조의 MLSS를 2,400mg/L로 유지할 때 SVI가 120이면 반송률(R)은? (단, 유입수의 SS는 고려하지 않음)　[기사 04]

① 24%　　　　② 32%
③ 40%　　　　④ 46%

해설
$$SVI = \frac{SV[\%] \times 10^4}{MLSS[mg/L]}$$
$$120 = \frac{SV \times 10^4}{2,400}$$
$$\therefore SV = 28.8\%$$
$$\therefore R = \frac{100 \times SV}{100 - SV} = \frac{100 \times 28.8}{100 - 28.8} = 40.4\%$$

85. 1L의 메스실린더에 활성슬러지를 채우고 30분간 침전시켰더니 침전된 슬러지의 부피가 180mL였다. 이때 MLSS가 2,000mg/L였다면 슬러지용적지표(SVI)는? [기사 04]

① 90　　　　　　② 100
③ 180　　　　　　④ 200

해설
$$SVI = \frac{SV[mg/L] \times 10^3}{MLSS[mg/L]} = \frac{180 \times 10^3}{2,000} = 90$$

86. 도시하수처리장에서 활성슬러지의 침전성을 알아보기 위해 포기조혼합액 1L를 30분간 침전시켰더니 침전물의 부피가 300mL이었다. SVI는 얼마인가? (단, 포기조 MLSS는 2,000mg/L) [산업 10]

① 150mg/L　　　　② 150
③ 375mg/L　　　　④ 375

해설
$$SVI = \frac{30분\ 침강\ 후\ 슬러지\ 부피(ml/L)}{MLSS\ 농도(mg/L)} \times 1,000$$
$$= \frac{300mL \times 1,000}{2,000mL} = 150$$

87. 활성슬러지 공정에서 2차 침전지 반송슬러지의 농도가 16,000mg/L였다. 포기조의 MLSS농도를 2,500mg/L로 유지하기 위한 반송률은? [기사 04]

① 15.6%　　　　　② 18.5%
③ 31.2%　　　　　④ 37.0%

해설 반송률
$$r = \frac{M}{S-M} = \frac{2,500}{16,000 - 2,500}$$
$$= 0.185 = 18.5\%$$

88. 하수처리시설에서 포기조의 혼합액 중 부유물 농도(MLSS)가 $100g/m^3$, 반송슬러지 중의 부유물농도가 $500g/m^3$일 때 슬러지 반송비는? [기사 11]

① 15%　　　　　　② 20%
③ 25%　　　　　　④ 30%

해설
$$r = \frac{MLSS}{SS - MLSS} = \frac{100g/m^3}{500g/m^3 - 100g/m^3}$$
$$= 0.25 = 25\%$$

89. 슬러지 반송비가 0.4, 반송슬러지의 농도가 1%일 때 포기조의 MLSS농도는? [산업 15]

① 1,234mg/L　　　② 2,857mg/L
③ 3,325mg/L　　　④ 4,023mg/L

해설
$$r = \frac{X}{X_r - X}$$
$$0.4 = \frac{X}{0.01 - X}$$
$$\therefore X = 0.002857$$
여기서, r : 반송비, X_r : 반송슬러지의 농도, X : 포기조 내 MLSS농도
농도인 ppm단위이므로 ×1,000,000을 해주면 포기조 내의 MLSS농도는 2,857mg/L가 된다.

90. 반송슬러지 농도 X_R, 슬러지 반송비 R일 때 반응조 내의 MLSS농도 X를 구하는 식은? (단, 유입수의 SS는 무시함) [기사 11, 산업 06]

① $X = R(X_R + 1)$　　　② $X = \dfrac{RX_R}{1-R}$
③ $X = \dfrac{R}{1-R}$　　　　④ $X = \dfrac{RX_R}{1+R}$

해설
$$R = \frac{X}{X_R - X} 이므로\ R(X_R - X) = X$$
$$RX_R = (R+1)X$$
$$\therefore X = \frac{RX_R}{R+1}$$

91. 슬러지 팽화(bulking)의 지표가 되는 것은? [기사 10]

① MLSS　　　　　② SVI
③ MLVSS　　　　④ VSS

해설 SVI는 침강 농축성(슬러지 팽화) 여부를 확인하는 지표이다.

92. 활성슬러지법의 최종 침전지에서 슬러지가 잘 침전되지 않고 부풀어 오르는 현상은? [산업 13]
① 벌킹(bulking)
② 질산화(nitrification)
③ 탈질산화(denitrification)
④ 소화(digestion)

93. 활성슬러지법을 이용한 하수처리시스템에 5,000 m³/day의 하수가 유입되고 있다. 포기조의 MLSS를 2,000ppm, 반송슬러지의 농도를 10,000ppm으로 할 때 반송슬러지의 유량은 얼마인가? (단, 유입수의 고형물농도는 무시한다.) [기사 11]

① 1,000m³/day
② 1,250m³/day
③ 1,500m³/day
④ 1,750m³/day

해설 $X(Q+Q_r) = X_r Q_r$

$2,000\text{ppm} \times (5,000\text{m}^3/\text{day} + Q_r) = 10,000\text{ppm} \times Q_r$

$\therefore \ Q_r = \dfrac{2,000\text{ppm} \times 5,000\text{m}^3/\text{day}}{(10,000-2,000)\text{ppm}} = 1,250\text{m}^3/\text{day}$

94. 활성슬러지의 침강성을 보여주는 지표로서 슬러지 팽화(sludge bulking) 여부를 확인하는 지표가 되는 것은? [산업 11]

① MLSS
② MLVSS
③ SRT
④ SVI

95. 활성슬러지 공법에서 벌킹(bulking)현상의 원인이 아닌 것은? [기사 04]

① 유량, 수질의 과부하
② pH의 저하
③ 낮은 용존산소
④ 반송유량의 과다

96. 슬러지 팽화의 원인으로서 옳지 않은 것은 어느 것인가? [기사 06, 10]

① 영양물질의 불균형
② 유기물의 과도한 부하
③ 용존산소량 불량
④ 과도한 질산화

97. 활성슬러지 처리법에 의한 하수처리장의 운전 시 슬러지 팽화를 방지하기 위한 대책이 아닌 것은 어느 것인가? [산업 00]

① 염소를 희석수에 살수한다.
② BOD부하를 반감시킨다.
③ 포기조의 체류시간을 증대시킨다.
④ 슬러지의 반송률을 증가시킨다.

98. 다음 처리시설 중에서 가장 손실수두가 큰 시설은 무엇인가? [기사 96]

① 침사지
② 1차 침전지
③ 활성슬러지
④ 살수여상

99. 활성슬러지법에 의한 하수처리 시 발생되는 사상균 벌킹을 유발하는 운전조건과 가장 거리가 먼 것은? [산업 06]

① 낮은 용존산소농도
② 낮은 C/N비
③ 낮은 pH
④ 영양염류의 부족

해설 높은 C/N비일 때 슬러지 팽화가 발생한다.

100. 살수여상에 관한 하수처리의 주원리는 다음 중 어느 것인가? [산업 08]

① 하수 내의 고형물이 산소와 결합하여 침전물을 형성한다.
② 쇄석 내의 재질에 의해 BOD가 여과된다.
③ 하수 내의 고형물이 쇄석에 의해 흡수된다.
④ 쇄석표면에 번식하는 미생물이 하수와 접촉하여 섭취분해한다.

101. 회전원판법(rotating biological comtactors)에 대한 설명으로 옳은 것은? [기사 04]

① 수면에 일부가 잠겨 있는 원판을 설치하여 원판에 부착, 번식한 미생물군을 이용해서 하수를 정화한다.
② 보통 1차 침전지를 설치하지 않고 타원형 무한수로의 반응조를 이용하여 기계식 포기장치에 의해 포기를 행한다.
③ 산기장치 및 상징수배출장치를 설치한 회분조로 구성된다.
④ 여상에 살수되는 하수가 여재의 표면에 부착된 미생물군에 의해 유기물을 제거하는 방법이다.

해설
② 산화구법
③ 연속회분식 활성슬러지법
④ 살수여상법

102. 회전원판법에 관한 사항 중 옳지 않은 것은 어느 것인가? [기사 97]

① 회전원판법은 원판표면에 부착, 번식한 미생물군을 이용해서 하수를 정화한다.
② 회전속도는 보통 주변속도로 표시되고 일반적으로 15m/min 정도이다.
③ 일반적으로 40~50%의 침전율이 채택되고 있다.
④ 회전원판법도 생물학적 처리이므로 blower에 의한 강제폭기장치가 반드시 있어야 한다.

103. 정수의 생물처리법인 회전원판방식에 대한 내용으로 틀린 것은? [산업 07]

① 체류시간 : 2시간 정도
② 처리수조의 깊이 : 3~4m
③ 폭기시설 : 용존산소 유지를 위해 필요함
④ 슬러지 배출시설 : 필요하게 되는 경우가 많음

해설 회전원판법은 별도의 폭기장치와 슬러지 반송이 필요없다.

104. 활성슬러지법과 비교하여 생물막법의 특징으로 옳지 않은 것은? [기사 08, 11]

① 운전조작이 간단하다.
② 하수량 증가에 대응하기 쉽다.
③ 반응조를 다단화하여 반응효율과 처리안정성향상이 도모된다.
④ 생물종분포가 단순하여 처리효율을 높일 수 있다.

105. 생물막을 이용한 하수처리방법은? [기사 13]

① 산화구법
② 장기포기법
③ 살수여상법
④ 연속회분식 반응조(SBR)

해설 생물막법에는 살수여상법, 회전원판법이 있다.

106. 다음 생물학적 처리방법 중 생물막공법은? [기사 15]

① 산화구법　　　　② 살수여상법
③ 접촉안정법　　　④ 계단식 폭기법

해설 생물막법에는 살수여상법, 회전원판법이 있다.

107. 하수처리장의 1차 처리시설인 침전지에서 BOD부하의 30%가 처리되고, 2차 처리시설에서 BOD부하의 90%가 처리된다면 전체 BOD 제거율은? [산업 02]

① 85%　　　　　　② 89%
③ 93%　　　　　　④ 97%

해설 1차 제거된 BOD=1×0.3=0.3
따라서 2차 처리로 가는 BOD=0.7
2차 제거된 BOD=0.7×0.9=0.63
∴ 총 BOD 제거율=0.3+0.63=0.93

108. 생물학적 폐수처리과정에서 미생물에 의해 유기성 질소가 분해, 산업화되는 과정을 순서대로 나열한 것은? [산업 05]

① 유기성 질소 → NH_3-N → NO_2-N → NO_3-N
② 유기성 질소 → NH_3-N → NO_3-N → NO_2-N
③ 유기성 질소 → NO_2-N → NO_3-N → NH_3-N
④ 유기성 질소 → NO_3-N → NO_2-N → NH_3-N

109. 수중의 질소화합물의 질산화 진행과정으로 옳은 것은? [기사 11, 16, 21]

① NH_3-N → NO_2-N → NO_3-N
② NH_3-N → NO_3-N → NO_2-N
③ NO_2-N → NO_3-N → NH_3-N
④ NO_3-N → NO_2-N → NH_3-N

110. 생하수 내에서 질소는 주로 어느 형태로 존재하는가? [산업 07, 13]

① N_2와 NO_3
② N_2와 NH_3
③ 유기성 질소화합물과 N_2
④ 유기성 질소화합물과 NH_3

해설 생하수 내에서 질소는 주로 유기성 질소화합물과 NH_3 형태로 존재한다.

111. 일반적인 생물학적 질소 제거공정에 필요한 미생물의 환경조건으로 가장 옳은 것은? [기사 14]

① 혐기, 호기　　　　② 호기, 무산소
③ 무산소, 혐기　　　④ 호기, 혐기, 무산소

해설 ㉮ 질소 제거법 : 무산소호기법(anoxic oxic)
㉯ 인 제거법 : 혐기 호기법(A/O법-anaerobic oxic)
㉰ 질소와 인 동시 제거법 : A2/O법(혐기 무산소 호기법)

112. 질소, 인 제거와 같은 고도처리를 도입하는 이유로 틀린 것은? [기사 14]

① 폐쇄성 수역의 부영양화 방지
② 슬러지 발생량 저감
③ 처리수의 재이용
④ 수질환경기준 만족

113. 하수 중의 질소 제거방법으로 적합하지 않은 것은? [기사 04]
① 생물학적 질화-탈질법 ② 응집침전법
③ 이온교환법 ④ break point 염소주입법

114. 일반적인 생물학적 인 제거공정에 필요한 미생물의 환경조건으로 가장 옳은 것은? [기사 14]
① 혐기, 호기 ② 호기, 무산소
③ 무산소, 혐기 ④ 호기, 혐기, 무산소

⊙해설 ㉮ 질소 제거법 : 무산소호기법(anoxic oxic)
㉯ 인 제거법 : 혐기 호기법(A/O법-anaerobic oxic)
㉰ 질소와 인 동시 제거법 : A2/O법(혐기 무산소 호기법)

115. 하수고도처리방법으로 질소, 인 동시 제거공정은? [기사 15]
① 혐기 무산소호기조합법
② 연속회분식 활성슬러지법
③ 정석탈인법
④ 혐기 호기 활성슬러지법

⊙해설 질소와 인 동시 제거법 : A2/O법

116. 하수 중의 질소와 인을 동시에 제거하기 위해 이용될 수 있는 고도처리시스템은? [기사 04]
① anaerobic oxic법
② 3단 활성슬러지법
③ phostrip법
④ anaerobic anoxic oxic법

⊙해설 생물학적 처리로 A2/O(anaerobic anoxic oxic) 공법이다.

7-2 슬러지 처리방법

117. 슬러지 처리의 목표가 아닌 것은? [기사 97]
① 슬러지의 생화학적 안정화
② 최종적인 슬러지의 감량화
③ 병원균의 처리
④ 중금속의 처리

118. 혐기성 슬러지 처리의 목적이 아닌 것은? [산업 05]
① 병원균 제거 ② 슬러지 부피의 감소
③ 안정화 ④ 중금속의 제거

119. 일반적인 하수슬러지 처리시스템이 바르게 구성된 것은? [기사 05, 14, 16]
① 슬러지-소화-농축-개량-탈수-건조-처분
② 슬러지-농축-개량-소화-탈수-건조-처분
③ 슬러지-농축-소화-개량-탈수-건조-처분
④ 슬러지-소화-개량-농축-탈수-건조-처분

120. 다음 슬러지 처리공정들을 가장 합리적(일반적)인 순서대로 배열한 것은? [산업 12]

㉠ 농축	㉡ 개량
㉢ 유기물 안정화(소화)	㉣ 탈수
㉤ 최종 처분	㉥ 건조(소각)

① ㉠-㉣-㉢-㉡-㉥-㉤
② ㉠-㉢-㉡-㉣-㉥-㉤
③ ㉠-㉣-㉡-㉢-㉥-㉤
④ ㉠-㉢-㉣-㉡-㉥-㉤

121. 슬러지 처리과정을 순차적으로 나열한 것 중 옳은 것은? [기사 07]
① 생슬러지-소화-개량-탈수 및 건조-농축-연소-최종 처분
② 생슬러지-농축-소화-개량-탈수 및 건조-연소-최종 처분
③ 생슬러지-개량-탈수 및 건조-소화-농축-연소-최종 처분
④ 생슬러지-농축-탈수 및 건조-소화-연소-개량-최종 처분

122. 슬러지의 농축방법이 아닌 것은? [산업 00]
① 중력에 의한 자연침강 및 압밀을 이용하는 방법
② 기포를 이용하여 부상농축하는 방법
③ 석회를 첨가하여 분리, 농축하는 방법
④ 원심력을 이용하여 고액분리하는 방법

123. 슬러지 처리방법 중 가장 최상적이고 안전한 방법은? [기사 00]
① 비료화법 ② 해양투기법
③ 토지투기법 ④ 소각법

124. 하수슬러지의 농축조에 대한 다음의 설명 중 틀린 것은? [기사 01]
① 슬러지 스크레이퍼를 설치할 경우 탱크 바닥면의 기울기는 5/100 이상이 좋다.
② 슬러지 스크레이퍼가 없는 경우 탱크 바닥의 중앙에 호퍼를 설치하되 호퍼측 벽의 기울기는 수평에 60° 이상으로 한다.
③ 농축조의 용량은 계획슬러지양의 2일분 이하로 하며 유효수심은 3~4m로 한다.
④ 고형물부하는 $25~75kg/m^2 \cdot$일을 기준으로 하나 슬러지의 특성에 따라 변경될 수 있다.

125. 하수슬러지의 탈수성을 개선하기 위한 슬러지 개량방법으로 이용되지 않는 것은? [기사 11]
① 오존처리 ② 세정
③ 열처리 ④ 약품첨가

126. 슬러지를 혐기성 소화법으로 처리할 경우의 호기성 소화법에 비하여 갖는 특징으로 틀린 것은 어느 것인가? [기사 04]
① 병원균의 사멸률이 낮다.
② 동력시설 없이 연속적인 처리가 가능하다.
③ 부산물로 유용한 메탄가스가 생산된다.
④ 유지관리비가 적게 소요된다.

해설 병원균을 사멸시키거나 통제가 가능하다.

127. 하수처리에 있어 혐기성 소화법에 관한 설명 중 옳지 않은 것은? [산업 04]
① 슬러지의 양을 감소시킨다.
② 슬러지를 분해하여 안정화시킨다.
③ 부하나 pH의 변동이 클 때 유리하다.
④ 유효한 자원인 메탄을 얻을 수 있다.

해설 혐기성 미생물은 조건에 민감하므로 pH변동에 약하다.

128. 하수처리장의 최초 침전지에서 제거되는 슬러지는 일반적으로 어디로 보내지는가? [기사 02]
① 포기조 ② 농축조
③ 소화조 ④ 탈수조

129. 혐기성 소화조운전 시 소화가스 발생량 저하의 원인과 가장 거리가 먼 것은? [기사 07, 13]
① 소화슬러지의 과잉 배출
② 소화가스의 누출
③ 조 내 온도 상승
④ 과다한 산 생성

해설 혐기성 소화조 운전 시 조 내의 온도가 하강하면 소화가스량이 저하한다.

130. 하수처리장의 소화조에 석회(lime)를 주입하는 이유는? [기사 10]
① pH를 높이기 위해
② 칼슘농도를 증가시키기 위해
③ 효소의 농도를 높이기 위해
④ 유기산균을 증가시키기 위해

131. 슬러지 농축과 탈수에 대한 설명 중 틀린 것은? [기사 15]
① 농축은 자연의 중력에 의한 방법이 가장 간단하며 경제적인 처리방법이다.
② 농축은 매립이나 해양투기를 하기 전에 슬러지 용적을 감소시켜준다.
③ 탈수는 기계적 방법으로 진공여과, 가압여과 및 원심탈수법이 있다.
④ 중력농축의 슬러지 제거기 설치 시 바닥기울기는 1/100 이상이다.

해설 바닥기울기는 5/100이다.

132. 하수처리장의 슬러지 처리공정 중 잉여슬러지를 1이라고 할 때 부피가 약 1/6로 감소되는 공정은 어느 것인가? [기사 98]
① 농축 ② 소화
③ 탈수 ④ 소각

133. 하수슬러지 내의 유기물질을 분해시켜서 슬러지양을 감소시키는 시설물은? [기사 96]
① 농축조　　　　　　② 소화조
③ 탈수조　　　　　　④ 포기조

134. 유기성 슬러지를 혐기성 처리의 원리에 의해 무기물로 분해하여 안정화시키는 처리방법은? [산업 99]
① 탈수　　　　　　　② 폭기
③ 소화　　　　　　　④ 농축

135. 슬러지 처리과정 중 슬러지의 부피를 감소시키고 취급이 용이하도록 만들 목적으로 슬러지의 함수율을 감소시키는 과정은? [산업 11]
① 개량　　　　　　　② 소화
③ 탈수　　　　　　　④ 소각

136. 슬러지 개량방법으로 거리가 먼 것은? [산업 14]
① 소각 처리　　　　　② 열처리
③ 약품 첨가　　　　　④ 세정

137. 하수슬러지의 혐기성 소화조에 발생하는 가스 성분 중 발생가능성이 가장 적은 것은? [산업 97]
① SO_2　　　　　　② CH_4
③ CO_2　　　　　　④ H_2S

138. 생물학적 작용에서 호기성 분해로 인한 생성물이 아닌 것은? [기사 96, 14]
① CO_2　　　　　　② CH_4
③ NO_3　　　　　　④ SO_4

139. 혐기성 소화공정에서 소화가스 발생량이 저하될 때 그 원인으로 적합하지 않은 것은? [기사 18]
① 소화슬러지의 과잉배출
② 조 내 퇴적토사의 배출
③ 소화조 내 온도의 저하
④ 소화가스의 누출

▶해설▶ 조 내 퇴적토사를 배출하면 소화공정을 원활히 하기 때문에 소화가스 발생량이 증가된다.

140. 혐기성 처리방법은 호기성 처리방법에 비해 다음의 특징을 갖고 있다. 틀린 것은? [기사 08]
① 슬러지 발생량이 적다.
② 유기물농도가 높은 하수의 처리에 적합하다.
③ 반응이 빠르고 생물의 에너지효율이 높다.
④ 메탄가스가 생성된다.

141. 호기성 소화와 혐기성 소화를 비교할 때 혐기성 소화에 대한 설명으로 틀린 것은? [산업 12]
① 높은 온도를 필요로 하지 않는다.
② 유효한 자원인 메탄이 생성된다.
③ 처리 후 슬러지 생성량이 적다.
④ 운전 시 체류시간, 온도, pH 등에 영향을 크게 받는다.

142. 슬러지의 혐기성 소화처리법과 비교하여 호기성 소화처리법의 장점으로 적합한 것은? [기사 00]
① 최초 시공비의 절감
② 소화슬러지의 탈수성 양호
③ 가치 있는 부산물의 생성
④ 저온 시 소화효율 향상

143. 혐기성 소화법과 비교한 호기성 소화법의 장단점으로 옳지 않은 것은? [기사 10, 17]
① 운전이 용이　　　② 저온 시 효율 저하
③ 소화슬러지의 탈수 용이 ④ 상징수의 수질 양호

▶해설▶ 하수처리의 소화과정은 슬러지 안정화가 목적이다.

144. 호기성 소화의 특징을 설명한 것으로 옳지 않은 것은? [기사 11]
① 처리된 소화슬러지에서 악취가 나지 않는다.
② 상징수의 BOD농도가 높다.
③ 폭기를 위한 동력 때문에 유지관리비가 많이 든다.
④ 수온이 낮은 때에는 처리효율이 떨어진다.

145. 호기성 소화가 혐기성 소화에 비하여 좋은 점에 대한 설명으로 옳지 않은 것은? [산업 13]
① 최초 공사비 절감　　② 상징수의 수질 양호
③ 악취 발생 감소　　　④ 소화슬러지의 탈수 우수

146. 슬러지의 호기성 소화를 혐기성 소화법과 비교한 설명 중 틀린 것은? [기사 06]
① 상징수의 수질이 양호하다.
② 포기에 드는 동력비가 많이 필요하다.
③ 악취 발생이 감소한다.
④ 가치 있는 부산물이 생성된다.

147. 하수슬러지의 혐기성 소화가 호기성 소화에 비해 지닌 장점으로 옳은 것은? [산업 10]
① 유효한 자원인 메탄이 생성된다.
② 운전이 용이하다.
③ 악취 발생이 감소된다.
④ 상징수의 수질이 양호하다.

해설 슬러지 처리방법의 비교

구분	호기성	혐기성
BOD	상등액의 BOD 낮다.	상등액의 BOD 높다.
냄새	냄새가 없다.	냄새가 많이 난다.
비료	비료가치가 높다.	비료가치가 낮다.
시설비	적게 든다.	많이 든다.
운전	쉽다.	까다롭다.
규모	소규모에 좋다.	대규모 시설에 적합하다.
질소	NO_3 방출	NH_3-N 방출

148. 하수의 혐기성 소화에 의한 슬러지의 분해과정을 3단계로 나눌 때 포함되지 않는 것은? [기사 10]
① 가수분해단계   ② 유기화단계
③ 산 생성단계   ④ 메탄 생성단계

해설 혐기성 소화는 슬러지를 메탄가스, 탄산가스, 수소 등으로 단순 무해한 무기물로 변화시킨다.

149. 혐기성 슬러지 소화조를 설계할 경우 탱크의 크기를 결정하는 데 있어 고려할 사항에 해당되지 않는 것은? [기사 14]
① 소화조에 유입되는 슬러지의 양과 특성
② 고형물 체류시간 및 온도
③ 소화조의 운전방법
④ 소화조 표면부하율

해설 혐기성 소화조의 설계 시에 슬러지의 양, 특성, 체류시간, 온도, 운전방법을 고려하여 탱크의 크기를 결정한다.

150. 혐기성 소화공정의 영향인자가 아닌 것은? [기사 15, 21]
① 체류시간   ② 온도
③ 메탄함량   ④ 알칼리도

해설 메탄은 혐기성 소화공정으로 인하여 발생한다.

151. 혐기성 소화에 의한 슬러지 처리법에서 발생되는 가스성분 중 가장 많이 차지하는 것은? [산업 03, 17]
① 탄산가스   ② 메탄가스
③ 유화수소   ④ 황화수소

152. 혐기성 소화에서 탄산염 완충시스템에 관여하는 알칼리도의 종류가 아닌 것은? [기사 15]
① HCO_3^- ② CO_3^{2-}
③ OH^- ④ HPO_4^-

해설 알칼리도는 산을 중화시킬 수 있는 능력을 나타내며 $CaCO_3$로 표시한다.

153. 다음 슬러지 탈수방법 중 슬러지 케이크의 함수율을 55~70% 정도로 생산하는 탈수기는 어느 것인가? [기사 95]
① 진공여과법   ② 가압여과기
③ 원심분리기   ④ 슬러지 건조상

154. 다음 중 함수율이 가장 낮은 슬러지 케이크를 생산할 수 있는 탈수방법은? [산업 95]
① 중력식 농축조   ② 진공탈수기
③ 원심탈수기   ④ 가압탈수기

155. 슬러지의 중량(건조무게)이 3,000kg이고 비중이 1.05, 수분함량이 96%인 슬러지의 용적은? [기사 04]
① $71m^3$ ② $85m^3$
③ $101m^3$ ④ $115m^3$

해설 $\gamma = \dfrac{W}{V}$

$$1.05t/m^3 = \dfrac{3t}{(1-0.96)V}$$

$$\therefore V = 71.43m^3$$

156. 함수율 98%인 슬러지를 농축하여 함수율 95%로 낮추었다. 이때 슬러지의 부피감소율은? (단, 슬러지 비중은 1.0으로 가정함) [산업 10]

① 40%　　　　　　　② 50%

③ 60%　　　　　　　④ 70%

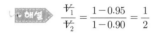

$$\frac{V_1}{V_2} = \frac{100 - W_2}{100 - W_1}$$

$$\frac{1}{V_2} = \frac{100 - 95}{100 - 98}$$

∴ $V_2 = 0.4$이므로 60% 감소한다.

157. 함수율 98%인 슬러지를 농축하여 함수율 96%로 낮추었다면 슬러지 부피감소율은? [산업 12]

① 40%　　　　　　　② 45%

③ 50%　　　　　　　④ 55%

$$\frac{V_2}{V_1} = \frac{100 - W_1}{100 - W_2} = \frac{100 - 98}{100 - 96} = \frac{2}{4} = \frac{1}{2}$$

∴ 50% 감소한다.

158. 슬러지의 함수율이 95%에서 90%로 저하되었다. 이때 전체 슬러지의 부피는 어떻게 되는가? (단, 슬러지의 비중은 1.0으로 한다.) [산업 05, 14]

① 1/2로 감소한다.　　② 1/3로 감소한다.

③ 1/4로 감소한다.　　④ 1/5로 감소한다.

$$\frac{V_1}{V_2} = \frac{1 - 0.95}{1 - 0.90} = \frac{1}{2}$$

159. 다음 중 5%의 고형물을 함유하는 3,200L의 1차 슬러지를 고형물의 농도 8%가 되도록 농축시키면 농축된 슬러지의 부피는? (단, 슬러지의 비중은 1.0으로 가정) [산업 04]

① 1,500L　　　　　　② 2,000L

③ 2,500L　　　　　　④ 2,800L

$$V_2 = \frac{V_1(100 - W_1)}{100 - W_2}$$

$$= \frac{3,200 \times (100 - 95)}{100 - 92} = 2,000L$$

160. 하수처리장에서 수분이 92%인 슬러지 24m³를 수분 70%로 탈수하였을 때의 슬러지의 부피는? [산업 10]

① 5.8m³　　　　　　　② 6.4m³

③ 7.2m³　　　　　　　④ 7.8m³

$$\frac{V_2}{V_1} = \frac{100 - W_1}{100 - W_2}$$

$$\frac{V_2}{24m^3} = \frac{100 - 92}{100 - 70}$$

∴ $V_2 = 6.4m^3$

여기서, W_1 : 탈수 전 함수율

W_2 : 탈수 후 함수율

V_1 : 탈수 전 슬러지의 부피

V_2 : 탈수 후 슬러지의 부피

161. 함수율 95%인 슬러지를 농축시켰더니 최초 부피의 1/3이 되었다. 농축된 슬러지의 함수율(%)은? [기사 11]

① 65　　　　　　　　② 70

③ 85　　　　　　　　④ 90

$$\frac{V_2}{V_1} = \frac{100 - W_1}{100 - W_2}$$

$$\frac{1/3 V_1}{V_1} = \frac{100 - 95}{100 - W_2}$$

∴ $W_2 = 100 - 15 = 85\%$

162. 다음의 슬러지 처분방법 중 가장 경비가 적게 소요되고 바람직한 것은? [산업 99]

① 퇴비 활용　　　　　② 매립 처분

③ 소각　　　　　　　④ 해양투기

MEMO

chapter 8

펌프장시설

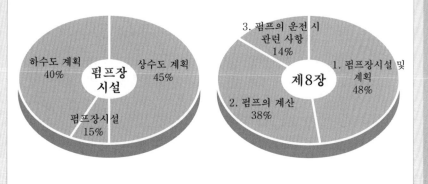

8 펌프장시설

8-1 펌프장시설 및 계획

알·아·두·기·

전년도 출제경향 및 학습전략 포인트

▼ **전년도 출제경향**
- 펌프 선정 시 고려사항

▼ **학습전략 포인트**
- 펌프 선정 시 고려사항
- 펌프의 종류 : 원심력펌프, 축류펌프, 사류펌프

01 펌프장시설 계획

❶ 상수도 펌프장

① 화재 시 배수량이 펌프용량을 초과할 경우 소화전용 펌프를 따로 설치한다.
② 도·송수관로, 배수관로에 가압펌프를 설치할 때에는 상류측에 부압이 발생하지 않는 장소에 설치한다.

【표 8-1】 상수도 펌프장의 계획수량과 펌프설치대수

용도	기준수량	수량	설치대수
취수 및 도수 펌프	계획 1일 최대 급수량	$2,800\text{m}^3/\text{day}$ 이하	2대(예비 1대 포함)
		$2,500\sim10,000\text{m}^3/\text{day}$ 이하	3대(예비 1대 포함)
		$9,000\text{m}^3/\text{day}$ 이상	4대(예비 1대 포함) 이상
배수 펌프	계획시간 최대 급수량	$125\text{m}^3/\text{hr}$ 이하	3대(예비 1대 포함)
		$120\sim450\text{m}^3/\text{hr}$	대형 2대(예비 1대 포함), 소형 1대
		$450\text{m}^3/\text{hr}$ 이상	대형 4~6대(예비 1대 포함) 이상, 소형 1대

② 하수도 펌프장

【표 8-2】 펌프장별 계획하수량

하수배제 방식	펌프장의 종류	계획하수량
분류식	중계펌프장, 처리장 내 펌프장	계획시간 최대오수량
	배수펌프장	계획우수량
합류식	중계펌프장, 처리장 내 펌프장	우천 시 계획오수량
	배수펌프장	계획하수량－우천 시 계획오수량

02 펌프장의 종류

① 양정에 따른 분류(상수도용 펌프)

(1) 저양정펌프장

수원에서 물을 정수장으로 취수하기 위하여 수원과 정수장 사이에 위치하는 양수장

(2) 고양정펌프장

정수된 물을 소비지로 송수, 배수하기 위한 양수장

(3) 가압(증압)펌프장

송·배수관 내의 수압을 증가시키거나 급증하는 상수도요구량을 충족시키기 위해 또는 고가저수조에 송수하기 위한 양수장

② 용도에 따른 종류(하수도용 펌프)

(1) 배수펌프장

배수구역 내의 우수를 방류지역으로 배제하기 위한 펌프장

(2) 중계펌프장

유입구역의 오수를 다음의 펌프장, 처리장으로 송수하기 위한 펌프장

▣ 하수도용 펌프 흡입구의 유속은 1.3~3.0m/s를 표준으로 한다.

(3) 처리장 내 펌프장

유입하수를 자연유하로 처리해서 하천, 해역 등으로 방류시키기 위해 설치한 펌프장

03 펌프의 종류

① 펌프의 결정기준

① 펌프는 가능한 한 최대효율점 부근에서 운전할 수 있도록 용량 및 대수를 결정해야 한다.
② 유지관리를 위해 펌프대수는 줄이고 여러 대를 설치하는 경우 동일용량의 것을 사용한다.
③ 용량이 클수록 효율이 좋으므로 되도록 대용량을 사용한다.
④ 건설비 절감을 위해 예비대수는 가능한 한 적게 설치한다.
⑤ 수량이 적거나 수량변동이 클 경우 용량이 다른 펌프를 설치하거나 동일용량의 펌프회전수를 변환할 수 있게 한다.
⑥ 양정의 변화가 심한 곳에서는 유지관리상의 경제성을 고려하여 고양정펌프와 저양정펌프로 분할한다.
※ 중요항목 : 펌프의 특성, 양정, 효율, 동력

☞ 중요부분

▣ 단, 펌프의 설치대수는 2대 이상을 표준으로 한다.

② 펌프대수

【표 8-3】 오수와 우수의 펌프대수

오수펌프		우수펌프	
계획오수량(m^3/s)	설치대수(대)	계획우수량(m^3/s)	설치대수(대)
0.5 이하	2~4 (예비 1대 포함)	3 이하	2~3
0.5~1.5	3~5 (예비 1대 포함)	3~5	3~4
1.5 이상	4~6 (예비 1대 포함)	5~10	4~6

※ 침수될 우려가 있는 곳이나 흡입 실양정이 큰 경우에는 입축형 혹은 수중형으로 한다.

❸ 원심력펌프(centrifugal pump)

상하수도에 주로 많이 사용하는 펌프로 impeller 회전에 의하여 생기는 물의 회전력(수압력과 속도에너지)을 케이싱(casing)을 통하여 압력으로 바꾸는 펌프이다.

※ 원심력펌프의 특징
- 운전과 수리가 용이하다.
- 왕복운동보다는 회전운동을 한다.
- 임펠러의 교환에 따라 특성이 변한다.
- 일반적으로 효율이 높고 적용범위가 넓다.
- 수중 베어링이 필요하지 않으므로 보수가 쉽다.
- 흡입성능이 우수하고 공동현상이 잘 발생하지 않는다.
- 적은 유량을 가감하는 경우 소요동력은 적어도 운전에 지장이 없다.
- 날개는 견고하지만 원심력이 크고 반경 및 축방향으로도 장소를 차지한다.
- 원심력펌프에서 요구되는 양정은 펌프의 특성에 따라 다르다.

❹ 축류펌프(axial flow pump)

임펠러의 원심력에 의하지 않고 양력작용에 의해 물이 축방향으로 유입되어 축방향으로 토출되는 펌프를 말하며, 전양정이 4m(2~3m) 이하인 경우에 경제적으로 유리하다.

※ 축류펌프의 특징
- 크기가 작고 구조가 간단하며 임펠러의 회전수가 원심력펌프보다 1.5배 정도 빠르다.
- 양정변화에 대한 수량변화가 적고 효율저하도 적어 펌프 중에서 가장 저양정용이며 양정이 변하는 경우 적합하다.
- 임펠러 및 나선케이싱은 물의 통로가 짧으며 심한 굴곡부가 있다.
- 흡입성능과 회전수가 사류펌프보다 우수하다.
- 비교회전도가 가장 커서 저양정에서도 비교적 고속이고 원동기와 직결할 수 있다.

☞ 중요부분

▶ **원심력펌프**
상하수도에 주로 많이 사용
① 와권펌프
② 터빈펌프
③ 벌류트펌프

▶ 저양정용, 비교회전도가 가장 크다.

⑤ 사류펌프(mixed flow pump)

임펠러의 원심력과 양력에 의해 물이 축방향으로 유입되어 방사와 축의 중간방향인 정사방향으로 토출하는 펌프를 말한다. 원심펌프와 축류펌프의 중간형으로 양정은 3~12m 정도이다.

※ 사류펌프의 특징

- 운전 시 동력이 일정하며 양정의 변화가 큰 곳에 적합하다.
- 우수용 펌프 등 수위변화가 큰 곳에 적합하다.
- 원심력펌프보다 소형으로 설치면적도 작고 설치비가 절약된다.
- 축류펌프보다 공동현상이 적게 일어난다.
- 같은 양정일 경우 축류펌프보다 흡입양정을 크게 할 수 있다.

⑥ 스크루펌프(screw pump)

일반적으로 상하수도에서는 원심력펌프를 많이 사용하지만 스크루 펌프는 유지관리가 간단하여 하수도에 사용되는 펌프로, 슬러지의 반송용으로 좋은 결과를 얻고 있으며 저양정에 적합한 펌프이다.

※ 스크루펌프의 특징

- 구조가 간단하며 개방형이므로 운전 및 보수 등이 용이하다.
- 회전수가 적어 마모가 적다.
- 침사지 또는 펌프설치대 없이 사용 가능하다.
- 양정에 제한이 있고 일반 펌프에 비해 펌프가 커진다.
- 토출측 수로를 압력관으로 할 수 없다.
- 수중의 협잡물이 물과 함께 떠올라 폐쇄가 적다.

【표 8-4】각종 펌프의 성능 비교

항목	원심력펌프	축류펌프	사류펌프
임펠러 회전수	느리다.	빠르다.	중간
형태의 대소	크다.	작다.	중간
효율	좋다.	약간 나쁘다.	중간
양정변동에 의한 효율저하	많다.	적다.	중간
양정의 변동률	규격의 0.6~1.2	규격의 0.6~1.5	
흡수고	높다(약 6.8m).	낮다(약 3m).	약 4.5m
총 양정	높다.	낮다(약 3.5m 이내).	약 5m
구조	복잡하다.	간단하다.	
기동력	작다.	크다.	
자동운전	용이하다.	곤란하다.	약간 곤란하다.

8-2 펌프의 계산

┌─ 전년도 출제경향 및 학습전략 포인트 ─┐

▼ 출제경향 분석
- 펌프의 축동력 계산
- 펌프의 비교회전도의 정의 및 계산
- 펌프의 특성곡선

▼ 수험대비 요약
- 펌프의 계산

  - 펌프의 구경 : $d = 146\sqrt{\dfrac{Q}{V}}$

  - 펌프의 축동력 : $P_p = \dfrac{13.33QH}{\eta}$, $P_p = \dfrac{9.8QH}{\eta}$

  - 펌프의 비교회전도 : $N_s = N\dfrac{Q^{1/2}}{H^{3/4}}$

- 펌프의 특성곡선

01 펌프의 구경

① 펌프의 크기는 보통 구경의 크기(mm)로 결정한다.
② 펌프의 구경은 흡입구경과 토출구경으로 표시되며, 흡입구경과 토출구경이 같은 경우에는 1개의 구경으로 표시한다.
③ 흡입구경은 토출량과 흡입구 유속에 의해서 결정되며, 토출구경은 흡입구경, 전양정 및 비교회전도 등을 고려하여 결정한다.
④ 펌프흡입구의 유속은 1.5~3.0m/s를 표준으로 하며, 펌프의 회전수가 클 때는 유속을 빠르게 하고 회전수가 적을 때는 유속을 느리게 취한다.

펌프의 구경은 다음 식으로 구한다.

$$Q = AV \text{에서 } A = \frac{\pi D^2}{4} = \frac{Q}{V} \text{이므로}$$

☞ 중요부분

$$D = 146\sqrt{\frac{Q}{V}}$$

여기서, D : 흡입관의 지름(mm)

Q : 펌프의 토출량, 양수량(m^3/min)

A : 토출구 단면적

V : 흡입구의 유속(m/s)

（단, 유속은 약 1.5~3.0m/s로 한다.）

02 펌프의 양정

① 실양정(h_a)

펌프가 실제적으로 물을 양수한 높이, 즉 기점의 저수위와 종점의 고수위의 차를 말한다.

② 전양정(H)

실양정과 총 손실수두 및 토출관 말단에서의 속도수두의 합을 말한다.

$$h_a = H - \sum h_f$$
$$H = h_a + \sum h_f + h_o$$
$$\sum h_f = h_{fs} + h_{fd}$$

여기서, H : 전양정(m)

h_a : 실양정(m)

$\sum h_f$: 총 손실수두(m)

h_o : 관로 말단의 잔류속도수두$\left(= \dfrac{V^2}{2g} \right)$

h_{fs} : 흡입관의 손실수두(m)

h_{fd} : 토출관의 손실수두(m)

03 펌프의 축동력

펌프의 운전에 필요한 동력을 축동력이라 하며, 펌프의 위치는 가급적 저수조의 수면 가까이에 설치해야 한다. 수면과 펌프의 차가 8m 이상이 되면 물을 흡입하지 못한다.

$$P = \frac{1,000\,Q(H+\sum h_L)}{75\,\eta_1\eta_2} = \frac{13.33\,Q(H+\sum h_L)}{\eta_1\eta_2}\ \text{[HP]}$$

$$= \frac{1,000\,Q(H+\sum h_L)}{102\,\eta_1\eta_2} = \frac{9.8\,Q(H+\sum h_L)}{\eta_1\eta_2}\ \text{[kW]}$$

▣ 1HP＝75kgf·m/s
　 1kW＝102kgf·m/s

여기서, Q : 양수량(m^3/s)

　　　　H : 전양정(m)

　　　　η_1,η_2 : 원동기 및 펌프의 효율

04 비교회전도(비속도, 비회전도; specific velocity)

▣ 비교회전도

① 펌프의 최고성능을 나타내는 지표
② 임펠러가 1m³/min의 유량을 1m 양수하는 데 필요한 회전수

　1개의 임펠러를 대상으로 형상과 운전상태를 동일하게 유지하면서 그 크기를 바꾸고, 단위유량 1m^3/min에서 단위양정 1m를 발생시킬 때 그 임펠러에 주어져야 하는 회전수(rpm)를 비교회전도 또는 비회전도, 비속도라고 하며, 그 단위는 m·m^3/min·rpm으로 나타낸다.

$$N_s = N\frac{Q^{1/2}}{H^{3/4}}$$

여기서, N_s : 비교회전도(rpm)

　　　　N : 펌프의 회전수(rpm)

　　　　Q : 최고효율 시의 양수량(m^3/min)

　　　　H : 최고효율 시의 전양정(m)

① N_s가 작으면 토출량이 적은 고양정펌프, N_s가 크면 토출량이 많은 저양정펌프이다.

② 양수량과 전양정이 동일하면 회전수가 클수록 N_s가 커진다.

③ 양수량과 전양정이 동일하면 N_s가 커짐에 따라 펌프는 소형이 된다.

④ N_s가 같으면 펌프의 크기에 관계없이 모두 같은 형식이며 특성도 대체로 같다.

⑤ N_s가 클수록 흡입성능이 나쁘고 공동현상이 발생하기 쉽다.

05 | 펌프의 특성곡선(characteristic curve)

펌프의 회전속도를 일정하게 고정하고 토출관의 밸브를 조절하여 펌프용량을 변화시킬 때 나타나는 양정(H), 효율(η), 축동력(P)이 펌프용량(Q)의 변화에 따라 변하는 관계를 나타낸 곡선을 펌프특성곡선 또는 펌프성능곡선(performance curve)이라 한다.

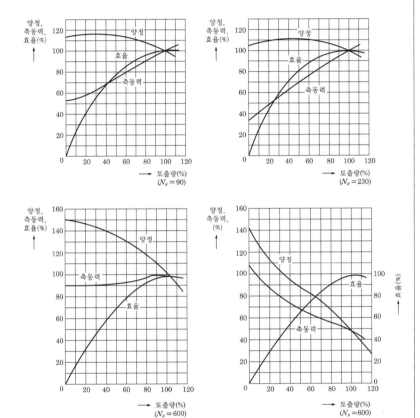

【그림 8-1】비교회전도 N_s에 따른 펌프의 특성곡선

※ 펌프의 토출량(양수량) 조절방법

- 펌프의 회전수와 운전대수를 조절한다.
- 토출측 밸브의 개폐 정도를 변경한다.
- 토출구로부터 흡입구로 일부를 변경한다.
- 왕복펌프플랜지의 스트로크(stroke)를 변경한다.

8-3 펌프운전 시 관련 사항

전년도 출제경향 및 학습전략 포인트

▣ **출제경향 분석**
- 수격작용의 방지법

▣ **수험대비 요약**
- 펌프의 운전방식 : 직렬운전, 병렬운전
- 수격현상의 원인과 방지법
- 공동현상의 원인과 방지법

01 펌프운전방식의 특성

1대의 펌프로서 양수량 또는 양정이 부족한 경우 2대나 그 이상의 펌프를 병렬 또는 직렬로 운전한다.

(1) 직렬운전

① 특성이 같은 펌프를 직렬운전하면 단독운전 시보다 양정이 2배 정도 증가한다.
② 양수량의 변화가 적고 양정의 변화가 큰 경우에 실시한다.

(2) 병렬운전

① 특성이 같은 펌프를 병렬운전하면 단독운전 시보다 양수량이 2배 정도 증가한다.
② 양수량의 변화가 크고 양정의 변화가 적은 경우에 실시한다.

02 펌프의 부속설비 및 보조설비

① 펌프의 흡입관

① 충분한 흡입수두를 가질 수 있도록 한다.
② 펌프 1대마다 하나의 흡입관을 설치하여야 한다.

③ 흡입관은 가능하면 수평으로 설치하는 것을 피하여야 한다.
④ 흡입관에는 공기가 혼입되지 않도록 한다.

② 펌프의 흡수정

① 펌프의 바로 밑에 축조하고 될 수 있으면 가까운 거리에 설치하도록 한다.
② 수류가 난류나 와류를 일으키지 않는 구조이어야 한다.

03 │ 수격작용(water hammer)

☞ 중요부분

펌프의 급정지, 급가동 또는 토출밸브를 급폐쇄하면 관로 내 유속에 급격한 변화가 생기고 관로 내 압력이 급상승 또는 급강하하는 현상을 수격작용이라 한다. 상수도시스템에서는 펌프가압을 하는 긴 관에서 정전 등에 의해 펌프가 급정지하는 경우에 많이 일어난다.

① 수격작용의 발생순서

① 펌프가 정지하면 관로 중의 물이 관성력으로 계속 전진하여 펌프 부근에 거대한 부압이 발생한다.
② 정류벽에서 물이 역류해 다시 정압을 발생시키며 surge현상으로 부압과 정압의 진동이 발생한다(최초에 가장 큰 정·부압이 발생하고 이후 급격히 감소).
③ 펌프 출구에 역지밸브가 없으면 물이 역류해서 수차를 역회전시킨다.

② 수격작용에 의한 피해

① 관 두께가 얇을 때는 압력강하에 의해 관이 찌그러신나.
② 수격 상승압에 의해 펌프, 게이트밸브, 관로 등이 파손된다.
③ 펌프 및 원동기의 역류에 대한 대비가 없을 경우 역회전 과속에 의한 사고를 일으킨다.

④ 압력강하에 의해 발생하는 부압이 물의 증기압 이하가 되면 공동부가 나타나고, 이 공동부가 물로 채워질 때 높은 충격압이 발생하여 관을 파손하며, 따라서 공기밸브가 필요하다.

❸ 수격작용의 방지대책

☞ 중요부분

① 펌프의 급정지를 피할 것
② 관내 유속을 저하시킬 것
③ 펌프의 토출구 부근에 공기밸브를 설치할 것
④ 정부 양방향의 압력변화에 대응하기 위한 압력조정수조(surge tank)를 설치할 것

※ 압력변화에 따라 설치되어야 할 밸브
- 압력 저하에 따른 부압 방지
  - 펌프에 플라이휠(flywheel)을 붙여 펌프의 관성을 증가시켜 압력강하를 완화시킨다.
  - 펌프의 토출측 관로에 정·부 양방향의 압력변화에 대응하기 위한 압력조절수조(surge tank)를 설치한다.
  - 펌프의 토출구 부근에 공기조(air chamber)와 공기밸브(air valve)를 설치한다.
- 압력상승에 따른 고압 방지
  - 펌프의 토출측 관로에 안전밸브(safety valve)를 설치한다.
  - 토출구 부근에 완만히 닫을 수 있는 역지밸브(check valve)를 설치한다.

04 공동현상(cavitation)

☞ 중요부분

액체는 온도가 상승하거나 압력이 강하하면 증발하여 기체화하는 현상이 발생하는데, 펌프에서는 임펠러 입구에서 회전에 의하여 압력이 가장 많이 저하된다. 이 압력의 저하가 포화증기압 이하로 하강하면 양수되는 액체가 기화하여 공동이 생기는 현상이다. 또한 흡입양정이 높거나 유속이 국부적으로 빠를 경우에도 공동현상이 발생한다.

알·아·두·기·

① 공동현상의 발생조건

① 펌프가 흡수면으로부터 매우 높이 설치되어 있을 때(공기가 흡입됨)
② 펌프의 직경이 작고 유속이 빨라서 유량이 증가할 때
③ 관내 수온이 포화증기압 이상으로 증가할 때
④ 펌프의 회전수가 너무 빠를 때

② 공동현상의 방지대책

중요부분

① 펌프의 설치위치를 되도록 낮게 하고 흡입양정을 작게 한다.
② 흡입관의 길이를 짧게 하고, 흡입관 직경을 크게 한다.
③ 흡입밸브에 의한 손실수두를 가능한 한 작게 한다.
④ 총 양정은 실양정에 적합하도록 계획한다.
⑤ 펌프의 회전수를 적게 한다.
⑥ 임펠러를 수중에 위치시켜 잠기도록 한다.
⑦ 1단 흡입(single suction)이면 2단 흡입(double suction)펌프를 사용한다.
⑧ 2대 이상의 펌프를 사용한다.
⑨ 유효흡입수두를 필요흡입수두보다 크게 해야 한다.

$$H_{sv} > 1.3 h_{sv}$$

※ 흡입수두(NPSH : Net Positive Suction Head)
• 이용 가능한 유효흡입수두(H_{sv}) : 펌프 날개바퀴 입구의 압력이 포화증기압에 대해서 어느 정도 여유를 갖고 있는가를 나타내는 양
• 펌프가 필요로 하는 흡입수두(h_{sv}) : 펌프가 공동현상을 일으키지 않고 물을 임펠러에 흡입하는 데 필요한 펌프의 흡입 기준면에서의 최소수두

예상 및 기출문제

1. 펌프에 대한 설명 중 옳지 않은 것은? [산업 96]
① 펌프는 될 수 있는 대로 최고효율점 부근에서 운전하도록 대수 및 용량을 결정한다.
② 펌프의 설치대수는 유지관리상 편리하도록 될 수 있는 한 적게 하고, 또한 동일용량의 것으로 한다.
③ 펌프는 용량이 클수록 효율이 낮으므로 될 수 있는 한 적게 하고, 또한 동일용량의 것으로 한다.
④ 건설비를 절약하기 위해 예비는 가능한 한 대수를 적게 또는 소용량으로 한다.

2. 펌프의 설치대수 및 용량을 결정할 때 고려하여야 할 사항에 대한 설명으로 틀린 것은? [산업 11]
① 펌프의 설치는 유지관리상 가능한 한 동일용량의 것으로 한다.
② 펌프는 가능한 한 최고효율점 부근에서 운전하도록 대수 및 용량을 정한다.
③ 펌프는 용량이 적을수록 효율이 높으므로 가능한 한 소용량의 것을 여러 대 배치한다.
④ 건설비를 절약하기 위해 예비는 가능한 한 대수를 적게하고 소용량으로 한다.

⬦해설 펌프대수는 줄이고 동일용량의 것을 사용하며 대용량의 것을 사용하는 것을 원칙으로 한다.

3. 펌프대수를 결정할 때 일반적인 고려사항에 대한 설명으로 옳지 않은 것은? [기사 12]
① 건설비를 절약하기 위해 예비는 가능한 한 대수를 적게 하고 소용량으로 한다.
② 펌프의 설치대수는 유지관리상 가능한 한 적게 하고 동일용량의 것으로 한다.
③ 펌프는 가능한 한 최고효율점 부근에서 운전하도록 대수 및 용량을 정한다.
④ 펌프는 용량이 작을수록 효율이 높으므로 가능한 한 소용량의 것으로 한다.

⬦해설 펌프의 결정기준은 대수는 줄이고 동일용량의 것을 사용하며 가급적 대용량의 것을 사용한다.

4. 상수도시설에 설치되는 펌프에 대한 설명 중 옳지 않은 것은? [산업 12]
① 수량변화가 큰 경우 대·소 두 종류의 펌프를 설치하거나 또는 회전속도 제어 등에 의하여 토출량을 제어한다.
② 펌프는 예비기를 설치하되 펌프가 정지되더라도 급수에 지장이 없는 경우에는 생략할 수 있다.
③ 펌프는 용량이 클수록 효율이 낮으므로 가능한 한 소용량으로 한다.
④ 펌프는 가능한 한 동일용량으로 하여 소모품이나 예비품의 호환성을 갖게 한다.

⬦해설 펌프의 결정기준으로 대수는 줄이고 동일용량의 것을 사용하며 가급적 대용량의 것을 사용한다.

5. 하수도시설에서 펌프의 계획수량에 대한 설명으로 옳지 않은 것은? [기사 10, 13]
① 오수펌프의 용량은 분류식의 경우 계획시간 최대오수량으로 계획한다.
② 펌프의 설치대수는 계획오수량과 계획우수량에 대하여 각 2대 이하를 표준으로 한다.
③ 합류식의 경우 오수펌프의 용량은 우천 시 계획오수량으로 계획한다.
④ 빗물펌프는 예비기를 설치하지 않는 것을 원칙으로 하지만 필요에 따라 설치를 검토한다.

⬦해설 펌프의 설치대수는 가능한 한 유지관리를 위해 줄이되 2대 이상을 표준으로 한다.

▶ 펌프대수

오수펌프		우수펌프	
계획오수량 (m^3/s)	설치대수 (대)	계획우수량 (m^3/s)	설치대수 (대)
0.5 이하	2~4 (예비 1대 포함)	3 이하	2~3
0.5~1.5	3~5대 (예비 1대 포함)	3~5	3~4
1.5 이상	4~6대 (예비 1대 포함)	5~10	4~6

6. 펌프에 관한 설명 중 틀린 것은? [산업 98, 11, 14]
① 일반적으로 용량이 클수록 효율은 떨어진다.
② 흡입구경은 유량과 흡입구의 유속에 따라 결정한다.
③ 토출구경은 흡입구경, 전양정, 비교회전도 등을 고려하여 정한다.
④ 침수 우려가 있는 곳에는 입축형 또는 수중형을 설치한다.

7. 다음 중 펌프장의 위치에 대한 설명으로 적합하지 않은 것은? [산업 12]
① 용도에 적합한 수리조건, 입지조건 및 동력조건을 주는 위치이어야 한다.
② 방류수면의 넓이, 유량, 수질 및 유세(流勢)가 방류수의 질과 양에 상응한 위치이어야 한다.
③ 빗물펌프장은 펌프로부터 직접 또는 단거리 관거로 방류할 수 있는 위치가 유리하다.
④ 지하수위가 높고 지질이 양호하여 지진의 피해가 없는 위치이어야 한다.

8. 하수펌프장시설이 필요한 경우로 가장 거리가 먼 것은? [산업 15]
① 방류하수의 수위가 방류수면의 수위보다 항상 낮은 경우
② 송말처리상의 방류수 수면을 방류하는 하해(河海)의 고수위보다 높게 할 경우
③ 저지대에서 자연유하식을 취하면 공사비의 증대와 공사의 위험이 따르는 경우
④ 관거의 매설깊이가 낮고 유량조정이 필요없는 경우

9. 펌프에 대한 설명으로 틀린 것은? [산업 96, 15]
① 수격현상은 펌프의 급정지 시 발생한다.
② 손실수두가 작을수록 실양정은 전양정과 비슷해진다.
③ 비속도(비교회전도)가 클수록 같은 시간에 많은 물을 송수할 수 있다.
④ 흡입구경은 토출량과 흡입구의 유속에 의해 결정된다.

> **해설** 비교회전도(비속도, N_s)는 펌프의 성능 비교를 분당 회전수로 평가하는 것이므로 비교회전도가 크다는 것은 펌프의 성능이 떨어진다는 것을 의미한다.

10. 하수처리를 위한 펌프장시설에 파쇄장치를 설치하는 경우 유의사항에 대한 설명으로 틀린 것은?
[기사 14]
① 파쇄장치에는 반드시 스크린이 설치된 바이패스 (By-pass)관을 설치하여야 한다.
② 파쇄장치는 침사지의 상류측 및 펌프설비의 하류측에 설치하는 것을 원칙으로 한다.
③ 파쇄장치는 유지관리를 고려하여 유입 및 유출측에 수문 또는 stoplog를 설치하는 것을 표준으로 한다.
④ 파쇄기는 원칙적으로 2대 이상으로 설치하며, 1대를 설치하는 경우 바이패스수로를 설치한다.

> **해설** 파쇄장치는 분쇄기를 의미하며 펌프설비의 상류측에 설치한다.

11. 펌프의 분류 중 원심펌프의 특징에 대한 설명으로 옳은 것은? [기사 10, 16]
① 일반적으로 효율이 높고 적용범위가 넓으며 적은 유량을 가감하는 경우 소요동력이 적어도 운전에 지장이 없다.
② 양정변화에 대하여 수량의 변동이 적고, 또 수량 변동에 대해 동력의 변화도 적으므로 우수용 펌프 등 수위변동이 큰 곳에 적합하다.
③ 높은 회전수가 가능하므로 펌프가 소형이 되며 전양정이 4m 이하인 경우에 경제적으로 유리하다.
④ 펌프와 전동기를 일체로 펌프 흡입실 내에 설치하며, 유입수량이 적은 경우 및 펌프장의 크기에 제한을 받는 경우 등에 사용한다.

해설 ②는 축류펌프와 사류펌프에 대한 설명이고, ③은 축류펌프에 대한 설명이다.

12. 펌프를 선택할 때 반드시 고려해야 할 사항은? [기사 12]

① 양정
② 지질
③ 무게
④ 방향

해설 펌프 선택 시 고려사항은 펌프의 특성, 양정, 효율, 동력이다.

13. 펌프 선정 시의 고려사항으로 가장 거리가 먼 것은? [기사 13]

① 펌프의 특성
② 펌프의 중량
③ 펌프의 동력
④ 펌프의 효율

해설 펌프 선정 시 펌프의 무게(중량)는 고려하지 않는다.

14. 펌프와 부속설비의 설치에 관한 설명으로 옳지 않은 것은? [산업 15]

① 펌프의 흡입관은 공기가 갇히지 않도록 배관한다.
② 필요에 따라 축봉용, 냉각용, 윤활용 등의 급수설비를 설치한다.
③ 펌프의 운전상태를 알기 위하여 펌프의 흡입측에는 압력계를, 토출측에는 진공계를 설치한다.
④ 흡상식 펌프에서 풋밸브(foot valve)를 설치하지 않을 경우에는 마중물용의 진공펌프를 설치한다.

해설 진공계는 펌프의 흡입측 전방에 설치하며, 압력계는 펌프의 토출측에 설치한다.

15. 하수도에서 가장 일반적으로 사용하는 펌프의 형태는? [기사 96]

① 원심펌프
② 용적식 펌프
③ 에어리조트펌프
④ 수중모터펌프

해설 원심력펌프는 상하수도의 양수에 가장 일반적으로 이용한다.

16. 다음 중 상수의 양수용으로 쓰이는 펌프로 적합한 종류는? [산업 96]

① 다이어프램펌프
② 플런저펌프
③ 원심력펌프
④ 피스톤펌프

17. 대구경(400mm 이상)관을 사용하여 저양정(5m 이하)으로 하수를 양수하는 데 가장 적합한 펌프형식은? [산업 10]

① 축류펌프
② 원심펌프
③ 방사류펌프
④ 정형펌프

해설 ㉮ 축류펌프 : 저양정용(2~3m인 경우 경제적으로 유리), 비교회전도가 가장 크다.
㉯ 원심펌프 : 상하수도에 주로 많이 사용하는 펌프
㉰ 사류펌프 : 양정(수위)의 변화가 큰 곳에 적합

18. 양정변화에 대하여 수량의 변동이 적고, 또 수량변동에 대해 동력의 변화도 적으므로 우수용의 양수펌프 등 수위변동이 큰 곳에 적합한 펌프는? [산업 13]

① 왕복펌프
② 사류펌프
③ 원심펌프
④ 축류펌프

해설 사류펌프는 양정의 변화가 큰 곳이나 수위변화가 큰 곳에 적합하다.

19. 양정이 2~3m인 배수펌프로 가장 많이 쓰이는 펌프는? [산업 98]

① 터빈펌프
② 사류펌프
③ 축류펌프
④ 방사류펌프

20. 펌프 중 양정높이가 가장 낮은 것은? [산업 00]

① 원심력펌프
② 터빈펌프
③ 사류펌프
④ 축류펌프

21. 임펠러의 회전에 의해서 물의 원심력을 발생시키고, 이것을 수압력 및 속도에너지로 전환해서 양수하는 펌프는? [산업 98]

① 와권펌프
② 축류펌프
③ 사류펌프
④ 힝류펌프

22. 다음 펌프 중 가장 큰 비교회전도(N_s)를 나타내는 것은? [기사 01]

① 터빈펌프
② 사류펌프
③ 축류펌프
④ 원심펌프

23. 하수도시설에서 펌프의 산정기준 중 틀린 것은? [기사 15]

① 전양정이 5m 이하이고 구경이 400mm 이상인 경우는 축류펌프를 선정한다.
② 전양정이 4m 이상이고 구경이 80mm 이상인 경우는 원심펌프를 선정한다.
③ 전양정이 5~20m이고 구경이 300mm 이상인 경우 원심사류펌프로 한다.
④ 전양정이 3~12m이고 구경이 400mm 이상인 경우는 원심펌프로 한다.

24. 펌프 흡입구의 표준유속은 얼마인가? [기사 00]

① 0.5~1.0m/s
② 1.0~1.5m/s
③ 1.5~3.0m/s
④ 3.0~4.0m/s

25. 수직형 펌프를 횡축형 펌프와 비교할 때의 특징이 아닌 것은? [기사 04]

① 설치면적을 작게 차지한다.
② 케비테이션(cavitation)에 대해 안전하다.
③ 기동이 복잡하고 효율이 낮다.
④ 구조가 복잡하여 점검이 불편하다.

• **해설** 수직형 펌프는 지상의 공간을 활용하여 설치면적이 작으며 기동이 간단하다. 또한 공동현상에 대하여 비교적 안전하다. 그러나 구조가 복잡하여 점검이 불편한 단점이 있다.

26. 운전 중에 있는 펌프의 토출량을 조절하는 방법으로 부적당한 것은? [기사 04, 10]

① 펌프의 운전대수를 조절한다.
② 펌프의 흡입측 밸브를 조절한다.
③ 펌프의 회전수를 조절한다.
④ 펌프의 토출력을 조절한다.

• **해설** 펌프의 토출량을 조절하는 방법으로는 펌프의 운전대수를 제어하고 토출밸브의 개도를 제어하여 토출력을 조절하고 펌프의 회전수를 조절하는 방법이 있다.

27. 펌프로 유속 1.81m/s, 양수량 0.85m³/min으로 양수할 때 토출관의 지름은? [기사 04]

① 100mm
② 180mm
③ 360mm
④ 480mm

• **해설** $D = 146 \sqrt{\dfrac{Q}{V}} = 146 \times \sqrt{\dfrac{0.85}{1.81}} = 100\text{mm}$

28. 최고효율점의 양수량 800m³/hr, 전양정 7m, 회전속도 1,500rpm인 취수펌프의 비속도(specific speed)는? [기사 04]

① 1,173
② 1,273
③ 1,373
④ 1,473

• **해설** $Q = 800\text{m}^3/\text{hr} \times \dfrac{1\text{hr}}{60\text{min}} = 13.33\text{m}^3/\text{min}$

$N_s = N\dfrac{Q^{1/2}}{H^{3/4}} = 1,500 \times \dfrac{13.33^{1/2}}{7^{3/4}} = 1,273\text{rpm}$

29. 펌프의 유입구 유량이 0.2m³/s이고 유속이 3m/s인 경우 흡입구경은? [산업 04]

① 150mm
② 228mm
③ 292mm
④ 367mm

• **해설** $D = 146 \sqrt{\dfrac{Q}{V}}$

$= 146 \times \sqrt{\dfrac{0.2\text{m}^3/\text{s} \times \dfrac{60\text{s}}{1\text{min}}}{3\text{m/s}}}$

$= 292\text{mm}$

30. 송수펌프의 전양정을 H, 관로손실수두의 합을 Σh_f, 실양정을 h_a, 관로 말단의 잔류속도수두를 h_0라 할 때 관계식으로 옳은 것은? [기사 04]

① $H = h_a + \Sigma h_f + h_0$
② $H = h_a - \Sigma h_f - h_0$
③ $H = h_a - \Sigma h_f + h_0$
④ $H = h_a + \Sigma h_f - h_0$

• **해설** 전양정은 손실수두와 관내의 유속에 의한 마찰 손실수두의 총합을 말한다.

31. 펌프의 양정곡선과 관로저항곡선의 교점을 무엇이라 하는가? [산업 10]

① 펌프운전점
② 득성점
③ 효율극대점
④ 실양정점

◤해설◢ 양정곡선과 저항곡선의 교차점은 펌프운전점이다.

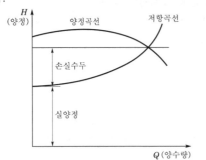

32. 펌프의 시스템수두곡선은 다음 중 어떤 항목의 관계를 나타내고 있는가? [산업 99]

① 총 수두와 양수량
② 총 수두와 효율
③ 총 수두와 동력
④ 효율과 관경

33. 다음 펌프의 특성곡선이란 어느 사항을 말하는가? [산업 99, 13]

① 펌프의 토출량과 양정, 효율 등의 관계
② 펌프의 효율과 수두의 관계
③ 펌프의 마력과 전력량의 관계
④ 펌프의 토출구경과 양수량의 관계

34. 펌프의 특성곡선은 펌프의 토출유량과 무엇과의 관계를 나타낸 그래프인가? [산업 10]

① 양정, 효율, 축동력
② 양정, 비속도, 수격압력
③ 양정, 손실수두, 수격압력
④ 양정, 효율, 공 현상

35. 괄호 안에 가장 알맞은 내용은? [기사 04]

펌프특성곡선이란 일정한 양수량에 대하여 펌프가 갖는 ( ), ( ) 및 ( )의 관계를 나타낸 그래프를 말하며, 펌프 선정 시 이용된다.

① 구경, 효율, 양정
② 유속, 양정, 동력
③ 양정, 동력, 회전수
④ 양정, 효율, 동력

◤해설◢ 펌프의 특성곡선은 양정, 효율, 축동력이 펌프 용량의 변화에 따라 변하는 관계를 각각의 최대효율점에 대한 비율로 나타낸 곡선이다.

36. ( ) 안에 적당한 용어가 순서대로 나열된 것은? [산업 13]

펌프를 선정하려면 먼저 필요한 ( ), ( )를(을) 결정한 다음, 특성곡선을 이용하여 ( )를(을) 정하고 가장 적당한 형식을 선정한다.

① 토출량, 전양정, 회전수
② 구경, 양정, 회전수
③ 동수두, 정수두, 토출량
④ 전양정, 회전수, 동수두

37. 유량이 45m³/hr, 흡입구의 유속이 3m/s일 때 펌프의 구경은 몇 mm로 하여야 하는가? [산업 04]

① 73mm
② 70mm
③ 67mm
④ 64mm

◤해설◢ $A = \dfrac{Q}{V}$ 로부터 $\dfrac{\pi d^2}{4} = \dfrac{Q}{V}$

$Q = 45\text{m}^3/\text{hr}$
$\quad = 0.0125\text{m}^3/\text{s}$

$\therefore D = \sqrt{\dfrac{4Q}{\pi V}} = \dfrac{\sqrt{4 \times 0.0125}}{\pi \times 3}$
$\quad = 0.0728\text{m} = 73\text{mm}$

38. 펌프의 토출량이 0.94m³/min이고 흡입구의 유속이 2m/s라 가정할 때 펌프의 흡입구경은? [기사 17]

① 100mm
② 200mm
③ 250mm
④ 300mm

◤해설◢ 펌프의 구경 $d = 146\sqrt{\dfrac{Q}{V}}$

$\quad = 146 \times \sqrt{\dfrac{0.94}{2}} = 100.1\text{mm}$

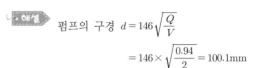

39. 높이 25m인 고수조에서 매 시간 20ton의 물을 양수하고자 한다. 이때 흡입양정이 5m이고 마찰손실수두가 10m이라면 펌프의 전양정은 얼마인가? [산업 97]

① 20m ② 30m
③ 40m ④ 50m

▸**해설** 전양정＝실양정＋손실수두의 합－흡입수두
＝25＋10－5＝30m

40. 1일 28,800m³의 물을 8.8m의 높이로 양수하려고 한다. 펌프의 효율을 80%, 축동력에 15%의 여유를 둘 때 원동기의 소요동력은 몇 kW인가? [기사 04]

① 41.3 ② 35.9
③ 30.3 ④ 29.8

▸**해설** $Q = \frac{28,800}{24} \div 3,600 = 0.333\text{m}^3/\text{s}$

$P_s = \frac{9.8QH}{\eta} = \frac{9.8 \times 0.333 \times 8.8}{0.80} = 35.897\text{kW}$

$\therefore P_m = P_s(1+\alpha) = 35.897 \times (1+0.15) = 41.3\text{kW}$

41. 유량이 0.1m³/s의 물을 30m 높이로 양수하려고 한다. 관로의 마찰에 의한 손실수두가 5m, 그 밖의 양수 시 발생되는 손실수두가 3m라면 이 펌프에 필요한 축동력은? (단, 펌프의 효율은 85%이다.) [산업 11]

① 43.8kW ② 59.6kW
③ 65.4kW ④ 70.3kW

▸**해설** kW단위이므로
$P = \frac{9.8Q(H+\sum h_L)}{\eta}$
$= \frac{9.8 \times 0.1 \times (30+5+3)}{0.85}$
$= 43.8\text{kW}$

42. 지름 300mm, 길이 100m인 주철관을 사용하여 0.15m³/s의 물을 20m 높이에 양수하기 위한 펌프의 소요동력은? (단, 펌프의 효율을 70%이다.) [산업 14]

① 21kW ② 42kW
③ 60kW ④ 86kW

▸**해설** kW단위이므로
$P = \frac{9.8Q(H+h_L)}{\eta} = \frac{9.8 \times 0.15 \times 20}{0.7} = 42\text{kW}$

43. 80%의 전달효율을 가진 전동기에 의해서 가동되는 85% 효율의 펌프가 300L/s의 물을 25.0m 양수할 때 요구되는 전동기의 출력(kW)은? (단, 여유율 α＝0으로 가정) [기사 17]

① 60.0kW ② 73.3kW
③ 86.3kW ④ 107.9kW

▸**해설** kW일 경우 출력$= \frac{9.8QH}{\eta}$
$= \frac{9.8 \times 300 \times 25}{0.85 \times 0.8}$
$= \frac{9.8 \times 300 \times 10^{-3} \times 25}{0.85 \times 0.8}$
$= 108.1\text{kW}$

44. 0.2m³/s의 물을 30m 높이에 양수하기 위한 펌프의 소요동력(HP)은 얼마인가? (단, 펌프의 효율은 70%) [기사 04]

① 29HP ② 58HP
③ 113HP ④ 157HP

▸**해설** $P_s = \frac{13.33QH}{\eta} = \frac{13.33 \times 0.2 \times 30}{0.7} = 114\text{HP}$

45. 직경 300mm, 길이 100m인 주철관을 사용하여 0.15m³/s의 물을 20m 높이에 양수하기 위한 펌프의 소요동력은? (단, 마찰손실계수 f＝0.0268, 펌프의 효율 70%, 마찰손실 고려) [산업 04]

① 약 57HP(마력) ② 약 62HP(마력)
③ 약 72HP(마력) ④ 약 81HP(마력)

▸**해설** 총 수두 $H = h + h_L$이므로
$h_L = f\frac{l}{D}\frac{V^2}{2g} = f\frac{l}{D}\frac{1}{2g}\left(\frac{4Q}{\pi D^2}\right)^2$
$= 0.0268 \times \frac{100}{0.3} \times \frac{1}{2 \times 9.8} \times \left(\frac{4 \times 0.15}{\pi \times 0.3^2}\right)^2 = 2.05\text{m}$
$\therefore P_s = \frac{13.3QH}{\eta} = \frac{13.3 \times 0.15 \times (20+2.05)}{0.7}$
$= 62.84\text{HP}$

46. 펌프를 병렬로 연설시켜 사용해야 하는 경우는? [기사 04]

① 양수량이 일정한 경우
② 양정이 대단히 큰 경우
③ 양정이 낮은 경우
④ 양수량의 변화가 크고 양정변화가 작은 경우

해설 펌프를 병렬로 연결하면 양수량을 증대시킬 수 있고, 직렬로 연결하면 양정고를 높일 수 있다.

47. 펌프의 성능상태에서 비속도(N_s)값의 정의로 옳은 것은? [산업 13]

① 물을 1m 양수하는 데 필요한 회전수
② 1HP의 동력으로 물을 1m 양수하는 데 필요한 회전수
③ 물을 1m³/min의 유량으로 1m 양수하는 데 필요한 회전수
④ 1HP의 동력으로 물을 1m³/min 양수하는 데 필요한 회전수

48. 구경 400mm인 모터의 직렬펌프에서 양수량 10m³/분, 전양정 40m, 회전수 1,050rpm일 때 비교회전도(N_s)는? [기사 07]

① 209
② 189
③ 168
④ 148

해설 $N_s = 1,050 \times \dfrac{\sqrt{10}}{40^{3/4}} = 208.8$

49. 최고효율점의 양수량 800m³/hr, 전양정 7m, 회전속도 1,500rpm인 취수펌프의 비회전도는 얼마인가? [기사 08]

① 1,173
② 1,273
③ 1,373
④ 1,473

해설 $N_s = 1,500 \times \dfrac{\sqrt{800/60}}{7^{3/4}} = 1,272.7$

50. 펌프의 비교회전도(specific speed)에 대한 설명으로 옳은 것은? [기사 13]

① 임펠러(impeller)가 배출량 1m³/min을 전양정 1m로 운전 시 회전수
② 임펠러(impeller)가 배출량 1m³/s을 전양정 1m로 운전 시 회전수
③ 작은 비회전도값에 대한 대유량, 저양정의 정도
④ 큰 비회전도값에 대한 소유량, 대양정의 정도

해설 비교 회전도는 임펠러가 1m³/min의 유량을 1m 양수하는 데 필요한 회전수이다.

51. 다음 중 비교회전도에 대한 설명으로 옳은 것은 어느 것인가? [산업 11]

① 펌프 임펠러의 단위시간당의 회전수를 말한다.
② 펌프 임펠러의 회전날개의 길이와 속도와의 비이다.
③ 펌프의 동력사용량의 단위이다.
④ 펌프 임펠러의 회전속도와 토출량, 전양정으로 구한다.

52. 펌프의 비속도에 대한 설명으로 옳은 것은 어느 것인가? [기사 08, 13]

① N_s 값이 클수록 고양정펌프이다.
② N_s 값이 클수록 토출량이 많은 펌프가 된다.
③ N_s와 펌프 임펠러의 형상 및 펌프의 형식은 관계없다.
④ 같은 토출량과 양정의 경우 N_s 값이 클수록 대형펌프이다.

53. 펌프의 비속도(N_s)에 대한 설명으로 옳은 것은? [기사 11]

① N_s가 작게 되면 사류형으로 되고, 계속 작아지면 측류형으로 된다.
② N_s가 커지면 임펠러 외경에 대한 임펠러의 폭이 작아진다.
③ N_s가 작으면 일반적으로 토출량이 적은 고양정의 펌프를 의미한다.
④ 토출량과 전양정이 동일하면 회전속도가 클수록 N_s가 작아진다.

해설 비교회전도(비속도)의 특징
㉮ N_s가 작으면 토출량이 적은 고양정펌프, N_s가 크면 토출량이 많은 저양정펌프이다.
㉯ 양수량과 전양정이 동일하면 회전수가 클수록 N_s가 커진다.
㉰ 양수량과 전양정이 동일하면 N_s가 커짐에 따라 펌프는 소형이 된다.
㉱ N_s가 같으면 펌프의 크기에 관계없이 모두 같은 형식이며, 특성도 대체로 같다.
㉲ N_s가 클수록 흡입성능이 나쁘고 공동현상이 발생하기 쉽다.

54. 하수용 펌프의 비교회전도(N_s)에 관한 설명으로 틀린 것은? [산업 12]

① 비교회전도가 크게 될수록 흡입성능이 나쁘고 공동현상이 발생하기 쉽다.

② 양수량 및 전양정이 같으면 회전수가 많을수록 비교회전도가 크게 된다.

③ 비교회전도가 작으면 유량이 많은 저양정펌프가 된다.

④ 펌프의 회전수, 양수량 및 전양정으로부터 비교회전도가 구해진다.

> **해설** 비교회전도가 작으면 고양정펌프이다.

55. 펌프의 비속도 N_s에 대한 설명으로 옳지 않은 것은? [기사 13]

① N_s가 작아짐에 따라 소형이 되어 펌프의 값이 저렴해진다.

② 유량과 양정이 동일하다면 회전속도가 클수록 N_s가 커진다.

③ N_s가 클수록 유량은 많고 양정은 작은 펌프를 의미한다.

④ N_s가 같으면 펌프의 크고 작은 것에 관계없이 모두 같은 형식으로 되며 특성도 대체로 같다.

> **해설** 양수량과 전양정이 동일하면 N_s가 커짐에 따라 펌프는 소형이 된다.

56. 다음은 상수도펌프에 관한 설명이다. 틀린 것은? [기사 95]

① 흡수정은 펌프의 바로 밑 또는 가까운 거리에 설치한다.

② 흡입구경은 토출량과 흡입구의 유속을 고려하여 정한다.

③ 효율은 일반적으로 토출량에 비례하여 낮아진다.

④ 흡입구의 유속은 1.5~3.0m/s를 표준으로 한다.

> **해설** 효율은 토출량에 비례하여 상승하다가 낮아진다.

57. 다음 중 펌프의 흡입관에 대한 사항으로 틀린 것은? [기사 07, 산업 12]

① 충분한 흡입수두를 가질 수 있도록 한다.

② 흡입관은 가능하면 수평으로 설치되도록 한다.

③ 흡입관에는 공기가 혼입되지 않도록 한다.

④ 펌프 한 대에 하나의 흡입관을 설치한다.

58. 펌프의 임펠러 입구에서 정압이 그 수온에 상당하는 포화증기압 이하가 되면 그 부분의 물이 증발해서 공동이 생기거나 흡입관으로부터 공기가 흡입되어 공동이 생기는 현상은? [산업 15]

① Characteristic Curves ② Specific Speed

③ Positive Head ④ Cavitation

> **해설** Cavitation은 공동현상을 의미한다.

59. 펌프의 공동현상(cavitation)에 관한 내용과 가장 거리가 먼 것은? [기사 04]

① 흡입양정이 클수록 발생하기 쉽다.

② 펌프의 급정지 시 발생하기 쉽다.

③ 회전날개의 파손 또는 소음, 진동의 원인이 된다.

④ 회전날개 입구의 압력이 포화증기압 이하일 때 발생한다.

> **해설** 수격작용은 펌프의 급정지 시 발생된다.

60. 공동현상(cavitation)의 방지책에 대한 설명으로 옳지 않은 것은? [기사 12]

① 마찰손실을 작게 한다.

② 펌프의 흡입관경을 작게 한다.

③ 임펠러(impeller)속도를 작게 한다.

④ 흡입수두를 작게 한다.

61. 다음 설명 중 공동현상의 방지책으로 틀린 것은? [기사 12, 산업 05]

① 펌프의 회전수를 높여준다.

② 손실수두를 작게 한다.

③ 펌프의 설치위치를 낮게 한다.

④ 흡입관의 손실을 작게 한다.

62. 펌프의 운전 중 공동현상을 방지하는 방법으로 옳지 않은 것은? [기사 97, 17]

① 펌프의 고정위치를 가능한 한 높이고 흡입수두를 작게 한다.

② 임펠러를 수중에 잠기도록 한다.

③ 펌프의 회전수를 낮춘다.

④ 흡입관의 지름을 크게 하고 가능한 한 손실수두를 줄인다.

63. 펌프가 공동현상을 일으키지 않고 임펠러로 물을 흡입하는 데 필요한 흡입기준면으로부터의 최소한 도수위를 무엇이라 하는가? [산업 07]

① 전양정   ② 순양정
③ 유효NPSH   ④ 필요NPSH

64. 다음 중 펌프의 공동현상에 대한 설명으로 잘못된 것은? [기사 06, 11]

① 공동현상이 발생하면 소음이 발생한다.

② 공동현상을 방지하려면 펌프의 회전수를 높게 해야 한다.

③ 펌프의 흡입양정이 너무 적고 임펠러 회전속도가 빠를 때 공동현상이 발생한다.

④ 공동현상은 펌프의 성능저하원인이 될 수 있다.

65. 펌프의 공동현상(cavitation)에 대한 설명으로 옳지 않은 것은? [기사 10]

① 펌프의 설치높이를 높이는 것이 방지책이 된다.

② 임펠러 입구에서 압력의 지나친 저하현상 때문에 발생한다.

③ 펌프의 양정곡선과 효율곡선이 저하된다.

④ 흡입양정을 짧게 하고 관로손실을 적게 하는 것이 방지책이 된다.

■해설 펌프의 설치높이를 높이면 동수경사선이 높아지므로 오히려 공동현상이 발생한다. 따라서 펌프의 설치위치를 낮추고 흡입양정을 작게 한다(흡입양정의 표준 : -5m까지).

66. 펌프의 공동현상을 방지하기 위한 흡입양정의 표준은? [기사 03]

① -11m까지   ② -9m까지
③ -7m까지   ④ -5m까지

67. 수격현상의 발생을 경감시킬 수 있는 방안이 아닌 것은? [산업 04]

① 펌프의 속도가 급격히 변화하는 것을 방지한다.

② 관내의 유속을 크게 한다.

③ 밸브를 펌프 송출구 가까이에 설치한다.

④ 압력조정수조를 설치한다.

■해설 관내 유속을 저하시킨다.

68. 관로유속의 급격한 변화로 인한 충격현상으로 관내 압력이 급상승 또는 급하강하는 현상을 무엇이라 하는가? [산업 06]

① 공동현상   ② 수격현상
③ 진공현상   ④ 부압현상

69. 수격현상(water hammer)의 방지대책으로 잘못된 것은? [기사 03]

① 펌프의 급정지를 피한다.

② 가능한 한 관내 유속을 빠르게 한다.

③ 토출관 쪽에 압력조절용 수조(surge tank)를 설치한다.

④ 토출측 관로에 에어체임버(air chamber)를 설치한다.

■해설 관내의 유속을 높이면 수격현상으로 인하여 관의 파열이 유발된다.

70. 수격작용이 일어나기 쉬운 곳에 설치하여 배수관의 파열을 방지하기 위하여 사용하는 밸브는? [산업 08]

① 제수밸브(sluice valve)

② 공기밸브(air valve)

③ 안전밸브(safety valve)

④ 역지 또는 압력조정밸브(pressure reducing valve)

71. 수격 방지대책 중에서 압력저하에 따른 부압 방지대책으로 설치하는 것이 아닌 것은? [산업 11]

① 조압수조(surge tank)

② 플라이휠(fly wheel)

③ 안전밸브(safety valve)

④ 에어체임버(air chamber)

72. 펌프의 수격현상 발생을 최소화하기 위한 대책으로 옳지 않은 것은? [기사 04, 13]

① 펌프에 플라이휠(flywheel)을 붙여 펌프의 관성을 증가시킨다.

② 관내 유속을 증가시켜 신속히 유송한다.

③ 압력조절수조(surge tank)를 설치한다.

④ 펌프의 급정지를 피한다.

해설 관내 유속을 감소시켜야 수격현상(water hammer)을 억제할 수 있다.

73. 유속이 느릴 때 관내에 발생하는 수리상의 내용으로 옳은 것은? [기사 10]

① 수격작용(water hammer)이 발생하기 쉽다.

② 공동현상(cavitation)이 발생하기 쉽다.

③ 체류에 의한 수질변화가 발생한다.

④ 벽면의 마찰이 커서 손실수두가 크다.

해설 ①, ②, ④는 유속이 빠를 때 발생한다.

74. 펌프의 설비계획 시 수격작용을 방지하기 위한 방법으로 타당하지 않은 것은? [산업 10]

① 펌프에 플라이휠(flywheel)을 붙인다.

② 토출측 관로에 표준형 조압수조(surge tank)를 설치한다.

③ 압력수조(air-chamber)를 설치한다.

④ 펌프의 흡입측 관로에 완만한 폐쇄체크밸브를 설치한다.

해설 수격작용의 방지대책

㉮ 펌프의 급정지를 피한다.

㉯ 관내 유속을 저하시킨다.

㉰ 조압수조(surge tank)를 설치한다.

㉱ 압력수조(air chamber)를 설치한다.

㉲ 펌프에 플라이휠을 부착한다.

75. 펌프에 연결된 관로에서 압력강하에 따른 부압 발생을 방지하기 위한 방법이 아닌 것은? [산업 11]

① 펌프 토출측 관로에 조압수조(conventional surge tank)를 설치한다.

② 압력수조(air-chamber)를 설치한다.

③ 펌프에 플라이휠(fly-wheel)을 붙여 펌프의 관성을 증가시켜 급격한 압력강하를 완화한다.

④ 관내 유속을 크게 한다.

MEMO

부록 I

과년도 출제문제

1. 일반적인 상수도계통도를 바르게 나열한 것은?

① 수원 및 저수시설 → 취수 → 배수 → 송수 → 정수 → 도수 → 급수

② 수원 및 저수시설 → 취수 → 도수 → 정수 → 급수 → 배수 → 송수

③ 수원 및 저수시설 → 취수 → 도수 → 정수 → 송수 → 배수 → 급수

④ 수원 및 저수시설 → 취수 → 배수 → 정수 → 급수 → 도수 → 송수

2. 하수도의 목적에 관한 설명으로 가장 거리가 먼 것은?

① 하수도는 도시의 건전한 발전을 도모하기 위한 필수시설이다.

② 하수도는 공중위생의 향상에 기여한다.

③ 하수도는 공공용 수역의 수질을 보전함으로써 국민의 건강보호에 기여한다.

④ 하수도는 경제발전과 산업기반의 정비를 위하여 건설된 시설이다.

> **해설** 하수도의 목적은 공공수역의 수질, 공중위생, 건전한 도시발전을 위한 것이며, 하수도설비를 통하여 부차적으로 경제발전과 산업기반의 정비가 이루어지는 것이지 정비를 위하여 하수도시설을 하는 것은 아니다.

3. 고도처리를 도입하는 이유와 거리가 먼 것은?

① 잔류용존유기물의 제거

② 잔류염소의 제거

③ 질소의 제거

④ 인의 제거

> **해설** 고도처리의 목적은 영양염류 제거이며, 영양염류는 질소와 인이다. 잔류염소는 소독의 지속성과 관련이 있으므로 해당되지 않는다.

4. 어느 도시의 인구가 200,000명, 상수보급률이 80%일 때 1인 1일 평균급수량이 380L/인·일이라면 연간 상수수요량은?

① $11.096 \times 10^6 \text{m}^3$/년

② $13.874 \times 10^6 \text{m}^3$/년

③ $22.192 \times 10^6 \text{m}^3$/년

④ $27.742 \times 10^6 \text{m}^3$/년

> **해설** 연간 상수수요량 = 200,000명 × 380L/인·일 × 0.8
> = 60,8000,000L/일
> = 60,800,000 × 365 × 10^{-3} m^3/년
> = 22,192,000,000 × 10^{-3} m^3/년
> = 22.192×10^6 m^3/년

5. 계획시간 최대배수량 $q = K\dfrac{Q}{24}$에 대한 설명으로 틀린 것은?

① 계획시간 최대배수량은 배수구역 내의 계획급수인구가 그 시간대에 최대량의 물을 사용한다고 가정하여 결정한다.

② Q는 계획 1일 평균급수량의 단위는 m^3/day이다.

③ K는 시간계수로 주·야간의 인구변동, 공장, 사업소 등에 의한 사용형태, 관광지 등의 계절적 인구이동에 의하여 변한다.

④ 시간계수 K는 1일 최대급수량이 클수록 작아지는 경향이 있다.

> **해설** Q는 계획 1일 최대급수량(m^3/day)이고, K는 시간계수로써 계획시간 최대배수량의 시간평균배수량에 대한 비율이다.

6. 호기성 소화의 특징을 설명한 것으로 옳지 않은 것은?

① 처리된 소화슬러지에서 악취가 나지 않는다.

② 상징수의 BOD농도가 높다.

③ 폭기를 위한 동력 때문에 유지관리비가 많이 든다.

④ 수온이 낮을 때에는 처리효율이 떨어진다.

> **해설** 호기성 처리수의 BOD농도가 낮다.

7. 정수장으로부터 배수지까지 정수를 수송하는 시설은?

① 도수시설　　　　② 송수시설
③ 정수시설　　　　④ 배수시설

8. 합류식 하수도에 대한 설명으로 옳지 않은 것은?

① 청천 시에는 수위가 낮고 유속이 적어 오물이 침전하기 쉽다.
② 우천 시에 처리장으로 다량의 토사가 유입되어 침전지에 퇴적된다.
③ 소규모 강우 시 강우 초기에 도로나 관로 내에 퇴적된 오염물이 그대로 강으로 합류할 수 있다.
④ 단일관로로 오수와 우수를 배제하기 때문에 침수피해의 다발지역이나 우수배제시설이 정비되지 않은 지역에서는 유리한 방식이다.

해설 합류식은 강우 초기에 수세효과가 있다.

9. Jar-Test는 적정 응집제의 주입량과 적정 pH를 결정하기 위한 시험이다. Jar-Test 시 응집제를 주입한 후 급속교반 후 완속교반을 하는 이유는?

① 응집제를 용해시키기 위해서
② 응집제를 고르게 섞기 위해서
③ 플록이 고르게 퍼지게 하기 위해서
④ 플록을 깨뜨리지 않고 성장시키기 위해서

10. 정수지에 대한 설명으로 틀린 것은?

① 정수지란 정수를 저류하는 탱크로 정수시설로는 최종 단계의 시설이다.
② 정수지 상부는 반드시 복개해야 한다.
③ 정수지의 유효수심은 3~6m를 표준으로 한다.
④ 정수지의 바닥은 저수위보다 1m 이상 낮게 해야 한다.

해설 정수지의 바닥은 저수위보다 15cm 이상 낮게 해야 한다.

11. 상수시설 중 가장 일반적인 장방형 침사지의 표면부하율의 표준으로 옳은 것은?

① 50~150mm/min　　② 200~500mm/min
③ 700~1,000mm/min　④ 1,000~1,250mm/min

해설 표면부하율은 200~500mm/min을 표준으로 한다.

12. 펌프의 회전수 $N=3,000$rpm, 양수량 $Q=1.7m^3/min$, 전양정 $H=300$m인 6단 원심펌프의 비교회전도 N_s는?

① 약 100회　　　　② 약 150회
③ 약 170회　　　　④ 약 210회

해설 $N_s = N\dfrac{Q^{1/2}}{H^{3/4}} = 3,000 \times \dfrac{1.7^{1/2}}{(300/6)^{3/4}} = 208 \fallingdotseq 210$회

여기서, H : 전양정(다단펌프인 경우는 1단당 전양정으로 한다.)

13. 주요 관로별 계획하수량으로서 틀린 것은?

① 우수관로 : 계획우수량+계획오수량
② 합류식 관로 : 계획시간 최대오수량+계획우수량
③ 차집관로 : 우천 시 계획오수량
④ 오수관로 : 계획시간 최대오수량

해설 우수관은 계획우수량이다.

14. 계획하수량을 수용하기 위한 관로의 단면과 경사를 결정함에 있어 고려할 사항으로 틀린 것은?

① 우수관로는 계획우수량에 대하여 유속을 최소 0.8m/s, 최대 3.0m/s로 한다.
② 오수관로의 최소관경은 200mm를 표준으로 한다.
③ 관로의 단면은 수리적 특성을 고려하여 선정하되 원형 또는 직사각형을 표준으로 한다.
④ 관로경사는 하류로 갈수록 점차 급해지도록 한다.

해설 유속은 빠르게, 경사는 완만하게이다.

15. 계획급수인구가 5,000명, 1인 1일 최대급수량을 150L/인·day, 여과속도는 150m/day로 하면 필요한 급속여과지의 면적은?

① 5.0m²　　　　② 10.0m²
③ 15.0m²　　　　④ 20.0m²

해설 $A = \dfrac{Q}{Vn} = \dfrac{750}{1 \times 150} = 5m^2$

여기서, $Q = 5,000$인$\times 150$L/인·day
　　　　$= 750,000$L/day$=750m^3$/day

16. 지름 15cm, 길이 50m인 주철관으로 유량 0.03m³/s의 물을 50m 양수하려고 한다. 양수 시 발생되는 총 손실수두가 5m이었다면 이 펌프의 소요축동력(kW)은? (단, 여유율은 0이며 펌프의 효율은 80%이다.)

① 20.2kW
② 30.5kW
③ 33.5kW
④ 37.2kW

해설 $P_p = \dfrac{9.8QH}{\eta} = \dfrac{9.8 \times 0.03 \times (50+5)}{0.8} = 20.2 \text{kW}$

17. 배수관망의 구성방식 중 격자식과 비교한 수지상식의 설명으로 틀린 것은?

① 수리 계산이 간단하다.
② 사고 시 단수구간이 크다
③ 제수밸브를 많이 설치해야 한다.
④ 관의 말단부에 물이 정체되기 쉽다.

해설 제수밸브가 많은 것은 격자식의 특징이다.

18. 하수처리시설의 펌프장시설의 중력식 침사지에 관한 설명으로 틀린 것은?

① 체류시간은 30~60초를 표준으로 하여야 한다.
② 모래퇴적부의 깊이는 최소 50cm 이상이어야 한다.
③ 침사지의 평균유속은 0.3m/s를 표준으로 한다.
④ 침사지 형상은 정방형 또는 장방형 등으로 하고, 지수는 2지 이상을 원칙으로 한다.

해설 모래퇴적부의 깊이는 일시에 이를 수용할 수 있도록 예상되는 침사량의 청소방법 및 빈도 등을 고려하여 일반적으로 수심의 10~30%로 보며 적어도 30cm 이상으로 할 필요가 있다.

19. 하수도시설의 1차 침전지에 대한 설명으로 옳지 않은 것은?

① 침전지의 형상은 원형, 직사각형 또는 정사각형으로 한다.
② 직사각형 침전지의 폭과 길이의 비는 1 : 3 이상으로 한다.
③ 유효수심은 2.5~4m를 표준으로 한다.
④ 침전시간은 계획 1일 최대오수량에 대하여 일반적으로 12시간 정도로 한다.

해설 침전시간은 계획 1일 최대오수량에 대하여 표면부하율과 유효수심을 고려하여 정하며 일반적으로 2~4시간으로 한다.

20. 하수처리계획 및 재이용계획을 위한 계획오수량에 대한 설명으로 옳은 것은?

① 계획 1일 최대오수량은 계획시간 최대오수량을 1일의 수량으로 환산하여 1.3~1.8배를 표준으로 한다.
② 합류식에서 우천 시 계획오수량은 원칙적으로 계획 1일 평균오수량의 3배 이상으로 한다.
③ 계획 1일 평균오수량은 계획 1일 최대오수량의 70~80%를 표준으로 한다.
④ 지하수량은 계획 1일 평균오수량의 10~20%로 한다.

해설
① 계획시간 최대오수량은 계획 1일 최대오수량의 1시간당 수량으로 환산하여 1.3~1.8배를 표준으로 한다.
② 합류식에서 우천 시 계획오수량은 원칙적으로 계획 1일 최대오수량의 3배 이상으로 한다.
④ 지하수량은 계획 1일 최대오수량의 10~20%로 한다.

1. 상수도시설의 설계 시 계획취수량, 계획도수량, 계획정수량의 기준이 되는 것은?

① 계획시간 최대급수량

② 계획 1일 최대급수량

③ 계획 1일 평균급수량

④ 계획 1일 총 급수량

> **해설** 모든 상수도시설의 설계기준은 계획 1일 최대급수량이다.

2. 합류식 배제방식의 특성과 관계없는 것은?

① 폐쇄의 염려가 없다.

② 우수에 의한 관거 내의 자연세척이 이루어진다.

③ 우천 시 월류가 없다.

④ 검사 및 수리가 비교적 용이하다.

> **해설** 합류식 배제방식의 특징은 오수와 우수를 함께 배제하므로 우천 시 월류의 가능성이 높다.

3. "BOD값이 크다"는 것이 의미하는 것은?

① 무기물질이 충분하다.

② 영양염류가 풍부하다.

③ 용존산소가 풍부하다.

④ 미생물분해가 가능한 물질이 많다.

> **해설** BOD값이 크다는 것은 유기물의 증가로 오염이 되었다는 것을 뜻하므로 미생물분해가 가능한 물질이 많아졌다는 의미이다.

4. 정수장에서 발생하는 슬러지처리방법 중 무약품처리법에 속하지 않는 것은?

① 동결융해법　　　　② 열처리법

③ 분무건조법　　　　④ 조립탈수법

> **해설** 무약품처리법으로 가장 적절하지 않은 것을 고른다면 탈수법이다. 탈수법은 탈수를 용이하게 하기 위하여 촉진제를 시용할 수 있다.

5. 상수도시설에 설치되는 펌프에 대한 설명 중 옳지 않은 것은?

① 수량변화가 큰 경우 대·소 두 종류의 펌프를 설치하거나 또는 회전속도제어 등에 의하여 토출량을 제어한다.

② 펌프는 예비기를 설치하되 펌프가 정지되더라도 급수에 지장이 없는 경우에는 생략할 수 있다.

③ 펌프는 용량이 클수록 효율이 낮으므로 가능한 한 소용량으로 한다.

④ 펌프는 가능한 한 동일용량으로 하여 소모품이나 예비품의 호환성을 갖게 한다.

> **해설** 펌프 선정 시 고려사항은 가능한 한 대수를 줄이고 동일용량의 것으로 대용량으로 선택한다.

6. 송수관로를 계획할 때에 고려사항에 대한 설명으로 옳지 않은 것은?

① 가급적 단거리가 되어야 한다.

② 이상수압을 받지 않도록 한다.

③ 송수방식은 반드시 자연유하식으로 해야 한다.

④ 관로의 수평 및 연직방향의 급격한 굴곡은 피한다.

> **해설** 도·송수관의 노선 선정 시 고려사항으로 유하방식은 가급적 자연유하방식으로 하는 것이 좋으나 지형에 따라 펌프압송식도 가능하다.

7. 갈수 시에도 일정 이상의 수심을 확보할 수 있으면 연간의 수위변화가 크더라도 하천이나 호소, 댐에서의 취수시설로서 알맞고 유지관리도 비교적 용이한 취수방법은?

① 취수탑에 의한 방법　　② 취수관거에 의한 방법

③ 집수매거에 의한 방법　　④ 깊은 우물에 의한 방법

> **해설** 취수탑은 대량취수가 가능하며 연간 안정적인 취수가 가능하여 우리나라에서 가장 많이 이용하는 방법이다.

8. 복류수에 대한 설명으로 옳은 것은?
① 비교적 양호한 수질을 얻을 수 있다.
② 지표수의 한 종류로 하천수보다 수질이 양호하다.
③ 정수공정에 이용 시 침전지를 반드시 확보해야 한다.
④ 조류 등의 부유생물농도가 높다.

● 해설 ▶ 복류수는 지하수의 일종이며 비교적 양호한 수질을 얻을 수 있다.

9. 강우강도 $I=\dfrac{4,000}{t+30}$[mm/hr](t : 분), 유역면적 5km², 유입시간 300초, 유출계수 0.8, 하수관거길이 1.2km, 관내 유속 2.0m/s인 경우 합리식에 의한 최대우수유출량은?
① 98.77m³/s
② 987.7m³/s
③ 98.77m³/hr
④ 987.7m³/hr

● 해설 ▶ $Q=\dfrac{1}{3.6}CIA$
$=\dfrac{1}{3.6}\times0.8\times\dfrac{4,000}{15+30}\times5=98.77\text{m}^3/\text{s}$
여기서, $t=5+\dfrac{1,200}{2\times60}=15\text{min}\,(300초=5분)$

10. 하수처리법 중 활성슬러지법에 대한 설명으로 옳은 것은?
① 세균을 제거함으로써 슬러지를 정화한다.
② 부유물을 활성화시켜 침전·부착시킨다.
③ 1가지 미생물군에 의해서만 처리가 이루어진다.
④ 호기성 미생물의 대사작용에 의하여 유기물을 제거한다.

● 해설 ▶ 활성슬러지법은 호기성 처리 중 하나이며, 대사작용에 의하여 유기물을 제거하는 방법으로 우리나라에서 가장 많이 적용하는 방식이다.

11. 다음 펌프에 관한 사항 중 옳지 않은 것은?
① 펌프의 축동력은 토출량, 전양정 및 펌프효율에 의한 식으로 구한다.
② 원심펌프는 낮은 양정에만 적합하다.
③ 펌프 가동 시 담당하는 수두는 정수두와 마찰수두 늘 포함안 세반 손실수두의 합이나.

④ 펌프의 특성곡선이란 유량과 펌프의 양정, 효율, 축동력의 관계를 그래프로 나타낸 것이다.

● 해설 ▶ 낮은 양정에만 적합한 펌프는 축류펌프이다.

12. 장방형 침전지가 수심 3m, 길이 30m이고 유입유량이 300m³/day일 때 수면적부하율이 1m/day이면 침전지의 폭은?
① 2m
② 5m
③ 8m
④ 10m

● 해설 ▶ $V_0=\dfrac{Q}{A}=\dfrac{h}{t}$
$1=\dfrac{300}{b\times30}$
$\therefore\ b=10\text{m}$

13. 하수관 중 가장 부식되기 쉬운 곳은?
① 관정부
② 바닥 부분
③ 양편의 벽 쪽
④ 하수관 전체

● 해설 ▶ 황화합물의 환원반응에 의하여 황화수소가스가 발생하고, 이는 산화되어 관의 꼭대기에 황산을 생성, 부식이 되기 때문에 관의 정부가 가장 부식되기 쉽다.

14. 수원의 구비요건에 대한 설명으로 옳지 않은 것은?
① 수질이 좋아야 한다.
② 수량이 풍부해야 한다.
③ 가능한 한 낮은 곳에 위치해야 한다.
④ 상수 소비자에게 가까운 곳에 위치해야 한다.

● 해설 ▶ 가능하면 운반비를 줄이는 것이 좋으므로 자연유하방식을 채택하는 것이 좋고, 그렇게 하기 위해서는 가능한 한 높은 곳에 위치하는 것이 좋다.

15. 우수조정지의 설치목적과 직접적으로 관련이 없는 것은?
① 하수관거의 유하능력이 부족한 곳
② 하수처리장의 처리능력이 부족한 곳
③ 하류지역의 펌프장능력이 부족한 곳
④ 방류수역의 유하능력이 부족한 곳

해설 우수조정지의 설치장소는 우천 시 계획하수량을 넘을 경우 우수토실을 개방하므로 하수처리장의 처리능력과는 무관하다.

16. 상수도시설 중 배수관은 급수관을 분기하는 지점에서 배수관 내의 최소동수압을 얼마 이상 확보하여야 하는가?

① 50kPa ② 150kPa
③ 500kPa ④ 710kPa

해설 배수관의 동수압 압력범위는 150~400kPa이다.

17. Alum(Al₂(SO₄)₃·18H₂O) 25mg/L를 주입하여 탁도가 30mg/L인 원수 1,000m³/day를 응집처리할 때 필요한 Alum주입량은?

① 25kg/day ② 30kg/day
③ 35kg/day ④ 55kg/day

해설 주입량 $= CQ \times \dfrac{1}{\text{순도}}$

$= 25\text{mg/L} \times 1,000\text{m}^3/\text{day}$

$= \dfrac{25 \times 10^{-6}\text{kg}}{10^{-3}\text{m}^3} \times 1,000\text{m}^3/\text{day} = 25\text{kg/day}$

18. 어느 종말하수처리장의 계획슬러지양은 600m³/day이고 슬러지의 함수율은 98%, 비중은 1.01이라고 한다. 슬러지 농축탱크의 고형물부하를 60kg/m²·day기준으로 할 경우 탱크의 소요면적(S)은?

① 9.9m² ② 12.1m²
③ 202m² ④ 9,898m²

해설 $S = \dfrac{600\text{m}^3/\text{day} \times 0.02 \times 1.01}{60 \times 10^{-3}\text{m}^3/\text{m}^2 \cdot \text{day}} = 202\text{m}^2$

여기서, 함수율이 98%이므로 고형물은 2%이다.

19. 하수도계획을 하수도의 역할이 다양화되고 있는 사회적인 요구에 부응할 수 있도록 장기적인 전망을 고려하여 수립할 때 포함되어야 하는 사항이 아닌 것은?

① 침수 방지계획
② 지속 발전 가능한 도시구축계획
③ 수질보전계획
④ 슬러지처리 및 자원화계획

해설 하수도의 역할은 방류수의 수질보전, 슬러지 처리의 자원화, 도시의 침수 방지 등을 목적으로 한다.

20. 포기조 내에서 MLSS를 일정하게 유지하기 위한 방법으로 가장 적절한 것은?

① 포기율을 조정한다.
② 하수 유입량을 조정한다.
③ 슬러지 반송율을 조정한다.
④ 슬러지를 바닥에 침전시킨다.

해설 슬러지를 반송하는 이유는 포기조 내의 MLSS 농도를 일정하게 유지하기 위한 것이다.

1. 합리식을 사용하여 우수량을 산정할 때 필요한 자료가 아닌 것은?

① 강우강도
② 유출계수
③ 지하수의 유입
④ 유달시간

해설 합리식 공식 $Q = CIA$의 항목을 보면 지하수의 유입은 관련이 없음을 알 수 있다.

2. 하수배제방식의 특징에 관한 설명으로 틀린 것은?

① 분류식은 합류식에 비해 우천 시 월류의 위험이 크다.
② 합류식은 분류식(2계통 건설)에 비해 건설비가 저렴하고 시공이 용이하다.
③ 합류식은 단면적이 크기 때문에 검사, 수리 등에 유리하다.
④ 분류식은 강우 초기에 노면의 오염물질이 포함된 세정수가 직접 하천 등으로 유입된다.

해설 합류식은 오수와 우수를 동시에 배제하기 때문에 우천 시 월류의 위험이 크다.

3. 상수도계통에서 상수의 공급과정으로 옳은 것은?

① 취수 → 정수 → 도수 → 배수 → 송수 → 급수
② 취수 → 도수 → 정수 → 송수 → 배수 → 급수
③ 취수 → 배수 → 정수 → 도수 → 급수 → 송수
④ 취수 → 정수 → 송수 → 배수 → 도수 → 급수

해설 상수도의 계통도순서는 수원 → 취수 → 도수 → 정수 → 송수 → 배수 → 급수이다.

4. 수질오염지표항목 중 COD에 대한 설명으로 옳지 않은 것은?

① COD는 해양오염이나 공장폐수의 오염지표로 사용된다.
② 생물분해 가능한 유기물도 COD로 측정할 수 있다.
③ $NaNO_2$, SO_2^-는 COD값에 영향을 미친다.
④ 유기물농도값은 일반적으로 COD > TOD > TOC > BOD이다.

해설 TOC(Total organic carbon)는 총 유기탄소, TOD(Total Oxygen Demand), COD(Chemical Oxygen Demand), BOD(Biological Oxygen Demand)이며, 유기물농도값은 TOD > COD > BOD > TOC이다(THOD > TOD > COD_{cr} > COD_{mn} > $BOD_{(u)}$ > BOD_5 > THOC > TOC).

5. 어느 도시의 인구가 10년 전 10만 명에서 현재는 20만 명이 되었다. 등비급수법에 의한 인구증가를 보였다고 하면 연평균인구증가율은?

① 0.08947
② 0.07177
③ 0.06251
④ 0.03589

해설
$$r = \left(\frac{P_0}{P_t}\right)^{\frac{1}{t}} - 1 = \left(\frac{200,000}{100,000}\right)^{\frac{1}{10}} - 1 = 0.07177$$

6. 상수도 배수관망 중 격자식 배수관망에 대한 설명으로 틀린 것은?

① 물이 정체하지 않는다.
② 사고 시 단수구역이 작아진다.
③ 수리 계산이 복잡하다.
④ 제수밸브가 적게 소요되면 시공이 용이하다.

해설 격자식 배수관망은 제수밸브가 많으며 공사비가 많이 소요된다.

7. 완속여과와 급속여과의 비교 설명으로 틀린 것은?

① 원수가 고농도의 현탁물일 때는 급속여과가 유리하다.
② 여과속도가 다르므로 용지면적의 차이가 크다.
③ 여과의 손실수도는 급속여과보다 완속여과가 크다.
④ 완속여과는 약품처리 등이 필요하지 않으나 급속여과는 필요하다.

해설 완속여과는 여과의 속도가 느리므로 손실수두도 작다.

8. 일반적인 하수처리장의 2차 침전지에 대한 설명으로 옳지 않은 것은?

① 표면부하율은 표준활성슬러지의 경우 계획 1일 최대오수량에 대하여 $20 \sim 30 \mathrm{m}^3/\mathrm{m}^2 \cdot \mathrm{d}$로 한다.

② 유효수심은 2.5~4m를 표준으로 한다.

③ 침전시간은 계획 1일 평균오수량에 따라 정하며 5~10시간으로 한다.

④ 수면의 여유고는 40~60cm 정도로 한다.

> **해설** 침전시간은 계획 1일 최대오수량에 따라 정하며 3~5시간으로 한다.

9. 양수량이 $50 \mathrm{m}^3/\mathrm{min}$이고 전양정이 8m일 때 펌프의 축동력은? (단, 펌프의 효율(η)=0.8)

① 65.2kW

② 73.6kW

③ 81.5kW

④ 92.4kW

> **해설** $P_p = \dfrac{9.8QH}{\eta} = \dfrac{9.8 \times 50 \times 8}{0.8 \times 60} = 81.7\mathrm{kW}$
>
> 이때 60으로 나눈 이유는 Q의 단위가 m^3/s이므로, 즉 분단위를 초단위로 바꿔주어야 한다.

10. 우수관거 및 합류관거 내에서의 부유물 침전을 막기 위하여 계획우수량에 대하여 요구되는 최소 유속은?

① 0.3m/s

② 0.6m/s

③ 0.8m/s

④ 1.2m/s

> **해설** 우수관, 합류관의 유속범위는 0.8~3m/s이다.

11. 계획오수량 중 계획시간 최대오수량에 대한 설명으로 옳은 것은?

① 계획 1일 최대오수량의 1시간당 수량의 1.3~1.8배를 표준으로 한다.

② 계획 1일 최대오수량의 70~80%를 표준으로 한다.

③ 1인 1일 최대오수량의 10~20%로 한다.

④ 계획 1일 평균오수량의 3배 이상으로 한다.

> **해설** ②는 계획 1일 평균오수량에 대한 표준이고, ③은 지하수량의 기준이며, ④는 차집관의 기준이다.

12. 정수처리 시 트리할로메탄 및 곰팡이 냄새의 생성을 최소화하기 위해 침전지와 여과지 사이에 염소제를 주입하는 방법은?

① 전염소처리

② 중간염소처리

③ 후염소처리

④ 이중염소처리

> **해설** 전염소처리는 취수 앞에서 주입하며, 후염소처리는 자체로 염소소독이라 부르며 소독지에서 주입한다. 따라서 침전지와 여과지 사이에 주입하는 것은 중간염소처리라고 부른다.

13. 다음 중 하수슬러지 개량방법에 속하지 않는 것은?

① 세정

② 열처리

③ 동결

④ 농축

> **해설** 하수슬러지 개량방법에는 세정, 열처리, 동결융해, 약품처리가 있다.

14. 호수의 부영양화에 대한 설명으로 틀린 것은?

① 부영양화는 정체성 수역의 상층에서 발생하기 쉽다.

② 부영양화된 수원의 상수는 냄새로 인하여 음료수로 부적당하다.

③ 부영양화로 식물성 플랑크톤의 번식이 증가되어 투명도가 저하된다.

④ 부영양화로 생물활동이 활발하여 깊은 곳의 용존산소가 풍부하다.

> **해설** 부영양화가 되면 조류가 발생하여 냄새를 유발하고 용존산소는 줄어들게 된다.

15. 콘크리트하수관의 내부천정이 부식되는 현상에 대한 대응책으로 틀린 것은?

① 방식재료를 사용하여 관을 방호한다.

② 하수 중의 유황함유량을 낮춘다.

③ 관내의 유속을 감소시킨다.

④ 하수에 염소를 주입하여 박테리아 번식을 억제한다.

> **해설** 관정의 부식 방지법으로는 유속을 증가시키고 폭기장치를 설치하며 염소를 살포하거나 관내를 피복하는 방법이 있다.

16. 도수(conveyance of water)시설에 대한 설명으로 옳은 것은?

① 상수원으로부터 원수를 취수하는 시설이다.

② 원수를 음용가능하게 처리하는 시설이다.

③ 배수지로부터 급수관까지 수송하는 시설이다.

④ 취수원으로부터 정수시설까지 보내는 시설이다.

해설 상수도계통도의 순서를 보면 취수 → 도수 → 정수 → 송수 → 배수 → 급수이다.

17. 1인 1일 평균급수량의 일반적인 증가·감소에 대한 설명으로 틀린 것은?

① 기온이 낮은 지방일수록 증가한다.

② 인구가 많은 도시일수록 증가한다.

③ 문명도가 낮은 도시일수록 감소한다.

④ 누수량이 증가하면 비례하여 증가한다.

해설 급수량의 특징은 기온이 높을수록, 즉 여름에 증가한다.

18. 하수도용 펌프흡입구의 유속에 대한 설명으로 옳은 것은?

① 0.3~0.5m/s를 표준으로 한다.

② 1.0~1.5m/s를 표준으로 한다.

③ 1.3~3.0m/s를 표준으로 한다.

④ 5.0~10.0m/s를 표준으로 한다.

해설 하수도용 펌프 흡입구의 유속은 1.3~3.0m/s를 표준으로 한다.

19. 하수고도처리에서 인을 제거하기 위한 방법이 아닌 것은?

① 응집제 첨가 활성슬러지법

② 활성탄흡착법

③ 정석탈인법

④ 혐기 호기조합법

해설 활성탄흡착법은 이취미 제거, 즉 맛과 냄새를 좋게 하기 위한 방법이다.

20. 고형물농도가 30mg/L인 원수를 Alum 25mg/L를 주입하여 응집처리하고자 한다. 1,000m³/day 원수를 처리할 때 발생 가능한 이론적 최종 슬러지($Al(OH)_3$)의 부피는? (단, Alum=$Al_2(SO_4)_3 \cdot 18H_2O$, 최종 슬러지 고형물농도=2%, 고형물비중=1.2)

> 〈반응식〉
> $Al_2(SO_4)_3 \cdot 18H_2O + 3Ca(HCO_3)_2$
> $\rightarrow 2Al(OH)_3 + 3CaSO_4 + 18H_2O + 6CO_2$
>
> 〈분자량〉
> • $Al_2(SO_4)_3 \cdot 18H_2O = 666$　• $Ca(HCO_3)_2 = 162$
> • $Al(OH)_3 = 78$　• $CaSO_4 = 136$

① 1.1m³/day
② 1.5m³/day
③ 2.1m³/day
④ 2.5m³/day

해설 고형물량=원수량×(고형물농도+응집제 주입량 ×분자량비율)

$\quad = 1,000 \times (30 + 25 \times 0.234)$

$\quad = 0.03585 m^3/day$

$\therefore$ 최종 부피 $= 0.03585 \times \dfrac{100}{100-98} \times \dfrac{1}{1.2}$

$\qquad \fallingdotseq 1.5 m^3/day$

여기서, 분자량비율 $= \dfrac{2 \times 78}{666} = 0.234$

1. 하수의 염소요구량이 9.2mg/L일 때 0.5mg/L의 잔류염소량을 유지하기 위하여 2,500m³/day의 하수에 1일 주입하여야 할 염소량은?

① 23.0kg/day
② 1.25kg/day
③ 21.75kg/day
④ 24.25kg/day

해설 염소요구량 = (염소주입농도 − 잔류염소농도)

$$\times Q \times \frac{1}{순도}$$

$$9.2 = (x - 0.5) \times 2,500$$

$$\therefore x = 24.25 \text{kg/day}$$

2. 하수도시설 중 펌프장시설의 침사지에 대한 설명 중 틀린 것은?

① 일반적으로 직경이 큰 무기질, 비부패성 무기물 및 입자가 큰 부유물을 제거하기 위한 것이다.
② 침사지의 지수는 단일지수를 원칙으로 한다.
③ 펌프 및 처리시설의 파손을 방지하도록 펌프 및 처리시설의 앞에 설치한다.
④ 침사지방식은 중력식, 포기식, 기계식 등이 있다.

해설 침사지는 2지수 이상으로 설계한다.

3. 수원의 종류를 구분할 때 지표수에 해당하지 않는 것은?

① 용천수
② 하천수
③ 호소수
④ 저수지수

해설 천층수, 심층수, 용천수, 복류수는 지하수이다.

4. 명반(Alum)을 사용하여 상수를 침전처리하는 경우 약품주입 후 응집조에서 완속교반을 하는 이유는?

① 명반을 용해시키기 위하여
② 플록(floc)을 공기와 접속시키기 위하여
③ 플록이 잘 부서지도록 하기 위하여
④ 플록의 크기를 증가시키기 위하여

해설 플록을 깨뜨리지 않고 크기와 강도를 증가시키기 위하여 완속교반한다.

5. 하수처리장의 위치 선정과 관련하여 고려할 사항으로 거리가 먼 것은?

① 가능한 하수가 자연유하로 유입될 수 있는 곳
② 홍수 시 침수되지 않고 방류선이 확보되는 곳
③ 현재 및 장래에 토지이용계획상 문제점이 없을 것
④ 하수를 배출하는 지역에 가까이 있을 것

해설 하수는 혐오시설에 속하기 때문에 가급적 배출지역에서 먼 곳을 선정한다.

6. 염소살균의 특징에 대한 설명으로 옳지 않은 것은?

① 살균력이 뛰어나다.
② 설비 및 주입방법이 비교적 간단하다.
③ THMs의 생성을 방지할 수 있다.
④ 비용이 비교적 저렴하다.

해설 염소살균 시에는 THMs가 발생한다.

7. 다음 그림에서와 같은 하수관의 접합방식은?

① 관정접합
② 관저접합
③ 수면접합
④ 중심접합

8. 암모니아성 질소(NH_3-N) 1mg/L를 질산성 질소(NO_3^--N)로 산화하는 데 필요한 산소량은?

① 1.71mg/L
② 3.42mg/L
③ 4.57mg/L
④ 5.14mg/L

해설 암모니아성 질소, 아질산성 질소, 질산성 질소 모두 분자량은 14g/mol이므로

$$NH_3 + 2O_2 \rightarrow H + NO_3^- + H_2O$$

$$14 : 2 \times 32 = 1 : x$$

$$\therefore x = \frac{2 \times 32}{14} = 4.57 \text{mg/L}$$

9. 용존산소(DO)에 대한 설명으로 옳지 않은 것은?

① 오염된 물은 용존산소량이 적다.

② BOD가 큰 물은 용존산소량이 많다.

③ 용존산소량이 적은 물은 혐기성 분해가 일어나기 쉽다.

④ 용존산소가 극히 적은 물은 어류의 생존에 적합하지 않다.

> **해설** BOD가 높으면 DO는 낮다.

10. 합류식 하수도에 대한 설명으로 틀린 것은?

① 관로의 단면적이 커서 폐쇄될 가능성이 적다.

② 우천 시 오수가 월류할 수 있다.

③ 관로의 오접합문제가 발생할 수 있다.

④ 강우 시 수세효과가 있다.

> **해설** 관로의 오접합문제는 분류식의 오수관에서 발생한다.

11. 다음 중 하수의 살균에 사용되지 않는 것은?

① 염소   ② 오존

③ 적외선   ④ 자외선

> **해설** 살균에 사용되는 것은 보통 염소, 오존, 자외선이다.

12. 수질검사에서 대장균을 검사하는 이유는?

① 대장균이 병원체이기 때문이다.

② 물을 부패시키는 세균이기 때문이다.

③ 수질오염을 가져오는 대표적인 세균이기 때문이다.

④ 대장균을 이용하여 다른 병원체의 존재를 추정할 수 있기 때문이다.

13. 관로유속이 급격한 변화로 인하여 관내 압력이 급상승 또는 급강하하는 현상은?

① 공동현상

② 수격현상

③ 진공현상

④ 부압현상

14. 갈수 시에도 일정 이상의 수심을 확보할 수 있으면 연간의 수위변화가 크더라도 하천이나 호소, 댐에서의 취수시설로서 알맞고 유지관리도 비교적 용이한 취수방법은?

① 취수틀에 의한 방법

② 취수문에 의한 방법

③ 취수탑에 의한 방법

④ 취수관거에 의한 방법

> **해설** 취수탑은 대량 취수가 가능하며 연간 안정적인 취수가 가능하여 우리나라에서 가장 많이 이용하는 방법이다.

15. 관로의 위치가 동수경사선보다 높게 되는 것을 피할 수 없는 경우가 발생할 때 부분적으로 동수경사선을 상승시키는 방법으로 옳은 것은?

① 부압이 생기는 장소의 전체 관경을 줄여준다.

② 부압이 생기는 장소의 전체 관경을 늘려준다.

③ 부압이 생기는 장소의 상류측 관경을 크게 하고 하류측 관경을 작게 한다.

④ 부압이 생기는 장소의 상류측 관경을 작게 하고 하류측 관경을 크게 한다.

> **해설** 관로의 위치가 동수경사선보다 높게 되는 것을 피할 수 없을 경우
> ㉮ 상류측 관경을 크게 한다.
> ㉯ 접합정을 설치한다.
> ㉰ 감압밸브를 설치한다.

16. 하수처리장 2차 침전지에서 슬러지 부상이 일어날 경우 관계되는 작용은?

① 질산화반응

② 탈질반응

③ 핀플록반응

④ 프라즈마반응

> **해설** 탈질반응은 용존산소가 존재하지 않는 조건 하에서 통기성·혐기성 미생물에 의해 질산성 질소와 아질산성 질소가 질소가스로 환원하는 반응이다. 이로 인하여 슬러지 부상이 일어난다.

17. 슬러지 반송비가 0.4, 반송슬러지의 농도가 1%일 때 포기조 내의 MLSS농도는?

① 1,234mg/L ② 2,857mg/L

③ 3,325mg/L ④ 4,023mg/L

 해설

$$r = \frac{M}{S - M}$$

$$0.4 = \frac{M}{0.01 - M}$$

∴ $M = 0.002857$로 농도로 환산하면 2,857mg/L

18. 급수방식에 대한 설명으로 옳지 않은 것은?

① 급수방식에는 직결식, 저수조식 및 직결·저수조 병용식이 있다.

② 직결식에는 직결직압식과 직결가압식이 있다.

③ 급수관으로부터 수돗물을 일단 저수조에 받아서 급수하는 방식을 저수조식이라 한다.

④ 수도의 단수 시에도 물을 반드시 확보해야 하는 경우에는 직결식을 적용하는 것이 바람직하다.

해설 단수 시에도 어느 정도 물을 반드시 확보해야 할 경우에는 탱크식 급수방식을 적용한다.

19. 하수처리계획 및 재이용계획의 계획오수량을 정할 때 1인 1일 최대오수량의 20% 이하로 하며 지역실태에 따라 필요시 하수관로의 내구연수경과 또는 관로의 노후도 등을 고려하여 결정하는 것은?

① 지하수량 ② 생활오수량

③ 공장폐수량 ④ 재활용수량

해설 지하수량의 결정은 1인 1일 최대오수량의 10~20%로 가정하며 하수관 1km당 0.2~0.4L/s, 1인 1일당 17~25L로 산정한다.

20. 상수도시설의 설계유량에 대한 설명으로 틀린 것은?

① 계획배수량은 원칙적으로 해당 배수구역의 계획 1일 최대배수량으로 한다.

② 계획취수량은 계획 1일 최대급수량을 기준으로 하며 기타 필요한 작업용수를 포함한 손실수량 등을 고려한다.

③ 계획정수량은 계획 1일 최대급수량을 기준으로 하고, 여기에 정수장 내 사용되는 작업용수와 기타 용수를 합산 고려하여 결정한다.

④ 송수시설의 계획송수량은 원칙적으로 계획 1일 최대급수량을 기준으로 한다.

해설 계획배수량은 원칙적으로 해당 배수구역의 계획시간 최대배수량으로 한다.

1. $Q = \dfrac{1}{360} CIA$는 합리식으로서 첨두유량을 산정할 때 사용된다. 이 식에 대한 설명으로 옳지 않은 것은?

① C는 유출계수로 무차원이다.
② I는 도달시간 내의 강우강도로 단위는 mm/hr이다.
③ A는 유역면적으로 단위는 km^2이다.
④ Q는 첨두유출량으로 단위는 m^3/sec이다.

> **해설** 합리식 공식은 $Q = \dfrac{1}{360} CIA$이므로 면적은 ha 이다.

2. 정수시설로부터 배수시설의 시점까지 정화된 물, 즉 상수를 보내는 것을 무엇이라 하는가?

① 도수   ② 송수
③ 정수   ④ 배수

> **해설** 상수도계통도는 수원 → 취수 → 도수 → 정수 → 송수 → 배수 → 급수이므로 정수시설에서 배수 시설로 보내는 것은 송수이다.

3. 펌프의 특성곡선(characteristic curve)은 펌프의 양수량(토출량)과 무엇들과의 관계를 나타낸 것인가?

① 비속도, 공동지수, 총 양정
② 총 양정, 효율, 축동력
③ 비속도, 축동력, 총 양정
④ 공동지수, 총 양정, 효율

> **해설** 펌프의 특성곡선은 양정, 효율, 축동력과의 관계를 나타낸 것이다.

4. 혐기성 소화공정에서 소화가스 발생량이 저하될 때 그 원인으로 적합하지 않은 것은?

① 소화슬러지의 과잉배출
② 조 내 퇴적토사의 배출
③ 소화조 내 온도의 저하
④ 소화가스의 누출

> **해설** 조 내 퇴적토사를 배출하면 소화공정이 원활해 지기 때문에 소화가스 발생량이 증가된다.

5. 다음 중 일반적으로 정수장의 응집처리 시 사용되지 않는 것은?

① 황산칼륨
② 황산알루미늄
③ 황산 제1철
④ 폴리염화알루미늄(PAC)

> **해설** 명반=황산반토=황산알루미늄은 정수처리공정 에서 가장 많이 사용하는 응집제이며, 철염류인 황산 제1철은 폐수처리과정에 사용된다. PAC는 응집제로 서 가격이 비싸 잘 사용하지 않는다.

6. 수원 선정 시의 고려사항으로 가장 거리가 먼 것은?

① 갈수기의 수량
② 갈수기의 수질
③ 장래 예측되는 수질의 변화
④ 홍수 시의 수량

> **해설** 평수위, 저수위, 갈수위에 대한 수량은 고려하 지만 홍수 시의 수량은 고려하지 않는다.

7. 부유물농도 200mg/L, 유량 3,000m^3/day인 하수 가 침전지에서 70% 제거된다. 이때 슬러지의 함수율이 95%, 비중이 1.1일 때 슬러지의 양은?

① 5.9m^3/day   ② 6.1m^3/day
③ 7.6m^3/day   ④ 8.5m^3/day

> **해설** 총 고형물량은 $200 \times 10^{-6} \times 3{,}000m^3$/day= 0.6$m^3$/day이고, 침전고형물=슬러지이므로 0.6×0.7 =0.42m^3/day이다. 함수율이 95%이므로 고형물은 $\dfrac{0.42}{100-95}$=8.4m^3/day이다. 이때 비중이 1.1이므로 $\dfrac{8.4}{1.1}$=7.64m^3/day이다.

8. 하수관로의 접합 중에서 굴착깊이를 얕게 하여 공사비용을 줄일 수 있으며 수위 상승을 방지하고 양정고를 줄일 수 있어 펌프로 배수하는 지역에 적합한 방법은?

① 관정접합
② 관저접합
③ 수면접합
④ 관중심접합

> **해설** 관저접합은 가장 나쁜 시공법이지만 굴착깊이를 얕게 하고 토공량을 줄일 수 있어 가장 많이 시공한다. 또한 펌프의 배수지역에 가장 적합하다.

9. 하수도의 관로계획에 대한 설명으로 옳은 것은?

① 오수관로는 계획 1일 평균오수량을 기준으로 계획한다.
② 관로의 역사이펀을 많이 설치하여 유지관리측면에서 유리하도록 계획한다.
③ 합류식에서 하수의 차집관로는 우천 시 계획오수량을 기준으로 계획한다.
④ 오수관로와 우수관로가 교차하여 역사이펀을 피할 수 없는 경우는 우수관로를 역사이펀으로 하는 것이 바람직하다.

> **해설** 합류식에서 하수의 차집관로는 우천 시 계획오수량 또는 시간 최대오수량의 3배를 기준으로 계획한다.

10. 펌프의 비교회전도(specific speed)에 대한 설명으로 옳은 것은?

① 임펠러(impeller)가 배출량 $1m^3/min$을 전양정 $1m$로 운전 시 회전수
② 임펠러(impeller)가 배출량 $1m^3/sec$을 전양정 $1m$로 운전 시 회전수
③ 작은 비회전도값에 대한 대유량, 저양정의 정도
④ 큰 비회전도값에 대한 소유량, 대양정의 정도

> **해설** 비교회전도는 임펠러가 배출량 $1m^3/min$을 전양정 $1m$로 운전 시 회전수이다.

11. 집수매거(infiltration galleries)에 관한 설명 중 옳지 않은 것은?

① 집수매거는 하천부지의 하상 밑이나 구하천부지 등의 땅속에 매설하여 복류수나 자유수면을 갖는 지하수를 취수하는 시설이다.
② 철근콘크리트조의 유공관 또는 권선형 스크린관을 표준으로 한다.
③ 집수매거 내의 평균유속은 유출단에서 $1m/s$ 이하가 되도록 한다.
④ 집수매거의 집수개구부(공) 직경은 3~5cm를 표준으로 하고, 그 수는 관거표면적 $1m^2$당 5~10개로 한다.

> **해설** 집수매거의 집수개구부(공) 직경은 10~20mm를 표준으로 하고, 그 수는 관거표면적 $1m^2$당 20~30개로 한다.

12. 정수방법 선정 시의 고려사항(선정조건)으로 가장 거리가 먼 것은?

① 원수의 수질
② 도시발전상황과 물 사용량
③ 정수수질의 관리목표
④ 정수시설의 규모

> **해설** 정수방법의 선정 시 고려사항은 수질목표를 달성하는 것이다. 도시의 발전상황과 물 사용량의 고려는 배수시설과 보다 연관성이 있다.

13. 하수관로에 대한 설명으로 옳지 않은 것은?

① 관로의 최소흙두께는 원칙적으로 1m로 하나 노반두께, 동결심도 등을 고려하여 적절한 흙두께로 한다.
② 관로의 단면은 단면형상에 따른 수리적 특성을 고려하여 선정하되 원형 또는 직사각형을 표준으로 한다.
③ 우수관로의 최소관경은 200mm를 표준으로 한다.
④ 합류관로의 최소관경은 250mm를 표준으로 한다.

> **해설** 오수관로의 최소관경은 200mm를 표준으로 한다.

14. 계획급수인구 50,000인, 1인 1일 최대급수량 300L, 여과속도 100m/day로 설계하고자 할 때 급속여과지의 면적은?

① 150m^2 ② 300m^2

③ 1,500m^2 ④ 3,000m^2

 해설 $Q = 50{,}000$인$\times 300$L/인$\cdot$day

$\quad = 50{,}000$인$\times 300\times 10^{-3}$m^3/day

$\quad = 15{,}000$m^3/day

$\therefore\ A = \dfrac{Q}{V} = \dfrac{15{,}000\text{m}^3/\text{day}}{100\text{m/day}} = 150\text{m}^2$

15. 다음 그림은 Hardy-Cross방법에 의한 배수관망의 도해법이다. 그림에 대한 설명으로 틀린 것은? (단, Q는 유량, H는 손실수두를 의미한다.)

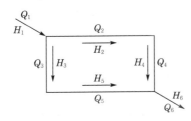

① Q_1과 Q_6은 같다.

② Q_2의 방향은 $+$이고, Q_3의 방향은 $-$이다.

③ $H_2 + H_4 + H_3 + H_5$는 0이다.

④ H_1은 H_6과 같다.

해설 Hardy-Cross법의 가정 3조건은 $\Sigma Q_{in} = \Sigma Q_{out}$, $\Sigma h_L \fallingdotseq 0$, 미소손실은 무시한다.

16. 대장균군의 수를 나타내는 MPN(최확수)에 대한 설명으로 옳은 것은?

① 검수 1mL 중 이론상 있을 수 있는 대장균군의 수

② 검수 10mL 중 이론상 있을 수 있는 대장균군의 수

③ 검수 50mL 중 이론상 있을 수 있는 대장균군의 수

④ 검수 100mL 중 이론상 있을 수 있는 대장균군의 수

해설 MPN은 100mL 중 이론상 있을 수 있는 대장균군의 수이다.

17. 침전지 내에서 비중이 0.7인 입자의 부상속도를 V라 할 때 비중이 0.4인 입자의 부상속도는? (단, 기타의 모든 조건은 같다.)

① 0.5V ② 1.25V

③ 1.75V ④ 2V

해설 $V_s = \dfrac{(\rho_w - \rho_s)gd^2}{18\mu} = \dfrac{(1-s)gd^2}{18\nu}$ 에서

$V_s \propto (1-s)$ 이므로 $V_2 = \dfrac{1-0.4}{1-0.7} = 2V$ 이다.

18. 하수 중의 질소와 인을 동시에 제거할 때 이용될 수 있는 고도처리시스템은?

① 혐기 호기조합법

② 3단 활성슬러지법

③ Phostrip법

④ 혐기 무산소호기조합법

해설 질소와 인을 동시에 제거하는 방법으로는 A2/O법 (혐기 무산소호기법)이 있다.

19. 상수도의 구성이나 계통에서 상수원의 부영양화가 가장 큰 영향을 미칠 수 있는 시설은?

① 취수시설   ② 정수시설

③ 송수시설   ④ 배·급수시설

해설 부영양화는 녹조를 발생시키며, 조류가 발생하면 수돗물의 정수부하를 야기한다.

20. 하수배제방식에 대한 설명 중 틀린 것은?

① 분류식 하수관거는 청천 시 관로 내 퇴적량이 합류식 하수관거에 비하여 많다.

② 합류식 하수배제방식은 폐쇄의 염려가 없고 검사 및 수리가 비교적 용이하다.

③ 합류식 하수관거에서는 우천 시 일정 유량 이상이 되면 하수가 직접 수역으로 방류될 수 있다.

④ 분류식 하수배제방식은 강우 초기에 도로 위의 오염물질이 직접 하천으로 유입되는 단점이 있다.

해설 분류식은 오수와 우수를 따로 배제하기 때문에 유량과 수질이 일정하며 토사유입량이 적어 퇴적량이 합류식에 비하여 적다.

토목산업기사 (2018년 9월 15일 시행)

1. 상수도 침전지의 제거율을 향상시키기 위한 방안으로 틀린 것은?

① 침전지의 침강면적(A)을 크게 한다.
② 플록의 침강속도(V)를 크게 한다.
③ 유량(Q)을 적게 한다.
④ 침전지의 수심(H)을 크게 한다.

> **해설** $E = \dfrac{V_s}{V_0} \times 100 = \dfrac{V_s A}{Q} \times 100 = \dfrac{V_s t}{h} \times 100 [\%]$ 이므로 A는 크게, V_s는 크게, Q는 작게, h는 작게 한다.

2. 하수처리장의 계획에 있어서 일반적으로 처리시설의 계획에 기준이 되는 것은?

① 계획 1일 최대오수량
② 계획 1일 평균오수량
③ 계획시간 최대오수량
④ 계획시간 평균오수량

> **해설** 하수처리시설의 설계기준은 계획 1일 최대오수량이다.

3. 어느 하수의 최종 BOD가 250mg/L이고 탈산소계수 K_1(상용대수)값이 0.2/day라면 BOD₅는?

① 225mg/L
② 210mg/L
③ 190mg/L
④ 180mg/L

> **해설** $BOD_u = L_a(1 - 10^{-k_1 t})$
> $\therefore BOD_5 = 250 \times (1 - 10^{-0.2 \times 5}) = 225 \text{mg/L}$

4. 펌프에 대한 설명으로 틀린 것은?

① 수격현상은 주로 펌프의 급정지 시 발생한다.
② 손실수두가 작을수록 실양정은 전양정과 비슷해진다.
③ 비속도(비교회전도)가 클수록 같은 시간에 많은 물을 송수할 수 있다.
④ 흡입구경은 토출량과 흡입구의 유속에 의해 결정된다.

> **해설** 비교회전도는 클수록 성능이 좋지 않은 것이며 공동현상이 발생하기 쉽다.

5. 다음 중 응집침전에서 무기계 응집제로서 주로 사용되는 것은?

① 황산알루미늄
② 암모늄명반
③ 황산 제2철
④ 염화 제2철

> **해설** 무기계 응집제는 명반＝황산반토＝황산알루미늄이다.

6. 호소수, 저수지수의 취수시설로 부적합한 것은?

① 취수탑
② 취수문
③ 취수틀
④ 집수매거

> **해설** 집수매거는 지하수의 취수시설이다.

7. 하수관로에 대한 설명 중 적합하지 않는 것은?

① 우수관로 및 합류식 관로는 계획우수량에 대하여 유속을 최소 0.8m/s, 최대 3.0m/s로 한다.
② 우수관로 및 합류식 관로의 최소관경은 250mm를 표준으로 한다.
③ 관로의 최소흙두께는 원칙적으로 1m로 한다.
④ 관로경사는 하류로 갈수록 증가시켜야 한다.

> **해설** 하수관로시설에서 유속은 빠르게, 경사는 완만하게 하여야 한다.

8. 배수지의 용량에 대한 설명으로 옳은 것은?

① 계획 1일 최대급수량의 6시간분 이상을 표준으로 한다.
② 계획 1일 최대급수량의 12시간분 이상을 표준으로 한다.
③ 계획 1일 최대급수량의 18시간분 이상을 표준으로 한다.
④ 계획 1일 최대급수량의 24시간분 이상을 표준으로 한다.

> **해설** 배수지의 용량은 표준 8~12시간, 최소 6시간을 기준으로 한다.

9. 관로의 관경이 변화하는 경우 또는 2개의 관로가 합류하는 경우에 원칙적으로 적용할 수 있는 관로의 접합방법은?

① 관중심접합
② 관저접합
③ 수면접합
④ 단차접합

 해설 수면접합은 수리학적으로 가장 유리한 방법이며, 관로의 합류관 또는 분기관이나 관경이 변하는 곳에 적합하다.

10. 정수시설의 계획정수량을 결정하는 기준이 되는 것은?

① 계획시간 최대급수량
② 계획 1일 최대급수량
③ 계획시간 평균급수량
④ 계획 1일 평균급수량

해설 상수도의 시설계획은 계획 1일 최대급수량으로 결정한다.

11. BOD 200mg/L, 유량 70,000m³/day의 오수가 하천에 방류될 때 합류될 때 합류지점의 BOD농도는? (단, 오수와 하천수는 완전 혼합된다고 가정하고, 오수유입 전 하천수의 BOD=30mg/L, 유량=3.6m³/s이다.)

① 43.6mg/L
② 57.3mg/L
③ 61.2mg/L
④ 79.3mg/L

해설
$$C = \frac{C_1 Q_1 + C_2 Q_2}{Q_1 + Q_2} = \frac{30 \times 3.6 + 200 \times 0.81}{3.6 + 0.81}$$
$$= 61.2\text{mg/L}$$
여기서, 70,000m³/day=0.81m³/s

12. 정수처리의 단위공정으로 오존처리법이 다른 처리법에 비하여 우수한 점으로 옳지 않은 것은?

① 맛·냄새물질과 색도 제거의 효과가 우수하다.
② 염소에 비하여 높은 살균력을 가지고 있다.
③ 염소살균에 비해서 잔류효과가 크다.
④ 철·망간의 산화능력이 크다.

해설 오존처리법
㉮ 가격이 비싸다.
㉯ 소독의 지속성이 없다(잔류효과가 없다).
㉰ 암모니아 제거가 안 된다.

13. 다음 중 염소소독 시 소독력에 가장 큰 영향을 미치는 수질인자는?

① pH
② 탁도
③ 총 경도
④ 맛과 냄새

14. 슬러지 처리 및 이용계획에 대한 설명으로 옳은 것은?

① 슬러지 안정화 및 감량화보다 매립을 권장한다.
② 슬러지를 녹지 및 농지에 이용하는 것은 배제한다.
③ 병원균 및 중금속검사는 슬러지 이용관점에서 중요하지 않다.
④ 슬러지를 건설자재로 이용하는 것이 권장된다.

해설 슬러지처리의 목적
㉮ 유기물을 무기물로 바꾸는 안정화
㉯ 병원균 제거
㉰ 부피의 감량
㉱ 부패 및 악취 제거

15. A도시는 하수의 배제방식으로서 분류식을 선택하였다. 하수처리장의 가동 후 계획된 오수량에 비해 유입오수량이 적으며 공공수역의 오염이 해결되지 않았다면 다음 중 이 문제에 대한 가장 큰 원인으로 생각할 수 있는 것은?

① 우수관의 잘못된 관종 선택
② 우수관의 지하수 침투
③ 오수관의 우수관으로의 오접
④ 하수배제지역의 강우 빈발

16. 포기조에 유입하수량이 4,000m³/day, 유입 BOD가 150mg/L, 미생물의 농도(MLSS)가 2,000mg/L일 때 유기물질부하율 0.6kg BOD/m³·day로 설계하는 활성슬러지공정의 F/M비는? (단, F/M비의 단위 : kg BOD/kg MLSS·day)

① 0.3
② 0.6
③ 1.0
④ 1.5

해설 ㉮ BOD 용적부하$= \dfrac{BOD \cdot Q}{V}$
$$0.6 = \frac{150 \times 10^{-3} \times 4,000}{V}$$
$$\therefore V = 1,000\text{m}^3$$
㉯ F/M비$= \dfrac{BOD \cdot Q}{MLSS \cdot V} = \dfrac{150 \times 4,000}{2,000 \times 1,000} = 0.3$

17. 하수관거가 갖추어야 할 특성에 대한 설명으로 옳지 않은 것은?

① 관내의 조도계수가 클 것

② 경제성이 있도록 가격이 저렴할 것

③ 산·알칼리에 대한 내구성이 양호할 것

④ 외압에 대한 강도가 높고 파괴에 대한 저항력이 클 것

18. 활성슬러지공법에 대한 설명으로 옳은 것은?

① F/M비가 낮을수록 잉여슬러지 발생량은 증가된다.

② F/M비가 낮을수록 잉여슬러지 발생량은 감소된다.

③ F/M비가 낮을수록 잉여슬러지 발생량은 초기 감소된 후 다시 증가된다.

④ F/M비와 잉여슬러지는 상관관계가 없다.

19. 하수도계획의 목표연도는 원칙적으로 몇 년을 기준으로 하는가?

① 5년   ② 10년

③ 20년   ④ 30년

20. 상수도시설 중 침사지에 대한 설명으로 옳지 않은 것은?

① 침사지의 길이는 폭의 3~8배를 표준으로 한다.

② 침사지 내에서의 평균유속은 20~30cm/s를 표준으로 한다.

③ 침사지의 위치는 가능한 취수구에 가까워야 한다.

④ 유입 및 유출구에는 제수밸브 혹은 슬루스게이트를 설치한다.

▶해설 상수침사지의 유속은 2~7cm/s이다.

1. 수격작용(water hammer)의 방지 또는 감소대책에 대한 설명으로 틀린 것은?

① 펌프의 토출구에 완만히 닫을 수 있는 역지밸브를 설치하여 압력 상승을 적게 한다.

② 펌프의 설치위치를 높게 하고 흡입양정을 크게 한다.

③ 펌프에 플라이휠(fly wheel)을 붙여 펌프의 관성을 증가시켜 급격한 압력강하를 완화한다.

④ 노출측 관로에 압력조절수조를 설치한다.

▶해설 펌프의 설치위치를 낮게 하여 공동현상을 방지하고, 회전수를 작게 하여 수격작용을 방지한다.

2. 펌프의 비속도(비교회전도, N_s)에 대한 설명으로 틀린 것은?

① N_s가 작으면 유량이 많은 저양정의 펌프가 된다.

② 수량 및 전양정이 같다면 회전수가 클수록 N_s가 크게 된다.

③ $1m^3/min$의 유량을 $1m$ 양수하는데 필요한 회전수를 의미한다.

④ N_s가 크게 되면 사류형으로 되고, 계속 커지면 축류형으로 된다.

▶해설 N_s가 작으면 고양정펌프가 된다.

3. 침전지의 유효수심이 4m, 1일 최대사용수량이 450m^3, 침전시간이 12시간일 경우 침전지의 수면적은?

① 56.3m^2

② 42.7m^2

③ 30.1m^2

④ 21.3m^2

▶해설

$$V_0 = \frac{Q}{A} = \frac{h}{t}$$

$$\frac{450m^3/day}{A} = \frac{4m}{12hr}$$

$$\therefore A = 56.25m^2$$

4. 정수과정에서 전염소처리의 목적과 거리가 먼 것은?

① 철과 망간의 제거

② 맛과 냄새의 제거

③ 트리할로메탄의 제거

④ 암모니아성 질소와 유기물의 처리

▶해설 전염소처리를 하여도 THM은 발생한다.

5. 수원의 구비요건에 대한 설명으로 옳지 않은 것은?

① 수량이 풍부해야 한다.

② 수질이 좋아야 한다.

③ 가능하면 낮은 곳에 위치해야 한다.

④ 상수소비지에서 가까운 곳에 위치해야 한다.

▶해설 가급적 자연유하방식을 채택하는 것이 좋으므로 높은 곳에 위치해야 한다.

6. 정수장으로 유입되는 원수의 수역이 부영양화되어 녹색을 띠고 있다. 정수방법에서 고려할 수 있는 가장 우선적인 방법으로 적합한 것은?

① 침전지의 깊이를 깊게 한다.

② 여과사의 입경을 작게 한다.

③ 침전지의 표면적을 크게 한다.

④ 마이크로스트레이너로 전처리한다.

▶해설 부영양화가 되면 조류가 발생하고, 조류는 수돗물의 맛과 냄새를 유발하므로 전처리과정으로 마이크로스트레이너법을 시행한다.

7. 반송찌꺼기(슬러지)의 SS농도가 6,000mg/L이다. MLSS농도를 2,500mg/L로 유지하기 위한 찌꺼기(슬러지)반송비는?

① 25%

② 55%

③ 71%

④ 100%

▶해설 $r = \dfrac{M}{S-M} = \dfrac{2,500}{6,000-2,500} = 0.71 = 71\%$

8. 하수의 배제방식에 대한 설명 중 옳지 않은 것은?

① 합류식은 2계통의 분류식에 비해 일반적으로 건설비가 많이 소요된다.

② 합류식은 분류식보다 유량 및 유속의 변화폭이 크다.

③ 분류식은 관로 내의 퇴적이 적고 수세효과를 기대할 수 없다.

④ 분류식은 관로오접의 철저한 감시가 필요하다.

해설 합류식은 분류식에 비하여 건설비가 적게 소요된다.

9. 하수도계획의 원칙적인 목표연도로 옳은 것은?

① 10년   ② 20년

③ 30년   ④ 40년

해설 하수도계획의 목표연한은 20년을 원칙으로 한다.

10. 어느 지역에 비가 내려 배수구역 내 가장 먼 지점에서 하수거의 입구까지 빗물이 유하하는데 5분이 소요되었다. 하수거의 길이가 1,200m, 관내 유속이 2m/s일 때 유달시간은?

① 5분   ② 10분

③ 15분   ④ 20분

해설

유달시간 $= t_1 + \dfrac{L}{V}$

$= 5 + \dfrac{1,200}{2 \times 60} = 15\text{min}$

11. 계획수량에 대한 설명으로 옳지 않은 것은?

① 송수시설의 계획송수량은 원칙적으로 계획 1일 최대급수량을 기준으로 한다.

② 계획취수량은 계획 1일 최대급수량을 기준으로 하며 기타 필요한 작업용수를 포함한 손실수량 등을 고려한다.

③ 계획배수량은 원칙적으로 해당 배수구역의 계획 1일 최대급수량으로 한다.

④ 계획정수량은 계획 1일 최대급수량을 기준으로 하고, 여기에 정수장 내 사용되는 작업용수와 기타 용수를 합산 고려하여 결정한다.

해설 계획배수량은 원칙적으로 해당 배수구역의 계획 1일 시간 최대배수량으로 한다.

12. 도수 및 송수관로계획에 대한 설명으로 옳지 않은 것은?

① 비정상적 수압을 받지 않도록 한다.

② 수평 및 수직의 급격한 굴곡을 많이 이용하여 자연유하식이 되도록 한다.

③ 가능한 한 단거리가 되도록 한다.

④ 가능한 한 적은 공사비가 소요되는 곳을 택한다.

해설 가급적 굴곡은 피한다.

13. 1개의 반응조에 반응조와 2차 침전지의 기능을 갖게 하여 활성슬러지에 의한 반응과 혼합액의 침전, 상징수의 배수, 침전찌꺼기(슬러지)의 배출공정 등을 반복해 처리하는 하수처리공법은?

① 수정식 폭기조법

② 장시간 폭기법

③ 접촉 안정법

④ 연속회분식 활성슬러지법

14. 호기성 처리방법과 비교하여 혐기성 처리방법의 특징에 대한 설명으로 틀린 것은?

① 유용한 자원인 메탄이 생성된다.

② 동력비 및 유지관리비가 적게 든다.

③ 하수찌꺼기(슬러지) 발생량이 적다.

④ 운전조건의 변화에 적응하는 시간이 짧다.

해설 혐기성 처리는 운전조건이 까다로워서 적응시간이 길다.

15. 하수도의 계획오수량에서 계획 1일 최대오수량 산정식으로 옳은 것은?

① 계획배수인구+공장폐수량+지하수량

② 계획인구×1인 1일 최대오수량+공장폐수량+지하수량+기타 배수량

③ 계획인구×(공장폐수량+지하수량)

④ 1인 1일 최대오수량+공장폐수량+지하수량

해설 계획오수량은 생활오수량+공장폐수량+지하수량+기타로 산정한다.

16. 양수량이 15.5m³/min이고 전양정이 24m일 때 펌프의 축동력은? (단, 펌프의 효율은 80%로 가정한다.)

① 75.95kW
② 7.58kW
③ 4.65kW
④ 46.57kW

> **해설**
> $$P_p = \frac{9.8QH}{\eta} = \frac{9.8 \times \frac{15.5}{60} \times 24}{0.8} = 75.95 \text{kW}$$

17. 도수 및 송수관로 내의 최소유속을 정하는 주요 이유는?

① 관로 내면의 마모를 방지하기 위하여
② 관로 내 침전물의 퇴적을 방지하기 위하여
③ 양정에 소모되는 전력비를 절감하기 위하여
④ 수격작용이 발생할 가능성을 낮추기 위하여

> **해설** 최소유속을 정한 이유는 퇴적 방지이며, 최대 유속을 정한 이유는 관마모 방지이다.

18. 다음 그림은 유효저수량을 결정하기 위한 유량 누가곡선도이다. 이 곡선의 유효저수용량을 의미하는 것은?

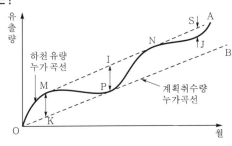

① MK
② IP
③ SJ
④ OP

> **해설** IP는 유효저수량 또는 필요저수량으로 종거선 중 가장 큰 것으로 정한다.

19. 관로별 계획하수량에 대한 설명으로 옳지 않은 것은?

① 오수관로에서는 계획시간 최대오수량으로 한다.
② 우수관로에서는 계획우수량으로 한다.
③ 합류식 관로는 계획시간 최대오수량에 계획우수량을 합한 것으로 한다.
④ 차집관로는 계획 1일 최대오수량에 우천 시 계획우수량을 합한 것으로 한다.

> **해설** 차집관로는 우천 시 계획오수량 또는 계획시간 최대오수량의 3배로 한다.

20. 취수보에 설치된 취수구의 구조에서 유입속도의 표준으로 옳은 것은?

① 0.5~1.0cm/s
② 3.0~5.0cm/s
③ 0.4~0.8m/s
④ 2.0~3.0m/s

> **해설** 유입속도는 0.4~0.8m/s를 표준으로 한다(상수도시설설계기준, 2010).

1. 일반적인 정수처리공정과 비교할 때 침전공정이 생략된 방식으로 통상적으로 수질변화가 적고 비교적 양호한 수질에서는 일반정수처리공정에 비해 설치비 및 운영비가 적게 소요되는 여과방식은?

① 직접여과
② 내부여과
③ 급속여과
④ 표면여과

해설 직접여과는 응집, 침전과정을 생략하고 급속여과지에서 바로 처리하는 방식이다.

2. 자연유하식 관로를 설치할 때 수두를 분할하여 수압을 조절하기 위한 목적으로 설치하는 부대설비는?

① 양수정
② 분수전
③ 수로교
④ 접합정

해설 도수송수관시설에서 접합정은 수두를 감쇄시키고 수압을 조절할 목적으로 관로 도중에 설치한다.

3. 어느 도시의 총인구가 5만명이고 급수인구는 4만명일 때 1년간 총급수량이 200만m³이었다. 이 도시의 급수보급률과 1인 1일 평균급수량은?

① 125%, 0.110m³/인·일
② 125%, 0.137m³/인·일
③ 80%, 0.110m³/인·일
④ 80%, 0.137m³/인·일

해설
㉮ 급수보급률 $= \dfrac{\text{급수인구}}{\text{총인구}} \times 100\%$
$= \dfrac{40,000}{50,000} \times 100\% = 80\%$

㉯ 1인 1일 평균급수량 $= \dfrac{\dfrac{2,000,000\text{m}^3}{365\text{day}}}{40,000\text{인}}$
$≒ 0.137\text{m}^3/\text{인·일}$

4. 활성슬러지공정의 2차 침전지를 설계하는데 다음과 같은 기준을 사용하였다. 이 침전지의 수리학적 체류시간은? (단, 수심=5.4m, 유입수량=5,000m³/d, 표면부하율=30m³/m²·d)

① 2.8시간
② 3.5시간
③ 4.3시간
④ 5.2시간

해설
㉮ $V_0 = \dfrac{Q}{A}$
$30 = \dfrac{5,000}{A}$
$\therefore A = 166.67\text{m}^2$

㉯ $t = \dfrac{V}{Q} = \dfrac{hA}{Q} = \dfrac{5.4 \times 166.67}{5,000} = 0.18\text{day}$
$= 0.18 \times 24\text{hr} = 4.32\text{시간}$

5. 맨홀의 설치장소로 적합하지 않은 것은?

① 관로의 방향이 바뀌는 곳
② 관로의 관경이 변하는 곳
③ 관로의 단차가 발생하는 곳
④ 관로의 수량변화가 적은 곳

해설 맨홀은 수량변화가 많은 곳에 설치한다.

6. 하수도계획에서 수질환경기준에 준하는 배제방식, 처리방법, 시설의 취지결정에 활용하기 위하여 필요한 조사는?

① 상수도급수현황
② 음용수의 수질기준
③ 방류수역의 허용부하량
④ 공업용수도의 현황

해설 하수도는 상수도의 사용 후 버려지는 물로써, 방류되는 방류수역의 허용부하량에 따라 하수도계획을 세운다.

7. 상수도의 급수계통으로 알맞은 것은?

① 취수-도수-정수-배수-송수-급수
② 취수-도수-송수-정수-배수-급수
③ 취수-송수-정수-배수-도수-급수
④ 취수-도수-정수-송수-배수-급수

해설 상수도의 급수계통순서는 취수-도수-정수-송수-배수-급수 순이다.

8. 염소의 살균능력이 큰 것부터 순서대로 나열된 것은?

① Chloramines > OCl^- > HOCl

② Chloramines > HOCl > OCl^-

③ HOCl > Chloramines > OCl^-

④ HOCl > OCl^- > Chloramines

• 해설 살균력의 세기는 오존 > HOCl > OCl^- > 클로라민 순이다.

9. 신축자재가 아닌 노출되는 관로 등에 신축이음관을 설치할 때 몇 m마다 설치하여야 하는가?

① 5~10m ② 20~30m

③ 50~60m ④ 100~110m

• 해설 신축자재가 아닌 노출되는 관로 등에는 20~30m마다 신축이음관을 설치하고, 연약지반이나 구조물과의 접합부(tie-in point) 등 부등침하의 우려가 있는 장소에는 휨성이 큰 신축이음관을 설치한다(상수도시설기준, 2010).

10. 하천을 수원으로 하는 경우에 하천에 직접 설치할 수 있는 취수시설과 가장 거리가 먼 것은?

① 취수탑 ② 취수틀

③ 집수매거 ④ 취수문

• 해설 집수매거는 지하수 중 복류수의 취수시설이다.

11. 송수시설에 관한 설명으로 옳지 않은 것은?

① 계획송수량은 원칙적으로 계획 1일 최대급수량을 기준으로 한다.

② 송수는 관수로로 하는 것을 원칙으로 하되, 개수로로 할 경우에는 터널 또는 수밀성의 암거로 한다.

③ 송수방식에는 정수시설 · 배수시설과의 수위관계, 정수장과 배수지 사이의 지형과 지세에 따라 자연유하식, 펌프가압식 및 병용식이 있다.

④ 송수관의 유속은 자연유하식인 경우에 허용 최대한도를 5.0m/s로 한다.

• 해설 도 · 송수관의 유속범위는 0.3~3m/s이다.

12. 우수관로 및 합류관로의 계획우수량에 대한 유속기준은?

① 최소 0.8m/s, 최대 3.0m/s

② 최소 0.6m/s, 최대 5.0m/s

③ 최소 0.5m/s, 최대 7.0m/s

④ 최소 0.7m/s, 최대 8.0m/s

• 해설 우수관로 및 합류관로의 유속범위는 0.8~3m/s이다.

13. 1인 1일 평균급수량의 도시조건에 따른 일반적인 경향에 대한 설명으로 옳지 않은 것은?

① 도시규모가 클수록 수량이 크다.

② 도시의 생활수준이 낮을수록 수량이 크다.

③ 기온이 높은 지방은 추운 지방보다 수량이 크다.

④ 정액급수의 수도는 계량급수의 수도보다 수량이 크다.

• 해설 급수량은 소득이 높을수록, 공업도시일수록, 생활수준이 높을수록 수량이 크다.

14. 하수도시설의 목적(역할)과 거리가 먼 것은?

① 공공수역의 확대 ② 생활환경의 개선

③ 수질보전 가능 ④ 침수피해 방지

15. 침전지의 침전효율 E와 부유물 침강속도 V_0, 유입유량 Q, 침전지의 표면적 A와의 관계식을 옳게 나타낸 것은?

① $E = \dfrac{Q}{V_0/A}$ ② $E = \dfrac{V_0}{Q/A}$

③ $E = \dfrac{Q}{V_0 A}$ ④ $E = \dfrac{V_0}{QA}$

• 해설 침전효율 $E = \dfrac{V_s}{V_0} \times 100\%$이고 $V_0 = \dfrac{Q}{A} = \dfrac{h}{t}$이다.

16. 하수도계획대상유역에서 분할된 각 구역별 유출계수가 다음 표와 같을 때 전체 유역의 유출계수는?

구역	면적(km^2)	토지상태	유출계수
1	0.05	콘크리트포장	0.90
2	0.50	교외주택지역	0.35
3	0.03	아파트지역	0.60

① 0.350 ② 0.410

③ 0.447 ④ 0.534

해설 면적가중을 하면

$$C = \frac{0.05 \times 0.9 + 0.5 \times 0.35 + 0.03 \times 0.6}{0.05 + 0.5 + 0.03} = 0.410$$

17. 합류식과 분류식 하수관로의 특징에 관한 설명으로 옳지 않은 것은?

① 분류식은 합류식에 비해 오접합의 우려가 적다.
② 합류식은 분류식에 비해 우천 시 처리장으로 다량의 토사유입이 있을 수 있다.
③ 합류식은 분류식에 비해 청소, 검사 등이 유리하다.
④ 분류식은 합류식에 비해 수세효과를 기대할 수 없다.

해설 분류식은 오수관와 우수관을 분리하여 매설하므로 합류식에 비하여 오접합의 우려가 크다.

18. 하수처리에 관한 설명으로 옳지 않은 것은?

① 하수처리방법은 물리적, 화학적, 생물학적 공정으로 대별할 수 있다.
② 보통침전은 응집제를 사용하는 화학적 처리공정이다.
③ 소독은 화학적 처리공정이라 할 수 있다.
④ 생물학적 처리공정은 호기성 분해와 혐기성 분해로 대별할 수 있다.

해설 보통침전은 응집의 과정 없이 처리되므로 응집제를 필요로 하지 않는다.

19. 강우강도(intensity of rainfall)공식의 형태 중 탤벗(Talbot)형은? (단, t는 지속기간(min)이고, a, b, m, n은 지역에 따라 다른 값을 갖는 상수이다.)

① $I = \dfrac{a}{t^n}$

② $I = \dfrac{a}{\sqrt{t} + b}$

③ $I = \dfrac{a}{t + b}$

④ $I = \dfrac{a}{t^m + b}$

20. 반송슬러지농도를 X_R, 슬러지반송비를 R이라고 할 때 반응조 내의 MLSS농도 X를 구하는 식은? (단, 유입수의 SS는 무시함)

① $X = \dfrac{X_R}{1 - R}$

② $X = \dfrac{RX_R}{1 + R}$

③ $X = R(X_R + 1)$

④ $X = \dfrac{RX_R}{1 - R}$

1. 슬러지용량지표(SVI : sludge volume index)에 관한 설명으로 옳지 않은 것은?

① 정상적으로 운전되는 반응조의 SVI는 50~150범위이다.

② SVI는 포기시간, BOD농도, 수온 등에 영향을 받는다.

③ SVI는 슬러지밀도지수(SDI)에 100을 곱한 값을 의미한다.

④ 반응조 내 혼합액을 30분간 정체한 경우 1g의 활성슬러지부유물질이 포함하는 용적을 mL로 표시한 것이다.

해설 $SVI \times SDI = 100$

2. 완속여과지에 관한 설명으로 옳지 않은 것은?

① 응집제를 필수적으로 투입해야 한다.

② 여과속도는 4~5m/d를 표준으로 한다.

③ 비교적 양호한 원수에 알맞은 방법이다.

④ 급속여과지에 비해 넓은 부지면적을 필요로 한다.

해설 응집제 투입을 통한 약품침전을 거치게 되면 급속여과시설로 간다.

3. 수원지에서부터 각 가정까지의 상수도계통도를 나타낸 것으로 옳은 것은?

① 수원 − 취수 − 도수 − 배수 − 정수 − 송수 − 급수

② 수원 − 취수 − 배수 − 정수 − 도수 − 송수 − 급수

③ 수원 − 취수 − 도수 − 정수 − 송수 − 배수 − 급수

④ 수원 − 취수 − 도수 − 송수 − 정수 − 배수 − 급수

해설 상수도시설계통순서는 수원 − 취수 − 도수 − 정수 − 송수 − 배수 − 급수이다.

4. 하수처리장에서 480,000L/day의 하수량을 처리한다. 펌프장의 습정(wet well)을 하수로 채우기 위하여 40분이 소요된다면 습정의 부피는?

① $13.3m^3$

② $14.3m^3$

③ $15.3m^3$

④ $16.3m^3$

해설

$$t = \frac{V}{Q}$$

$$\therefore V = Qt = 480,000L/day \times 40min$$

$$= \frac{480,000 \times 10^{-3}m^3 \times 40min}{1,440min} = 13.3m^3$$

5. 혐기성 상태에서 탈질산화(denitrification)과정으로 옳은 것은?

① 아질산성 질소 → 질산성 질소 → 질소가스(N_2)

② 암모니아성 질소 → 질산성 질소 → 아질산성 질소

③ 질산성 질소 → 아질산성 질소 → 질소가스(N_2)

④ 암모니아성 질소 → 아질산성 질소 → 질산성 질소

해설 탈질산화과정
유기성 질소 → NH_3-N(암모니아성 질소) → NO_2-N(아질산성 질소) → NO_3-N(질산성 질소)

6. 합류식에서 하수차집관로의 계획하수량기준으로 옳은 것은?

① 계획시간 최대오수량 이상

② 계획시간 최대오수량의 3배 이상

③ 계획시간 최대오수량과 계획시간 최대우수량의 합 이상

④ 계획우수량과 계획시간 최대오수량의 합의 2배 이상

해설 차집관로의 계획하수량은 계획시간 최대오수량의 3배 또는 우천 시 계획우수량을 기준으로 한다.

7. 양수량 $15.5m^3/min$, 양정 24m, 펌프효율 80%, 여유율(α) 15%일 때 펌프의 전동기출력은?

① 57.8kW

② 75.8kW

③ 78.2kW

④ 87.2kW

해설

$$P_p = \frac{9.8 \times 0.257 \times 24 \times 1.15}{0.8} = 86.9kW$$

이때 약식 계산을 안하면 87.4kW가 나오며 $15.5m^3/min = 0.257m^3/s$이다.

8. 하수관로매설 시 관로의 최소흙두께는 원칙적으로 얼마로 하여야 하는가?

① 0.5m ② 1.0m
③ 1.5m ④ 2.0m

해설 하수관로매설의 최소토피는 1m 이상으로 한다.

9. 활성탄처리를 적용하여 제거하기 위한 주요 항목으로 거리가 먼 것은?

① 질산성 질소 ② 냄새유발물질
③ THM전구물질 ④ 음이온 계면활성제

해설 활성탄은 맛과 냄새를 제거하는 것, 즉 이취미 제거에 목적이 있다. 주로 정수의 전처리과정이나 후처리과정에서 도입된다. 질산성 질소의 제거는 이온교환법이나 막분리법에 가장 널리 사용된다.

10. 정수처리의 단위조작으로 사용되는 오존처리에 관한 설명으로 틀린 것은?

① 유기물질의 생분해성을 증가시킨다.
② 염소주입에 앞서 오존을 주입하면 염소의 소비량을 감소시킨다.
③ 오존은 자체의 높은 산화력으로 염소에 비하여 높은 살균력을 가지고 있다.
④ 인의 제거능력이 뛰어나고 수온이 높아져도 오존소비량은 일정하게 유지된다.

해설 오존처리의 특징
㉮ 염소에 비하여 높은 살균력을 가지고 있다.
㉯ 수온이 높아지면 용해도가 감소하고 분해가 빨라진다.
㉰ 맛, 냄새, 유기물, 색도 제거의 효과가 우수하다.
㉱ 유기물질의 생분해성을 증가시킨다.
㉲ 철·망간의 산화능력이 크다.
㉳ 염소요구량을 감소시킨다.

11. 호수나 저수지에 대한 설명으로 틀린 것은?

① 여름에는 성층을 이룬다.
② 가을에는 순환(turn over)을 한다.
③ 성층은 연직방향의 밀도차에 의해 구분된다.
④ 성층현상이 지속되면 하층부의 용존산소량이 증가한다.

해설 하층부로 갈수록 용존산소는 부족해진다.

12. 전양정 4m, 회전속도 100rpm, 펌프의 비교회전도가 920일 때 양수량은?

① 677m³/min
② 834m³/min
③ 975m³/min
④ 1,134m³/min

해설
$$N_s = N \frac{Q^{1/2}}{H^{3/4}}$$
$$920 = 100 \times \frac{\sqrt{Q}}{4^{3/4}}$$
$$\therefore \ Q = 677.12 \text{m}^3/\text{min}$$

13. 어느 도시의 급수인구자료가 다음 표와 같을 때 등비증가법에 의한 2020년도의 예상급수인구는?

연도	인구(명)
2005	7,200
2010	8,800
2015	10,200

① 약 12,000명 ② 약 15,000명
③ 약 18,000명 ④ 약 21,000명

해설
$$r = \left(\frac{10,200}{7,200}\right)^{1/10} - 1 = 0.035$$
$$\therefore \ P_n = 10,200 \times (1+0.035)^5 = 12,114 \text{명}$$

14. 수원(水源)에 관한 설명 중 틀린 것은?

① 심층수는 대지의 정화작용으로 인해 무균 또는 거의 이에 가까운 것이 보통이다.
② 용천수는 지하수가 자연적으로 지표로 솟아 나온 것으로 그 성질은 대개 지표수와 비슷하다.
③ 복류수는 어느 정도 여과된 것이므로 지표수에 비해 수질이 양호하며 대개의 경우 침전지를 생략할 수 있다.
④ 천층수는 지표면에서 깊지 않은 곳에 위치하여 공기의 투과가 양호하므로 산화작용이 활발하게 진행된다.

해설 용천수는 지하수이며 복류수와 비슷하다.

15. 수격현상(water hammer)의 방지대책으로 틀린 것은?

① 펌프의 급정지를 피한다.

② 가능한 관내 유속을 크게 한다.

③ 토출측 관로에 에어챔버(air chamber)를 설치한다.

④ 토출관 측에 압력조정용 수조(surge tank)를 설치한다.

해설 수격현상은 밸브의 급격한 개폐에 의하여 발생하며 관내 유속을 작게 해야 한다.

16. BOD 200mg/L, 유량 600m³/day인 어느 식료품공장폐수가 BOD 10mg/L, 유량 2m³/s인 하천에 유입한다. 폐수가 유입되는 지점으로부터 하류 15km지점의 BOD는? (단, 다른 유입원은 없고, 하천의 유속은 0.05m/s, 20℃ 탈산소계수(K_1)=0.1/day, 상용대수, 20℃기준이며, 기타 조건은 고려하지 않음)

① 4.79mg/L
② 5.39mg/L
③ 7.21mg/L
④ 8.16mg/L

해설 ㉮ 공장폐수 하천수의 혼합 후 농도
하천유량 2m³/s는
$2 \times 86,400$m³/day $= 172,800$m³/day

$$\therefore C = \frac{Q_1 C_1 + Q_2 C_2}{Q_1 + Q_2}$$

$$= \frac{200 \times 600 + 10 \times 172,800}{600 + 172,800}$$

$$= 10.66 \text{mg/L}$$

㉯ BOD 감소량
하류 15km 이동시간은

$$t = \frac{L}{V} = \frac{15,000\text{m}}{0.05\text{m/s} \times 86,400} = 3.47\text{day}$$

잔존BOD공식에 대입하면

$$\therefore \text{BOD}_{3.47} = 10.66 \times 10^{-0.1 \times 3.47} = 4.79\text{mg/L}$$

17. 하수슬러지처리과정과 목적이 옳지 않은 것은?

① 소각 : 고형물의 감소, 슬러지용적의 감소

② 소화 : 유기물과 분해하여 고형물 감소, 질적 안정화

③ 탈수 : 수분 제거를 통해 함수율 85% 이하로 양의 감소

④ 농축 : 중간 슬러지처리공정으로 고형물농도의 감소

해설 농축은 슬러지의 부피를 1/3로 감소시키는 과정이다.

18. 다음 설명 중 옳지 않은 것은?

① BOD가 과도하게 높으면 DO는 감소하며 악취가 발생된다.

② BOD, COD는 오염의 지표로서 하수 중의 용존산소량을 나타낸다.

③ BOD는 유기물이 호기성 상태에서 분해·안정화되는데 요구되는 산소량이다.

④ BOD는 보통 20℃에서 5일간 시료를 배양했을 때 소비된 용존산소량으로 표시된다.

해설 유기물이 호기성 상태에서 분해·안정화되는 데 요구되는 산소량은 DO를 의미한다.

19. 상수도시설 중 접합정에 관한 설명으로 옳은 것은?

① 상부를 개방하지 않은 수로시설

② 복류수를 취수하기 위해 매설한 유공관로시설

③ 배수지 등의 유입수의 수위조절과 양수를 위한 시설

④ 관로의 도중에 설치하여 주로 관로의 수압을 조절할 목적으로 설치하는 시설

해설 접합정은 도수, 송수관로의 도중에 설치하여 주로 관로의 수압을 조절할 목적으로 설치하는 시설이다.

20. 도수 및 송수관을 자연유하식으로 설계할 때 평균유속의 허용 최대한도는?

① 0.3m/s
② 3.0m/s
③ 13.0m/s
④ 30.0m/s

해설 도수 및 송수관에서의 유속범위는 0.3~3m/s이다.

1. 하수관로시설에서 분류식에 대한 설명으로 옳지 않은 것은?

① 매설비용을 절약할 수 있다.

② 안정적인 하수처리를 실시할 수 있다.

③ 모든 오수를 처리할 수 있으므로 수질개선에 효과적이다.

④ 분류식의 오수관은 유속이 빠르므로 관내에 침전물이 적게 발생한다.

해설 분류식은 관이 작지만 오수관과 우수관을 별도로 매설하므로 합류식에 비하여 매설비용이 증대된다.

2. 급수방식의 종류가 아닌 것은?

① 역류식　　　　　② 저수조식

③ 직결가압식　　　④ 직결직압식

3. 관로의 접합에 대한 설명으로 틀린 것은?

① 2개의 관로가 합류하는 경우의 중심교각은 장애물이 있을 때에는 60° 이하로 한다.

② 2개의 관로가 곡선을 갖고 합류하는 경우의 곡률반경은 내경의 3배 이하로 한다.

③ 관로의 관경이 변화하는 경우 또는 2개의 관로가 합류하는 경우의 접합방법은 원칙적으로 수면접합 또는 관정접합으로 한다.

④ 지표의 경사가 급한 경우에는 관경변화에 대한 유무에 관계없이 원칙적으로 지표의 경사에 따라서 단차접합 또는 계단접합으로 한다.

해설 2개의 관거가 합류하는 경우의 중심교각은 되도록 60° 이하로 하고, 곡선을 갖고 합류하는 경우의 곡률반경은 내경의 5배 이상으로 한다.

4. 유역면적이 100ha이고 유출계수가 0.70인 지역의 우수유출량은? (단, 강우강도는 3mm/min이다.)

① $0.35\text{m}^3/\text{s}$　　　　② $0.58\text{m}^3/\text{s}$

③ $35\text{m}^3/\text{s}$　　　　　④ $58\text{m}^3/\text{s}$

해설
$$Q = \frac{1}{360}CIA$$
$$= \frac{1}{360} \times 0.7 \times 3 \times 60\text{mm/hr} \times 100 = 35\text{m}^3/\text{s}$$

5. 상수의 공급과정으로 옳은 것은?

① 취수→도수→정수→송수→배수→급수

② 취수→도수→정수→배수→송수→급수

③ 취수→송수→도수→정수→배수→급수

④ 취수→송수→배수→정수→도수→급수

6. 응집침전에 주로 사용되는 응집제가 아닌 것은?

① 벤토나이트(bentonite)

② 염화 제2철(ferric chloride)

③ 황산 제1철(ferrous sulfate)

④ 황산알루미늄(aluminium sulfate)

해설 벤토나이트는 응집제가 아니라 여재이다.

7. 배수면적 0.35km², 강우강도 $I = \dfrac{5,200}{t+40}$ [mm/h], 유입시간 7분, 유출계수 $C=0.7$, 하수관 내 유속 1m/s, 하수관길이 500m인 경우 우수관의 통수 단면적은? (단, t의 단위는 분이고, 계획우수량은 합리식에 의함)

① 4.2m^2　　　　② 5.1m^2

③ 6.4m^2　　　　④ 8.5m^2

해설
$$t = 7 + \frac{500\text{m}}{60 \times 1\text{m/min}} = 15.3\text{min}$$
$$I = \frac{5,200}{15.3+40} = 94\text{mm/hr}$$
$$Q = \frac{1}{3.6} \times 0.7 \times 94 \times 0.35 = 6.4\text{m}^3/\text{s}$$
$$\therefore A = \frac{Q}{V} = \frac{6.4\text{m}^3/\text{s}}{1\text{m/s}} = 6.4\text{m}^2$$

8. 하수배제방식 중 합류식 하수관거에 대한 설명으로 옳지 않은 것은?

① 일정량 이상이 되면 우천 시 오수가 월류한다.

② 기존의 측구를 폐지할 경우 도로폭을 유효하게 이용할 수 있다.

③ 하수처리장에 유입하는 하수의 수질변동이 비교적 적다.

④ 대구경관로가 되면 좁은 도로에서의 매설에 어려움이 있다.

▶**해설** 합류식 하수관거는 하수의 수질변동이 크다.

9. 수원에 관한 설명 중 틀린 것은?

① 심층수는 대수층 주위의 지질에 따른 고유의 특징이 있다.

② 복류수는 어느 정도 여과된 것이므로 지표수에 비해 수질이 양호하다.

③ 천층수는 지표면에서 깊지 않은 곳에 위치하므로 지표수의 영향을 받기 쉽다.

④ 용천수는 지하수가 자연적으로 지표로 솟아 나온 것으로 그 성질은 지표수와 비슷하다.

▶**해설** 용천수는 복류수와 성질이 비슷하다.

10. 마을 전체의 수압을 안정시키기 위해서는 급수탑 바로 밑의 관로계기수압이 4.0kg/cm^2가 되어야 한다. 이를 만족시키기 위하여 급수탑은 관로로부터 몇 m 높이에 수위를 유지하여야 하는가?

① 25m ② 30m

③ 35m ④ 40m

▶**해설** $p = \gamma h$

$$\therefore h = \frac{p}{\gamma} = \frac{4.0\text{kg/cm}^2}{1\text{t/m}^3} = 40\text{m}$$

11. 침전지의 침전효율을 높이기 위한 사항으로 틀린 것은?

① 침전지의 표면적을 크게 한다.

② 침전지 내 유속을 크게 한다.

③ 유입부에 정류벽을 설치한다.

④ 지(池)의 길이에 비하여 폭을 좁게 한다.

▶**해설** 침전지 내 유속을 작게 해야 한다.

12. 취수탑에 대한 설명으로 옳지 않은 것은?

① 부대설비인 관리교, 조명설비, 유목 제거기, 협잡물 제거설비 및 피뢰침을 설치한다.

② 하천의 경우 토사유입을 적게 하기 위하여 유입속도 15~20m/s를 표준으로 한다.

③ 취수구시설에 스크린, 수문 또는 수위조절판을 설치하여 일체가 되어 작동한다.

④ 취수탑의 설치위치에서 갈수수심이 최소 2m 이상이 아니면 계획취수량의 취수에 필요한 취수구의 설치가 곤란하다.

13. 펌프를 선택할 때 고려해야 할 사항으로 가장 거리가 먼 것은?

① 동력 ② 양정

③ 펌프의 무게 ④ 펌프의 특성

14. 슬러지 소각에 대한 설명으로 틀린 것은?

① 부패성이 없다.

② 위생적으로 안전하다.

③ 슬러지용적이 1/50~1/100로 감소한다.

④ 타 처리방법에 비하여 소요부지면적이 크다.

15. 인구 20만 도시에 계획 1인 1일 최대급수량 500L, 급수보급률 85%를 기준으로 상수도시설을 계획할 때 이 도시의 계획 1일 최대급수량은?

① $85,000\text{m}^3/$일 ② $100,000\text{m}^3/$일

③ $120,000\text{m}^3/$일 ④ $170,000\text{m}^3/$일

▶**해설** 계획 1일 최대급수량 = 200,000인 × 500L/인·day

$\times 0.85$

= 85,000,000L/day

= 85,000m³/day

16. 관로별 계획하수량에 대한 설명으로 옳은 것은?

① 우수관로는 계획우수량으로 한다.

② 오수관로는 계획 1일 최대오수량으로 한다.

③ 차집관로에서는 청천 시 계획오수량으로 한다.

④ 합류식 관로는 계획 1일 최대오수량에 계획우수량을 합한 것으로 한다.

해설 오수관로는 계획 1일 시간 최대오수량, 차집관로는 우천 시 계획우수량 또는 시간 최대오수량의 3배, 합류식 관로는 계획시간 최대오수량과 계획우수량을 합한 것으로 한다.

17. 2,000t/day의 하수를 처리할 수 있는 원형 방사류식 침전지에서 체류시간은? (단, 평균수심 3m, 지름 8m)

① 1.6시간   ② 1.7시간
③ 1.8시간   ④ 1.9시간

해설
$$V = \frac{\pi \times 8^2}{4} \times 3 = 150.8 \text{m}^3$$
$$\therefore t = \frac{V}{Q} = \frac{150.8}{\dfrac{2,000}{24}} = 1.8 \text{hr}$$

18. 토지이용도별 기초유출계수의 표준값으로 옳지 않은 것은?

① 수면 : 1.0   ② 도로 : 0.65~0.75
③ 지붕 : 0.85~0.95   ④ 공지 : 0.10~0.30

해설 도로(콘크리트 또는 아스팔트의 경우) : 0.9~0.95

19. 활성슬러지법의 변법 중 미생물에 의한 유기물 흡수와 흡수된 유기물의 산화가 별도의 처리조에서 수행되는 것은?

① 산화구법   ② 접촉 안정법
③ 장기포기법   ④ 계단식 포기법

해설 접촉 안정법은 포기조에서 유입폐수와 포기조 MLSS를 30분 동안 접촉시킨 후 플록 내에 유기물을 흡착시킨 다음, 안정조 이동침전지에서 반송된 슬러지를 폭기시키며 흡착된 유기물을 산화시키는 방식이다.

20. 폭 10m, 길이 25m인 장방형 침전조에 면적 100m² 인 경사판 1개를 침전조 바닥에 대하여 15°의 경사로 설치하였다면 이 침전조의 제거효율은 이론적으로 몇 % 증가하겠는가?

① 약 10.0%   ② 약 20.0%
③ 약 28.6%   ④ 약 38.6%

해설
$$10 \times 25 = 250 \text{m}^2$$
$$100 \text{m}^2 \times \cos 15° = 96.6 \text{m}^2$$
$$\therefore \frac{96.6 \text{m}^2}{250 \text{m}^2} \times 100\% = 38.6\%$$

1. 지표수를 수원으로 하는 경우의 상수시설배치순서로 가장 적합한 것은?

① 취수탑 → 침사지 → 응집침전지 → 여과지 → 배수지
② 취수구 → 약품침전지 → 혼화지 → 여과지 → 배수지
③ 집수매거 → 응집침전지 → 침사지 → 여과지 → 배수지
④ 취수문 → 여과지 → 보통침전지 → 배수탑 → 배수관망

해설 상수도시설계통순서는 취수 → 도수 → 정수 → 송수 → 배수 → 급수이며, 정수과정에는 응집 → 침전 → 여과 → 소독의 과정을 거친다.

2. 다음과 같은 조건으로 입자가 복합되어 있는 플록의 침강속도를 Stokes의 법칙으로 구하면 전체가 흙입자로 된 플록의 침강속도에 비해 침강속도는 몇 % 정도인가? (단, 비중이 2.5인 흙입자의 전체 부피 중 차지하는 부피는 50%이고, 플록의 나머지 50% 부분의 비중은 0.9이며, 입자의 지름은 10mm이다.)

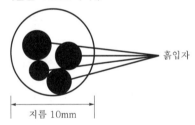

지름 10mm

① 38% ② 48%
③ 58% ④ 68%

해설 Stokes법칙 $V_s = \dfrac{(s-1)gd^2}{18\nu}$ 에서 주어진 조건이 모두 같으므로 비중 s를 비교하면

$$\frac{2.5 \times 0.5 + 0.9 \times 0.5}{2.5} \times 100\% = 68\%$$

3. 관로를 개수로와 관수로로 구분하는 기준은?

① 자유수면 유무 ② 지하매설 유무
③ 하수관과 상수관 ④ 콘크리트관과 주철관

4. 정수장 배출수처리의 일반적인 순서로 옳은 것은?

① 농축 → 조정 → 탈수 → 처분
② 농축 → 탈수 → 조정 → 처분
③ 조정 → 농축 → 탈수 → 처분
④ 조정 → 탈수 → 농축 → 처분

해설 배출수처리의 일반적인 순서는 조정 → 농축 → 탈수 → 건조 → 최종 처분이다.

5. 활성슬러지법에서 MLSS가 의미하는 것은?

① 폐수 중의 부유물질
② 방류수 중의 부유물질
③ 포기조 내의 부유물질
④ 반송슬러지의 부유물질

6. 상수도의 계통을 올바르게 나타낸 것은?

① 취수 → 송수 → 도수 → 정수 → 급수 → 배수
② 취수 → 도수 → 정수 → 송수 → 배수 → 급수
③ 취수 → 정수 → 도수 → 급수 → 배수 → 송수
④ 도수 → 취수 → 정수 → 송수 → 배수 → 급수

7. 활성슬러지법의 여러 가지 변법 중에서 잉여슬러지량을 현저하게 감소시키고 슬러지처리를 용이하게 하기 위해 개발된 방법으로서 포기시간이 16~24시간, F/M비가 0.03~0.05kgBOD/kgSS·day 정도의 낮은 BOD-SS 부하로 운전하는 방식은?

① 장기포기법 ② 순산소포기법
③ 계단식 포기법 ④ 표준활성슬러지법

8. 하수관로설계기준에 대한 설명으로 옳지 않은 것은?

① 관경은 하류로 갈수록 크게 한다.
② 유속은 하류로 갈수록 작게 한다.
③ 경사는 하류로 갈수록 완만하게 한다.
④ 오수관로의 유속은 0.6~3m/s가 적당하다.

해설 하수관로에서 하류로 갈수록 유속은 빠르게, 경사는 완만하게 한다.

9. 호수의 부영양화에 대한 설명으로 옳지 않은 것은?

① 부영양화의 주된 원인물질은 질소와 인이다.
② 조류의 이상증식으로 인하여 물의 투명도가 저하된다.
③ 조류의 발생이 과다하면 정수공정에서 여과지를 폐색시킨다.
④ 조류 제거약품으로는 일반적으로 황산알루미늄을 사용한다.

해설 조류 제거는 마이크로스트레이너법으로 한다.

10. 상수도관로시설에 대한 설명 중 옳지 않은 것은?

① 배수관 내의 최소동수압은 150kPa이다.
② 상수도의 송수방식에는 자연유하식과 펌프가압식이 있다.
③ 도수거가 하천이나 깊은 계곡을 횡단할 때는 수로교를 가설한다.
④ 급수관을 공공도로에 부설할 경우 다른 매설물과의 간격을 15cm 이상 확보한다.

해설 급수관을 공공도로에 부설할 경우 다른 매설물과의 간격을 30cm 이상 확보한다.

11. 계획오수량을 생활오수량, 공장폐수량 및 지하수량으로 구분할 때 이것에 대한 설명으로 옳지 않은 것은?

① 지하수량은 1인 1일 최대오수량의 10~20%로 한다.
② 계획 1일 평균오수량은 계획 1일 최대오수량의 70~80%를 표준으로 한다.
③ 합류식에서 우천 시 계획오수량은 원칙적으로 계획시간 최대오수량의 2배 이상으로 한다.
④ 계획 1일 최대오수량은 1인 1일 최대오수량에 계획인구를 곱한 후, 여기에 공장폐수량, 지하수량 및 기타 배수량을 더한 것으로 한다.

해설 합류식에서 우천 시 계획오수량은 원칙적으로 계획시간 최대오수량의 3배 이상으로 한다.

12. 하수도시설기준에 의한 우수관로 및 합류관로거의 표준 최소관경은?

① 200mm   ② 250mm
③ 300mm   ④ 350mm

해설 오수관의 최소관경은 200mm이고, 우수관의 최소관경은 250mm이다.

13. 관로별 계획하수량에 대한 설명으로 옳지 않은 것은?

① 우수관로는 계획우수량으로 한다.
② 차집관로는 우천 시 계획오수량으로 한다.
③ 오수관로의 계획오수량은 계획 1일 최대오수량으로 한다.
④ 합류식 관로에서는 계획시간 최대오수량에 계획우수량을 합한 것으로 한다.

해설 오수관로의 계획오수량은 계획시간 최대오수량으로 한다.

14. 막여과시설의 약품세척에서 무기물질 제거에 사용되는 약품이 아닌 것은?

① 염산   ② 황산
③ 구연산   ④ 차아염소산나트륨

해설 차아염소산나트륨은 식품의 부패균이나 병원균을 사멸하기 위하여 살균제로서 사용된다.

15. 어느 하천의 자정작용을 나타낸 다음 용존산소곡선을 보고 어떤 물질이 하천으로 유입되었다고 보는 것이 가장 타당한가?

① 생활하수
② 질산성 질소
③ 농도가 매우 낮은 폐알칼리
④ 농도가 매우 낮은 폐산(廢酸)

해설 초기에 용존산소가 있다가 시간이 갈수록 용존산소가 감소한 후 다시 회복되는 형태는 자정작용이 작용하고 있는 것을 뜻한다.

16. 지름 300mm의 주철관을 설치할 때 40kgf/cm²의 수압을 받는 부분에서는 주철관의 두께는 최소한 얼마로 하여야 하는가? (단, 허용인장응력 σ_{ta}=1,400kgf/cm²이다.)

① 3.1mm   ② 3.6mm

③ 4.3mm   ④ 4.8mm

해설 $t = \dfrac{PD}{2\sigma} = \dfrac{40 \times 30}{2 \times 1,400}$

$\qquad = 0.4286\text{cm} \doteqdot 4.3\text{mm}$

17. 원수의 알칼리도가 50ppm, 탁도가 500ppm일 때 황산알루미늄의 소비량은 60ppm이다. 이러한 원수가 48,000m³/day로 흐를 때 6%용액의 황산알루미늄의 1일 필요량은? (단, 액체의 비중을 1로 가정한다.)

① 48.0m³/day   ② 50.6m³/day

③ 53.0m³/day   ④ 57.6m³/day

해설 주입량 $= \dfrac{CQ}{\text{순도}}$

$\qquad = \dfrac{60 \times 10^{-6} \times 48,000}{0.06}$

$\qquad = 48\text{m}^3/\text{day}$

18. 일반적인 정수과정으로서 옳은 것은?

① 스크린 → 소독 → 여과 → 응집침전

② 스크린 → 응집침전 → 여과 → 소독

③ 여과 → 응집침전 → 스크린 → 소독

④ 응집침전 → 여과 → 소독 → 스크린

19. 먹는 물의 수질기준항목인 화학물질과 분류항목의 조합이 옳지 않은 것은?

① 황산이온 - 심미적

② 염소이온 - 심미적

③ 질산성 질소 - 심미적

④ 트리클로로에틸렌 - 건강

해설 질산성 질소는 무기물질이다.

20. 일반적으로 적용하는 펌프의 특성곡선에 포함되지 않는 것은?

① 토출량 - 양정곡선

② 토출량 - 효율곡선

③ 토출량 - 축동력곡선

④ 토출량 - 회전도곡선

해설 펌프특성곡선은 토출량과 양정, 효율, 축동력과의 관계이다.

1. 분류식에서 사용되는 중계펌프장시설의 계획하수량은?

① 계획 1일 최대오수량 ② 계획 1일 평균오수량
③ 우천 시 평균오수량 ④ 계획시간 최대오수량

해설 국내하수처리장시설의 분류식에서 중계펌프장이나 처리장 내 펌프장은 계획시간 최대오수량을, 배수펌프장은 계획우수량을 계획하수량으로 한다. 합류식에서 중계펌프장이나 처리장 내 펌프장은 우천 시 계획오수량을, 배수펌프장은 계획우수량+우천 시 계획오수량을 계획하수량으로 한다.

2. 하수관로의 경사와 유속에 대한 설명으로 옳지 않은 것은?

① 관로의 경사는 하류로 갈수록 감소시켜야 한다.
② 유속이 너무 크면 관로를 손상시키고 내용연수를 줄어들게 한다.
③ 오수관로의 최대유속은 계획시간 최대오수량에 대하여 1.0m/s로 한다.
④ 유속을 너무 크게 하면 경사가 급하게 되어 굴착깊이가 점차 깊어져서 시공이 곤란하고 공사비용이 증대된다.

해설 오수관로의 최대유속은 3m/s이다.

3. 하수관정부식(crown corrosion)의 원인이 되는 물질은?

① NH_4 ② H_2S
③ PO_4 ④ SS

해설 하수관정부식의 원인은 황화수소가스(H_2S)이다.

4. 계획배수량의 기준으로 옳은 것은?

① 배수구역의 계획 1일 평균배수량
② 배수구역의 계획 1일 최대배수량
③ 배수구역의 계획시간 평균배수량
④ 배수구역의 계획시간 최대배수량

5. 하수처리장의 반응조에서 미생물의 고형물체류시간(SRT)을 구할 때 무시될 수 있는 항목은?

① 생물반응조용량
② 유출수 내 SS농도
③ 잉여찌꺼기(슬러지)양
④ 생물반응조 MLSS농도

해설 유출수 내 SS농도는 0과 같지 않으므로 보기 때문에 무시될 수 있다.

6. 침전시설과 여과시설 등을 거친 정수장의 배출수는 최종적으로 적절한 배출수처리설비를 거쳐 방류된다. 배출수처리에 대한 설명으로 옳지 않은 것은?

① 발생슬러지는 위해하므로 주로 매립하고 재활용은 제한한다.
② 재순환되는 세척배출수의 목표수질은 평균적인 원수수질과 같거나 더 양호해야 한다.
③ 슬러지처리시설은 정수처리시설에서 발생하는 슬러지를 처리하고 처분하는데 충분한 기능과 능력을 갖추어야 한다.
④ 세척배출수에서 발생된 슬러지와 정수공정의 침전슬러지는 배출수처리시설의 농축조에서 농축처리하며 그 상징수는 정수공정으로 반송하지 않는다.

해설 발생된 슬러지의 최종처리에서 가장 바람직한 것은 퇴비화로 재활용하는 것이며, 가장 안전한 방법은 소각이다.

7. 상수도관 내의 수격현상(water hammer)을 경감시키는 방안으로 적합하지 않은 것은?

① 펌프의 급정지를 피한다.
② 에어챔버(air chamber)를 설치한다.
③ 운전 중 관내 유속을 최대로 유지한다.
④ 관로에 압력조절탱크(surge tank)를 설치한다.

해설 수격현상은 유속이 빠를 때 발생한다.

8. 대장균군이 오염지표로 널리 사용되는 이유로 옳은 것은?

① 검출이 어렵다.

② 검사방법이 용이하다.

③ 인체의 배설물 중에 존재하지 않는다.

④ 소화기계 병원균보다 저항력이 약하다.

9. 정수시설 중 혼화지와 침전지 사이에 위치하는 설비로서 완속교반을 행하는 설비를 무엇이라고 하는가?

① 여과지 　　　　② 침사지

③ 소독설비 　　　④ 플록형성지

> **해설** 응집지는 혼화지와 플록형성지로 구성되며, 혼화지는 급속교반시설, 플록형성지는 완속교반시설이다.

10. 하수배제방식 중 분류식과 비교하여 합류식이 갖는 특징으로 옳지 않은 것은?

① 폐쇄될 염려가 적다.

② 검사 및 수리가 비교적 쉽다.

③ 관로의 접합, 연결 등 시공이 복잡하다.

④ 강우 시 초기 우수의 처리대책이 필요하다.

> **해설** 분류식에 비하여 합류식은 하나의 관을 매설하므로 접합 및 시공이 용이하다.

11. 상수의 소독방법 중 염소처리와 오존처리에 대한 설명으로 옳지 않은 것은?

① 오존의 살균력은 염소보다 우수하다.

② 오존처리는 배오존처리설비가 필요하다.

③ 오존처리는 염소처리에 비하여 잔류성이 강하다.

④ 염소처리는 트리할로메탄(THM)을 생성시킬 가능성이 있다.

> **해설** 오존의 단점으로는 소독의 지속성이 떨어진다는 것이다. 즉 잔류성이 없다.

12. 현재 인구가 20만명이고 연평균인구증가율이 4.5%인 도시의 10년 후 추정인구는? (단, 등비급수법에 의한다.)

① 226,202명 　　　② 290,000명

③ 310,594명 　　　④ 324,571명

> **해설**
> $$P_n = P_0(1+r)^n$$
> $$= 200,000 \times (1+0.045)^{10} = 310,594 \text{명}$$

13. 유입하수량 30,000m^3/day, 유입 BOD 200mg/L, 유입 SS 150mg/L이고 BOD 제거율이 95%, SS 제거율이 90%일 경우 유출 BOD의 농도(㉠)와 유출 SS의 농도(㉡)는?

① ㉠ 10mg/L, ㉡ 15mg/L

② ㉠ 10mg/L, ㉡ 30mg/L

③ ㉠ 16mg/L, ㉡ 15mg/L

④ ㉠ 16mg/L, ㉡ 30mg/L

> **해설** ㉮ 유출 BOD의 농도 $= 200 \times (1-0.95) = 10\text{mg/L}$
> ㉯ 유출 SS의 농도 $= 150 \times (1-0.9) = 15\text{mg/L}$

14. 호기성 소화와 혐기성 소화를 비교할 때 혐기성 소화에 대한 설명으로 틀린 것은?

① 처리 후 슬러지생성량이 적다.

② 유효한 자원인 메탄이 생성된다.

③ 높은 온도를 필요로 하지 않는다.

④ 공정영향인자에는 체류시간, 온도, pH, 독성물질, 알칼리도 등이 있다.

> **해설** 소화시설은 비교적 높은 온도를 유지한다.

15. 하수도계획의 목표연도는 원칙적으로 몇 년을 기준으로 하는가?

① 5년 　　　　② 10년

③ 15년 　　　④ 20년

16. 펌프의 임펠러 입구에서 정압이 그 수온에 상당하는 포화증기압 이하가 되면 그 부분에 증기가 발생하거나 흡입관으로부터 공기가 흡입되어 기포가 생기는 현상은?

① Cavitation

② Positive Head

③ Specific Speed

④ Characteristic Curves

> **해설** 공동현상은 포화증기압 이하가 될 때 발생하는 증기로 인하여 흡입관으로 공기가 유입되어 기포가 생기는 현상을 말한다.

17. 계획 1인 1일 최대급수량 400L/인·day, 급수보급율 95%, 인구 15만명의 도시에 급수계획을 하고자 할 때 이 도시의 계획 1일 최대급수량은?

① 48,450m³/day   ② 57,000m³/day

③ 65,550m³/day   ④ 72,900m³/day

> **해설** 계획 1일 최대급수량
> $$= 150,000 \times 400 \times 10^{-3} m^3/인 \cdot day \times 0.95$$
> $$= 57,000 m^3/day$$

18. 취수탑에 대한 설명으로 옳지 않은 것은?

① 최소수심이 2m 이상은 확보되어야 한다.

② 연중 수위변화의 폭이 큰 지점에는 부적합하다.

③ 취수탑의 취수구 전면에는 스크린을 설치한다.

④ 취수탑은 하천, 호소, 댐 내에 설치된 탑모양의 구조물이다.

> **해설** 취수탑은 수위나 수량의 변화에 상관없이 연간 안정적인 취수가 가능하다.

19. 계획오수량 산정에서 고려되는 것이 아닌 것은?

① 지하수량   ② 공장폐수량

③ 생활오수량   ④ 차집하수량

> **해설** 계획오수량은 생활오수량, 공장폐수량, 지하수량의 합으로 산정한다.

20. 하천에 오수가 유입될 때 하천의 자정작용 중 최초의 분해지대에서 BOD가 감소하는 주요 원인은?

① 온도의 변화   ② 탁도의 증가

③ 미생물의 번식   ④ 유기물의 침전

> **해설** 자정작용은 분해지대-활발한 분해지대-회복지대-정수지대로 구별하며, 분해지대에서는 호기성 미생물이 활동하게 되어 BOD가 감소하게 된다.

1. 하수도계획의 기본적 사항에 관한 설명으로 옳지 않은 것은?
① 계획구역은 계획목표연도까지 시가화예상구역을 포함하여 광역적으로 정하는 것이 좋다.
② 하수도계획의 목표연도는 시설의 내용연수, 건설기간 등을 고려하여 50년을 원칙으로 한다.
③ 신시가지 하수도계획의 수립 시에는 기존 시가지를 포함하여 종합적으로 고려해야 한다.
④ 공공수역의 수질보전 및 자연환경보전을 위하여 하수도정비를 필요로 하는 지역을 계획구역으로 한다.

해설 하수도시설의 계획목표연도는 20년을 원칙으로 한다.

2. 배수 및 급수시설에 관한 설명으로 틀린 것은?
① 배수본관은 시설의 신뢰성을 높이기 위해 2개열 이상으로 한다.
② 배수지의 건설에는 토압, 벽체의 균열, 지하수의 부상, 환기 등을 고려한다.
③ 급수관 분기지점에서 배수관 내의 최대정수압은 1,000kPa 이상으로 한다.
④ 관로공사가 끝나면 시공의 적합 여부를 확인하기 위하여 수압시험 후 통수한다.

해설 최대정수압은 700kPa 이상으로 한다.

3. 하수관로의 매설방법에 대한 설명으로 틀린 것은?
① 실드공법은 연약한 지반에 터널을 시공할 목적으로 개발되었다.
② 추진공법은 실드공법에 비해 공사기간이 짧고 공사비용도 저렴하다.
③ 하수도공사에 이용되는 터널공법에는 개착공법, 추진공법, 실드공법 등이 있다.
④ 추진공법은 중요한 지하매설물의 횡단공사 등으로 개착공법으로 시공하기 곤란할 때 가끔 채용된다.

해설 개착공법은 터널공법이 아니다.

4. 먹는 물에 대장균이 검출될 경우 오염수로 판정되는 이유로 옳은 것은?
① 대장균이 병원균이기 때문이다.
② 대장균은 반드시 병원균과 공존하기 때문이다.
③ 대장균은 번식 시 독소를 분비하여 인체에 해를 끼치기 때문이다.
④ 사람이나 동물의 체내에 서식하므로 병원성 세균의 존재추정이 가능하기 때문이다.

5. 송수에 필요한 유량 $Q=0.7\text{m}^3/\text{s}$, 길이 $l=100\text{m}$, 지름 $d=40\text{cm}$, 마찰손실계수 $f=0.03$인 관을 통하여 높이 30m에 양수할 경우 필요한 동력(HP)은? (단, 펌프의 합성효율은 80%이며, 마찰 이외의 손실은 무시한다.)
① 122HP
② 244HP
③ 489HP
④ 978HP

해설 $Q=AV$

$$V=\frac{Q}{A}=\frac{0.7}{\frac{\pi\times0.4^2}{4}}=5.57\text{m/s}$$

$$h_L=f\frac{l}{d}\frac{v^2}{2g}=0.03\times\frac{100}{0.4}\times\frac{5.57^2}{2\times9.8}\fallingdotseq11.87\text{m}$$

$$\therefore P_p=\frac{13.33Q(H+\sum h_L)}{\eta}$$

$$=\frac{13.33\times0.7\times(30+11.87)}{0.8}\fallingdotseq489\text{HP}$$

6. 저수시설의 유효저수량 결정방법이 아닌 것은?
① 합리식
② 물수지 계산
③ 유량도표에 의한 방법
④ 유량누가곡선도표에 의한 방법

해설 합리식은 우수유출량 산정식이다.

7. 정수장 침전지의 침전효율에 영향을 주는 인자에 대한 설명으로 옳지 않은 것은?

① 수온이 낮을수록 좋다.

② 체류시간이 길수록 좋다.

③ 입자의 직경이 클수록 좋다.

④ 침전지의 수표면적이 클수록 좋다.

▶해설 수온은 높을수록 좋다.

8. 1/1,000의 경사로 묻힌 지름 2,400mm의 콘크리트관 내에 20℃의 물이 만관상태로 흐를 때의 유량은? (단, Manning공식을 적용하며 조도계수 $n = 0.015$)

① $6.78\text{m}^3/\text{s}$ ② $8.53\text{m}^3/\text{s}$

③ $12.71\text{m}^3/\text{s}$ ④ $20.57\text{m}^3/\text{s}$

▶해설
$$Q = \frac{\pi d^2}{4} \frac{1}{n} R_h^{\frac{2}{3}} I^{\frac{1}{2}}$$
$$= \frac{\pi \times 2.4^2}{4} \times \frac{1}{0.015} \times \left(\frac{2.4}{4}\right)^{\frac{2}{3}} \times \left(\frac{1}{1,000}\right)^{\frac{1}{2}}$$
$$= 6.78\text{m}^3/\text{s}$$

9. 다음 생물학적 처리방법 중 생물막공법은?

① 산화구법   ② 살수여상법

③ 접촉안정법   ④ 계단식 폭기법

▶해설 생물막법은 살수여상법, 회전원판법이 있다.

10. 함수율 95%인 슬러지를 농축시켰더니 최초 부피의 1/3이 되었다. 농축된 슬러지의 함수율은? (단, 농축 전후의 슬러지비중은 1로 가정)

① 65%   ② 70%

③ 85%   ④ 90%

▶해설
$$\frac{V_2}{V_1} = \frac{100 - W_1}{100 - W_2}$$
$$\frac{1}{3} = \frac{100 - 95}{100 - W_2}$$
$$\therefore W_2 = 85\%$$

11. 원형 침전지의 처리유량이 10,200m³/day, 위어의 월류부하가 169.2m³/m-day라면 원형 침전지의 지름은?

① 18.2m   ② 18.5m

③ 19.2m   ④ 20.8m

▶해설
$$V_0 = \frac{Q}{A}$$
$$169.2\text{m}^3/\text{m} - \text{day} = \frac{10,200\text{m}^3/\text{day}}{\text{침전지둘레}(\pi d)}$$
$$\pi d = 60.28$$
$$\therefore d = 19.2\text{m}$$

12. 금속이온 및 염소이온(염화나트륨 제거율 93% 이상)을 제거할 수 있는 막여과공법은?

① 역삼투법   ② 나노여과법

③ 정밀여과법   ④ 한외여과법

▶해설 막여과공법 중 이온 제거에 많이 이용되는 것은 역삼투법이다.

13. 정수처리에서 염소소독을 실시할 경우 물이 산성일수록 살균력이 커지는 이유는?

① 수중의 OCl 감소   ② 수중의 OCl 증가

③ 수중의 HOCl 감소   ④ 수중의 HOCl 증가

▶해설 살균력이 커지는 것은 유리잔류염소인 HOCl이 증가한다는 의미이다.

14. 하수도시설에 관한 설명으로 옳지 않은 것은?

① 하수배제방식은 합류식과 분류식으로 대별할 수 있다.

② 하수도시설은 관로시설, 펌프장시설 및 처리장시설로 크게 구별할 수 있다.

③ 하수배제는 자연유하를 원칙으로 하고 있으며 펌프시설도 사용할 수 있다.

④ 하수처리장시설은 물리적 처리시설을 제외한 생물학적, 화학적 처리시설을 의미한다.

▶해설 하수처리장시설의 물리적 처리시설에는 대표적으로 하수침사지와 유량조정조가 있다.

15. 대기압이 10.33m, 포화수증기압이 0.238m, 흡입관 내의 전 손실수두가 1.2m, 토출관의 전 손실수두가 5.6m, 펌프의 공동현상계수(σ)가 0.8이라 할 때 공동현상을 방지하기 위하여 펌프가 흡입수면으로부터 얼마의 높이까지 위치할 수 있겠는가?

① 약 0.8m까지   ② 약 2.4m까지

③ 약 3.4m까지   ④ 약 4.5m까지

해설

$$H_a = H_p + h_L + H_{sv} + H_s$$

$$10.33 = 0.238 + (1.2 + 5.6) + H_{sv} + H_s$$

$$H_{sv} + H_s = 3.292\text{m}$$

$$H_{sv} + H_s > 1.3 h_{sv}$$

$$\therefore 3.292\text{m} \times 0.7 = 2.3\text{m}$$

여기서, H_a : 대기압두, H_p : 포화수증기압수두,

h_L : 총손실수두, H_{sv} : 유효흡입수두,

h_{sv} : 필요흡입수두, H_s : 여유수면

16. 상수도 취수시설 중 침사지에 관한 시설기준으로 틀린 것은?

① 길이는 폭의 3~8배를 표준으로 한다.

② 침사지의 체류시간은 계획취수량의 10~20분을 표준으로 한다.

③ 침사지의 유효수심은 3~4m를 표준으로 한다.

④ 침사지 내의 평균유속은 20~30cm/s를 표준으로 한다.

해설 침사지 내의 평균유속은 2~7cm/s를 표준으로 한다.

17. 우수가 하수관로로 유입하는 시간이 4분, 하수관로에서 유하시간이 15분, 이 유역의 유역면적이 4km^2, 유출계수는 0.6, 강우강도식 $I = \dfrac{6,500}{t+40}$[mm/h] 일 때 첨두유량은? (단, t의 단위 : 분)

① 73.4m^3/s ② 78.8m^3/s

③ 85.0m^3/s ④ 98.5m^3/s

해설 $t = t_1 + t_2 = 4 + 15 = 19\text{min}$

$$\therefore Q = \frac{1}{3.6} CIA$$

$$= \frac{1}{3.6} \times 0.6 \times \frac{6,500}{19+40} \times 4 = 73.4\text{m}^3/\text{s}$$

18. 계획급수량을 산정하는 식으로 옳지 않은 것은?

① 계획 1인 1일 평균급수량=계획 1인 1일 평균사용수량/계획첨두율

② 계획 1일 최대급수량=계획 1일 평균급수량×계획첨두율

③ 계획 1일 평균급수량=계획 1인 1일 평균급수량×계획급수인구

④ 계획 1일 최대급수량=계획 1인 1일 최대급수량×계획급수인구

19. 정수장의 약품침전을 위한 응집제로서 사용되지 않는 것은?

① PACl ② 황산철

③ 활성탄 ④ 황산알루미늄

해설 활성탄은 이취미 제거에 사용된다.

20. 계획오수량에 대한 설명으로 옳지 않은 것은?

① 오수관로의 설계에는 계획시간 최대오수량을 기준으로 한다.

② 계획오수량의 산정에서는 일반적으로 지하수의 유입량은 무시할 수 있다.

③ 계획 1일 평균오수량은 계획 1일 최대오수량의 70~80%를 표준으로 한다.

④ 계획시간 최대오수량은 계획 1일 최대오수량의 1시간당 수량의 1.3~1.8배를 표준으로 한다.

해설 계획오수량은 생활오수량, 공장폐수량, 지하수량의 합으로 산정한다.

1. 우수조정지를 설치하는 목적으로 옳지 않은 것은?

① 유달시간의 증대
② 유출계수의 증대
③ 첨두유량의 감소
④ 시가지의 침수 방지

해설 우수조정지는 첨두유량을 감소시킴으로서 시가지의 침수 방지를 위한 것으로 유달시간은 증대시키고, 유출계수는 감소시키는 데 목적이 있다.

2. 오수관로 설계 시 계획시간 최대오수량에 대한 최소유속(㉠)과 최대유속(㉡)으로 옳은 것은?

① ㉠ 0.1m/s, ㉡ 0.5m/s
② ㉠ 0.6m/s, ㉡ 0.8m/s
③ ㉠ 0.1m/s, ㉡ 1.0m/s
④ ㉠ 0.6m/s, ㉡ 3.0m/s

해설 오수관의 유속범위는 0.6~3.0m/s이다.

3. 수원의 구비조건으로 옳지 않은 것은?

① 수질이 양호해야 한다.
② 최대갈수기에도 계획수량의 확보가 가능해야 한다.
③ 오염회피를 위하여 도심에서 멀리 떨어진 곳일수록 좋다.
④ 수리권의 획득이 용이하고, 건설비 및 유지관리가 경제적이어야 한다.

해설 수원은 상수소비자에 가까워야 한다.

4. 수리학적 체류시간이 4시간, 유효수심이 3.5m인 침전지의 표면부하율은?

① 8.75m³/m² · day
② 17.5m³/m² · day
③ 21.0m³/m² · day
④ 24.5m³/m² · day

해설 $V_0 = \dfrac{Q}{A} = \dfrac{h}{t} = \dfrac{3.5\text{m}}{\frac{4}{24}\text{day}} = 21\text{m}^3/\text{m}^2 \cdot \text{day}$

5. 취수장에서부터 가정에 이르는 상수도계통을 올바르게 나열한 것은?

① 취수시설 → 정수시설 → 도수시설 → 송수시설 → 배수시설 → 급수시설
② 취수시설 → 도수시설 → 송수시설 → 정수시설 → 배수시설 → 급수시설
③ 취수시설 → 도수시설 → 정수시설 → 송수시설 → 배수시설 → 급수시설
④ 취수시설 → 도수시설 → 송수시설 → 배수시설 → 정수시설 → 급수시설

해설 상수도계통 : 취수시설 → 도수시설 → 정수시설 → 송수시설 → 배수시설 → 급수시설

6. 염소요구량(A), 필요잔류염소량(B), 염소주입량(C)과의 관계로 옳은 것은?

① A=B+C
② C=A+B
③ A=B−C
④ C=A×B

해설 염소요구량=염소주입량−잔류염소량

7. 송수시설의 계획송수량의 원칙적 기준이 되는 것은?

① 계획 1일 평균급수량
② 계획 1일 최대급수량
③ 계획시간 평균급수량
④ 계획시간 최대급수량

해설 상수도시설계획은 계획 1일 최대급수량이다.

8. 하수처리과정 중 3차 처리의 주 제거대상이 되는 것은?

① 발암물질
② 부유물질
③ 영양염류
④ 유기물질

해설 하수 3차 고도처리는 영양염류(질소, 인) 제거를 목적으로 한다.

9. 다음과 같은 수질을 가진 공장폐수를 생물학적 처리 중심으로 처리하는 경우 어떤 순서로 조합하는 것이 가장 적정한가?

- 공장폐수의 수질 : pH 3.0
- SS : 3,000mg/L
- BOD : 300mg/L
- COD : 900mg/L
- 질소 : 40mg/L
- 인 : 8mg/L

① 중화 → 침전 → 생물학적 처리
② 침전 → 생물학적 처리 → 중화
③ Screening → 생물학적 처리 → 침전
④ 생물학적 처리 → Screening → 중화

해설 화학적 중화 → 물리적 처리 → 생물학적 처리

10. 수두 60m의 수압을 가진 수압관의 내경이 1,000mm일 때 강관의 최소두께는? (단, 관의 허용응력 σ_{ta} =1,300kgf/cm²이다)

① 0.12cm   ② 0.15cm
③ 0.23cm   ④ 0.30cm

해설
$$P = \frac{6,000\text{cm}}{1,000\text{kgf/cm}^3} = 6\text{kgf/cm}^2$$
$$\therefore\ t = \frac{PD}{2\sigma} = \frac{6\text{kgf/cm}^2 \times 100\text{cm}}{2 \times 1,300\text{kgf/cm}^2} = 0.23\text{cm}$$

11. 상수원수의 수질을 검사한 결과가 다음과 같을 때 경도(hardness)를 $CaCO_3$농도로 표시하면 몇 mg/L인가? (단, 분자량은 Ca : 40, Cl : 35.5, HCO_3 : 61, Mg : 24, Na : 23, SO_4 : 96, $CaCO_3$: 100)

• Na^+ : 71mg/L	• Ca^{++} : 98mg/L
• Mg^{++} : 22mg/L	• Cl^- : 89mg/L
• HCO_3^- : 317mg/L	• SO_4^{-2} : 25mg/L

① 336.7mg/L   ② 340.1mg/L
③ 352.5mg/L   ④ 370.4mg/L

해설 경도는 Ca, Mg를 ppm으로 표시하므로 수질 검사결과의 Ca^{++}, Mg^{++}를 $CaCO_3$로 농도 계산을 하면
$$98 \times \frac{100}{40} + 22 \times \frac{100}{24} = 336.7\text{mg/L}$$

12. 하수도계획의 자연적 조건에 관한 조사 중 하천 및 수계현황에 관하여 조사하여야 하는 사항에 포함되는 것은?

① 지질도
② 지형도
③ 지하수위와 지반침하상황
④ 하천 및 수로의 종·횡단면도

13. 하수도시설의 계획우수량 산정 시 고려사항 및 이에 대한 설명으로 옳은 것은?

① 도달시간 : 유입시간과 유하시간을 합한 것이다.
② 우수유출량의 산정식 : Hazen-Williams식에 의한다.
③ 확률연수 : 원칙적으로 20년을 원칙으로 하되, 이를 넘지 않도록 한다.
④ 하상계수 : 토지이용도별 기초계수로 지역의 총괄 계수를 구하는 것이 원칙이다.

14. 계획 1일 평균급수량이 400L, 시간 최대급수량이 25L일 때 계획 1일 최대급수량이 500L라면 계획첨두율은?

① 1.2   ② 1.25
③ 1.50   ④ 20.0

해설 계획 1일 최대급수량=계획 1일 평균급수량×계획첨두율
$$\therefore\ \text{계획첨두율} = \frac{\text{계획 1일 최대급수량}}{\text{계획 1일 평균급수량}}$$
$$= \frac{500}{400} = 1.25$$

15. 관로의 접합방법에 관한 설명으로 옳지 않은 것은?

① 관정접합 : 유수는 원활한 흐름이 되지만 굴착깊이가 증가되어 공사비가 증대된다.
② 관중심접합 : 수면접합과 관저접합의 중간적인 방법이나 보통 수면접합에 준용된다.
③ 수면접합 : 수리학적으로 대개 계획수위를 일치시켜 접합시키는 것으로서 양호한 방법이다.
④ 관저접합 : 수위 상승을 방지하고 양정고를 줄일 수 있으나 굴착깊이가 증가되어 공사비가 증대된다.

해설 관저접합은 굴착깊이가 감소하여 공사비를 줄일 수 있다.

16. 다음의 소독방법 중 발암물질인 THM 발생가능성이 가장 높은 것은?

① 염소소독
② 오존소독
③ 자외선소독
④ 이산화염소소독

해설 THM은 염소 과다주입 시 발생한다.

17. 하천이나 호소 또는 연안부의 모래·자갈층에 하유되는 지하수로 대체로 양호한 수질을 얻을 수 있어 그대로 수원으로 사용되기도 하는 것은?

① 복류수
② 심층수
③ 용천수
④ 천층수

18. 찌꺼기(슬러지) 처리에 관한 일반적인 내용으로 옳지 않은 것은?

① 호기성 소화는 찌꺼기(슬러지)의 소화방법이 아니다.
② 하수찌꺼기(슬러지)는 매우 높은 함수율과 부패성을 갖고 있다.
③ 찌꺼기(슬러지)의 기계탈수종류로는 가압탈수기, 원심탈수기, 벨트프레스탈수기 등이 있다.
④ 찌꺼기(슬러지)의 농축은 찌꺼기(슬러지)의 부피감소과정으로 찌꺼기(슬러지) 소화의 전단계 공정이다.

해설 슬러지처리방법 중 소화에는 호기성 소화와 혐기성 소화가 있다.

19. 송수관로를 계획할 때에 고려사항에 대한 설명으로 옳지 않은 것은?

① 가급적 단거리가 되어야 한다.
② 이상수압을 받지 않도록 한다.
③ 송수방식은 반드시 자연유하식으로 해야 한다.
④ 관로의 수평 및 연직방향의 급격한 굴곡은 피한다.

해설 도수 및 송수관로는 현장여건에 따라 자연유하 및 관수로방식을 병행한다.

20. 가정하수, 공장폐수 및 우수를 혼합해서 수송하는 하수관로는?

① 우수관로(storm sewer)
② 가정하수관로(sanitary sewer)
③ 분류식 하수관로(separate sewer)
④ 합류식 하수관로(combined sewer)

1. 배수지의 적정 배치와 용량에 대한 설명으로 옳지 않은 것은?

① 배수상 유리한 높은 장소를 선정하여 배치한다.

② 용량은 계획 1일 최대급수량의 18시간분 이상을 표준으로 한다.

③ 시설물의 배치에는 가능한 한 안정되고 견고한 지반의 장소를 선정한다.

④ 가능한 한 비상시에도 단수 없이 급수할 수 있도록 배수지용량을 설정한다.

▶**해설** 용량은 표준 8~12시간, 최소 6시간 이상을 표준으로 한다.

2. 구형수로가 수리학상 유리한 단면을 얻으려 할 경우 폭이 28m라면 경심(R)은?

① 3m ② 5m

③ 7m ④ 9m

▶**해설** 수리상 유리한 단면은 $h = \dfrac{b}{2}$이므로

$$\therefore R_h = \frac{bh}{b+2h} = \frac{b \times \dfrac{b}{2}}{b + 2 \times \dfrac{b}{2}} = \frac{\dfrac{b^2}{2}}{2b} = \frac{b}{4} = \frac{28}{4}$$

$$= 7\text{m}$$

3. 활성탄흡착공정에 대한 설명으로 옳지 않은 것은?

① 활성탄흡착을 통해 소수성의 유기물질을 제거할 수 있다.

② 분말활성탄의 흡착능력이 떨어지면 재생공정을 통해 재활용한다.

③ 활성탄은 비표면적이 높은 다공성의 탄소질입자로, 형상에 따라 입상활성탄과 분말활성탄으로 구분된다.

④ 모래여과공정 전단에 활성탄흡착공정을 두게 되면 탁도부하가 높아져서 활성탄흡착효율이 떨어지거나 역세척을 자주 해야 할 필요가 있다.

▶**해설** 분말활성탄은 재생공정을 하지 않는다.

4. 상수도의 수원으로서 요구되는 조건이 아닌 것은?

① 수질이 좋을 것

② 수량이 풍부할 것

③ 상수소비지에서 가까울 것

④ 수원이 도시 가운데 위치할 것

5. 조류(algae)가 많이 유입되면 여과지를 폐쇄시키거나 물에 맛과 냄새를 유발시키기 때문에 이를 제거해야 하는데, 조류 제거에 흔히 쓰이는 대표적인 약품은?

① $CaCO_3$

② $CuSO_4$

③ $KMnO_4$

④ $K_2Cr_2O_7$

▶**해설** 조류 제거는 마이크로스트레이너법이고, 부영양화의 원인물질인 질소와 인의 제거는 $CuSO_4$이다. 궁극적인 목적으로 보면 가장 적합한 답은 $CuSO_4$이다.

6. 다음 중 오존처리법을 통해 제거할 수 있는 물질이 아닌 것은?

① 철

② 망간

③ 맛·냄새물질

④ 트리할로메탄(THM)

7. 상수도계통의 도수시설에 관한 설명으로 옳은 것은?

① 수원에서 취한 물을 정수장까지 운반하는 시설을 말한다.

② 정수처리된 물을 수용가에서 공급하는 시설을 말한다.

③ 적당한 수질의 물을 수원지에서 모아서 취하는 시설을 말한다.

④ 정수장에서 정수처리된 물을 배수지까지 보내는 시설을 말한다.

해설 상수도계통도는 수원 → 취수 → 도수 → 정수 → 송수 → 배수 → 급수이다.

8. 하수고도처리 중 하나인 생물학적 질소 제거방법에서 질소의 제거 직전 최종 형태(질소 제거의 최종 산물)는?

① 질소가스(N_2)
② 질산염(NO_3^-)
③ 아질산염(NO_2^-)
④ 암모니아성 질소(NH_4^+)

해설 탈질산화과정의 순서로 보면 암모니아성 질소 → 아질산성 질소 → 질산성 질소 → N_2이다.

9. 하수처리에 관한 설명으로 틀린 것은?

① 하수처리방법은 크게 물리적, 화학적, 생물학적 처리공정으로 분류된다.
② 화학적 처리공정은 소독, 중화, 산화 및 환원, 이온교환 등이 있다.
③ 물리적 처리공정은 여과, 침사, 활성탄흡착, 응집침전 등이 있다.
④ 생물학적 처리공정은 호기성 분해와 혐기성 분해로 크게 분류된다.

해설 활성탄흡착은 화학적 처리공정이다.

10. 장기포기법에 관한 설명으로 옳은 것은?

① F/M비가 크다.
② 슬러지 발생량이 적다.
③ 부지가 적게 소요된다.
④ 대규모 하수처리장에 많이 이용된다.

해설 장기포기법은 잉여슬러지양을 최대한 감소시키기 위한 방법이다.

11. 다음과 같이 구성된 지역의 총괄유출계수는?

- 주거지역 – 면적 : 4ha, 유출계수 : 0.6
- 상업지역 – 면적 : 2ha, 유출계수 : 0.8
- 녹지 – 면적 : 1ha, 유출계수 : 0.2

① 0.42
② 0.53
③ 0.60
④ 0.70

해설 $C = \dfrac{4 \times 0.6 + 2 \times 0.8 + 1 \times 0.2}{4 + 2 + 1} = 0.6$

12. 다음 상수도관의 관종 중 내식성이 크고 중량이 가벼우며 손실두수가 적으나 저온에서 강도가 낮고 열이나 유기용제에 약한 것은?

① 흄관
② 강관
③ PVC관
④ 석면시멘트관

해설 열이나 유기용제에 약한 관은 PVC관이다.

13. 급수량에 관한 설명으로 옳은 것은?

① 시간 최대급수량은 일 최대급수량보다 작게 나타난다.
② 계획 1일 평균급수량은 시간 최대급수량에 부하율을 곱해 산정한다.
③ 소화용수는 일 최대급수량에 포함되므로 별도로 산정하지 않는다.
④ 계획 1일 최대급수량은 계획 1일 평균급수량에 계획첨두율을 곱해 산정한다.

14. 하수처리계획 및 재이용계획의 계획오수량에 대한 설명 중 옳지 않은 것은?

① 계획 1일 최대오수량은 1인 1일 최대오수량에 계획인구를 곱한 후 공장폐수량, 지하수량 및 기타 배수량을 더한 것으로 한다.
② 계획오수량은 생활오수량, 공장폐수량 및 지하수량으로 구분한다.
③ 지하수량은 1인 1일 최대오수량의 20% 이하로 한다.
④ 계획시간 최대오수량은 계획 1일 평균오수량의 1시간당 수량의 2~3배를 표준으로 한다.

15. 알칼리도가 30mg/L의 물에 황산알루미늄을 첨가했더니 20mg/L의 알칼리도가 소비되었다. 여기에 $Ca(OH)_2$를 주입하여 알칼리도를 15mg/L로 유지하기 위해 필요한 $Ca(OH)_2$는? (단, $Ca(OH)_2$분자량 74, $CaCO_3$분자량 100)

① 1.2mg/L
② 3.7mg/L
③ 6.2mg/L
④ 7.4mg/L

해설 알칼리도주입량 $= 15 - (30 - 20) = 5$mg/L
$5 : x = 100 : 74$
$\therefore x = \dfrac{74 \times 5}{100} = 3.7$mg/L

16. 하수관로의 유속 및 경사에 대한 설명으로 옳은 것은?

① 유속은 하류로 갈수록 점차 작아지도록 설계한다.

② 관로의 경사는 하류로 갈수록 점차 커지도록 설계한다.

③ 오수관로는 계획 1일 최대오수량에 대하여 유속을 최소 1.2m/s로 한다.

④ 우수관로 및 합류식 관로는 계획우수량에 대하여 유속을 최대 3.0m/s로 한다.

17. 하수처리수 재이용 기본계획에 대한 설명으로 틀린 것은?

① 하수처리 재이용수는 용도별 요구되는 수질기준을 만족하여야 한다.

② 하수처리수 재이용지역은 가급적 해당지역 내의 소규모 지역범위로 한정하여 계획한다.

③ 하수처리 재이용수의 용도는 생활용수, 공업용수, 농업용수, 유지용수를 기본으로 계획한다.

④ 하수처리수 재이용량은 해당지역 물 재이용관리계획과에서 제시된 재이용량을 참고하여 계획하여야 한다.

18. 다음 펌프 중 가장 큰 비교회전도(N_s)를 나타내는 것은?

① 사류펌프

② 원심펌프

③ 축류펌프

④ 터빈펌프

해설 축류펌프는 가장 저양정이면서 비교회전도가 가장 크다.

19. 다음 중 계획 1일 최대급수량 기준으로 하지 않는 시설은?

① 배수시설

② 송수시설

③ 정수시설

④ 취수시설

해설 배수시설은 계획 1일 최대급수량기준이나 배수시설 안에 있는 배수관 또는 배수펌프는 시간 최대급수량을 기준으로 한다.

20. 오수 및 우수의 배제방식인 분류식과 합류식에 대한 설명으로 틀린 것은?

① 합류식은 관의 단면적이 크기 때문에 폐쇄의 염려가 적다.

② 합류식은 일정량 이상이 되면 우천 시 오수가 월류할 수 있다.

③ 분류식은 별도의 시설 없이 오염도가 높은 초기 우수를 처리장으로 유입시켜 처리한다.

④ 분류식은 2계통을 건설하는 경우 합류식에 비하여 일반적으로 관거의 부설비가 많이 든다.

해설 초기 우수를 처리장으로 유입시켜 처리하는 방식은 합류식이다.

1. 유역면적 100ha, 유출계수 0.6, 강우강도 2mm/min인 지역의 합리식에 의한 우수량은?

① 2m³/s   ② 3.3m³/s

③ 20m³/s   ④ 33m³/s

해설

$$Q = \frac{1}{360} CIA$$

$$= \frac{1}{360} \times 0.6 \times (2 \times 60) \times 100$$

$$= 20\text{m}^3/\text{s}$$

2. 첨두율에 관한 설명으로 옳은 것은?

① 실제 하수량을 평균하수량으로 나눈 값이다.

② 평균하수량을 최대하수량으로 나눈 값이다.

③ 지선하수관로보다 간선하수관로가 첨두율이 크다.

④ 인구가 많은 대도시일수록 첨두율이 커진다.

해설 $$첨두율 = \frac{실제\ 하수량}{평균하수량}$$

3. 호소의 부영양화에 관한 설명으로 틀린 것은?

① 수심이 얕은 호소에서도 발생할 수 있다.

② 수심에 따른 수온변화가 가장 큰 원인이다.

③ 수표면에 조류가 많이 번식하여 깊은 곳에서는 DO 농도가 낮다.

④ 부영양화를 방지하기 위해서는 질소와 인성분의 유입을 차단해야 한다.

해설 성층현상은 수심에 따른 수온변화가 가장 큰 것이 원인이다.

4. 오수관로설계 시 기준이 되는 수량은?

① 계획오수량

② 계획 1일 최대오수량

③ 계획 1일 평균오수량

④ 계획시간 최대오수량

5. 도시하수가 하천으로 유입할 때 하천 내에서 발생하는 변화로 틀린 것은?

① DO의 증가   ② BOD의 증가

③ COD의 증가   ④ 부유물의 증가

6. 저수식(탱크식) 급수방식의 적용이 바람직한 경우로 옳지 않은 것은?

① 일시에 많은 수량을 사용할 경우

② 상시 일정한 급수량을 필요로 할 경우

③ 배수관의 수압이 소요압력에 비해 부족할 경우

④ 역류에 의하여 배수관의 수질을 오염시킬 우려가 없는 경우

7. 정수처리에 관한 설명으로 옳지 않은 것은?

① 부유물질의 제거는 일반적으로 스크린을 이용한다.

② 세균의 제거에는 침전과 여과를 통해 거의 이루어지며 소독을 통해 완전히 처리된다.

③ 용해성 물질 중에서 일부는 흡착제로 사용되는 활성탄이나 제오라이트 등으로 제거한다.

④ 용해성 물질은 일반적인 여과와 침전으로 제거되지 않으므로 이를 불용해성으로 변화시켜 제거한다.

해설 세균의 제거는 소독과정에서 이루어진다.

8. 강우강도 $I = \frac{3,500}{t+10}$ [mm/hr], 유역면적 2km², 유입시간 5분, 유출계수 0.7, 하수관 내 유속 1m/s일 때 관길이 600m인 하수관에 유출되는 우수량은?

① 27.2m³/s   ② 54.4m³/s

③ 272.2m³/s   ④ 544.4m³/s

해설 $$t = 5 + \frac{600}{1 \times 60} = 15\text{min}$$

$$\therefore\ Q = \frac{1}{3.6} CIA$$

$$= \frac{1}{3.6} \times 0.7 \times \frac{3,500}{15+10} \times 2 = 54.4\text{m}^3/\text{s}$$

9. 취수시설 중 취수탑에 대한 설명으로 틀린 것은?

① 큰 수위변동에 대응할 수 있다.

② 지하수를 취수하기 위한 탑모양의 구조물이다.

③ 유량이 안정된 하천에서 대량으로 취수할 때 유리하다.

④ 취수구를 상하에 설치하여 수위에 따라 좋은 수질을 선택하여 취수할 수 있다.

해설 취수탑은 하천수의 취수방법이다.

10. 정수장에서 배수지로 공급하는 시설로 옳은 것은?

① 급수시설

② 도수시설

③ 배수시설

④ 송수시설

11. 함수율 98%인 슬러지를 농축하여 함수율 96%로 낮추었다. 이때 슬러지의 부피 감소율은? (단, 슬러지비중은 1.0으로 가정한다.)

① 40%

② 50%

③ 60%

④ 70%

해설 $\dfrac{V_2}{V_1} = \dfrac{100-98}{100-96} = \dfrac{1}{2}$ 이므로 50% 감소한다.

12. 하수도설계기준의 관로시설설계기준에 따른 관로의 최소관경으로 옳은 것은?

① 오수관 200mm, 우수관로 및 합류관로 250mm

② 오수관 200mm, 우수관로 및 합류관로 400mm

③ 오수관 300mm, 우수관로 및 합류관로 350mm

④ 오수관 350mm, 우수관로 및 합류관로 400mm

13. 하수의 배수계통(排水系統)으로 옳지 않은 것은?

① 방사식

② 연결식

③ 직각식

④ 차집식

해설 배수계통에는 직각식, 수직식, 선상식, 선형식, 차집식, 방사식, 집중식이 있다.

14. 완속여과방식으로 제거할 수 없는 물질은?

① 냄새

② 맛

③ 색도

④ 철

해설 색도 제거방법으로는 전염소처리, 오존처리, 활성탄처리방법이 있다.

15. 취수지점의 선정 시 고려하여야 할 사항으로 옳지 않은 것은?

① 구조상의 안정을 확보할 수 있어야 한다.

② 강 하구로서 염수의 혼합이 충분하여야 한다.

③ 장래에도 양호한 수질을 확보할 수 있어야 한다.

④ 계획취수량을 안정적으로 취수할 수 있어야 한다.

16. 급속여과에 대한 설명으로 틀린 것은?

① 여과속도는 120~150m/d를 표준으로 한다.

② 여과지 1지의 여과면적은 250m^2 이상으로 한다.

③ 급속여과지의 형식에는 중력식과 압력식이 있다.

④ 탁질의 제거가 완속여과보다 우수하여 탁한 원수의 여과에 적합하다.

해설 여과지 1지의 여과면적은 150m^2 이하로 한다.

17. 유효수심이 3.2m, 체류시간이 2.7시간인 침전지의 수면적부하는?

① 11.19m^3/m$^2 \cdot$ d

② 20.25m^3/m$^2 \cdot$ d

③ 28.44m^3/m$^2 \cdot$ d

④ 31.22m^3/m$^2 \cdot$ d

해설 $V_o = \dfrac{Q}{A} = \dfrac{h}{t} = \dfrac{3.2}{2.7} \times 24 = 28.44\text{m}^3/\text{m}^2 \cdot \text{d}$

18. 활성슬러지법에 의한 폐수처리 시 BOD 제거기능에 대하여 가장 영향이 작은 것은?

① pH

② 온도

③ 대장균수

④ BOD농도

19. 송수관을 자연유하식으로 설계할 때 평균유속의 허용최대한계는?

① 1.5m/s

② 2.5m/s

③ 3.0m/s

④ 5.0m/s

20. 도수관에 설치되는 공기밸브에 대한 설명으로 틀린 것은?

① 공기밸브에는 보수용의 제수밸브를 설치한다.

② 매설관에 설치하는 공기밸브에는 밸브실을 설치한다.

③ 관로의 종단도상에서 상향돌출부의 상단에 설치한다.

④ 제수밸브의 중간에 상향돌출부가 없는 경우 낮은 쪽의 제수밸브 바로 뒤에 설치한다.

1. 고속응집침전지를 선택할 때 고려하여야 할 사항으로 옳지 않은 것은?

① 처리수량의 변동이 적어야 한다.

② 탁도와 수온의 변동이 적어야 한다.

③ 원수탁도는 10NTU 이상이어야 한다.

④ 최고탁도는 10,000NTU 이하인 것이 바람직하다.

> **해설** 최고탁도는 1,000NTU 이하인 것이 바람직하다.

2. 경도가 높은 물을 보일러용수로 사용할 때 발생되는 주요 문제점은?

① Cavitation

② Scale 생성

③ Priming 생성

④ Foaming 생성

> **해설** 경도가 높은 경수는 녹(Scale)이 생성된다.

3. 지표수를 수원으로 하는 일반적인 상수도의 계통도로 옳은 것은?

① 취수탑 → 침사지 → 급속여과 → 보통침전지 → 소독 → 배수지 → 급수

② 침사지 → 취수탑 → 급속여과 → 응집침전지 → 소독 → 배수지 → 급수

③ 취수탑 → 침사지 → 보통침전지 → 급속여과 → 배수지 → 소독 → 급수

④ 취수탑 → 침사지 → 응집침전지 → 급속여과 → 소독 → 배수지 → 급수

> **해설** 대부분 침사지는 취수 앞에 있으나, 취수탑의 경우에는 취수탑이 수원지에 해당하므로 뒤에 있다.

4. 침전지의 침전효율을 크게 하기 위한 조건과 거리가 먼 것은?

① 유량을 작게 한다.

② 체류시간을 작게 한다.

③ 침전지표면적을 크게 한다.

④ 플록의 침강속도를 크게 한다.

> **해설**
> $$E = \frac{V_s}{V_o} \times 100\% = \frac{V_s A}{Q} \times 100\% = \frac{V_s t}{h} \times 100\%$$

5. 유출계수 0.6, 강우강도 2mm/min, 유역면적 2km² 인 지역의 우수량을 합리식으로 구하면?

① 0.007m³/s

② 0.4m³/s

③ 0.667m³/s

④ 40m³/s

> **해설**
> $$Q = \frac{1}{3.6} CIA = \frac{1}{3.6} \times 0.6 \times 120 \times 2 = 40\text{m}^3/\text{s}$$
> 여기서, 2mm/min=2×60=120mm/h

6. 양수량이 500m³/h, 전양정이 10m, 회전수가 1,100rpm일 때 비교회전도(N_s)는?

① 362

② 565

③ 614

④ 809

> **해설**
> $$N_s = N \frac{Q^{1/2}}{H^{3/4}} = 1,100 \times \frac{8.33^{1/2}}{10^{3/4}} = 564.56 \fallingdotseq 565$$
> 여기서, $500\text{m}^3/\text{h} = \frac{500}{60} = 8.33\text{m}^3/\text{min}$

7. 여과면적이 1지당 120m²인 정수장에서 역세척과 표면세척을 6분/회씩 수행할 경우 1지당 배출되는 세척수량은? (단, 역세척속도는 5m/분, 표면세척속도는 4m/분이다.)

① 1,080m³/회

② 2,640m³/회

③ 4,920m³/회

④ 6,480m³/회

> **해설**
> $$A = \frac{Q}{Vn}$$
> $$\therefore Q = AVn$$
> $$= (120 \times 5 \times 6 + 120 \times 4 \times 6) \times 1$$
> $$= 6,480\text{m}^3/\text{회}$$

8. 혐기성 소화공정을 적절하게 운전 및 관리하기 위하여 확인해야 할 사항으로 옳지 않은 것은?

① COD농도측정
② 가스 발생량측정
③ 상징수의 pH측정
④ 소화슬러지의 성상 파악

해설 혐기성 소화공정은 미생물이 반응물질이므로 COD는 해당사항이 없다.

9. 도수관로에 관한 설명으로 틀린 것은?

① 도수거 동수경사의 통상적인 범위는 1/1,000~1/3,000이다.
② 도수관의 평균유속은 자연유하식인 경우에 허용최소한도를 0.3m/s로 한다.
③ 도수관의 평균유속은 자연유하식인 경우에 최대한도를 3.0m/s로 한다.
④ 관경의 산정에 있어서 시점의 고수위, 종점의 저수위를 기준으로 동수경사를 구한다.

해설 관경의 산정에 있어서 시점의 저수위, 종점의 고수위를 기준으로 동수경사를 구한다.

10. 잉여슬러지량을 크게 감소시키기 위한 방법으로 BOD-SS부하를 아주 작게, 포기시간을 길게 하여 내생호흡상으로 유지되도록 하는 활성슬러지변법은?

① 계단식 포기법(Step Aeration)
② 점감식 포기법(Tapered Aeration)
③ 장시간 포기법(Extended Aeration)
④ 완전혼합포기법(Complete Mixing Aeration)

11. 하수고도처리방법으로 질소, 인 동시 제거 가능한 공법은?

① 정석탈인법
② 혐기호기 활성슬러지법
③ 혐기무산소 호기조합법
④ 연속회분식 활성슬러지법

해설 질소와 인 동시 제거는 A2/O법이다.

12. 수질오염지표항목 중 COD에 대한 설명으로 옳지 않은 것은?

① $NaCO_2$, SO_2는 COD값에 영향을 미친다.
② 생물분해 가능한 유기물도 COD로 측정할 수 있다.
③ COD는 해양오염이나 공장폐수의 오염지표로 사용된다.
④ 유기물농도값은 일반적으로 COD>TOD>TOC>BOD이다.

해설 유기물농도값은 일반적으로 TOD>COD>BOD>TOC이다.

13. 원형 하수관에서 유량이 최대가 되는 때는?

① 수심비가 72~78% 차서 흐를 때
② 수심비가 80~85% 차서 흐를 때
③ 수심비가 92~94% 차서 흐를 때
④ 가득 차서 흐를 때

14. 하수관로의 배제방식에 대한 설명으로 틀린 것은?

① 합류식은 청천 시 관내 오물이 침전하기 쉽다.
② 분류식은 합류식에 비해 부설비용이 많이 든다.
③ 분류식은 우천 시 오수가 월류하도록 설계한다.
④ 합류식 관로는 단면이 커서 환기가 잘되고 검사에 편리하다.

해설 분류식의 오수는 하수종말처리장에서 모두 처리되므로 완전처리가 가능하다.

15. 펌프대수결정을 위한 일반적인 고려사항에 대한 설명으로 옳지 않은 것은?

① 펌프는 용량이 작을수록 효율이 높으므로 가능한 소용량의 것으로 한다.
② 펌프는 가능한 최고효율점 부근에서 운전하도록 대수 및 용량을 정한다.
③ 건설비를 절약하기 위해 예비는 가능한 대수를 적게 하고 소용량으로 한다.
④ 펌프의 설치대수는 유지관리상 가능한 적게 하고 동일용량의 것으로 한다.

해설 펌프는 가능한 한 대용량을 선택한다.

16. 취수보의 취수구에서의 표준유입속도는?

① 0.3~0.6m/s 　　② 0.4~0.8m/s

③ 0.5~1.0m/s 　　④ 0.6~1.2m/s

17. 오수 및 우수관로의 설계에 대한 설명으로 옳지 않은 것은?

① 우수관경의 결정을 위해서는 합리식을 적용한다.

② 오수간로의 최소관경은 200mm를 표준으로 한다.

③ 우수관로 내의 유속은 가능한 사류상태가 되도록 한다.

④ 오수관로의 계획하수량은 계획시간 최대오수량으로 한다.

해설 우수관로 내의 유속은 가능한 상류상태가 되도록 한다.

18. 하천 및 저수지의 수질해석을 위한 수학적 모형을 구성하고자 할 때 가장 기본이 되는 수학적 방정식은?

① 질량보존의 식 　　② 에너지보존의 식

③ 운동량보존의 식 　　④ 난류의 운동방정식

19. 어떤 지역의 강우지속시간(t)과 강우강도역수 ($1/I$)와의 관계를 구해보니 다음 그림과 같이 기울기가 1/3,000, 절편이 1/150이 되었다. 이 지역의 강우강도(I)를 Talbot형$\left(I=\dfrac{a}{t+b}\right)$으로 표시한 것으로 옳은 것은?

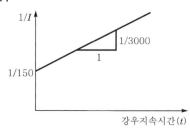

① $\dfrac{3,000}{t+20}$ 　　② $\dfrac{10}{t+1,500}$

③ $\dfrac{1,500}{t+10}$ 　　④ $\dfrac{20}{t+3,000}$

해설
$$a=\frac{1}{\text{기울기}}=3,000$$

$$b=\frac{\text{절편}}{\text{기울기}}=\frac{1/150}{1/3,000}=20$$

$$\therefore \ I=\frac{a}{t+b}=\frac{3,000}{t+20}$$

20. 도수관에서 유량을 Hazen–Williams공식으로 다음과 같이 나타내었을 때 a, b의 값은? (단, C : 유속계수, D : 관의 지름, I : 동수경사)

$$Q=0.84935CD^aI^b$$

① $a=0.63$, $b=0.54$ 　　② $a=0.63$, $b=2.54$

③ $a=2.63$, $b=2.54$ 　　④ $a=2.63$, $b=0.54$

해설 Hazen–Williams는 실험을 통해 다음 식 제안

$$V=0.84935CR_h^{0.63}I^{0.54}$$

$$V=0.35464CD^{0.63}I^{0.54}$$

$$Q=AV$$
$$=\frac{\pi d^2}{4}\times0.35464CD^{0.63}I^{0.54}$$
$$=0.27853CD^{2.63}I^{0.54}$$

∴ 보기의 계수는 틀리지만 $a=2.63$, $b=0.54$ 이다.

1. 펌프의 흡입구경을 결정하는 식으로 옳은 것은? (단, Q : 펌프의 토출량(m^3/min), V : 흡입구의 유속(m/s))

① $D = 146\sqrt{\dfrac{Q}{V}}$ [mm]　② $D = 186\sqrt{\dfrac{Q}{V}}$ [mm]

③ $D = 273\sqrt{\dfrac{Q}{V}}$ [mm]　④ $D = 357\sqrt{\dfrac{Q}{V}}$ [mm]

2. 보통 상수도의 기본계획에서 대상이 되는 기간인 계획(목표)연도는 계획수립 시부터 몇 년간을 표준으로 하는가?

① 3~5년간　　　　② 5~10년간

③ 15~20년간　　　④ 25~30년간

>•해설▶ 상수도의 계획연한은 5~15년이지만 통상 장기간으로 보기 때문에 5~10년보다는 15~20년으로 수립하는 것이 좋다.

3. 정수시설에 관한 사항으로 틀린 것은?

① 착수정의 용량은 체류시간을 5분 이상으로 한다.
② 고속응집침전지의 용량은 계획정수량의 1.5~2.0시간분으로 한다.
③ 정수지의 용량은 첨두수요대처용량과 소독접촉시간용량을 고려하여 2시간분 이상을 표준으로 한다.
④ 플록형성지에서 플록형성시간은 계획정수량에 대하여 20~40분간을 표준으로 한다.

>•해설▶ 착수정의 체류시간은 1.5분 이상으로 한다.

4. 완속여과지와 비교할 때 급속여과지에 대한 설명으로 틀린 것은?

① 대규모 처리에 적합하다.
② 세균처리에 있어 확실성이 적다.
③ 유입수가 고탁도인 경우에 적합하다.
④ 유지관리비가 적게 들고 특별한 관리기술이 필요치 않다.

>•해설▶ 급속여과지는 약품침전지를 거쳐오기 때문에 응집제를 필요로 하므로 유지관리비가 들고 특별한 관리기술이 필요하다.

5. 혐기성 소화공정의 영향인자가 아닌 것은?

① 온도　　　　　② 메탄함량

③ 알칼리도　　　④ 체류시간

>•해설▶ 메탄은 혐기성 소화공정을 통하여 발생하는 부산물이다.

6. 자연수 중 지하수의 경도(硬度)가 높은 이유는 어떤 물질이 지하수에 많이 함유되어 있기 때문인가?

① O_2　　　　　② CO_2

③ NH_3　　　　④ Colloid

>•해설▶ 경도는 물속에 용해되어 있는 Ca^{2+}, Mg^{2+} 등의 2가 양이온 금속이온이 박테리아작용으로 발생된 CO_2가 물에 녹아 반응하면서 발생한다.

7. 유량이 100,000m^3/d이고 BOD가 2mg/L인 하천으로 유량 1,000m^3/d, BOD가 100mg/L인 하수가 유입된다. 하수가 유입된 후 혼합된 BOD의 농도는?

① 1.97mg/L　　　② 2.97mg/L

③ 3.97mg/L　　　④ 4.97mg/L

>•해설▶
$$C = \dfrac{C_1 Q_1 + C_2 Q_2}{Q_1 + Q_2}$$
$$= \dfrac{2 \times 100,000 + 100 \times 1,000}{100,000 + 1,000}$$
$$= 2.97\text{mg/L}$$

8. 양수량이 8m^3/min, 전양정이 4m, 회전수 1,160rpm인 펌프의 비교회전도는?

① 316　　　　　② 985

③ 1,160　　　　④ 1,436

>•해설▶
$$N_s = N\dfrac{Q^{1/2}}{H^{3/4}} = 1,160 \times \dfrac{8^{1/2}}{4^{3/4}} = 1,160$$

9. 일반적인 상수도계통도를 올바르게 나열한 것은?

① 수원 및 저수시설 → 취수 → 배수 → 송수 → 정수 → 도수 → 급수

② 수원 및 저수시설 → 취수 → 도수 → 정수 → 송수 → 배수 → 급수

③ 수원 및 저수시설 → 취수 → 배수 → 정수 → 급수 → 도수 → 송수

④ 수원 및 저수시설 → 취수 → 도수 → 정수 → 급수 → 배수 → 송수

10. 지하의 사질(砂質)여과층에서 수두차 h가 0.5m이며 투과거리 l이 2.5m인 경우 이곳을 통과하는 지하수의 유속은? (단, 투수계수는 0.3cm/s)

① 0.06cm/s

② 0.015cm/s

③ 1.5cm/s

④ 0.375cm/s

 해설 $V = KI = 0.3 \times \dfrac{0.5}{2.5} = 0.06\,\text{cm/s}$

11. 일반 활성슬러지공정에서 다음 조건과 같은 반응조의 수리학적 체류시간(HRT) 및 미생물체류시간(SRT)을 모두 올바르게 배열한 것은? (단, 처리수 SS를 고려한다.)

〔조건〕
- 반응조 용량(V) : 10,000m³
- 반응조 유입수량(Q) : 40,000m³/d
- 반응조로부터의 잉여슬러지량(Q_w) : 400m³/d
- 반응조 내 SS농도(X) : 4,000mg/L
- 처리수의 SS농도(X_e) : 20mg/L
- 잉여슬러지농도(X_w) : 10,000mg/L

① HRT : 0.25일, SRT : 8.35일

② HRT : 0.25일, SRT : 9.53일

③ HRT : 0.5일, SRT : 10.35일

④ HRT : 0.5일, SRT : 11.53일

해설 ㉮ $\text{HRT} = \dfrac{V}{Q} = \dfrac{10,000}{40,000} = 0.25\,\text{d}$

㉯ $\text{SRT} = \dfrac{XV}{X_w Q_w + (Q - Q_w) X_e}$

$= \dfrac{4,000 \times 10,000}{10,000 \times 400 + (40,000 - 400) \times 20}$

$= 8.35\,\text{d}$

12. 분류식 하수도의 장점이 아닌 것은?

① 오수관 내 유량이 일정하다.

② 방류장소 선정이 자유롭다.

③ 사설하수관에 연결하기가 쉽다.

④ 모든 발생오수를 하수처리장으로 보낼 수 있다.

해설 오수와 우수를 따로 배제하기 때문에 관거오접 문제 등이 발생하기 쉽고, 사설하수관에 연결이 합류식에 비하여 어렵다.

13. 다음 중 송수시설의 계획송수량은 원칙적으로 무엇을 기준으로 하는가?

① 연평균급수량

② 시간 최대급수량

③ 계획 1일 평균급수량

④ 계획 1일 최대급수량

해설 상수도시설은 최대급수량이 설계의 기준이 된다.

14. 배수면적이 2km²인 유역 내 강우의 하수관로유입시간이 6분, 유출계수가 0.70일 때 하수관로 내 유속이 2m/s인 1km 길이의 하수관에서 유출되는 우수량은?

(단, 강우강도 $I = \dfrac{3,500}{t + 25}$[mm/h], t의 단위 : 분)

① 0.3m³/s

② 2.6m³/s

③ 34.6m³/s

④ 43.9m³/s

해설 $t = t_1 + t_2 = 6 + \dfrac{1,000}{2 \times 60} = 14.3\,\text{min}$

$\therefore\ Q = \dfrac{1}{3.6} CIA$

$= \dfrac{1}{3.6} \times 0.7 \times \dfrac{3,500}{14.3 + 25} \times 2$

$= 34.6\,\text{m}^3/\text{s}$

15. 도수관을 설계할 때 자연유하식인 경우에 평균유속의 허용한도로 옳은 것은?

① 최소한도 0.3m/s, 최대한도 3.0m/s

② 최소한도 0.1m/s, 최대한도 2.0m/s

③ 최소한도 0.2m/s, 최대한도 1.5m/s

④ 최소한도 0.5m/s, 최대한도 1.0m/s

해설 도·송수관의 유속범위는 0.3~3m/s이다.

16. 하수도용 펌프흡입구의 표준 유속으로 옳은 것은? (단, 흡입구의 유속은 펌프의 회전수 및 흡입실양정 등을 고려한다.)

① 0.3~0.5m/s ② 1.0~1.5m/s
③ 1.5~3.0m/s ④ 5.0~10.0m/s

17. 정수장에서 응집제로 사용하고 있는 폴리염화알루미늄(PACl)의 특성에 관한 설명으로 틀린 것은?

① 탁도 제거에 우수하며 특히 홍수 시 효과가 탁월하다.
② 최적주입률의 폭이 크며 과잉으로 주입하여도 효과가 떨어지지 않는다.
③ 물에 용해되면 가수분해가 촉진되므로 원액을 그대로 사용하는 것이 바람직하다.
④ 낮은 수온에 대해서도 응집효과가 좋지만 황산알루미늄과 혼합하여 사용해야 한다.

▶해설 폴리염화알루미늄(PACl)은 단독으로 사용해도 좋으나 황산알루미늄과 혼합하여 사용해도 좋다. 그러나 반드시 혼합해서 사용해야 하는 것은 아니다.

18. 펌프의 공동현상(cavitation)에 대한 설명으로 틀린 것은?

① 공동현상이 발생하면 소음이 발생한다.
② 공동현상은 펌프의 성능저하의 원인이 될 수 있다.
③ 공동현상을 방지하려면 펌프의 회전수를 크게 해야 한다.
④ 펌프의 흡입양정이 너무 작고 임펠러의 회전속도가 빠를 때 공동현상이 발생한다.

▶해설 펌프의 회전수를 작게 하여야 한다.

19. 활성슬러지의 SVI가 현저하게 증가되어 응집성이 나빠져 최종 침전지에서 처리수의 분리가 곤란하게 되었다. 이것은 활성슬러지의 어떤 이상현상에 해당되는가?

① 활성슬러지의 부패 ② 활성슬러지의 상승
③ 활성슬러지의 팽화 ④ 활성슬러지의 해체

▶해설 SVI의 증가는 슬러지 팽화의 원인이 된다.

20. 하수도시설에 손상을 주지 않기 위하여 설치되는 전처리(primary treatment)공정을 필요로 하지 않는 폐수는?

① 산성 또는 알칼리성이 강한 폐수
② 대형 부유물질만을 함유하는 폐수
③ 침전성 물질을 다량으로 함유하는 폐수
④ 아주 미세한 부유물질만을 함유하는 폐수

▶해설 전처리공정에는 물리적 처리시설과 화학적 처리시설이 있다. 물리적 처리시설에는 대형 부유물질처리를 위한 스크린과 침전성 물질처리를 위한 침사지가 있고, 화학적 처리시설에는 pH중화가 있다.

1. 수원으로부터 취수된 상수가 소비자까지 전달되는 일반적 상수도의 구성순서로 옳은 것은?

① 도수 → 송수 → 정수 → 배수 → 급수

② 송수 → 정수 → 도수 → 급수 → 배수

③ 도수 → 정수 → 송수 → 배수 → 급수

④ 송수 → 정수 → 도수 → 배수 → 급수

해설 상수도의 계통도는 수원 → 취수 → 도수 → 정수 → 송수 → 배수 → 급수 순이다.

2. 하수관의 접합방법에 관한 설명으로 틀린 것은?

① 관중심접합은 관의 중심을 일치시키는 방법이다.

② 관저접합은 관의 내면 하부를 일치시키는 방법이다.

③ 단차접합은 지표의 경사가 급한 경우에 이용되는 방법이다.

④ 관정접합은 토공량을 줄이기 위하여 평탄한 지형에 많이 이용되는 방법이다.

해설 관정접합은 관의 상부를 접합하는 방식으로 굴착 깊이가 커지고 토공량이 많아지는 접합방식이다.

3. 계획오수량을 결정하는 방법에 대한 설명으로 틀린 것은?

① 지하수량은 1일 1인 최대오수량의 20% 이하로 한다.

② 생활오수량의 1일 1인 최대오수량은 1일 1인 최대급수량을 감안하여 결정한다.

③ 계획 1일 평균오수량은 계획 1일 최소오수량의 1.3~1.8배를 사용한다.

④ 합류식에서 우천시 계획오수량은 원칙적으로 계획시간 최대오수량의 3배 이상으로 한다.

해설 계획 1일 평균오수량은 계획 1일 최대오수량의 1.3~1.8배를 사용한다.

4. 하수배제방식의 특징에 관한 설명으로 틀린 것은?

① 분류식은 합류식에 비해 우천시 월류의 위험이 크다.

② 합류식은 단면적이 크기 때문에 검사, 수리 등에 유리하다.

③ 합류식은 분류식(2계통 건설)에 비해 건설비가 저렴하고 시공이 용이하다.

④ 분류식은 강우 초기에 노면의 오염물질이 포함된 세정수가 직접 하천 등으로 유입된다.

해설 합류식은 분류식에 비해 우천시 월류의 위험이 크다.

5. 호수의 부영양화에 대한 설명으로 틀린 것은?

① 부영양화는 정체성 수역의 상층에서 발생하기 쉽다.

② 부영양화된 수원의 상수는 냄새로 인하여 음료수로 부적당하다.

③ 부영양화로 식물성 플랑크톤의 번식이 증가되어 투명도가 저하된다.

④ 부영양화로 생물활동이 활발하여 깊은 곳의 용존산소가 풍부하다.

해설 용존산소는 수심이 깊을수록 작아진다.

6. 하수관로시설의 유량을 산출할 때 사용하는 공식으로 옳지 않은 것은?

① Kutter공식

② Janssen공식

③ Manning공식

④ Hazen – Williams공식

해설 Janssen공식은 Marston공식과 함께 매설토의 수직토압에 의해 작용하는 수직등분포하중을 구하기 위한 공식이다.

7. 하수처리장 유입수의 SS농도는 200mg/L이다. 1차 침전지에서 30% 정도가 제거되고, 2차 침전지에서 85%의 제거효율을 갖고 있다. 하루처리용량이 3,000m³/d일 때 방류되는 총 SS량은?

① 63kg/d

② 2,800g/d

③ 6,300kg/d

④ 6,300mg/d

해설 ㉮ 1차 침전지 처리 후 잔류SS농도
　　　=200mg/L-200mg/L×0.3=140mg/L
　　㉯ 2차 침전지 처리 후 잔류SS농도
　　　=140mg/L-140mg/L×0.85=21mg/L
　　㉰ 방류되는 총 SS량
　　　=21×10^{-3}kg/m^3×3,000m^3/d =63kg/d

8. 상수도관의 관종 선정 시 기본으로 하여야 하는 사항으로 틀린 것은?

① 매설조건에 적합해야 한다.
② 매설환경에 적합한 시공성을 지녀야 한다.
③ 내압보다는 외압에 대하여 안전해야 한다.
④ 관 재질에 의하여 물이 오염될 우려가 없어야 한다.

해설 상수도관은 내압에 강해야 한다.

9. 하수도계획에서 계획우수량 산정과 관계가 없는 것은?

① 배수면적　　　　② 설계강우
③ 유출계수　　　　④ 집수관로

해설 계획우수량은 $Q=CIA$의 합리식으로 산정하므로 유출계수(C), 강우강도(I), 배수면적(A)과 관계가 있다.

10. 먹는 물의 수질기준항목에서 다음 특성을 갖고 있는 수질기준항목은?

- 수질기준은 10mg/L를 넘지 아니할 것
- 하수, 공장폐수, 분뇨 등과 같은 오염물의 유입에 의한 것으로 물의 오염을 추정하는 지표항목
- 유아에게 청색증 유발

① 불소　　　　　② 대장균군
③ 질산성 질소　　④ 과망간산칼륨 소비량

해설 질산성 질소는 암모니아성 질소와 함께 공장폐수의 오염지표이다.

11. 관의 길이가 1,000m이고 지름이 20cm인 관을 지름 40cm의 등치관으로 바꿀 때 등치관의 길이는? (단, Hazen-Williams공식을 사용한다.)

① 2,924.2m　　　② 5,924.2m
③ 19,242.6m　　　④ 29,242.6m

해설 $L_2 = L_1\left(\dfrac{D_2}{D_1}\right)^{4.87} = 1,000 \times \left(\dfrac{0.4}{0.2}\right)^{4.87} = 29,242.6\text{m}$

12. 폭기조의 MLSS농도 2,000mg/L, 30분간 정치시킨 후 침전된 슬러지체적이 300mL/L일 때 SVI는?

① 100　　　　　② 150
③ 200　　　　　④ 250

해설 $SVI = \dfrac{V}{C} \times 1,000 = \dfrac{300}{2,000} \times 1,000 = 150$

13. 유출계수가 0.6이고 유역면적 2km^{2}에 강우강도 200mm/h의 경우가 있었다면 유출량은? (단, 합리식을 사용한다.)

① 24.0m^3/s　　　② 66.7m^3/s
③ 240m^3/s　　　④ 667m^3/s

해설 $Q = \dfrac{1}{3.6} \times 0.6 \times 200 \times 2 = 66.67\text{m}^3/\text{s}$

14. 정수지에 대한 설명으로 틀린 것은?

① 정수지 상부는 반드시 복개해야 한다.
② 정수지의 유효수심은 3~6m를 표준으로 한다.
③ 정수지의 바닥은 저수위보다 1m 이상 낮게 해야 한다.
④ 정수지란 정수를 저류하는 탱크로 정수시설로는 최종 단계의 시설이다.

해설 정수지의 바닥은 저수위보다 15cm 이상 낮게 해야 한다.

15. 합류식 관로의 단면을 결정하는 데 중요한 요소로 옳은 것은?

① 계획우수량
② 계획 1일 평균오수량
③ 계획시간 최대오수량
④ 계획시간 평균오수량

16. 정수처리 시 염소소독공정에서 생성될 수 있는 유해물질은?

① 유기물　　　　② 암모니아
③ 환원성 금속이온　④ THM(트리할로메탄)

17. 혐기성 소화법과 비교할 때 호기성 소화법의 특징으로 옳은 것은?

① 최초 시공비 과다 ② 유기물 감소율 우수
③ 저온 시의 효율 향상 ④ 소화슬러지의 탈수 불량

해설 혐기성 소화법과 비교한 호기성 소화법의 장단점

구분	호기성 소화법
장점	• 최초 시공비 절감 • 악취 발생 감소 • 운전 용이 • 상징수의 수질 양호
단점	• 소화슬러지의 탈수 불량 • 포기에 드는 동력비 과다 • 유기물 감소율 저조 • 건설부지 과다 • 저온 시의 효율 저하 • 가치 있는 부산물이 생성되지 않음

18. 정수시설 내에서 조류를 제거하는 방법 중 약품으로 조류를 산화시켜 침전처리 등으로 제거하는 방법에 사용되는 것은?

① Zeolite ② 황산구리
③ 과망간산칼륨 ④ 수산화나트륨

해설 황산구리는 부영양화의 방지책이기도 하다.

19. 병원성 미생물에 의하여 오염되거나 오염될 우려가 있는 경우 수도꼭지에서의 유리잔류염소는 몇 mg/L 이상 되도록 하여야 하는가?

① 0.1mg/L ② 0.4mg/L
③ 0.6mg/L ④ 1.8mg/L

해설 수도전에서의 유리잔류염소는 평상시 0.2mg/L, 비상시 0.4mg/L 이상 되도록 해야 한다.

20. 다음 중 배수관의 갱생공법으로 기존 관내의 세척(cleaning)을 수행하는 일반적인 공법으로 옳지 않은 것은?

① 제트(jet)공법
② 실드(shield)공법
③ 로터리(rotary)공법
④ 스크레이퍼(scraper)공법

해설 실드공법은 연약·대수지반에 터널을 만들 때 사용되는 굴착공법이다.

1. 공동현상(cavitation)의 방지책에 대한 설명으로 옳지 않은 것은?

① 마찰손실을 작게 한다.

② 흡입양정을 작게 한다.

③ 펌프의 흡입관경을 작게 한다.

④ 임펠러(Impeller)속도를 작게 한다.

> **해설** 공동현상을 방지하기 위해서는 흡입관의 직경을 크게 해야 한다.

2. 간이공공하수처리시설에 대한 설명으로 틀린 것은?

① 계획구역이 작으므로 유입하수의 수량 및 수질의 변동을 고려하지 않는다.

② 용량은 우천 시 계획오수량과 공공하수처리시설의 강우 시 처리 가능량을 고려한다.

③ 강우 시 우수처리에 대한 문제가 발생할 수 있으므로 강우 시 3Q처리가 가능하도록 계획한다.

④ 간이공공하수처리시설은 합류식 지역 내 $500m^3$/일 이상 공공하수처리장에 설치하는 것을 원칙으로 한다.

3. 하수관로의 개·보수계획 시 불명수량 산정방법 중 일평균하수량, 상수사용량, 지하수사용량, 오수전환율 등을 주요 인자로 이용하여 산정하는 방법은?

① 물사용량평가법

② 일 최대유량평가법

③ 야간생활하수평가법

④ 일 최대-최소유량평가법

4. 맨홀에 인버트(invert)를 설치하지 않았을 때의 문제점이 아닌 것은?

① 맨홀 내에 퇴적물이 쌓이게 된다.

② 환기가 되지 않아 냄새가 발생한다.

③ 퇴적물이 부패되어 악취가 발생한다.

④ 맨홀 내에 물기가 있어 작업이 불편하다.

> **해설** 인버트는 환기와 상관없다.

5. 수중의 질소화합물의 질산화 진행과정으로 옳은 것은?

① $NH_3-N \rightarrow NO_2-N \rightarrow NO_3-N$

② $NH_3-N \rightarrow NO_3-N \rightarrow NO_2-N$

③ $NO_2-N \rightarrow NO_3-N \rightarrow NH_3-N$

④ $NO_3-N \rightarrow NO_2-N \rightarrow NH_3-N$

> **해설** 질소화합물의 질산화과정은 $NH_3-N \rightarrow NO_2-N \rightarrow NO_3-N \rightarrow N_2$이다.

6. 상수도시설 중 접합정에 관한 설명으로 옳지 않은 것은?

① 철근콘크리트조의 수밀구조로 한다.

② 내경은 점검이나 모래 반출을 위해 1m 이상으로 한다.

③ 접합정의 바닥을 얕은 우물구조로 하여 집수하는 예도 있다.

④ 지표수나 오수가 침입하지 않도록 맨홀을 설치하지 않는 것이 일반적이다.

> **해설** 접합정은 지표수나 오수가 침입하지 않도록 맨홀을 설치하는 것이 일반적이다.

7. 지름 15cm, 길이 50m인 주철관으로 유량 $0.03m^3$/s의 물을 50m 양수하려고 한다. 양수 시 발생되는 총 손실수두가 5m이었다면 이 펌프의 소요축동력(kW)은? (단, 여유율은 0이며, 펌프의 효율은 80%이다.)

① 20.2kW

② 30.5kW

③ 33.5kW

④ 37.2kW

> **해설**
> $$P_p = \frac{9.8Q(H+h_L)}{\eta} = \frac{9.8 \times 0.03 \times (50+5)}{0.8}$$
> $$= 20.21kW$$

8. 우수조정지의 구조형식으로 옳지 않은 것은?

① 댐식(제방높이 15m 미만)

② 월류식

③ 지하식

④ 굴착식

9. 급수보급률 90%, 계획 1인 1일 최대급수량 440L/인, 인구 12만의 도시에 급수계획을 하고자 한다. 계획 1일 평균급수량은? (단, 계획유효율은 0.85로 가정한다.)

① 33,915m³/d

② 36,660m³/d

③ 38,600m³/d

④ 40,392m³/d

> **해설** 계획 1일 평균급수량
> $= 440 \times 10^{-3} \times 120,000 \times 0.9 \times 0.85$
> $= 40,392 \text{m}^3/\text{d}$

10. 하수도의 효과에 대한 설명으로 적합하지 않은 것은?

① 도시환경의 개선

② 토지이용의 감소

③ 하천의 수질보전

④ 공중위생상의 효과

11. 혐기성 소화공정의 영향인자가 아닌 것은?

① 독성물질   ② 메탄함량

③ 알칼리도   ④ 체류시간

> **해설** 메탄은 혐기성 소화공정 후 발생하는 부산물이다.

12. 비교회전도(N_s)의 변화에 따라 나타나는 펌프의 특성곡선의 형태가 아닌 것은?

① 양정곡선

② 유속곡선

③ 효율곡선

④ 축동력곡선

> **해설** 펌프의 특성곡선은 양정, 효율, 축동력과 토출량의 관계를 나타낸 곡선이다.

13. 정수시설 중 배출수 및 슬러지처리시설에 대한 다음 설명 중 ㉠, ㉡에 알맞은 것은?

농축조의 용량은 계획슬러지량의 (㉠)시간분, 고형물부하는 (㉡)kg/(m²·d)을 표준으로 하되, 원수의 종류에 따라 슬러지의 농축특성에 큰 차이가 발생할 수 있으므로 처리대상 슬러지의 농축특성을 조사하여 결정한다.

① ㉠ : 12~24, ㉡ : 5~10

② ㉠ : 12~24, ㉡ : 10~20

③ ㉠ : 24~48, ㉡ : 5~10

④ ㉠ : 24~48, ㉡ : 10~20

14. 우리나라 먹는 물 수질기준에 대한 내용으로 틀린 것은?

① 색도는 2도를 넘지 아니할 것

② 페놀은 0.005mg/L를 넘지 아니할 것

③ 암모니아성 질소는 0.5mg/L를 넘지 아니할 것

④ 일반 세균은 1mL 중 100CFU를 넘지 아니할 것

> **해설** 색도는 5도를 넘지 아니할 것

15. 호소의 부영양화에 관한 설명으로 옳지 않은 것은?

① 부영양화의 원인물질은 질소와 인 성분이다.

② 부영양화는 수심이 낮은 호소에서도 잘 발생된다.

③ 조류의 영향으로 물에 맛과 냄새가 발생되어 정수에 어려움을 유발시킨다.

④ 부영양화된 호소에서는 조류의 성장이 왕성하여 수심이 깊은 곳까지 용존산소농도가 높다.

> **해설** 수심이 깊어질수록 용존산소의 농도는 낮아진다.

16. 계획우수량 산정에 필요한 용어에 대한 설명으로 옳지 않은 것은?

① 강우강도는 단위시간 내에 내린 비의 양을 깊이로 나타낸 것이다.

② 유하시간은 하수관로로 유입한 우수가 하수관길이 L을 흘러가는데 필요한 시간이다.

③ 유출계수는 배수구역 내로 내린 강우량에 대하여 증발과 지하로 침투하는 양의 비율이다.

④ 유입시간은 우수가 배수구역의 가장 원거리지점으로부터 하수관로로 유입하기까지의 시간이다.

> **해설** 유출계수는 증발과 지하침투량과는 관계가 없다.

17. 상수도에서 많이 사용되고 있는 응집제인 황산알루미늄에 대한 설명으로 옳지 않은 것은?

① 가격이 저렴하다.

② 독성이 없으므로 대량으로 주입할 수 있다.

③ 결정은 부식성이 없어 취급이 용이하다.

④ 철염에 비하여 플록의 비중이 무겁고 적정 pH의 폭이 넓다.

> **해설** 황산알루미늄은 플록의 비중이 가볍고 pH의 폭이 좁은 단점을 가지고 있다.

18. 다음 그림은 포기조에서 부유물질의 물질수지를 나타낸 것이다. 포기조 내 MLSS를 3,000mg/L로 유지하기 위한 슬러지의 반송비는?

SS 50mg/L → 포기조 →

반송슬러지농도 8,000mg/L

① 39%

② 49%

③ 59%

④ 69%

> **해설** $r = \dfrac{X - SS}{X_r - X} \times 100 = \dfrac{3,000 - 50}{8,000 - 3,000} \times 100 = 59\%$

19. 하수의 배제방식에 대한 설명으로 옳지 않은 것은?

① 분류식은 관로오접의 철저한 감시가 필요하다.

② 합류식은 분류식보다 유량 및 유속의 변화폭이 크다.

③ 합류식은 2계통의 분류식에 비해 일반적으로 건설비가 많이 소요된다.

④ 분류식은 관로 내의 퇴적이 적고 수세효과를 기대할 수 없다.

> **해설** 합류식은 분류식에 비하여 건설비가 적게 소요된다.

20. 상수슬러지의 함수율이 99%에서 98%로 되면 슬러지의 체적은 어떻게 변하는가?

① 1/2로 증대

② 1/2로 감소

③ 2배로 증대

④ 2배로 감소

> **해설** $\dfrac{V_2}{V_1} = \dfrac{100 - W_1}{100 - W_2} = \dfrac{100 - 99}{100 - 98} = \dfrac{1}{2}$

1. 상수도의 정수공정에서 염소소독에 대한 설명으로 틀린 것은?

① 염소살균은 오존살균에 비해 가격이 저렴하다.

② 염소소독의 부산물로 생성되는 THM은 발암성이 있다.

③ 암모니아성 질소가 많은 경우에는 클로라민이 형성된다.

④ 염소요구량은 주입염소량과 유리 및 결합잔류염소량의 합이다.

해설 염소요구량＝주입염소농도－잔류염소농도

2. 집수매거(infiltration galleries)에 관한 설명으로 옳지 않은 것은?

① 철근콘크리트조의 유공관 또는 권선형 스크린관을 표준으로 한다.

② 집수매거 내의 평균유속은 유출단에서 1m/s 이하가 되도록 한다.

③ 집수매거의 부설방향은 표류수의 상황을 정확하게 파악하여 위수할 수 있도록 한다.

④ 집수매거는 하천부지의 하상 밑이나 구하천부지 등의 땅속에 매설하여 복류수나 자유수면을 갖는 지하수를 취수하는 시설이다.

해설 집수매거의 부설방향은 복류수의 상황을 정확하게 파악하여 위수할 수 있도록 한다.

3. 수평으로 부설한 지름 400mm, 길이 1,500m의 주철관으로 20,000m³/day의 물이 수송될 때 펌프에 의한 송수압이 53.95N/cm²이면 관수로 끝에서 발생되는 압력은? (단, 관의 마찰손실계수 f=0.03, 물의 단위중량 γ=9.81kN/m, 중력가속도 g=9.8m/s²)

① 3.5×10⁵N/m²
② 4.5×10⁵N/m²
③ 5.0×10⁵N/m²
④ 5.5×10⁵N/m²

해설 $Q=20,000\text{m}^3/\text{day}=0.232\text{m}^3/\text{s}$

$$V=\frac{Q}{A}=\frac{0.232}{\frac{\pi\times0.4^2}{4}}=1.845\text{m/s}$$

$\therefore$ 압력$=539,500\text{N/cm}^2-P_{end}$
$=539,500\text{N/cm}^2-9,810\times0.03$
$\times\dfrac{1,500}{0.4}\times\dfrac{1.845^2}{2\times9.8}$
$=347,828\fallingdotseq3.5\times10^5\text{N/m}^2$

4. 하수처리시설의 2차 침전지에 대한 내용으로 틀린 것은?

① 유효수심은 2.5~4m를 표준으로 한다.

② 침전지 수면의 여유고는 40~60cm 정도로 한다.

③ 직사각형인 경우 길이와 폭의 비는 3 : 1 이상으로 한다.

④ 표면부하율은 계획 1일 최대 오수량에 대하여 25~40m³/m²·day로 한다.

해설 표면부하율은 계획 1일 최대 오수량에 대하여 20~30m³/m²·day로 한다.

5. A시의 2021년 인구는 588,000명이며 연간 약 3.5%씩 증가하고 있다. 2027년도를 목표로 급수시설의 설계에 임하고자 한다. 1일 1인 평균급수량은 250L이고 급수율을 70%로 가정할 때 계획 1일 평균급수량은? (단, 인구추정식은 등비증가법으로 산정한다.)

① 약 126,500m³/day
② 약 129,000m³/day
③ 약 258,000m³/day
④ 약 387,000m³/day

해설 $P_n=P_0(1+r)^n=588,000\times(1+0.035)^6$
$=722,802$인

$\therefore$ 계획 1일 평균급수량
$=250l/\text{인}\cdot\text{day}\times722,802\text{인}\times0.7$
$=126,490,350l/\text{day}\fallingdotseq126,500\text{m}^3/\text{day}$

6. 운전 중인 펌프의 토출량을 조절할 때 공동현상을 일으킬 우려가 있는 것은?

① 펌프의 회전수를 조절한다.
② 펌프의 운전대수를 조절한다.
③ 펌프의 흡입측 밸브를 조절한다.
④ 펌프의 토출측 밸브를 조절한다.

7. 원수수질상황과 정수수질관리목표를 중심으로 정수방법을 선정할 때 종합적으로 검토하여야 할 사항으로 틀린 것은?

① 원수수질   ② 원수시설의 규모
③ 정수시설의 규모   ④ 정수수질의 관리목표

•해설 정수방법의 선정 시 원수시설의 규모는 관련 없다.

8. 하수도의 계획오수량 산정 시 고려할 사항이 아닌 것은?

① 계획오수량 산정 시 산업폐수량을 포함하지 않는다.
② 오수관로는 계획시간 최대 오수량을 기준으로 계획한다.
③ 합류식에서 하수의 차집관로는 우천 시 계획오수량을 기준으로 계획한다.
④ 우천 시 계획오수량 산정 시 생활오수량 외 우천 시 오수관로에 유입되는 빗물의 양과 지하수의 침입량을 추정하여 합산한다.

•해설 계획오수량 산정 시 생활오수량, 공장폐수량, 지하수량, 기타를 포함한다.

9. 주요 관로별 계획하수량으로서 틀린 것은?

① 오수관로 : 계획시간 최대 오수량
② 차집관로 : 우천 시 계획오수량
③ 우수관로 : 계획우수량＋계획오수량
④ 합류식 관로 : 계획시간 최대 오수량＋계획우수량

•해설 우수관로의 계획하수량은 계획우수량이다.

10. 하수도시설에서 펌프의 선정기준 중 틀린 것은?

① 전양정이 5m 이하이고 구경이 400mm 이상인 경우는 축류펌프를 선정한다.
② 전양정이 4m 이상이고 구경이 80mm 이상인 경우는 원심펌프를 선정한다.
③ 전양정이 5~20m이고 구경이 300mm 이상인 경우 원심사류펌프를 선정한다.
④ 전양정이 3~12m이고 구경이 400mm 이상인 경우는 원심펌프를 선정한다.

11. 다음 펌프의 표준특성곡선에서 양정을 나타내는 것은? (단, N_s : 100~250)

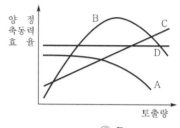

① A   ② B
③ C   ④ D

12. 양수량이 15.5m³/min이고 전양정이 24m일 때 펌프의 축동력은? (단, 펌프의 효율은 80%로 가정한다.)

① 4.65kW   ② 7.58kW
③ 46.57kW   ④ 75.95kW

•해설 $Q = 15.5\text{m}^3/\text{min} = 0.26\text{m}^3/\text{s}$

$$\therefore P_p = \frac{9.8QH}{\eta} = \frac{9.8 \times 0.26 \times 24}{0.8} = 76.44\text{kW}$$

13. 맨홀 설치 시 관경에 따라 맨홀의 최대 간격에 차이가 있다. 관로직선부에서 관경 600mm 초과 1,000mm 이하에서 맨홀의 최대 간격 표준은?

① 60m   ② 75m
③ 90m   ④ 100m

•해설 관경 600mm 초과 1,000mm 이하일 때 맨홀은 100m 간격으로 한다.

14. 수원의 구비요건으로 틀린 것은?

① 수질이 좋아야 한다.

② 수량이 풍부하여야 한다.

③ 가능한 한 낮은 곳에 위치하여야 한다.

④ 가능한 한 수돗물소비지에서 가까운 곳에 위치하여야 한다.

해설 가급적 자연유하로 도수할 수 있으려면 가능한 한 높은 곳에 위치하여야 한다.

15. 다음 중 저농도 현탁입자의 침전형태는?

① 단독침전

② 응집침전

③ 지역침전

④ 압밀침전

해설 저농도 현탁입자의 경우 중력에 의한 침전이 합당하므로 1차 침전 또는 단독침전이다.

16. 계획우수량 산정 시 유입시간을 산정하는 일반적인 Kerby식과 스에이시식에서 각 계수와 유입시간의 관계로 틀린 것은?

① 유입시간과 지표면거리는 비례관계이다.

② 유입시간과 지체계수는 반비례관계이다.

③ 유입시간과 설계강우강도는 반비례관계이다.

④ 유입시간과 지표면평균경사는 반비례관계이다.

17. 자연유하방식과 비교할 때 압송식 하수도에 관한 특징으로 틀린 것은?

① 불명수(지하수 등)의 침입이 없다.

② 하향식 경사를 필요로 하지 않는다.

③ 관로의 매설깊이를 낮게 할 수 있다.

④ 유지관리가 비교적 간편하고 관로점검이 용이하다.

해설 압송식 하수도의 경우 유지관리비용이 증대된다.

18. 염소소독 시 생성되는 염소성분 중 살균력이 가장 강한 것은?

① OCl^-

② $HOCl$

③ $NHCl_2$

④ NH_2Cl

해설 살균력이 강한 순서 : $HOCl > OCl^- >$ 클로라민

19. 석회를 사용하여 하수를 응집침전하고자 할 경우의 내용으로 틀린 것은?

① 콜로이드성 부유물질의 침전성이 향상된다.

② 알칼리도, 인산염, 마그네슘 등과도 결합하여 제거시킨다.

③ 석회 첨가에 의한 인 제거는 황산반토보다 슬러지 발생량이 일반적으로 적다.

④ 알칼리제를 응집보조제로 첨가하여 응집침전의 효과가 향상되도록 pH를 조정한다.

해설 응집보조제를 사용할 경우 일반적으로 슬러지 발생량은 많아진다.

20. 정수처리의 단위조작으로 사용되는 오존처리에 관한 설명으로 틀린 것은?

① 유기물질의 생분해성을 증가시킨다.

② 염소주입에 앞서 오존을 주입하면 염소의 소비량을 감소시킨다.

③ 오존은 자체의 높은 산화력으로 염소에 비하여 높은 살균력을 가지고 있다.

④ 인의 제거능력이 뛰어나고 수온이 높아져도 오존소비량은 일정하게 유지된다.

해설 수온이 높아지면 오존소비량이 급격히 높아진다.

1. 1인 1일 평균급수량에 대한 일반적인 특징으로 옳지 않은 것은?

① 소도시는 대도시에 비해서 수량이 크다.

② 공업이 번성한 도시는 소도시보다 수량이 크다.

③ 기온이 높은 지방이 추운 지방보다 수량이 크다.

④ 정액급수의 수도는 계량급수의 수도보다 소비수량이 크다.

· 해설 대도시가 소도시에 비하여 물소비량이 크다.

2. 침전지의 수심이 4m이고 체류시간이 1시간일 때 이 침전지의 표면부하율(Surface loading rate)은?

① $48m^3/m^2·d$ ② $72m^3/m^2·d$

③ $96m^3/m^2·d$ ④ $108m^3/m^2·d$

· 해설 $V_0 = \dfrac{Q}{A} = \dfrac{h}{t} = \dfrac{4m}{1/24day} = 96m^3/m^2 · d$

3. 인구가 10,000명인 A시에 폐수배출시설 1개소가 설치될 계획이다. 이 폐수배출시설의 유량은 $200m^3/d$ 이고, 평균BOD배출농도는 $500gBOD/m^3$이다. 이를 고려하여 A시에 하수종말처리장을 신설할 때 적합한 최소 계획인구수는? (단, 하수종말처리장 건설 시 1인 1일 BOD부하량은 50gBOD/인·d로 한다.)

① 10,000명 ② 12,000명

③ 14,000명 ④ 16,000명

· 해설 ㉮ $200m^3/d ÷ 500gBOD/m^3 = 100,000BOD/d$

㉯ $100,000BOD/d ÷ 50gBOD/인·d = 2,000$인

∴ 최소 계획인구수 $= 10,000$인 $+ 2,000$인 $= 12,000$인

4. 우수관로 및 합류식 관로 내에서의 부유물침전을 막기 위하여 계획우수량에 대하여 요구되는 최소 유속은?

① 0.3m/s ② 0.6m/s

③ 0.8m/s ④ 1.2m/s

· 해설 우수 및 합류관의 유속범위는 0.8~3.0m/s이다.

5. 어느 A시의 장래 2030년의 인구추정결과 85,000 명으로 추산되었다. 계획연도의 1인 1일당 평균급수량을 380L, 급수보급률을 95%로 가정할 때 계획연도의 계획 1일 평균급수량은?

① $30,685m^3/d$ ② $31,205m^3/d$

③ $31,555m^3/d$ ④ $32,305m^3/d$

· 해설 계획 1일 평균급수량

$= 85,000$인 $× 380L/$인·$day × 0.95$

$= 85,000$인 $× 380 × 10^{-3}m^3/$인·$day × 0.95$

$= 30,685m^3/d$

6. 정수처리 시 트리할로메탄 및 곰팡이냄새의 생성을 최소화하기 위해 침전지와 여과지 사이에 염소제를 주입하는 방법은?

① 전염소처리 ② 중간염소처리

③ 후염소처리 ④ 이중염소처리

7. 하수도의 관로계획에 대한 설명으로 옳은 것은?

① 오수관로는 계획 1일 평균오수량을 기준으로 계획한다.

② 관로의 역사이펀을 많이 설치하여 유지관리측면에서 유리하도록 계획한다.

③ 합류식에서 하수의 차집관로는 우천 시 계획오수량을 기준으로 계획한다.

④ 오수관로와 우수관로가 교차하여 역사이펀을 피할 수 없는 경우는 우수관로를 역사이펀으로 하는 것이 바람직하다.

· 해설 합류식에서 하수의 차집관로는 우천 시 계획오수량 또는 시간 최대 오수량의 3배를 기준으로 계획한다.

8. 지름 400mm, 길이 1,000m인 원형철근콘크리트관에 물이 가득 차 흐르고 있다. 이 관로시점의 수두가 50m라면 관로종점의 수압(kgf/cm^2)은? (단, 손실수두는 마찰손실수두만을 고려하며 마찰계수(f)=0.05, 유속은 Manning공식을 이용하여 구하고 조도계수(n)=0.013, 동수경사(I)=0.001이다.)

① 2.92kgf/cm^2 ② 3.28kgf/cm^2
③ 4.83kgf/cm^2 ④ 5.31kgf/cm^2

해설
$$v = \frac{1}{n} R_h^{\frac{2}{3}} I^{\frac{1}{2}}$$
$$= \frac{1}{0.013} \times \left(\frac{0.4}{4}\right)^{\frac{2}{3}} \times 0.001^{\frac{1}{2}} = 0.524 \text{m/s}$$
$$\therefore p = \gamma h = \gamma f \frac{l}{d} \frac{v^2}{2g}$$
$$= 1\text{t/m}^3 \times 0.05 \times \frac{1,000}{0.4} \times \frac{0.524^2}{2 \times 9.8}$$
$$= 48.25 \text{t/m}^2 = 4.83 \text{kgf/cm}^2$$

9. 교차연결(cross connection)에 대한 설명으로 옳은 것은?
① 2개의 하수도관이 90°로 서로 연결된 것을 말한다.
② 상수도관과 오염된 오수관이 서로 연결된 것을 말한다.
③ 두 개의 하수관로가 교차해서 지나가는 구조를 말한다.
④ 상수도관과 하수도관이 서로 교차해서 지나가는 것을 말한다.

10. 슬러지 농축과 탈수에 대한 설명으로 틀린 것은?
① 탈수는 기계적 방법으로 진공여과, 가압여과 및 원심탈수법 등이 있다.
② 농축은 매립이나 해양투기를 하기 전에 슬러지용적을 감소시켜 준다.
③ 농축은 자연의 중력에 의한 방법이 가장 간단하며 경제적인 처리방법이다.
④ 중력식 농축조에 슬러지 제거기 설치 시 탱크 바닥의 기울기는 1/10 이상이 좋다.

해설 찌꺼기(슬러지) 제거기(sludge scraper)를 설치할 경우 탱크 바닥의 기울기는 5/100 이상이 좋다.

11. 송수시설에 대한 설명으로 옳은 것은?
① 급수관, 계량기 등이 붙어있는 시설
② 정수장에서 배수지까지 물을 보내는 시설
③ 수원에서 취수한 물을 정수장까지 운반하는 시설
④ 정수처리된 물을 소요수량만큼 수요자에게 보내는 시설

해설 송수시설이란 정수장에서 배수지까지 물을 보내는 시설을 말한다.

12. 압력식 하수도 수집시스템에 대한 특징으로 틀린 것은?
① 얕은 층으로 매설할 수 있다.
② 하수를 그라인더펌프에 의해 압송한다.
③ 광범위한 지형조건 등에 대응할 수 있다.
④ 유지관리가 비교적 간편하고 일반적으로는 유지관리비용이 저렴하다.

해설 그라인더펌프(GP)의 운영으로 일반적으로 유지관리비가 많이 소요된다.

13. pH가 5.6에서 4.3으로 변화할 때 수소이온농도는 약 몇 배가 되는가?
① 약 13배   ② 약 15배
③ 약 17배   ④ 약 20배

해설
㉮ $\log H^+ = 5.6 \rightarrow H^+ = 2.5 \times 10^{-6}$
㉯ $\log H^+ = 4.3 \rightarrow H^+ = 0.5 \times 10^{-4}$
$$\therefore \frac{0.5 \times 10^{-4}}{2.5 \times 10^{-6}} = 20\text{배}$$

14. 하수처리계획 및 재이용계획을 위한 계획오수량에 대한 설명으로 옳은 것은?
① 지하수량은 계획 1일 평균오수량의 10~20%로 한다.
② 계획 1일 평균오수량은 계획 1일 최대 오수량의 70~80%를 표준으로 한다.
③ 합류식에서 우천 시 계획오수량은 원칙적으로 계획 1일 평균오수량의 3배 이상으로 한다.
④ 계획 1일 최대 오수량은 계획시간 최대 오수량을 1일의 수량으로 환산하여 1.3~1.8배를 표준으로 한다.

해설 ① 지하수량은 계획 1일 최대 오수량의 10~20%로 한다.
③ 합류식에서 우천 시 계획오수량은 원칙적으로 계획시간 최대 오수량의 3배 이상으로 한다.
④ 계획시간 최대 오수량은 계획 1일 최대 오수량의 1시간당 수량의 1.3~1.8배를 표준으로 한다.

15. 배수관망의 구성방식 중 격자식과 비교한 수지상식의 설명으로 틀린 것은?

① 수리계산이 간단하다.
② 사고 시 단수구간이 크다.
③ 제수밸브를 많이 설치해야 한다.
④ 관의 말단부에 물이 정체되기 쉽다.

해설 격자식의 특징
㉮ 제수밸브를 많이 설치한다.
㉯ 사고 시 단수구간이 크다.
㉰ 건설비가 많이 소요된다.

16. 슬러지 처리의 목표로 옳지 않은 것은?

① 중금속 처리
② 병원균의 처리
③ 슬러지의 생화학적 안정화
④ 최종 슬러지부피의 감량화

17. 합류식과 분류식에 대한 설명으로 옳지 않은 것은?

① 분류식의 경우 관로 내 퇴적은 적으나, 수세효과는 기대할 수 없다.
② 합류식의 경우 일정량 이상이 되면 우천 시 오수가 월류한다.
③ 합류식의 경우 관경이 커지기 때문에 2계통인 분류식보다 건설비용이 많이 든다.
④ 분류식의 경우 오수와 우수를 별개의 관로로 배제하기 때문에 오수의 배제계획이 합리적이다.

해설 오수와 우수 두 개의 관을 매설하는 분류식보다 1개의 관을 매설하는 합류식이 건설비용이 적게 소요된다.

18. 하수의 고도처리에 있어서 질소와 인을 동시에 제거하기 어려운 공법은?

① 수정Phostrip공법
② 막분리 활성슬러지법
③ 혐기무산소호기조합법
④ 응집제 병용형 생물학적 질소 제거법

19. 저수지에서 식물성 플랑크톤의 과도성장에 따라 부영양화가 발생될 수 있는데, 이에 대한 가장 일반적인 지표기준은?

① COD농도
② 색도
③ BOD와 DO농도
④ 투명도(Secchi disk depth)

20. 정수장의 소독 시 처리수량이 $10,000m^3/d$인 정수장에서 염소를 5mg/L의 농도로 주입할 경우 잔류염소농도가 0.2mg/L이었다. 염소요구량은? (단, 염소의 순도는 80%이다.)

① 24kg/d
② 30kg/d
③ 48kg/d
④ 60kg/d

해설 염소요구량
$$= \frac{CQ}{순도} = \frac{(5mg/L - 0.2mg/L) \times 10,000m^3/d}{0.8}$$
$$= \frac{4.8 \times 10^{-6}kg/kg \times 10,000 \times 10^3 kg/d}{0.8} = 60kg/d$$

부록 II

CBT 대비 실전 모의고사

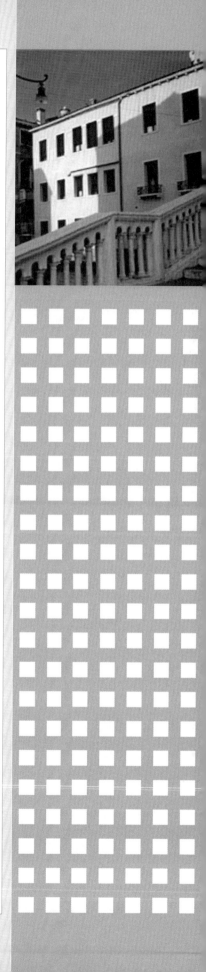

토목기사 실전 모의고사 1회

▶ 정답 및 해설 : p.106

1. 계획급수량에 대한 설명 중 틀린 것은?
① 계획 1일 최대급수량은 계획 1인 1일 최대급수량에 계획급수인구를 곱하여 결정할 수 있다.
② 계획 1일 평균급수량은 계획 1일 최대급수량의 60%를 표준으로 한다.
③ 송수시설의 계획송수량은 원칙적으로 계획 1일 최대급수량을 기준으로 한다.
④ 취수시설의 계획취수량은 계획 1일 최대급수량을 기준으로 한다.

2. 하수처리시설의 펌프장시설의 중력식 침사지에 관한 설명으로 틀린 것은?
① 체류시간은 30~60초를 표준으로 하여야 한다.
② 모래퇴적부의 깊이는 최소 50cm 이상이어야 한다.
③ 침사지의 평균유속은 0.3m/s를 표준으로 한다.
④ 침사지 형상은 정방형 또는 장방형 등으로 하고, 지수는 2지 이상을 원칙으로 한다.

3. 대장균군의 수를 나타내는 MPN(최확수)에 대한 설명으로 옳은 것은?
① 검수 1mL 중 이론상 있을 수 있는 대장균군의 수
② 검수 10mL 중 이론상 있을 수 있는 대장균군의 수
③ 검수 50mL 중 이론상 있을 수 있는 대장균군의 수
④ 검수 100mL 중 이론상 있을 수 있는 대장균군의 수

4. 배수 및 급수시설에 관한 설명으로 틀린 것은?
① 배수본관은 시설의 신뢰성을 높이기 위해 2개열 이상으로 한다.
② 배수지의 건설에는 토압, 벽체의 균열, 지하수의 부상, 환기 등을 고려한다.
③ 급수관 분기지점에서 배수관 내의 최대정수압은 1,000kPa 이상으로 한다.
④ 관로공사가 끝나면 시공의 적합 여부를 확인하기 위하여 수압시험 후 통수한다.

5. $Q = \dfrac{1}{360} CIA$는 합리식으로서 첨두유량을 산정할 때 사용된다. 이 식에 대한 설명으로 옳지 않은 것은?
① C는 유출계수로 무차원이다.
② I는 도달시간 내의 강우강도로 단위는 mm/h이다.
③ A는 유역면적으로 단위는 km^2이다.
④ Q는 첨두유출량으로 단위는 m^3/s이다.

6. 우수조정지의 구조형식으로 옳지 않은 것은?
① 댐식(제방높이 15m 미만)
② 월류식
③ 지하식
④ 굴착식

7. 완속여과지와 비교할 때 급속여과지에 대한 설명으로 틀린 것은?
① 대규모 처리에 적합하다.
② 세균처리에 있어 확실성이 적다.
③ 유입수가 고탁도인 경우에 적합하다.
④ 유지관리비가 적게 들고 특별한 관리기술이 필요없다.

8. 일반적인 상수도계통도를 바르게 나열한 것은?
① 수원 및 저수시설 → 취수 → 배수 → 송수 → 정수 → 도수 → 급수
② 수원 및 저수시설 → 취수 → 도수 → 정수 → 급수 → 배수 → 송수
③ 수원 및 저수시설 → 취수 → 도수 → 정수 → 송수 → 배수 → 급수
④ 수원 및 저수시설 → 취수 → 배수 → 정수 → 급수 → 도수 → 송수

9. 양수량이 8m³/min, 전양정이 4m, 회전수가 1,160rpm인 펌프의 비교회전도는?
① 316
② 985
③ 1,160
④ 1,436

10. 정수처리에서 염소소독을 실시할 경우 물이 산성일수록 살균력이 커지는 이유는?

① 수중의 OCl 감소
② 수중의 OCl 증가
③ 수중의 HOCl 감소
④ 수중의 HOCl 증가

11. 고도처리 및 3차 처리시설의 계획하수량 표준에 관한 다음 표에서 빈칸에 알맞은 것으로 짝지어진 것은?

구분		계획하수량
		합류식 하수도
고도처리 및 3차 처리	처리시설	(가)
	처리장 내 연결관거	(나)

① (가) 계획시간 최대오수량, (나) 계획 1일 최대오수량
② (가) 계획시간 최대오수량, (나) 우천 시 계획오수량
③ (가) 계획 1일 최대오수량, (나) 계획시간 최대오수량
④ (가) 계획 1일 최대오수량, (나) 우천 시 계획오수량

12. 원수에 염소를 3.0mg/L를 주입하고 30분 접촉 후 잔류염소량이 0.5mg/L이었다면 이 물의 염소요구량은?

① 0.5mg/L
② 2.5mg/L
③ 3.0mg/L
④ 3.5mg/L

13. 하수도의 구성 및 계통도에 관한 설명으로 옳지 않은 것은?

① 하수의 집 · 배수시설은 가압식을 원칙으로 한다.
② 하수처리시설은 물리적, 생물학적, 화학적 시설로 구별된다.
③ 하수의 배제방식은 합류식과 분류식으로 대별된다.
④ 분류식은 합류식보다 방류하천의 수질보전을 위한 이상적 배제방식이다.

14. 수격작용(water hammer)의 방지 또는 감소대책에 대한 설명으로 틀린 것은?

① 펌프의 토출구에 완만히 닫을 수 있는 역지밸브를 설치하여 압력 상승을 적게 한다.
② 펌프의 설치위치를 높게 하고 흡입양정을 크게 한다.
③ 펌프에 플라이휠(fly wheel)을 붙여 펌프의 관성을 증가시켜 급격한 압력강하를 완화한다.
④ 노출측 관로에 입력조질수조를 실지한다.

15. 수원의 구비요건으로 틀린 것은?

① 수질이 좋아야 한다.
② 수량이 풍부하여야 한다.
③ 가능한 한 낮은 곳에 위치하여야 한다.
④ 소비자로부터 가까운 곳에 위치하여야 한다.

16. 최초 침전지의 표면적이 250m², 깊이가 3m인 직사각형 침전지가 있다. 하수 350m³/h가 유입될 때 수면적부하는?

① $30.6m^3/m^2 \cdot day$
② $33.6m^3/m^2 \cdot day$
③ $36.6m^3/m^2 \cdot day$
④ $39.6m^3/m^2 \cdot day$

17. 부영양화로 인한 수질변화에 대한 설명으로 옳지 않은 것은?

① COD가 증가한다.
② 탁도가 증가한다.
③ 투명도가 증가한다.
④ 맛과 냄새가 나타난다.

18. 취수탑(intake tower)의 설명으로 옳지 않은 것은?

① 일반적으로 다단수문형식의 취수구를 적당히 배치한 철근콘크리트구조이다.
② 갈수 시에도 일정 이상의 수심을 확보할 수 있으면 연간의 수위변화가 크더라도 하천, 호소, 댐에서의 취수시설로 적합하다.
③ 제내지에의 도수는 자연유하식으로 제한되기 때문에 제내지의 지형에 제약을 받는 단점이 있다.
④ 특히 수심이 깊은 경우에는 철골구조의 부자(float)식의 취수탑이 사용되기도 한다.

19. 콘크리트하수관의 내부천정이 부식되는 현상에 대한 대응책으로 틀린 것은?

① 방식재료를 사용하여 관을 방호한다.
② 하수 중의 유황함유량을 낮춘다.
③ 관내의 유속을 감소시킨다.
④ 하수에 염소를 주입한다.

20. BOD₅가 155mg/L인 폐수에서 탈산소계수(k_1)가 0.2day일 때 4일 후 남아 있는 BOD는? (단, 탈산소계수는 상용대수기준)

① 27.3mg/L
② 56.4mg/L
③ 127.5mg/L
④ 172.2mg/L

1. 1인 1일 평균급수량의 일반적인 증가 · 감소에 대한 설명으로 틀린 것은?

① 기온이 낮은 지방일수록 증가한다.

② 인구가 많은 도시일수록 증가한다.

③ 문명도가 낮은 도시일수록 감소한다.

④ 누수량이 증가하면 비례하여 증가한다.

2. 취수시설의 침사지 설계에 관한 설명 중 틀린 것은?

① 침사지 내에서의 평균유속은 10~15cm/min를 표준으로 한다.

② 침사지의 체류시간은 계획취수량의 10~20분을 표준으로 한다.

③ 침사지의 형상은 장방형으로 하고, 길이는 폭의 3~8배를 표준으로 한다.

④ 침사지의 유효수심은 3~4m를 표준으로 하고, 퇴사심도는 0.5~1m로 한다.

3. 하수량 1,000m^3/day, BOD 200mg/L인 하수를 250m^3 유효용량의 포기조로 처리할 경우 BOD용적부하는?

① 0.8kg · BOD/m^3 · day

② 1.25kg · BOD/m^3 · day

③ 8kg · BOD/m^3 · day

④ 12.5kg · BOD/m^3 · day

4. BOD 200mg/L, 유량 600m^3/day인 어느 식료품 공장폐수가 BOD 10mg/L, 유량 2m^3/s인 하천에 유입한다. 폐수가 유입되는 지점으로부터 하류 15km지점의 BOD는? (단, 다른 유입원은 없고, 하천의 유속은 0.05m/s, 20℃ 탈산소계수(k_1)=0.1/day, 상용대수, 20℃기준이며, 기타 조건은 고려하지 않음)

① 4.79mg/L

② 5.39mg/L

③ 7.21mg/L

④ 8.16mg/L

5. 양수량이 500m^3/h, 전양정이 10m, 회전수가 1,100rpm일 때 비교회전도(N_s)는 ?

① 362

② 565

③ 614

④ 809

6. 하수관거의 설계기준에 대한 설명으로 틀린 것은?

① 경사는 상류에서 크게 하고, 하류로 갈수록 감소시켜야 한다.

② 유속은 하류로 갈수록 작게 하여야 한다.

③ 오수관거의 최소관경은 200mm를 표준으로 한다.

④ 관거의 최소흙두께는 원칙적으로 1m로 한다.

7. 슬러지용량지표(SVI : sludge volume index)에 관한 설명으로 옳지 않은 것은?

① 정상적으로 운전되는 반응조의 SVI는 50~150범위이다.

② SVI는 포기시간, BOD농도, 수온 등에 영향을 받는다.

③ SVI는 슬러지밀도지수(SDI)에 100을 곱한 값을 의미한다.

④ 반응조 내 혼합액을 30분간 정체한 경우 1g의 활성슬러지부유물질이 포함하는 용적을 mL로 표시한 것이다.

8. 완속여과지에 관한 설명으로 옳지 않은 것은?

① 응집제를 필수적으로 투입해야 한다.

② 여과속도는 4~5m/day를 표준으로 한다.

③ 비교적 양호한 원수에 알맞은 방법이다.

④ 급속여과지에 비해 넓은 부지면적을 필요로 한다.

9. 혐기성 소화공정을 적절하게 운전 및 관리하기 위하여 확인해야 할 사항으로 옳지 않은 것은?

① COD농도측정

② 가스 발생량측정

③ 상징수의 pH측정

④ 소화슬러지의 성상 파악

10. 원형 하수관에서 유량이 최대가 되는 때는?

① 수심이 72~78% 차서 흐를 때
② 수심이 80~85% 차서 흐를 때
③ 수심이 92~94% 차서 흐를 때
④ 가득 차서 흐를 때

11. 하수고도처리방법으로 질소, 인 동시 제거공정은?

① 혐기 무산소호기조합법
② 연속회분식 활성슬러지법
③ 정석탈인법
④ 혐기 호기 활성슬러지법

12. 호수의 부영양화에 대한 설명으로 옳지 않은 것은?

① 조류의 이상증식으로 인하여 물의 투명도가 저하된다.
② 부영양화의 주된 원인물질은 질소와 인이다.
③ 조류의 발생이 과다하면 정수공정에서 여과지를 폐색시킨다.
④ 조류 제거약품으로는 주로 황산알루미늄을 사용한다.

13. 침전지의 유효수심이 4m, 1일 최대사용수량이 450m^3, 침전시간이 12시간일 경우 침전지의 수면적은?

① 56.3m^2
② 42.7m^2
③ 30.1m^2
④ 21.3m^2

14. 오수 및 우수의 배제방식인 분류식과 합류식에 대한 설명으로 틀린 것은?

① 합류식은 관의 단면적이 크기 때문에 폐쇄의 염려가 적다.
② 합류식은 일정량 이상이 되면 우천 시 오수가 월류할 수 있다.
③ 분류식은 별도의 시설 없이 오염도가 높은 초기 우수를 처리장으로 유입시켜 처리한다.
④ 분류식은 2계통을 건설하는 경우 합류식에 비하여 일반적으로 관거의 부설비가 많이 든다.

15. 정수장으로부터 배수지까지 정수를 수송하는 시설은?

① 도수시설
② 송수시설
③ 정수시설
④ 배수시설

16. 우수가 하수관로로 유입하는 시간이 4분, 하수관로에서 유하시간이 15분, 이 유역의 유역면적이 4km^2, 유출계수는 0.6, 강우강도식 $I=\dfrac{6,500}{t+40}$[mm/h]일 때 첨두유량은? (단, t의 단위 : 분)

① 73.4m^3/s
② 78.8m^3/s
③ 85.0m^3/s
④ 98.5m^3/s

17. 수격현상(water hammer)의 방지대책으로 틀린 것은?

① 펌프의 급정지를 피한다.
② 가능한 한 관내 유속을 크게 한다.
③ 토출관 쪽에 압력조정용 수조(surge tank)를 설치한다.
④ 토출측 관로에 에어체임버(air chamber)를 설치한다.

18. 도수 및 송수노선 선정 시 고려할 사항으로 틀린 것은?

① 몇 개의 노선에 대하여 경제성, 유지관리의 난이도 등을 비교·검토하여 종합적으로 판단하여 결정한다.
② 원칙적으로 공공도로 또는 수도용지로 한다.
③ 수평이나 수직방향의 급격한 굴곡은 피한다.
④ 관로상 어떤 지점도 동수경사선보다 항상 높게 위치하도록 한다.

19. 관로별 계획하수량에 대한 설명으로 옳지 않은 것은?

① 오수관로에서는 계획시간 최대오수량으로 한다.
② 우수관로에서는 계획우수량으로 한다.
③ 합류식 관로는 계획시간 최대오수량에 계획우수량을 합한 것으로 한다.
④ 차집관로는 계획 1일 최대오수량에 우천 시 계획우수량을 합한 것으로 한다.

20. 격자식 배수관망이 수지상식 배수관망에 비해 좋은 점은?

① 단수구역이 좁아진다.
② 수리 계산이 간단하다.
③ 관의 부설비가 작아진다.
④ 제수밸브를 적게 설치해도 된다.

토록기사 실전 모의고사 3회

▶ 정답 및 해설 : p.108

1. 정수처리의 단위조작으로 사용되는 오존처리에 관한 설명으로 틀린 것은?

① 유기물질의 생분해성을 증가시킨다.

② 염소주입에 앞서 오존을 주입하면 염소의 소비량을 감소시킨다.

③ 오존은 자체의 높은 산화력으로 염소에 비하여 높은 살균력을 가지고 있다.

④ 인의 제거능력이 뛰어나고 수온이 높아져도 오존 소비량은 일정하게 유지된다.

2. 어느 도시의 인구가 10년 전 10만 명에서 현재는 20만 명이 되었다. 등비급수법에 의한 인구증가를 보였다고 하면 연평균인구증가율은?

① 0.08947   ② 0.07177

③ 0.06251   ④ 0.03589

3. 콘크리트하수관의 내부천정이 부식되는 현상에 대한 대응책으로 틀린 것은?

① 방식재료를 사용하여 관을 방호한다.

② 하수 중의 유황함유량을 낮춘다.

③ 관내의 유속을 감소시킨다.

④ 하수에 염소를 주입하여 박테리아 번식을 억제한다.

4. 펌프의 비속도(비교회전도, N_s)에 대한 설명으로 틀린 것은?

① N_s가 작으면 유량이 적은 저양정의 펌프가 된다.

② 수량 및 전양정이 같다면 회전수가 클수록 N_s가 크게 된다.

③ N_s가 동일하면 펌프의 크기에 관계없이 같은 형식의 펌프로 한다.

④ N_s가 작을수록 효율곡선은 완만하게 되고 유량변화에 대해 효율변화의 비율이 작다.

5. 관거별 계획하수량 선정 시 고려해야 할 사항으로 적합하지 않은 것은?

① 오수관거는 계획시간 최대오수량을 기준으로 한다.

② 우수관거에서는 계획우수량을 기준으로 한다.

③ 합류식 관거는 계획시간 최대오수량에 계획우수량을 합한 것을 기준으로 한다.

④ 차집관거는 계획시간 최대오수량에 우천 시 계획 우수량을 합한 것을 기준으로 한다.

6. 급수방식에 대한 설명으로 틀린 것은?

① 급수방식은 직결식과 저수조식으로 나누며, 이를 병용하기도 한다.

② 저수조식은 급수관으로부터 수돗물을 일단 저수조에 받아서 급수하는 방식이다.

③ 배수관의 압력변동에 관계없이 상시 일정한 수량과 압력을 필요로 하는 경우는 저수조식으로 한다.

④ 재해 시나 사고 등에 의한 수도의 단수나 감수 시에도 물을 반드시 확보해야 할 경우는 직결식으로 한다.

7. 하수관거의 배제방식에 대한 설명으로 틀린 것은?

① 합류식은 청천 시 관내 오물이 침전하기 쉽다.

② 분류식은 합류식에 비해 부설비용이 많이 든다.

③ 분류식은 우천 시 오수가 월류하도록 설계한다.

④ 합류식 관거는 단면이 커서 환기가 잘 되고 검사에 편리하다.

8. 호수의 부영양화에 대한 설명으로 틀린 것은?

① 부영양화는 정체성 수역의 상층에서 발생하기 쉽다.

② 부영양화된 수원의 상수는 냄새로 인하여 음료수로 부적당하다.

③ 부영양화로 식물성 플랑크톤의 번식이 증가되어 투명도가 저하된다.

④ 부영양화로 생물활동이 활발하여 깊은 곳의 용존 산소가 풍부하다.

9. 상수의 완속여과방식 정수과정으로 옳은 것은?

① 여과 → 침전 → 살균   ② 살균 → 침전 → 여과

③ 침전 → 여과 → 살균   ④ 침전 → 살균 → 여과

10. 다음 그림은 유효저수량을 결정하기 위한 유출량누가곡선도이다. 이 곡선의 유효저수용량을 의미하는 것은?

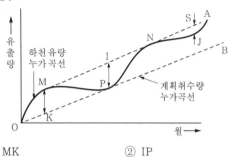

① MK   ② IP

③ SJ   ④ OP

11. 1일 22,000m³을 정수처리하는 정수장에서 고형 황산알루미늄을 평균 25mg/L씩 주입할 때 필요한 응집제의 양은?

① 250kg/day   ② 320kg/day

③ 480kg/day   ④ 550kg/day

12. 펌프의 공동현상(cavitation)에 대한 설명으로 틀린 것은?

① 공동현상이 발생하면 소음이 발생한다.

② 공동현상은 펌프의 성능저하의 원인이 될 수 있다.

③ 공동현상을 방지하려면 펌프의 회전수를 크게 해야 한다.

④ 펌프의 흡입양정이 너무 작고 임펠러의 회전속도가 빠를 때 공동현상이 발생한다.

13. 하천수의 5일간 BOD(BOD₅)에서 주로 측정되는 것은?

① 탄소성 BOD

② 질소성 BOD

③ 산소성 BOD 및 질소성 BOD

④ 탄소성 BOD 및 산소성 BOD

14. 다음의 소독방법 중 발암물질인 THM 발생가능성이 가장 높은 것은?

① 염소소독   ② 오존소독

③ 자외선소독   ④ 이산화염소소독

15. 합리식을 사용하여 우수량을 산정할 때 필요한 자료가 아닌 것은?

① 강우강도   ② 유출계수

③ 지하수의 유입   ④ 유달시간

16. 하수 중의 질소와 인을 동시에 제거할 때 이용될 수 있는 고도처리시스템은?

① 혐기 호기조합법

② 3단 활성슬러지법

③ Phostrip법

④ 혐기 무산소호기조합법

17. 집수매거(infiltration galleries)에 관한 설명 중 옳지 않은 것은?

① 집수매거는 복류수의 흐름방향에 대하여 지형 등을 고려하여 가능한 직각으로 설치하는 것이 효율적이다.

② 집수매거의 매설깊이는 5m 이상으로 하는 것이 바람직하다.

③ 집수매거 내의 평균유속은 유출단에서 1m/s 이하가 되도록 한다.

④ 집수매거의 집수개구부(공)직경은 3~5cm를 표준으로 하고, 그 수는 관거표면적 1m²당 10~20개로 한다.

18. 하수도시설에 손상을 주지 않기 위하여 설치되는 전처리(primary treatment)공정을 필요로 하지 않는 폐수는?

① 산성 또는 알칼리성이 강한 폐수

② 대형 부유물질만을 함유하는 폐수

③ 침전성 물질을 다량으로 함유하는 폐수

④ 아주 미세한 부유물질만을 함유하는 폐수

19. 상수도관로시설에 대한 설명 중 옳지 않은 것은?

① 배수관 내의 최소동수압은 150kPa이다.

② 상수도의 송수방식에는 자연유하식과 펌프가압식이 있다.

③ 도수거가 하천이나 깊은 계곡을 횡단할 때는 수로교를 가설한다.

④ 급수관을 공공도로에 부설할 경우 다른 매설물과의 간격을 15cm 이상 확보한다.

20. 슬러지의 처분에 관한 일반적인 계통도로 알맞은 것은?

① 생슬러지 – 개량 – 농축 – 소화 – 탈수 – 최종 처분

② 생슬러지 – 농축 – 소화 – 개량 – 탈수 – 최종 처분

③ 생슬러지 – 농축 – 탈수 – 개량 – 소각 – 최종 처분

④ 생슬러지 – 농축 – 탈수 – 소각 – 개량 – 최종 처분

1. 도·송수에 대한 설명으로 옳은 것은?

① 관의 일부가 동수경사선보다 높을 때 도·송수의 효율이 향상된다.

② 도·송수의 효율을 높여주기 위하여 시점의 고수위와 종점의 저수위를 동수경사로 한다.

③ 도·송수는 최소동수경사로 하며, 시점의 최저수위와 종점의 최고수위를 동수경사로 하는 경우이다.

④ 도·송수는 최고동수경사로 하며, 이를 위해 항상 상류측 관의 지름을 하류측보다 크게 한다.

2. 깊이 3m, 표면적 500m²인 어떤 수평류 침전지에 1,000m³/h의 유량이 유입된다. 독립침전임을 가정할 때 100% 제거할 수 있는 입자의 최소침강속도는?

① 0.5m/h

② 1.0m/h

③ 2.0m/h

④ 2.5m/h

3. 계획우수량 산정에 있어서 하수관거의 확률연수는 원칙적으로 몇 년으로 하는가?

① 2~3년

② 3~5년

③ 10~30년

④ 30~50년

4. 관거 내의 침입수(Infiltration) 산정방법 중에서 주요 인자로서 일평균하수량, 상수사용량, 지하수사용량, 오수전환율 등을 이용하여 산정하는 방법은?

① 물 사용량평가법

② 일 최대유량평가법

③ 야간 생활하수평가법

④ 일 최대－최소유량평가법

5. 계획급수인구를 추정하는 이론곡선식은 $y = \dfrac{K}{1 + e^{(a-bx)}}$ 로 표현된다. 식 중의 K가 의미하는 것은? (단, y : x년 후의 인구, x : 기준년부터의 경과연수, e : 자연대수의 밑, a, b : 정수)

① 현재 인구

② 포화인구

③ 증가인구

④ 상주인구

6. 상수도의 정수공정에서 염소소독에 대한 설명으로 틀린 것은?

① 염소살균력은 HOCl < OCl⁻ < 클로라민의 순서이다.

② 염소소독의 부산물로 생성되는 THM은 발암성이 있다.

③ 암모니아성 질소가 많은 경우에는 클로라민이 형성된다.

④ 염소살균은 오존살균에 비해 가격이 저렴하다.

7. 수원 선정 시 고려사항으로 틀린 것은?

① 수질이 좋아야 한다.

② 수량이 풍부하여야 한다.

③ 가능한 한 낮은 곳에 위치하여야 한다.

④ 상수 소비지에서 가까운 곳에 위치하는 것이 좋다.

8. 하수관거 내에 황화수소(H_2S)가 통상 존재하는 이유는 무엇인가?

① 용존산소로 인해 유황이 산화하기 때문이다.

② 용존산소의 결핍으로 박테리아가 메탄가스를 환원시키기 때문이다.

③ 용존산소의 결핍으로 박테리아가 황산염을 환원시키기 때문이다.

④ 용존산소로 인해 박테리아가 메탄가스를 환원시키기 때문이다.

9. 함수율 95%인 슬러지를 농축시켰더니 최초 부피의 1/3이 되었다. 농축된 슬러지의 함수율(%)은?

① 65
② 70
③ 85
④ 90

10. 트리할로메탄(trihalomethane ; THM)에 대한 설명으로 옳지 않은 것은?

① 전염소처리로 제거할 수 있다.
② 현탁성 THM 전구물질의 제거는 응집침전에 의한다.
③ 발암성 물질이므로 규제하고 있다.
④ 생성된 THM은 활성탄흡착으로 어느 정도 제거가 가능하다.

11. 펌프의 분류 중 원심펌프의 특징에 대한 설명으로 옳은 것은?

① 일반적으로 효율이 높고 적용범위가 넓으며 적은 유량을 가감하는 경우 소요동력이 적어도 운전에 지장이 없다.
② 양정변화에 대하여 수량의 변동이 적고, 또 수량변동에 대해 동력의 변화도 적으므로 우수용 펌프 등 수위변동이 큰 곳에 적합하다.
③ 높은 회전수가 가능하므로 펌프가 소형이 되며 전양정이 4m 이하인 경우에 경제적으로 유리하다.
④ 펌프와 전동기를 일체로 펌프 흡입실 내에 설치하며, 유입수량이 적은 경우 및 펌프장의 크기에 제한을 받는 경우 등에 사용한다.

12. 수원지에서부터 각 가정까지의 상수계통도를 나타낸 것으로 옳은 것은?

① 수원 - 취수 - 도수 - 배수 - 정수 - 송수 - 급수
② 수원 - 취수 - 배수 - 정수 - 도수 - 송수 - 급수
③ 수원 - 취수 - 도수 - 송수 - 정수 - 배수 - 급수
④ 수원 - 취수 - 도수 - 정수 - 송수 - 배수 - 급수

13. 계획하수량을 수용하기 위한 관거의 단면과 경사를 결정함에 있어 고려할 사항으로 틀린 것은?

① 관거의 경사는 일반적으로 지표경사에 따라 결정하며 경제성 등을 고려하여 적당한 경사를 정한다.
② 오수관거의 최소관경은 200mm를 표준으로 한다.
③ 관거의 단면은 수리학적으로 유리하도록 결정한다.
④ 경사를 하류로 갈수록 점차 급해지도록 한다.

14. 펌프의 토출량이 0.94m³/min이고 흡입구의 유속이 2m/s라 가정할 때 펌프의 흡입구경은?

① 100mm
② 200mm
③ 250mm
④ 300mm

15. 호수의 부영양화에 대한 설명으로 옳지 않은 것은?

① 조류의 이상증식으로 인하여 물의 투명도가 저하된다.
② 부영양화의 주된 원인물질은 질소와 인이다.
③ 조류의 발생이 과다하면 정수공정에서 여과지를 폐색시킨다.
④ 조류제거약품으로는 주로 황산알루미늄을 사용한다.

16. 펌프의 비속도에 대한 설명으로 옳은 것은 어느 것인가?

① N_s값이 클수록 고양정펌프이다.
② N_s값이 클수록 토출량이 많은 펌프가 된다.
③ N_s와 펌프 임펠러의 형상 및 펌프의 형식은 관계없다.
④ 같은 토출량과 양정의 경우 N_s값이 클수록 대형펌프이다.

17. 배수관을 망상(그물모양)으로 배치하는 방식의 특징이 아닌 것은?

① 고장의 경우 단수 염려가 없다.
② 관내의 물이 정체하지 않는다.
③ 관로 해석이 편리하고 정확하다.
④ 수압분포가 균등하고 화재 시에 유리하다.

18. 하수처리장에서 480,000L/day의 하수량을 처리한다. 펌프장의 습정(wet well)을 하수로 채우기 위하여 40분이 소요된다면 습정의 부피는 몇 m³인가?

① 12.3m³
② 13.3m³
③ 14.3m³
④ 15.3m³

19. 취수시설의 침사지 설계에 관한 설명 중 틀린 것은?

① 침사지 내에서의 평균유속은 10~15cm/min를 표준으로 한다.

② 침사지의 체류시간은 계획취수량의 10~20분을 표준으로 한다.

③ 침사지의 형상은 장방형으로 하고, 길이는 폭의 3~8배를 표준으로 한다.

④ 침사지의 유효수심은 3~4m를 표준으로 하고, 퇴사심도는 0.5~1m로 한다.

20. 어느 유역의 강우강도는 $I = \dfrac{3,300}{t+17}$[mm/h]로 표시할 수 있고 유역면적 200ha, 유입시간 5분, 유출계수 0.9, 관내 유속이 1m/s이다. 600m의 하수관에서 흘러나오는 우수량은 얼마인가?

① 5.25m³/s

② 2.65m³/s

③ 51.56m³/s

④ 102.65m³/s

토목기사 실전 모의고사 5회

▶ 정답 및 해설 : p.110

1. 계획하수량의 산정방법으로 틀린 것은?

① 오수관거 : 계획 1일 최대오수량＋계획우수량

② 우수관거 : 계획우수량

③ 합류식 관거 : 계획시간 최대오수량＋계획우수량

④ 차집관거 : 우천 시 계획오수량

2. 염소소독을 위한 주입량시험결과는 다음 그림과 같다. 유리잔류염소가 수중에 지속되는 구간과 파괴점은?

① AB, C

② BC, C

③ CD, E

④ DE, D

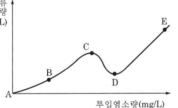

3. 생물학적 처리를 위한 영양조건으로 하수의 일반적인 BOD : N : P의 비는?

① BOD : N : P＝100 : 50 : 10

② BOD : N : P＝100 : 10 : 1

③ BOD : N : P＝100 : 10 : 5

④ BOD : N : P＝100 : 5 : 1

4. 다음 그래프는 어떤 하천의 자정작용을 나타낸 용존산소부족곡선이다. 다음 중 어떤 물질이 하천으로 유입되었다고 보는 것이 가장 타당한가?

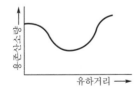

① 질산성 질소

② 생활하수

③ 농도가 매우 낮은 폐산

④ 농도가 매우 낮은 폐알칼리

5. 일반적인 생물학적 질소 제거공정에 필요한 미생물의 환경조건으로 가장 옳은 것은?

① 혐기, 호기   ② 호기, 무산소

③ 무산소, 혐기   ④ 호기, 혐기, 무산소

6. 다음은 하수관의 맨홀(manhole) 설치에 관한 사항이다. 틀린 것은?

① 맨홀의 설치간격은 관의 직경에 따라 다르다.

② 관거의 기점 및 방향이 변화하는 곳에 설치한다.

③ 관이 합류하는 곳은 피하여 설치한다.

④ 맨홀은 가능한 한 많이 설치하는 것이 관거의 유지관리에 유리하다.

7. 강우강도 $I = \dfrac{3,500}{t\,[\text{분}]+10}$ [mm/h], 유역면적 2.0km^2, 유입시간 7분, 유출계수 $C=0.7$, 관내 유속이 1m/s인 경우 관의 길이 500m인 하수관에서 흘러나오는 우수량은?

① $53.7\text{m}^3/\text{s}$ ② $35.8\text{m}^3/\text{s}$

③ $48.9\text{m}^3/\text{s}$ ④ $45.7\text{m}^3/\text{s}$

8. 다음 지형도의 상수계통도에 관한 사항 중 옳은 것은?

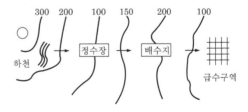

① 도수는 펌프가압식으로 해야 한다.

② 수질을 생각하여 도수로는 개수로를 택하여야 한다.

③ 정수장에서 배수지는 펌프가압식으로 송수한다.

④ 도수와 송수를 자연유하식으로 하여 동력비를 절감한다.

9. 먹는 물에서 대장균이 검출될 경우 오염수로 판정되는 이유로 옳은 것은?

① 대장균은 번식 시 독소를 분비하여 인체에 해를 끼치기 때문이다.
② 대장균은 병원균이기 때문이다.
③ 사람이나 동물의 체내에 서식하므로 병원성 세균의 존재 추정이 가능하기 때문이다.
④ 대장균은 반드시 병원균과 공존하기 때문이다.

10. 80%의 전달효율을 가진 전동기에 의해서 가동되는 85% 효율의 펌프가 300L/s의 물을 25.0m 양수할 때 요구되는 전동기의 출력(kW)은? (단, 여유율 $\alpha = 0$으로 가정)

① 60.0kW
② 73.3kW
③ 86.3kW
④ 107.9kW

11. 도수관거에 관한 설명으로 틀린 것은?

① 관경의 산정에 있어서 시점의 고수위, 종점의 저수위를 기준으로 동수경사를 구한다.
② 자연유하식 도수관거의 평균유속의 최소한도는 0.3m/s로 한다.
③ 자연유하식 도수관거의 평균유속의 최대한도는 3.0m/s로 한다.
④ 도수관거 동수경사의 통상적인 범위는 1/1,000~1/3,000이다.

12. 공동현상(cavitation)의 방지책에 대한 설명으로 옳지 않은 것은?

① 마찰손실을 작게 한다.
② 펌프의 흡입관경을 작게 한다.
③ 임펠러(impeller)속도를 작게 한다.
④ 흡입수두를 작게 한다.

13. 응집침전 시 황산반토 최적 주입량이 20ppm, 유량이 500m³/h에 필요한 5% 황산반토용액의 주입량은 얼마인가?

① 20L/h
② 100L/h
③ 150L/h
④ 200L/h

14. 급수방법에는 고가수조식과 압력수조식이 있다. 압력수조식을 고가수조식과 비교한 설명으로 옳지 않은 것은?

① 조작상에 최고·최저의 압력차가 적고 급수압의 변동폭이 적다.
② 큰 설비에는 공기압축기를 설치해서 때때로 공기를 보급하는 것이 필요하다.
③ 취급이 비교적 어렵고 고장이 많다.
④ 저수량이 비교적 적다.

15. 슬러지밀도지표(SDI)와 슬러지용량지표(SVI)와의 관계로 옳은 것은?

① $SDI = \dfrac{10}{SVI}$
② $SDI = \dfrac{100}{SVI}$
③ $SDI = \dfrac{SVI}{10}$
④ $SDI = \dfrac{SVI}{100}$

16. 어떤 도시에 대한 다음의 인구통계표에서 2004년 현재로부터 5년 후의 인구를 추정하려 할 때 연평균 인구증가율(r)은?

연도	2000	2001	2002	2003	2004
인구(명)	10,900	11,200	11,500	11,850	12,200

① 0.28545
② 0.18571
③ 0.02857
④ 0.00279

17. 펌프 선정 시의 고려사항으로 가장 거리가 먼 것은?

① 펌프의 특성
② 펌프의 중량
③ 펌프의 동력
④ 펌프의 효율

18. 하수관거의 단면에 대한 설명으로 ㉠과 ㉡에 알맞은 것은?

> 관거의 단면 형상에는 (㉠)을 표준으로 하고, 소규모 하수도에서는 (㉡)을 표준으로 한다.

① ㉠ 원형 또는 계란형 ㉡ 원형 또는 직사각형
② ㉠ 원형 ㉡ 직사각형
③ ㉠ 계란형 ㉡ 원형
④ ㉠ 원형 또는 직사각형 ㉡ 원형 또는 계란형

19. 펌프대수를 결정할 때 일반적인 고려사항에 대한 설명으로 옳지 않은 것은?

① 건설비를 절약하기 위해 예비는 가능한 한 대수를 적게 하고 소용량으로 한다.

② 펌프의 설치대수는 유지관리상 가능한 한 적게 하고 동일용량의 것으로 한다.

③ 펌프는 가능한 한 최고효율점 부근에서 운전하도록 대수 및 용량을 정한다.

④ 펌프는 용량이 작을수록 효율이 높으므로 가능한 한 소용량의 것으로 한다.

20. 피압지하수를 양수하는 우물은 다음 중 어느 것인가?

① 굴착정

② 심정(깊은 우물)

③ 천정(얕은 우물)

④ 집수매거

토목기사 실전 모의고사 6회

▶ 정답 및 해설 : p.111

1. 일반적인 하수슬러지 처리시스템이 바르게 구성된 것은?

① 슬러지-소화-농축-개량-탈수-건조-처분
② 슬러지-농축-개량-소화-탈수-건조-처분
③ 슬러지-농축-소화-개량-탈수-건조-처분
④ 슬러지-소화-개량-농축-탈수-건조-처분

2. 상수도의 오염물질별 처리방법으로 옳은 것은?

① 트리할로메탄 : 마이크로스트레이너
② 철, 망간 제거 : 폭기법
③ 색도유발물질 : 염소처리
④ Cryptosporidium : 염소소독

3. 저수지를 수원으로 하는 경우 상수시설의 배치순서로 옳은 것은?

① 취수탑-도수관로-여과지-정수지-배수지
② 취수관거-여과지-침사지-정수지-배수지
③ 취수문-여과지-침전지-배수지-배수관망
④ 취수구-약품침전지-혼화지-정수지-배수지

4. 혐기성 소화법과 비교한 호기성 소화법의 장단점으로 옳지 않은 것은?

① 운전 용이
② 저온 시 효율 저하
③ 소화슬러지의 탈수 용이
④ 상징수의 수질 양호

5. 우수조정지를 설치하고자 할 때 효과적인 기능을 발휘할 수 있는 위치로 적당하지 않은 것은 어느 것인가?

① 하수관거의 용량이 부족한 곳
② 하류지역의 배수펌프장능력이 부족한 곳
③ 인구밀집현상이 심화된 고지대
④ 방류수로의 유하능력이 부족한 곳

6. 접합정(junction well)에 대한 설명으로 옳은 것은?

① 수로에 유입한 토사류를 침전시켜서 이를 제거하기 위한 시설
② 종류가 다른 관 또는 도랑의 연결부, 관 또는 도랑의 굴곡부 등의 수두를 감쇄하기 위하여 그 도중에 설치하는 시설
③ 양수장이나 배수지에서 유입수의 수위조절과 양수를 위하여 설치한 작은 우물
④ 수압관 및 도수관에 발생하는 수압의 급격한 증감을 조정하는 수조

7. BOD_5가 155mg/L인 폐수가 있다. 탈산소계수(k_1)가 0.2/day일 때 4일 후 남아 있는 BOD는? (단, 상용대수기준)

① 27.3mg/L
② 56.4mg/L
③ 127.5mg/L
④ 172.2mg/L

8. 계획오수량 산정 시 고려하는 사항에 대한 설명으로 옳지 않은 것은?

① 지하수량은 1인 1일 최대오수량의 10~20%로 한다.
② 계획 1일 평균오수량은 계획 1일 최대오수량의 70~80%를 표준으로 한다.
③ 계획시간 최대오수량 계획 1일 평균오수량의 1시간당 수량의 0.9~1.2배를 표준으로 한다.
④ 계획 1일 최대오수량은 1인 1일 최대오수량에 계획인구를 곱한 후 공장폐수량, 지하수량 및 기타 배수량을 더한 값으로 한다.

9. 침사지 내에서 다른 모든 조건이 동일할 때 비중이 1.8인 입자는 비중이 1.2인 입자에 비하여 침강속도가 얼마나 큰가?

① 동일하다.
② 1.5배 크다.
③ 2배 크다.
④ 4배 크다.

10. 다음 상수도 계획에서 계획급수인구를 추정할 때 대체로 과거 몇 년간의 인구증감을 고려하여 결정하는가?

① 약 10년   ② 약 15년

③ 약 20년   ④ 약 25년

11. 하수처리장의 최초 침전지에 대한 설명 중 틀린 것은?

① 장방형 침전지의 경우 폭과 길이의 비는 1 : 3~1 : 5 정도로 한다.

② 표면부하율은 계획 1일 최대오수량에 대하여 25~40$m^3/m^2 \cdot$ day로 한다.

③ 월류위어의 부하율은 일반적으로 200$m^3/m \cdot$ day 이상으로 한다.

④ 침전지의 유효수심은 2.5~4m를 표준으로 한다.

12. 펌프의 운전 중 공동현상을 방지하는 방법으로 옳지 않은 것은?

① 펌프의 고정위치를 가능한 한 높이고 흡입수두를 작게 한다.

② 임펠러를 수중에 잠기도록 한다.

③ 펌프의 회전수를 낮춘다.

④ 흡입관의 지름을 크게 하고 가능한 한 손실수두를 줄인다.

13. 처리수량 40,500m^3/day의 급속여과지의 최소 여과면적은? (단, 여과속도=150m/day, 총 급속여과지수(池數)=6개)

① 39m^2 ② 42m^2

③ 45m^2 ④ 48m^2

14. 최고효율점의 양수량 800m^3/h, 전양정 7m, 회전속도 1,500rpm인 취수펌프의 비속도는?

① 1,173   ② 1,273

③ 1,373   ④ 1,473

15. 하천의 자정계수에 대한 설명으로 옳은 것은?

① 유속이 클수록 그 값이 커진다.

② DO에 대한 BOD의 비로 표시된다.

③ (탈산소계수/재폭기계수)로 나타낸다.

④ 저수지보다는 하천에서 그 값이 작게 나타난다.

16. 호수 · 댐을 수원으로 하는 경우의 취수시설로 적당하지 않은 것은?

① 취수탑   ② 취수틀

③ 취수문   ④ 취수관거

17. 하수배제방식의 합류식과 분류식에 관한 설명으로 옳지 않은 것은?

① 분류식이 합류식에 비하여 일반적으로 관거의 부설비가 적게 든다.

② 분류식은 강우 초기에 비교적 오염된 노면배수가 직접 공공수역에 방류될 우려가 있다.

③ 하수관거 내의 유속의 변화폭은 합류식이 분류식보다 크다.

④ 합류식 하수관거는 단면이 커서 관거 내 유지관리가 분류식보다 쉽다.

18. 다음 중 관거의 접합방법 중에서 관의 매설깊이가 얕아서 공사비가 줄고 펌프의 배수에도 유리한 방법은?

① 수면접합   ② 관정접합

③ 관중심접합   ④ 관저접합

19. 구경 400mm인 모터의 직렬펌프에서 양수량 10m^3/분, 전양정 40m, 회전수 1,050rpm일 때 비교회전도(N_s)는?

① 209   ② 189

③ 168   ④ 148

20. 오존을 사용하여 살균처리를 할 경우의 장점에 대한 설명 중 틀린 것은?

① 살균효과가 염소보다 뛰어나다.

② 유기물질의 생분해성을 증가시킨다.

③ 맛, 냄새물질과 색도 제거효과가 우수하다.

④ 오존이 수중 유기물과 작용하여 다른 물질로 잔류하게 되므로 잔류효과가 크다.

토목기사 실전 모의고사 7회

▶ 정답 및 해설 : p.112

1. 다음 지형도의 상수계통도에 관한 사항 중 옳은 것은?

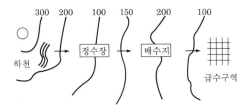

① 도수는 펌프가압식으로 해야 한다.
② 수질을 생각하여 도수로는 개수로를 택하여야 한다.
③ 정수장에서 배수지는 펌프가압식으로 송수한다.
④ 도수와 송수를 자연유하식으로 하여 동력비를 절감한다.

2. 침전지의 유효수심이 4m, 1일 최대사용수량이 450m³, 침전시간이 12시간일 경우 침전지의 수면적은?

① 56.3m²
② 42.7m²
③ 30.1m²
④ 21.3m²

3. 펌프의 흡입구경을 결정하는 식으로 옳은 것은? (단, Q : 펌프의 토출량(m³/min), V : 흡입구의 유속(m/s))

① $D = 146\sqrt{\dfrac{Q}{V}}$ [mm]

② $D = 186\sqrt{\dfrac{Q}{V}}$ [mm]

③ $D = 273\sqrt{\dfrac{Q}{V}}$ [mm]

④ $D = 357\sqrt{\dfrac{Q}{V}}$ [mm]

4. 정수처리 시 생성되는 발암물질인 트리할로메탄(THM)에 대한 대책으로 적합하지 않은 것은?

① 오존, 이산화염소 등의 대체소독제 사용
② 염소소독의 강화
③ 중간염소처리
④ 활성탄흡착

5. 구형수로가 수리학상 유리한 단면을 얻으려 할 경우 폭이 28m라면 경심(R)은?

① 3m
② 5m
③ 7m
④ 9m

6. 양수량이 8m³/min, 전양정이 4m, 회전수 1,160rpm인 펌프의 비교회전도는?

① 316
② 985
③ 1,160
④ 1,436

7. 집수매거(infiltration galleries)에 관한 설명 중 옳지 않은 것은?

① 집수매거는 복류수의 흐름방향에 대하여 지형 등을 고려하여 가능한 직각으로 설치하는 것이 효율적이다.
② 집수매거의 매설깊이는 5m 이상으로 하는 것이 바람직하다.
③ 집수매거 내의 평균유속은 유출단에서 1m/s 이하가 되도록 한다.
④ 집수매거의 집수개구부(공)직경은 3~5cm를 표준으로 하고, 그 수는 관거표면적 1m²당 10~20개로 한다.

8. 다음 중 일반적으로 정수장의 응집처리 시 사용되지 않는 것은?

① 황산칼륨
② 황산알루미늄
③ 황산 제1철
④ 폴리염화알루미늄(PAC)

9. 잉여슬러지량을 크게 감소시키기 위한 방법으로 BOD-SS부하를 아주 작게, 포기시간을 길게 하여 내생호흡상으로 유지되도록 하는 활성슬러지변법은?

① 계단식 포기법(Step Aeration)
② 점감식 포기법(Tapered Aeration)
③ 장시간 포기법(Extended Aeration)
④ 완전혼합포기법(Complete Mixing Aeration)

10. 급수관의 배관에 대한 설비기준으로 옳지 않은 것은?

① 급수관을 부설하고 되메우기를 할 때에는 양질토 또는 모래를 사용하여 적절하게 다짐한다.

② 동결이나 결로의 우려가 있는 급수장치의 노출부에 대해서는 적절한 방한장치가 필요하다.

③ 급수관의 부설은 가능한 한 배수관에서 분기하여 수도미터보호통까지 직선으로 배관한다.

④ 급수관을 지하층에 배관할 경우에는 가급적 지수밸브와 역류 방지장치를 설치하지 않는다.

11. 정수과정에서 전염소처리의 목적과 거리가 먼 것은?

① 철과 망간의 제거

② 맛과 냄새의 제거

③ 트리할로메탄의 제거

④ 암모니아성 질소와 유기물의 처리

12. 비교회전도(N_s)의 변화에 따라 나타나는 펌프의 특성곡선의 형태가 아닌 것은?

① 양정곡선

② 유속곡선

③ 효율곡선

④ 축동력곡선

13. 취수시설의 침사지 설계에 관한 설명 중 틀린 것은?

① 침사지 내에서의 평균유속은 10~15cm/min를 표준으로 한다.

② 침사지의 체류시간은 계획취수량의 10~20분을 표준으로 한다.

③ 침사지의 형상은 장방형으로 하고, 길이는 폭의 3~8배를 표준으로 한다.

④ 침사지의 유효수심은 3~4m를 표준으로 하고, 퇴사심도는 0.5~1m로 한다.

14. 정수방법 선정 시의 고려사항(선정조건)으로 가장 거리가 먼 것은?

① 원수의 수질

② 도시발전상황과 물 사용량

③ 정수수질의 관리목표

④ 정수시설의 규모

15. 하수처리계획 및 재이용계획의 계획오수량에 대한 설명 중 옳지 않은 것은?

① 계획 1일 최대오수량은 1인 1일 최대오수량에 계획인구를 곱한 후 공장폐수량, 지하수량 및 기타 배수량을 더한 것으로 한다.

② 계획오수량은 생활오수량, 공장폐수량 및 지하수량으로 구분한다.

③ 지하수량은 1인 1일 최대오수량의 20% 이하로 한다.

④ 계획시간 최대오수량은 계획 1일 평균오수량의 1시간당 수량의 2~3배를 표준으로 한다.

16. 오수 및 우수의 배제방식인 분류식과 합류식에 대한 설명으로 틀린 것은?

① 합류식은 관의 단면적이 크기 때문에 폐쇄의 염려가 적다.

② 합류식은 일정량 이상이 되면 우천 시 오수가 월류할 수 있다.

③ 분류식은 별도의 시설 없이 오염도가 높은 초기 우수를 처리장으로 유입시켜 처리한다.

④ 분류식은 2계통을 건설하는 경우 합류식에 비하여 일반적으로 관거의 부설비가 많이 든다.

17. 먹는 물의 수질기준에서 탁도의 기준단위는?

① ‰(permil)

② ppm(parts per million)

③ JTU(Jackson Turbidity Unit)

④ NTU(Nephelometric Turbidity Unit)

18. 혐기성 소화공정의 영향인자가 아닌 것은?

① 온도

② 메탄함량

③ 알칼리도

④ 체류시간

19. 접합정(junction well)에 대한 설명으로 옳은 것은?

① 수로에 유입한 토사류를 침전시켜서 이를 제거하기 위한 시설

② 종류가 다른 관 또는 도랑의 연결부, 관 또는 도랑의 굴곡부 등의 수두를 감쇄하기 위하여 그 도중에 설치하는 시설

③ 양수장이나 배수지에서 유입수의 수위조절과 양수를 위하여 설치한 작은 우물

④ 수압관 및 도수관에 발생하는 수압의 급격한 증감을 조정하는 수조

20. 부영양화로 인한 수질변화에 대한 설명으로 옳지 않은 것은?

① COD가 증가한다.

② 탁도가 증가한다.

③ 투명도가 증가한다.

④ 물에 맛과 냄새를 발생시킨다.

토목기사 실전 모의고사 8회

▶ 정답 및 해설 : p.113

1. 계획급수량에 대한 설명 중 틀린 것은?
① 계획 1일 최대급수량은 계획 1인 1일 최대급수량에 계획급수인구를 곱하여 결정할 수 있다.
② 계획 1일 평균급수량은 계획 1일 최대급수량의 60%를 표준으로 한다.
③ 송수시설의 계획송수량은 원칙적으로 계획 1일 최대급수량을 기준으로 한다.
④ 취수시설의 계획취수량은 계획 1일 최대급수량을 기준으로 한다.

2. 상수도 배수관망 중 격자식 배수관망에 대한 설명으로 틀린 것은?
① 물이 정체하지 않는다.
② 사고 시 단수구역이 작아진다.
③ 수리 계산이 복잡하다.
④ 제수밸브가 적게 소요되며 시공이 용이하다.

3. 어떤 지역의 강우지속시간(t)과 강우강도역수($1/I$)와의 관계를 구해보니 다음 그림과 같이 기울기가 1/3,000, 절편이 1/150이 되었다. 이 지역의 강우강도(I)를 Talbot형$\left(I=\dfrac{a}{t+b}\right)$으로 표시한 것으로 옳은 것은?

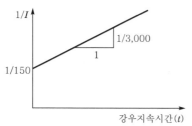

① $\dfrac{3,000}{t+20}$ ② $\dfrac{10}{t+1,500}$

③ $\dfrac{1,500}{t+10}$ ④ $\dfrac{20}{t+3,000}$

4. BOD_5가 155mg/L인 폐수가 있다. 탈산소계수(k_1)가 0.2/day일 때 4일 후 남아 있는 BOD는? (단, 상용대수기준)
① 27.3mg/L ② 56.4mg/L
③ 127.5mg/L ④ 172.2mg/L

5. 계획오수량에 대한 설명으로 옳지 않은 것은?
① 오수관로의 설계에는 계획시간 최대오수량을 기준으로 한다.
② 계획오수량의 산정에서는 일반적으로 지하수의 유입량은 무시할 수 있다.
③ 계획 1일 평균오수량은 계획 1일 최대오수량의 70~80%를 표준으로 한다.
④ 계획시간 최대오수량은 계획 1일 최대오수량의 1시간당 수량의 1.3~1.8배를 표준으로 한다.

6. 수원으로부터 취수된 상수가 소비자까지 전달되는 일반적 상수도의 구성순서로 옳은 것은?
① 도수 → 송수 → 정수 → 배수 → 급수
② 송수 → 정수 → 도수 → 급수 → 배수
③ 도수 → 정수 → 송수 → 배수 → 급수
④ 송수 → 정수 → 도수 → 배수 → 급수

7. 양수량이 8m³/min, 전양정이 4m, 회전수 1,160rpm인 펌프의 비교회전도는?
① 316 ② 985
③ 1,160 ④ 1,436

8. 완속여과지에 관한 설명으로 옳지 않은 것은?
① 응집제를 필수적으로 투입해야 한다.
② 여과속도는 4~5m/day를 표준으로 한다.
③ 비교적 양호한 원수에 알맞은 방법이다.
④ 급속여과지에 비해 넓은 부지면적을 필요로 한다.

9. 도수 및 송수관로 중 일부분이 동수경사선보다 높은 경우 조치할 수 있는 방법으로 옳은 것은?

① 상류측에 대해서는 관경을 작게 하고, 하류측에 대해서는 관경을 크게 한다.

② 상류측에 대해서는 관경을 작게 하고, 하류측에 대해서는 접합정을 설치한다.

③ 상류측에 대해서는 관경을 크게 하고, 하류측에 대해서는 관경을 작게 한다.

④ 상류측에 대해서는 접합정을 설치하고, 하류측에 대해서는 관경을 크게 한다.

10. 상수슬러지의 함수율이 99%에서 98%로 되면 슬러지의 체적은 어떻게 변하는가?

① 1/2로 증대
② 1/2로 감소
③ 2배로 증대
④ 2배로 감소

11. 하수도계획의 기본적 사항에 관한 설명으로 옳지 않은 것은?

① 계획구역은 계획목표연도까지 시가화예상구역을 포함하여 광역적으로 정하는 것이 좋다.

② 하수도계획의 목표연도는 시설의 내용연수, 건설기간 등을 고려하여 50년을 원칙으로 한다.

③ 신시가지 하수도계획의 수립 시에는 기존 시가지를 포함하여 종합적으로 고려해야 한다.

④ 공공수역의 수질보전 및 자연환경보전을 위하여 하수도정비를 필요로 하는 지역을 계획구역으로 한다.

12. 펌프의 회전수 N=3,000rpm, 양수량 Q=1.7 m³/min, 전양정 H=300m인 6단 원심펌프의 비교회전도 N_s는?

① 약 100회
② 약 150회
③ 약 170회
④ 약 210회

13. 완속여과와 급속여과의 비교 설명으로 틀린 것은?

① 원수가 고농도의 현탁물일 때는 급속여과가 유리하다.

② 여과속도가 다르므로 용지면적의 차이가 크다.

③ 여과의 손실수도는 급속여과보다 완속여과가 크다.

④ 완속여과는 약품처리 등이 필요하지 않으나, 급속여과는 필요하다.

14. 인구가 10,000명인 A시에 폐수배출시설 1개소가 설치될 계획이다. 이 폐수배출시설의 유량은 200m³/day이고, 평균BOD배출농도는 500gBOD/m³이다. 이를 고려하여 A시에 하수종말처리장을 신설할 때 적합한 최소 계획인구수는? (단, 하수종말처리장 건설 시 1인 1일 BOD부하량은 50gBOD/인·day로 한다.)

① 10,000명
② 12,000명
③ 14,000명
④ 16,000명

15. 다음 펌프 중 가장 큰 비교회전도(N_s)를 나타내는 것은?

① 사류펌프
② 원심펌프
③ 축류펌프
④ 터빈펌프

16. 다음은 급수용 저수지의 필요수량을 결정하기 위한 유출량 누가곡선도이다. 틀린 설명은?

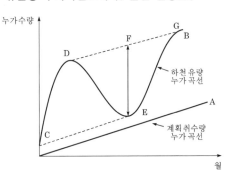

① 유효저수량은 $\overline{EF}$ 이다.

② 저수 시작점은 C이다.

③ $\overline{DE}$ 구간에서는 저수지의 수위가 상승한다.

④ 이론적 산출방법으로 Ripple's method라 한다.

17. 급수방법에는 고가수조식과 압력수조식이 있다. 압력수조식을 고가수조식과 비교한 설명으로 옳지 않은 것은?

① 조작상에 최고·최저의 압력차가 적고 급수압의 변동폭이 적다.

② 큰 설비에는 공기압축기를 설치해서 때때로 공기를 보급하는 것이 필요하다.

③ 취급이 비교적 어렵고 고장이 많다.

④ 저수량이 비교적 적다.

18. 여과면적이 1지당 120m²인 정수장에서 역세척과 표면세척을 6분/회씩 수행할 경우 1지당 배출되는 세척수량은? (단, 역세척속도는 5m/분, 표면세척속도는 4m/분이다.)

① 1,080m³/회
② 2,640m³/회
③ 4,920m³/회
④ 6,480m³/회

19. 정수처리의 단위조작으로 사용되는 오존처리에 관한 설명으로 틀린 것은?

① 유기물질의 생분해성을 증가시킨다.
② 염소주입에 앞서 오존을 주입하면 염소의 소비량을 감소시킨다.
③ 오존은 자체의 높은 산화력으로 염소에 비하여 높은 살균력을 가지고 있다.
④ 인의 제거능력이 뛰어나고 수온이 높아져도 오존 소비량은 일정하게 유지된다.

20. 상수도 송수시설의 용량 산정을 위한 계획송수량의 기준이 되는 수량은?

① 계획 1일 최대급수량
② 계획 1일 평균급수량
③ 계획 1인 1일 최대급수량
④ 계획 1인 1일 평균급수량

1. 자연유하식인 경우 도수관의 평균유속의 최소한도는?

① 0.01m/s
② 0.1m/s
③ 0.3m/s
④ 3m/s

2. Jar-Test는 적정 응집제의 주입량과 적정 pH를 결정하기 위한 시험이다. Jar-Test 시 응집제를 주입한 후 급속교반 후 완속교반을 하는 이유는?

① 응집제를 용해시키기 위해서
② 응집제를 고르게 섞기 위해서
③ 플록이 고르게 퍼지게 하기 위해서
④ 플록을 깨뜨리지 않고 성장시키기 위해서

3. 하수고도처리방법으로 질소, 인 동시 제거 가능한 공법은?

① 정석탈인법
② 혐기호기 활성슬러지법
③ 혐기무산소 호기조합법
④ 연속회분식 활성슬러지법

4. 송수에 필요한 유량 $Q=0.7m^3/s$, 길이 $l=100m$, 지름 $d=40cm$, 마찰손실계수 $f=0.03$인 관을 통하여 높이 30m에 양수할 경우 필요한 동력(HP)은? (단, 펌프의 합성효율은 80%이며, 마찰 이외의 손실은 무시한다.)

① 122HP
② 244HP
③ 489HP
④ 978HP

5. 정수장시설의 계획정수량기준으로 옳은 것은?

① 계획 1일 평균급수량
② 계획 1일 최대급수량
③ 계획 1시간 최대급수량
④ 계획 1월 평균급수량

6. 다음과 같은 조건으로 입자가 복합되어 있는 플록의 침강속도를 Stokes의 법칙으로 구하면 전체가 흙입자로 된 플록의 침강속도에 비해 침강속도는 몇 % 정도인가? (단, 비중이 2.5인 흙입자의 전체 부피 중 차지하는 부피는 50%이고, 플록의 나머지 50% 부분의 비중은 0.9이며, 입자의 지름은 10mm이다.)

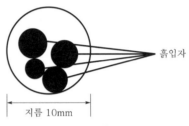

지름 10mm

① 38%
② 48%
③ 58%
④ 68%

7. 수중의 질소화합물의 질산화 진행과정으로 옳은 것은?

① $NH_3-N \rightarrow NO_2-N \rightarrow NO_3-N$
② $NH_3-N \rightarrow NO_3-N \rightarrow NO_2-N$
③ $NO_2-N \rightarrow NO_3-N \rightarrow NH_3-N$
④ $NO_3-N \rightarrow NO_2-N \rightarrow NH_3-N$

8. 물의 맛·냄새 제거방법으로 식물성 냄새, 생선 비린내, 황화수소 냄새, 부패한 냄새의 제거에 효과가 있지만, 곰팡이 냄새 제거에는 효과가 없으며 페놀류는 분해할 수 있지만 약품냄새 중에는 아민류와 같이 냄새를 강하게 할 수도 있으므로 주의가 필요한 처리방법은?

① 폭기방법
② 염소처리법
③ 오존처리법
④ 활성탄처리법

9. 하수관로의 접합 중에서 굴착깊이를 얕게 하여 공사비용을 줄일 수 있으며 수위 상승을 방지하고 양정고를 줄일 수 있어 펌프로 배수하는 지역에 적합한 방법은?

① 관정접합　　　　② 관저접합
③ 수면접합　　　　④ 관중심접합

10. 다음 그래프는 어떤 하천의 자정작용을 나타낸 용존산소부족곡선이다. 다음 중 어떤 물질이 하천으로 유입되었다고 보는 것이 가장 타당한가?

① 질산성 질소
② 생활하수
③ 농도가 매우 낮은 폐산
④ 농도가 매우 낮은 폐알칼리

11. 펌프의 공동현상(cavitation)에 대한 설명으로 틀린 것은?

① 공동현상이 발생하면 소음이 발생한다.
② 공동현상은 펌프의 성능저하의 원인이 될 수 있다.
③ 공동현상을 방지하려면 펌프의 회전수를 크게 해야 한다.
④ 펌프의 흡입양정이 너무 작고 임펠러의 회전속도가 빠를 때 공동현상이 발생한다.

12. 양수량이 500m³/h, 전양정이 10m, 회전수가 1,100rpm일 때 비교회전도(N_s)는?

① 362　　　　② 565
③ 614　　　　④ 809

13. 저수시설의 유효저수량 결정방법이 아닌 것은?

① 합리식
② 물수지 계산
③ 유량도표에 의한 방법
④ 유량누가곡선도표에 의한 방법

14. 대장균군의 수를 나타내는 MPN(최확수)에 대한 설명으로 옳은 것은?

① 검수 1mL 중 이론상 있을 수 있는 대장균군의 수
② 검수 10mL 중 이론상 있을 수 있는 대장균군의 수
③ 검수 50mL 중 이론상 있을 수 있는 대장균군의 수
④ 검수 100mL 중 이론상 있을 수 있는 대장균군의 수

15. 다음 그림은 유효저수량을 결정하기 위한 유량누가곡선도이다. 이 곡선의 유효저수용량을 의미하는 것은?

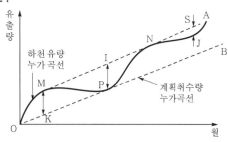

① MK　　　　② IP
③ SJ　　　　④ OP

16. 우수가 하수관로로 유입하는 시간이 4분. 하수관로에서 유하시간이 15분, 이 유역의 유역면적이 4km², 유출계수는 0.6, 강우강도식 $I = \dfrac{6,500}{t+40}$ [mm/h]일 때 첨두유량은? (단, t의 단위 : 분)

① 73.4m³/s　　　　② 78.8m³/s
③ 85.0m³/s　　　　④ 98.5m³/s

17. 계획급수인구가 5,000명, 1인 1일 최대급수량을 150L/인·day, 여과속도는 150m/day로 하면 필요한 급속여과지의 면적은?

① 5.0m²　　　　② 10.0m²
③ 15.0m²　　　　④ 20.0m²

18. 상수원수 중 색도가 높은 경우의 유효처리방법으로 가장 거리가 먼 것은?

① 응집침전처리　　　　② 활성탄처리
③ 오존처리　　　　④ 자외선처리

19. 원수의 알칼리도가 50ppm, 탁도가 500ppm일 때 황산알루미늄의 소비량은 60ppm이다. 이러한 원수가 48,000m³/day로 흐를 때 6%용액의 황산알루미늄의 1일 필요량은? (단, 액체의 비중을 1로 가정한다.)

① 48.0m³/day

② 50.6m³/day

③ 53.0m³/day

④ 57.6m³/day

20. 하수관로의 유속 및 경사에 대한 설명으로 옳은 것은?

① 유속은 하류로 갈수록 점차 작아지도록 설계한다.

② 관로의 경사는 하류로 갈수록 점차 커지도록 설계한다.

③ 오수관로는 계획 1일 최대오수량에 대하여 유속을 최소 1.2m/s로 한다.

④ 우수관로 및 합류식 관로는 계획우수량에 대하여 유속을 최대 3.0m/s로 한다.

1. 하수처리장의 위치 선정과 관련하여 고려할 사항으로 거리가 먼 것은?

① 가능한 하수가 자연유하로 유입될 수 있는 곳
② 홍수 시 침수되지 않고 방류선이 확보되는 곳
③ 현재 및 장래에 토지이용계획상 문제점이 없을 것
④ 하수를 배출하는 지역에 가까이 있을 것

2. 급속여과지의 여과면적, 지수 및 형상에 대한 설명으로 옳지 않은 것은?

① 여과면적은 계획정수량을 여과속도로 나누어 구한다.
② 1지의 여과면적은 150m² 이하로 한다.
③ 지수는 예비지를 포함하여 2지 이상으로 한다.
④ 형상은 원형을 표준으로 한다.

3. 하천이나 호소에서 부영양화(eutrophication)의 주된 원인물질은?

① 질소 및 인
② 탄소 및 유황
③ 중금속
④ 염소 및 질산화물

4. 상수도계통도의 순서로 옳은 것은?

① 집수 및 취수→도수→정수→송수→배수→급수
② 집수 및 취수→배수→정수→송수→도수→급수
③ 집수 및 취수→도수→정수→급수→배수→송수
④ 집수 및 취수→배수→정수→급수→도수→송수

5. 완속여과방식으로 제거할 수 없는 물질은?

① 냄새
② 맛
③ 색도
④ 철

6. 펌프의 비교회전도(N_s)에 대한 설명으로 옳지 않은 것은?

① N_s가 클수록 높은 곳까지 양정할 수 있다.
② N_s가 클수록 유량은 많고 양정은 작은 펌프이다.
③ 유량과 양정이 동일하면 회전수가 클수록 N_s가 커진다.
④ N_s가 같으면 펌프의 크기에 관계없이 대체로 형식과 특성이 같다.

7. 하수의 염소요구량이 9.2mg/L일 때 0.5mg/L의 잔류염소량을 유지하기 위하여 2,500m³/day의 하수에 1일 주입하여야 할 염소량은?

① 23.0kg/day
② 1.25kg/day
③ 21.75kg/day
④ 24.25kg/day

8. 염소의 살균능력이 큰 것부터 순서대로 나열된 것은?

① Chloramines > OCl^- > HOCl
② Chloramines > HOCl > OCl^-
③ HOCl > Chloramines > OCl^-
④ HOCl > OCl^- > Chloramines

9. 계획오수량을 결정하기 위한 항목에 포함되지 않는 것은?

① 우수량
② 공장폐수량
③ 생활오수량
④ 지하수량

10. 공동현상(Cavitation)의 방지책에 대한 설명으로 옳지 않은 것은?

① 펌프의 회전수를 높여준다.
② 손실수두를 작게 한다.
③ 펌프의 설치위치를 낮게 한다.
④ 흡입관의 손실을 작게 한다.

▶ 정답 및 해설 : p.116

1. 상수도시설 중 침사지에 대한 설명으로 옳지 않은 것은?

① 침사지의 길이는 폭의 3~8배를 표준으로 한다.
② 침사지 내에서의 평균유속은 20~30cm/s를 표준으로 한다.
③ 침사지의 위치는 가능한 취수구에 가까워야 한다.
④ 유입 및 유출구에는 제수밸브 혹은 슬루스게이트를 설치한다.

2. 계획취수량의 기준이 되는 수량으로 옳은 것은?

① 계획 1일 평균급수량
② 계획 1일 최대급수량
③ 계획시간 최대급수량
④ 계획 1인 1일 평균급수량

3. 펌프에 대한 설명으로 틀린 것은?

① 수격현상은 주로 펌프의 급정지 시 발생한다.
② 손실수두가 작을수록 실양정은 전양정과 비슷해진다.
③ 비속도(비교회전도)가 클수록 같은 시간에 많은 물을 송수할 수 있다.
④ 흡입구경은 토출량과 흡입구의 유속에 의해 결정된다.

4. 취수시설 중 취수탑에 대한 설명으로 틀린 것은?

① 큰 수위변동에 대응할 수 있다.
② 지하수를 취수하기 위한 탑모양의 구조물이다.
③ 유량이 안정된 하천에서 대량으로 취수할 때 유리하다.
④ 취수구를 상하에 설치하여 수위에 따라 좋은 수질을 선택하여 취수할 수 있다.

5. Alum($Al_2(SO_4)_3 \cdot 18H_2O$) 25mg/L를 주입하여 탁도가 30mg/L인 원수 1,000m³/day를 응집처리할 때 필요한 Alum주입량은?

① 25kg/day
② 30kg/day
③ 35kg/day
④ 55kg/day

6. 배수관망 계산 시 Hardy-Cross법을 사용하는데 바탕이 되는 가정사항이 아닌 것은?

① 마찰 이외의 손실은 고려하지 않는다.
② 각 폐합관로 내에서의 손실수두합은 0(Zero)이다.
③ 관의 교차점에서 유량은 정지하지 않고 모두 유출된다.
④ 관의 교차점에서 수압은 지름에 비례한다.

7. 계획오수량 산정에서 고려되는 것이 아닌 것은?

① 지하수량
② 공장폐수량
③ 생활오수량
④ 차집하수량

8. 관로유속의 급격한 변화로 인하여 관내 압력이 급상승 또는 급강하하는 현상은?

① 공동현상
② 수격현상
③ 진공현상
④ 부압현상

9. 유입하수량 30,000m³/day, 유입BOD 200mg/L, 유입SS 150mg/L이고 BOD 제거율이 95%, SS 제거율이 90%일 경우 유출BOD의 농도(㉠)와 유출SS의 농도(㉡)는?

① ㉠ 10mg/L, ㉡ 15mg/L
② ㉠ 10mg/L, ㉡ 30mg/L
③ ㉠ 16mg/L, ㉡ 15mg/L
④ ㉠ 16mg/L, ㉡ 30mg/L

10. 호소의 부영양화에 관한 설명으로 틀린 것은?

① 수심이 얕은 호소에서도 발생할 수 있다.
② 수심에 따른 수온변화가 가장 큰 원인이다.
③ 수표면에 조류가 많이 번식하여 깊은 곳에서는 DO 농도가 낮다.
④ 부영양화를 방지하기 위해서는 질소와 인성분의 유입을 차단해야 한다.

1. 슬러지 처리 및 이용계획에 대한 설명으로 옳은 것은?

① 슬러지 안정화 및 감량화보다 매립을 권장한다.

② 슬러지를 녹지 및 농지에 이용하는 것은 배제한다.

③ 병원균 및 중금속검사는 슬러지 이용관점에서 중요하지 않다.

④ 슬러지를 건설자재로 이용하는 것이 권장된다.

2. 수분 98%인 슬러지 $30m^3$를 농축하여 수분 94%로 했을 때의 슬러지량은?

① $10m^3$

② $12m^3$

③ $15m^3$

④ $18m^3$

3. Jar-test의 시험목적으로 옳은 것은?

① 응집제 주입량 결정

② 염소주입량 결정

③ 염소접촉시간 결정

④ 총 수처리시간의 결정

4. 호소의 부영양화에 관한 설명으로 틀린 것은?

① 수심이 얕은 호소에서도 발생할 수 있다.

② 수심에 따른 수온변화가 가장 큰 원인이다.

③ 수표면에 조류가 많이 번식하여 깊은 곳에서는 DO 농도가 낮다.

④ 부영양화를 방지하기 위해서는 질소와 인성분의 유입을 차단해야 한다.

5. 활성슬러지법에서 MLSS가 의미하는 것은?

① 폐수 중의 고형물

② 방류수 중의 부유물질

③ 포기조 중의 부유물질

④ 침전지 상등수 중의 부유물질

6. 배수관을 망상(그물모양)으로 배치하는 방식의 특징이 아닌 것은?

① 고장의 경우 단수의 우려가 적다.

② 관내의 물이 정체하지 않는다.

③ 관로 해석이 편리하고 정확하다.

④ 수압분포가 균등하고 화재 시에 유리하다.

7. 침전지에서 침전효율을 크게 하기 위한 조건으로서 옳은 것은?

① 유량을 적게 하거나 표면적을 크게 한다.

② 유량을 많게 하거나 표면적을 크게 한다.

③ 유량을 적게 하거나 표면적을 적게 한다.

④ 유량을 많게 하거나 표면적을 적게 한다.

8. 하수도계획의 목표연도는 원칙적으로 몇 년을 기준으로 하는가?

① 5년

② 10년

③ 20년

④ 30년

9. 우수조정지의 설치목적과 직접적으로 관련이 없는 것은?

① 하수관거의 유하능력이 부족한 곳

② 하수처리장의 처리능력이 부족한 곳

③ 하류지역의 펌프장능력이 부족한 곳

④ 방류수역의 유하능력이 부족한 곳

10. 하수관정부식(crown corrosion)의 원인이 되는 물질은?

① NH_4

② H_2S

③ PO_4

④ SS

1. 대규모 공사에서 가장 많이 이용되는 하수관거의 단면 형상은?

① 원형
② 장방형
③ 마제형
④ 계란형

2. 하천에 오수가 유입될 경우 최초의 분해지대에서 BOD가 감소하는 원인은?

① 미생물의 번식
② 유기물질의 침전
③ 온도의 변화
④ 탁도의 증가

3. 하안에 직접 취수구를 설치하는 방식으로 일반적인 농업용수의 취수에 쓰이는 구조와 유사한 취수시설은?

① 취수탑
② 취수조
③ 취수문
④ 취수관거

4. 펌프의 설치대수 및 용량을 결정할 때 고려하여야 할 사항에 대한 설명으로 틀린 것은?

① 펌프의 설치는 유지관리상 가능한 한 동일용량의 것으로 한다.
② 펌프는 가능한 한 최고효율점 부근에서 운전하도록 대수 및 용량을 정한다.
③ 펌프는 용량이 적을수록 효율이 높으므로 가능한 한 소용량의 것을 여러 대 배치한다.
④ 건설비를 절약하기 위해 예비는 가능한 한 대수를 적게하고 소용량으로 한다.

5. 분류식 하수관거계통(separated system)의 특징에 대한 설명으로 틀린 것은?

① 오수는 처리장으로 도달, 처리된다.
② 우수관과 오수관이 잘못 연결될 가능성이 있다.
③ 관거 매설비가 큰 것이 단점이다.
④ 강우 시 오수가 처리되지 않은 채 방류되는 단점이 있다.

6. 다음 중 완속여과의 효과와 거리가 가장 먼 것은?

① 철의 제거
② 경도 제거
③ 색도 제거
④ 망간의 제거

7. 슬러지부피지수(SVI)가 150인 활성슬러지법에 의한 처리조건에서 슬러지밀도지표(SDI)는?

① 0.67
② 6.67
③ 66.67
④ 666.67

8. 호기성 소화와 혐기성 소화를 비교할 때 혐기성 소화에 대한 설명으로 틀린 것은?

① 높은 온도를 필요로 하지 않는다.
② 유효한 자원인 메탄이 생성된다.
③ 처리 후 슬러지 생성량이 적다.
④ 운전 시 체류시간, 온도, pH 등에 영향을 크게 받는다.

9. 상수도의 목적을 달성하기 위한 기술적인 3요소에 해당하지 않는 것은?

① 풍부한 수량
② 양호한 수질
③ 적절한 수압
④ 원활한 취수

10. 하수도의 목적에서 하수도에 요구하는 기본적인 요건이 아닌 것은?

① 오수의 배제
② 우수의 배제
③ 유량공급
④ 오탁수의 처리

토목산업기사 실전 모의고사 5회

▶ 정답 및 해설 : p.117

1. 수원지에서부터 각 가정까지의 상수계통도를 나타낸 것으로 옳은 것은?
① 수원－취수－도수－배수－정수－송수－급수
② 수원－취수－배수－정수－도수－송수－급수
③ 수원－취수－도수－송수－정수－배수－급수
④ 수원－취수－도수－정수－송수－배수－급수

2. 하천유량이 풍부할 때 하수를 신속히 배제할 수 있는 가장 경제적인 방법은?
① 직각식　　　　　　② 선형식
③ 방사식　　　　　　④ 집중식

3. 배수관을 망상(그물모양)으로 배치하는 방식의 특징이 아닌 것은?
① 고장의 경우 단수 염려가 없다.
② 관내의 물이 정체하지 않는다.
③ 관로 해석이 편리하고 정확하다.
④ 수압분포가 균등하고 화재 시에 유리하다.

4. 유효수심 3.5m, 체류시간 3시간의 최종 침전지의 수면적부하는 얼마인가?
① $10.5m^3/m^2 \cdot day$　　② $28.0m^3/m^2 \cdot day$
③ $56.0m^3/m^2 \cdot day$　　④ $105.0m^3/m^2 \cdot day$

5. 다음의 수원 중에서 일반적으로 오염가능성이 가장 높은 것은?
① 천층수　　　　　　② 지표수
③ 복류수　　　　　　④ 심층수

6. 염소소독과 비교한 자외선소독의 장점이 아닌 것은?
① 인체에 위해성이 없다.
② 잔류효과가 크다.
③ 화학적 부작용이 적어 안전하다.
④ 접촉시간이 짧다.

7. 하수용 펌프의 비교회전도(N_s)에 관한 설명으로 틀린 것은?
① 비교회전도가 크게 될수록 흡입성능이 나쁘고 공동현상이 발생하기 쉽다.
② 양수량 및 전양정이 같으면 회전수가 많을수록 비교회전도가 크게 된다.
③ 비교회전도가 작으면 유량이 많은 저양정펌프가 된다.
④ 펌프의 회전수, 양수량 및 전양정으로부터 비교회전도가 구해진다.

8. 완속여과와 급속여과에 관한 설명으로 틀린 것은?
① 완속여과 시의 여과사층의 이상적인 두께는 70～80cm이다.
② 여과속도가 다르므로 여과용지면적이 크게 다르다.
③ 여과의 손실수두는 급속여과보다 완속여과가 크다.
④ 완속여과는 여과속도가 급속여과의 1/30～1/40 정도이다.

9. 다음 중 호수의 부영양화현상을 일으키는 주요원인물질은?
① 질소, 인　　　　　② 철
③ 산소　　　　　　　④ 수은

10. 상수도시설 중 다음 사항이 설명하고 있는 것은?

- 원수와 동시에 유입된 모래를 침강, 제거하기 위한 시설이다.
- 위치는 가능한 한 취수구에 근접하여 제내지에 설치한다.
- 형상은 장방형으로 하고 유입부 및 유출부를 각각 점차 확대, 축소시킨 형태로 한다.

① 취수탑　　　　　　② 침사지
③ 집수매거　　　　　④ 취수틀

토목산업기사 실전 모의고사 6회

▶ 정답 및 해설 : p.118

1. 혐기성 슬러지 처리의 목적이 아닌 것은?

① 병원균 제거
② 슬러지 부피의 감소
③ 안정화
④ 중금속의 제거

2. 하천수를 취수하는 경우 취수예정지점의 조사에 필요한 유량과 수위 중 갈수(유)량과 갈수(수)위에 대한 설명으로 옳은 것은?

① 1년을 통하여 95일은 이보다 낮지 않은 수량과 수위
② 1년을 통하여 185일은 이보다 낮지 않은 수량과 수위
③ 1년을 통하여 275일은 이보다 낮지 않은 수량과 수위
④ 1년을 통하여 355일은 이보다 낮지 않은 수량과 수위

3. 다음 중 대장균군이 오염지표로 널리 사용되는 이유로 가장 알맞은 것은?

① 인체의 배설물 중에 존재하지 않는다.
② 소화기계 병원균보다 저항력이 약하다.
③ 검출이 어렵다.
④ 시험방법이 용이하다.

4. 어느 도시의 총 인구가 5만 명이고 급수인구는 4만 명일 때 1년간 총 급수량이 200만m³이었다. 이 도시의 급수보급률(%)과 1인 1일 평균급수량(m³/인·일)은?

① 125%, 0.110m³/인·일
② 125%, 0.137m³/인·일
③ 80%, 0.110m³/인·일
④ 80%, 0.137m³/인·일

5. 상수도시설의 설계 시 계획취수량, 계획도수량, 계획정수량의 기준이 되는 것은?

① 계획시간 최대급수량
② 계획 1일 최대급수량
③ 계획 1일 평균급수량
④ 계획 1일 총 급수량

6. 저수조식(탱크식) 급수방식이 바람직한 경우에 대한 설명으로 옳지 않은 것은?

① 역류에 의하여 배수관의 수질을 오염시킬 우려가 없는 경우
② 배수관의 수압이 소요압력에 비해 부족할 경우
③ 항시 일정한 급수량을 필요로 할 경우
④ 일시에 많은 수량을 사용할 경우

7. 강우강도 $I = \dfrac{2,347}{t+41}$[mm/h], 유역면적 5km², 유입시간 4분, 유출계수 0.85, 하수관거 내 유속 40m/min인 경우 1km의 하수관거 내 우수량은?

① 22.5m³/s
② 24.7m³/s
③ 35.6m³/s
④ 39.6m³/s

8. 응집제로서 가격이 저렴하고 탁도, 세균, 조류 등의 거의 모든 현탁성 물질 또는 부유물의 제거에 유효하며 무독성 때문에 대량으로 주입할 수 있으며 부식성이 없는 결정을 갖는 응집제는?

① 황산알루미늄
② 암모늄명반
③ 황산 제1철
④ 폴리염화알루미늄

9. 침사지 내에서의 적당한 유속은?

① 1~5cm/s
② 5~7cm/s
③ 2~7cm/s
④ 7~9cm/s

10. 하수의 계획 1일 최대오수량을 구하는 방법으로 맞는 것은?

① 1인 1일 평균오수량×계획인구+공장폐수
② 1인 1일 최대오수량×계획인구+공장폐수
③ 1인 1일 평균오수량×계획인구+공장폐수+지하수량+기타 배수량
④ 1인 1일 최대오수량×계획인구+공장폐수+지하수량+기타 배수량

1. 오수관로 설계 시 계획시간 최대오수량에 대한 최소유속(㉠)과 최대유속(㉡)으로 옳은 것은?

① ㉠ 0.1m/s, ㉡ 0.5m/s ② ㉠ 0.6m/s, ㉡ 0.8m/s

③ ㉠ 0.1m/s, ㉡ 1.0m/s ④ ㉠ 0.6m/s, ㉡ 3.0m/s

2. 급수인구추정법에서 등비급수법에 해당되는 식은? (단, P_n : n년 후 추정인구, P_0 : 현재인구, n : 경과연수, a, b : 상수, k : 포화인구, r : 연평균증가율)

① $P_n = P_0 + rn^a$

② $P_n = \dfrac{k}{1 + e^{(a - b^n)}}$

③ $P_n = P_0 + nr$

④ $P_n = P_0(1 + r)^n$

3. 하수배제방식 중 합류식 하수관거에 대한 설명으로 옳지 않은 것은?

① 일정량 이상이 되면 우천 시 오수가 월류한다.

② 기존의 측구를 폐지할 경우 도로폭을 유효하게 이용할 수 있다.

③ 하수처리장에 유입하는 하수의 수질변동이 비교적 적다.

④ 대구경 관로가 되면 좁은 도로에서의 매설에 어려움이 있다.

4. 하수처리시설의 침사지에 대한 설명으로 옳지 않은 것은?

① 평균유속은 1.5m/s를 표준으로 한다.

② 체류시간은 30~60초를 표준으로 한다.

③ 수심은 유효수심에 모래퇴적부의 깊이를 더한 것으로 한다.

④ 오수침사지의 경우 표면부하율은 1,800m³/m² · day 정도로 한다.

5. 유역면적 2km², 유출계수 0.6인 어느 지역에서 2시간 동안에 70mm의 호우가 내렸다. 합리식에 의한 이 지역의 우수유출량은?

① 10.5m³/s ② 11.7m³/s

③ 42.0m³/s ④ 70.0m³/s

6. MLSS 2,000mg/L의 포기조혼합액을 매스실린더에 1L를 정확히 취한 뒤 30분간 정치하였다. 이때 계면위치가 320mL를 가리켰다면 이 슬러지의 SVI는?

① 160mL/g ② 260mL/g

③ 440mL/g ④ 640mL/g

7. 수리학적 체류시간이 4시간, 유효수심이 3.5m인 침전지의 표면부하율은?

① 8.75m³/m² · day ② 17.5m³/m² · day

③ 21.0m³/m² · day ④ 24.5m³/m² · day

8. 합류식 관거에서의 계획하수량으로 옳은 것은?

① 계획시간 최대오수량

② 계획오수량

③ 계획평균오수량

④ 계획시간 최대우수량＋계획우수량

9. 수질검사에서 대장균을 검사하는 이유는?

① 대장균이 병원체이기 때문이다.

② 물을 부패시키는 세균이기 때문이다.

③ 수질오염을 가져오는 대표적인 세균이기 때문이다.

④ 대장균을 이용하여 다른 병원체의 존재를 추정할 수 있기 때문이다.

10. BOD 200mg/L, 유량 70,000m³/day의 오수가 하천에 방류될 때 합류될 때 합류지점의 BOD농도는? (단, 오수와 하천수는 완전 혼합된다고 가정하고, 오수 유입 전 하천수의 BOD＝30mg/L, 유량＝3.6m³/s이다.)

① 43.6mg/L ② 57.3mg/L

③ 61.2mg/L ④ 79.3mg/L

토목산업기사 실전 모의고사 8회

▶ 정답 및 해설 : p.119

1. 관거별 계획하수량을 결정할 때 고려하여야 할 사항으로 틀린 것은?
① 오수관거는 계획시간 최대오수량으로 한다.
② 우수관거는 계획우수량으로 한다.
③ 합류식 관거는 계획 1일 최대오수량에 계획우수량을 합한 것으로 한다.
④ 차집관거는 우천 시 계획오수량으로 한다.

2. 하수도시설 중 펌프장시설의 침사지에 대한 설명 중 틀린 것은?
① 일반적으로 직경이 큰 무기질, 비부패성 무기물 및 입자가 큰 부유물을 제거하기 위한 것이다.
② 침사지의 지수는 단일지수를 원칙으로 한다.
③ 펌프 및 처리시설의 파손을 방지하도록 펌프 및 처리시설의 앞에 설치한다.
④ 침사지방식은 중력식, 포기식, 기계식 등이 있다.

3. 상수원 선정 시 고려사항으로 옳지 않은 것은?
① 계획취수량은 평수기에 확보 가능한 수량으로 한다.
② 수리권이 확보될 수 있어야 한다.
③ 건설비 및 유지관리비가 저렴하여야 한다.
④ 장래 수도시설의 확장이 가능한 곳이 바람직하다.

4. 하수슬러지의 혐기성 소화에 의한 슬러지 분해과정으로 옳은 것은?
① 산생성단계 → 메탄생성단계 → 가수분해단계
② 산생성단계 → 가수분해단계 → 메탄생성단계
③ 가수분해단계 → 메탄생성단계 → 산생성단계
④ 가수분해단계 → 산생성단계 → 메탄생성단계

5. 다음 중 하수의 살균에 사용되지 않는 것은?
① 염소
② 오존
③ 적외선
④ 자외선

6. 하수배제방식 중 합류식 하수관거에 대한 설명으로 옳지 않은 것은?
① 일정량 이상이 되면 우천 시 오수가 월류한다.
② 기존의 측구를 폐지할 경우 도로폭을 유효하게 이용할 수 있다.
③ 하수처리장에 유입하는 하수의 수질변동이 비교적 작다.
④ 대구경 관거가 되면 좁은 도로에서의 매설에 어려움이 있다.

7. 유효수심이 3.2m, 체류시간이 2.7시간인 침전지의 수면적부하는?
① $11.19m^3/m^2 \cdot day$
② $20.25m^3/m^2 \cdot day$
③ $28.44m^3/m^2 \cdot day$
④ $31.22m^3/m^2 \cdot day$

8. 급속여과에 대한 설명 중 틀린 것은?
① 탁질의 제거가 완속여과보다 우수하여 탁한 원수의 여과에 적합하다.
② 여과속도는 120~150m/day를 표준으로 한다.
③ 여과지 1지의 여과면적은 $250m^2$ 이상으로 한다.
④ 급속여과지의 형식에는 중력식과 압력식이 있다.

9. 강우강도 $I = \dfrac{4,000}{t+30}$[mm/h](t : 분), 유역면적 $5km^2$, 유입시간 300초, 유출계수 0.8, 하수관거길이 1.2km, 관내 유속 2.0m/s인 경우 합리식에 의한 최대우수유출량은?
① $98.77m^3/s$
② $987.7m^3/s$
③ $98.77m^3/h$
④ $987.7m^3/h$

16. 상수도시설에 설치되는 펌프에 대한 설명 중 옳지 않은 것은?

① 수량변화가 큰 경우 대 · 소 두 종류의 펌프를 설치하거나 또는 회전속도제어 등에 의하여 토출량을 제어한다.

② 펌프는 예비기를 설치하되 펌프가 정지되더라도 급수에 지장이 없는 경우에는 생략할 수 있다.

③ 펌프는 용량이 클수록 효율이 낮으므로 가능한 한 소용량으로 한다.

④ 펌프는 가능한 한 동일용량으로 하여 소모품이나 예비품의 호환성을 갖게 한다.

토목산업기사 실전 모의고사 9회

▶ 정답 및 해설 : p.119

1. 취수원의 성층현상에 관한 설명으로 틀린 것은?
① 수심에 따른 수온변화가 가장 큰 원인이다.
② 수온의 변화에 따른 물의 밀도변화가 근본원인이다.
③ 여름철에 두드러진 현상이다.
④ 영양염류의 유입이 원인이다.

2. 급속여과지가 완속여과지에 비해 좋은 점이 아닌 것은?
① 많은 수량을 단기간에 처리할 수 있다.
② 부지면적을 적게 차지한다.
③ 원수의 수질변화에 대처할 수 있다.
④ 시설이 단순하다.

3. 지름 300mm, 길이 100m인 주철관을 사용하여 $0.15m^3/s$의 물을 20m 높이에 양수하기 위한 펌프의 소요동력은? (단, 펌프의 효율은 70%이다.)
① 21kW   ② 42kW
③ 60kW   ④ 86kW

4. 총 인구 20,000명인 어느 도시의 급수인구는 18,600명이며, 1년간 총 급수량이 1,860,000톤이었다. 급수보급률과 1인 1일당 평균급수량(L)으로 옳은 것은?
① 93%, 274L
② 93%, 295L
③ 107%, 274L
④ 107%, 295L

5. 2,000t/day의 하수를 처리할 수 있는 원형 방사류식 침전지에서 체류시간은? (단, 평균수심 3m, 지름 8m)
① 1.6시간   ② 1.7시간
③ 1.8시간   ④ 1.9시간

6. 하수도관거의 접합방법 중 유수의 흐름은 원활하지만 굴착깊이가 증가되어 공사비가 증대되고 펌프로 배수하는 지역에서는 양정이 높게 되는 단점이 있는 방법은?
① 관중심접합
② 관저접합
③ 관정접합
④ 수면접합

7. 명반(Alum)을 사용하여 상수를 침전처리하는 경우 약품주입 후 응집조에서 완속교반을 하는 이유는?
① 명반을 용해시키기 위하여
② 플록(floc)을 공기와 접촉시키기 위하여
③ 플록이 잘 부서지도록 하기 위하여
④ 플록의 크기를 증가시키기 위하여

8. 취수탑에 대한 설명으로 옳지 않은 것은?
① 부대설비인 관리교, 조명설비, 유목 제거기, 협잡물 제거설비 및 피뢰침을 설치한다.
② 하천의 경우 토사유입을 적게 하기 위하여 유입속도 15~20m/s를 표준으로 한다.
③ 취수구시설에 스크린, 수문 또는 수위조절판을 설치하여 일체가 되어 작동한다.
④ 취수탑의 설치위치에서 갈수수심이 최소 2m 이상이 아니면 계획취수량의 취수에 필요한 취수구의 설치가 곤란하다.

9. 우수관과 오수관의 최소유속을 비교한 설명으로 옳은 것은?
① 우수관의 최소유속이 오수관의 최소유속보다 크다.
② 오수관의 최소유속이 우수관의 최소유속보다 크다.
③ 세척방법에 따라 최소유속은 달라진다.
④ 최소유속에는 차이가 없다.

16. 하수관로의 경사와 유속에 대한 설명으로 옳지 않은 것은?

① 관로의 경사는 하류로 갈수록 감소시켜야 한다.

② 유속이 너무 크면 관로를 손상시키고 내용연수를 줄어들게 한다.

③ 오수관로의 최대유속은 계획시간 최대오수량에 대하여 1.0m/s로 한다.

④ 유속을 너무 크게 하면 경사가 급하게 되어 굴착깊이가 점차 깊어져서 시공이 곤란하고 공사비용이 증대된다.

정답 및 해설

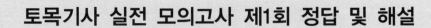

01	02	03	04	05	06	07	08	09	10
②	②	④	③	③	②	④	③	③	④
11	12	13	14	15	16	17	18	19	20
③	②	①	②	③	②	③	③	③	①

1 계획 1일 평균급수량은 계획 1일 최대급수량의 80%를 표준으로 한다.

2 모래퇴적부의 깊이는 일시에 이를 수용할 수 있도록 예상되는 침사량의 청소방법 및 빈도 등을 고려하여 일반적으로 수심의 10~30%로 보며 적어도 30cm 이상으로 할 필요가 있다.

3 MPN은 100mL 중 이론상 있을 수 있는 대장균군의 수이다.

4 최대정수압은 700kPa 이상으로 한다.

5 합리식 공식은 $Q = \dfrac{1}{360}CIA$이므로 면적은 ha이다.

6 우수조정지는 우수를 일시 저류하는 시설이므로 월류식은 맞지 않다.

7 급속여과지는 약품침전지를 거쳐오기 때문에 응집제를 필요로 하므로 유지관리비가 들고 특별한 관리기술이 필요하다.

8 상수도의 계통도순서 : 수원–취수–도수–정수–송수 –배수–급수

9 $N_s = N\dfrac{Q^{1/2}}{H^{3/4}} = 1,160 \times \dfrac{8^{1/2}}{4^{3/4}} = 1,160$

10 살균력이 커지는 것은 유리잔류염소인 HOCl이 증가한다는 의미이다.

11 하수도처리시설의 설계기준은 계획 1일 최대오수량이며, 하수관거(연결관거 포함)의 설계기준은 계획시간 최대오수량이다.

12 염소요구량 = 염소주입량 − 잔류염소량
$= 3.0 - 0.5 = 2.5\text{mg/L}$

13 하수의 집·배수시설은 가급적 자연유하식을 원칙으로 하며 필요시 가압식을 도입할 수 있다.

14 펌프의 설치위치를 낮게 하여 공동현상을 방지하고 회전수를 작게 하여 수격작용을 방지한다.

15 가능한 한 자연유하방식을 이용하는 것이 좋으므로 높은 곳에 위치하는 것이 유리하다.

16 $V_0 = \dfrac{h}{t} = \dfrac{Q}{A} = \dfrac{350}{250} \times 24 = 33.6\text{m}^3/\text{m}^2 \cdot \text{day}$

17 부영양화가 되면 조류가 발생하여 투명도는 저하된다.

18 취수탑으로의 도수는 가급적 자연유하식으로 하는 것이 좋으나, 경우에 따라서는 지형적 조건을 고려하여 관수로를 이용한다.

19 관정부식 방지책
㉮ 유속을 빨리 한다.
㉯ 폭기를 한다.
㉰ 염소소독을 한다.
㉱ 피복한다.

20 ㉮ $\text{BOD}_t = L_a(1 - 10^{-k_1 t})$
$155 = L_a \times (1 - 10^{-0.2 \times 5})$
$\therefore L_a = 172.2\text{mg/L}$
㉯ 4일 후 잔존BOD $L_t = L_a \cdot 10^{-k_1 t}$
$= 172.2 \times 10^{-0.2 \times 4}$
$= 27.3\text{mg/L}$

토목기사 실전 모의고사 제2회 정답 및 해설

01	02	03	04	05	06	07	08	09	10
①	①	①	①	②	②	③	①	①	③
11	12	13	14	15	16	17	18	19	20
①	④	①	③	②	①	②	④	④	①

1 급수량의 특징은 기온이 높을수록, 즉 여름에 증가한다.

2 상수침사지 내에서의 평균유속은 2~7cm/s이다.

3 BOD용적부하 $= \dfrac{\mathrm{BOD} \cdot Q}{V}$

$\qquad\qquad = \dfrac{200 \times 10^{-3} \times 1,000}{250}$

$\qquad\qquad = 0.8 \mathrm{kg} \cdot \mathrm{BOD/m^3 \cdot day}$

4 ㉮ 공장폐수 하천수의 혼합 후 농도
하천유량 2m³/s 는
$2 \times 86,400 \mathrm{m^3/day} = 172,800 \mathrm{m^3/day}$

$\therefore \ C = \dfrac{Q_1 C_1 + Q_2 C_2}{Q_1 + Q_2}$

$\qquad = \dfrac{200 \times 600 + 10 \times 172,800}{600 + 172,800}$

$\qquad = 10.66 \mathrm{mg/L}$

㉯ BOD 감소량
하류 15km 이동시간은

$t = \dfrac{L}{V} = \dfrac{15,000 \mathrm{m}}{0.05 \mathrm{m/s} \times 86,400} = 3.47 \mathrm{day}$

잔존BOD공식에 대입하면

$\therefore \ \mathrm{BOD}_{3.47} = 10.66 \times 10^{-0.1 \times 3.47} = 4.79 \mathrm{mg/L}$

5 $N_s = N\dfrac{Q^{1/2}}{H^{3/4}} = 1,100 \times \dfrac{8.33^{1/2}}{10^{3/4}} = 564.56 ≒ 565$

여기서, $500 \mathrm{m^3/h} = 8.33 \mathrm{m^3/min}$

6 하수관거의 유속은 하류로 갈수록 빠르게, 경사는 완만하게 하여야 한다.

7 SVI × SDI = 100

8 응집제 투입을 통한 약품침전을 거치게 되면 급속여과시설로 간다.

9 혐기성 소화공정은 미생물이 반응물질이므로 COD는 해당사항이 없다.

10 원형 하수관에서 유량이 최대가 되는 때는 수심이 92~94% 차서 흐를 때이다.

11 질소와 인 동시 제거법 : A2/O법

12 조류의 제거에는 Micro−strainer법을 이용한다.

13 $V_0 = \dfrac{Q}{A} = \dfrac{h}{t}$

$\dfrac{450 \mathrm{m^3/day}}{A} = \dfrac{4\mathrm{m}}{12\mathrm{hr}}$

$\therefore \ A = 56.25 \mathrm{m^2}$

14 초기 우수를 처리장으로 유입시켜 처리하는 방식은 합류식이다.

15 정수장에서 배수지까지 정수된 물을 수송하는 시설은 송수시설이다.

16 $t = t_1 + t_2 = 4 + 15 = 19\mathrm{min}$

$\therefore \ Q = \dfrac{1}{3.6} CIA$

$\qquad = \dfrac{1}{3.6} \times 0.6 \times \dfrac{6,500}{19+40} \times 4 = 73.4 \mathrm{m^3/s}$

17 수격현상을 방지하기 위해서는 유속을 느리게 해야 한다.

18 관로상 어떤 지점도 동수경사선보다 항상 낮게 유지해야 하지만, 높게 위치하는 경우 상류측 관경을 크게 접합정과 감압밸브를 설치함으로써 해결할 수 있다.

19 차집관로는 우천 시 계획오수량 또는 계획시간 최대오수량의 3배로 한다.

20 격자식 배수관망의 특징
㉮ 제수밸브가 많다.
㉯ 사고 시 단수구간이 좁다.
㉰ 건설비가 많이 든다.

토목기사 실전 모의고사 제3회 정답 및 해설

01	02	03	04	05	06	07	08	09	10
④	②	③	①	④	④	③	④	③	②
11	12	13	14	15	16	17	18	19	20
④	③	①	①	③	④	④	④	④	②

1 오존처리의 특징
㉮ 염소에 비하여 높은 살균력을 가지고 있다.
㉯ 수온이 높아지면 용해도가 감소하고 분해가 빨라진다.
㉰ 맛, 냄새, 유기물, 색도 제거의 효과가 우수하다.
㉱ 유기물질의 생분해성을 증가시킨다.
㉲ 철·망간의 산화능력이 크다.
㉳ 염소요구량을 감소시킨다.

2 $r = \left(\dfrac{P_0}{P_t}\right)^{\frac{1}{t}} - 1 = \left(\dfrac{200,000}{100,000}\right)^{\frac{1}{10}} - 1 = 0.07177$

3 관정의 부식 방지법으로는 유속을 증가시키고 폭기장치를 설치하며 염소를 살포하거나 관내를 피복하는 방법이 있다.

4 비교회전도가 작으면 고양정펌프이다.

5 차집관거에서는 우천 시 계획오수량 또는 계획시간 최대오수량의 3배 이상을 기준으로 한다.

6 ④는 저수조식(탱크식) 급수방식에 대한 설명이다.

7 분류식 오수관은 하수종말처리장에서 완전처리가 되므로 우천 시와 관계가 없다.

8 부영양화가 되면 조류가 발생하여 냄새를 유발하고 용존산소는 줄어들게 된다.

9 완속여과방식은 착수정 → 보통침전 → 완속여과 → 소독의 순서로 정수처리를 한다.

10 유출량누가곡선에서는 유효저수량(필요저수량)의 위치와 저수 시작일을 기억한다.

11 주입량 $= CQ \times \dfrac{1}{\text{순도}}$

$= 25 \times 10^{-6} \times 22,000 \times 10^{3}$

$= 550 \text{kg/day}$

※ 문제에 순도값이 주어지지 않았기 때문에 공식에서 순도값은 산정되지 않는다.

12 펌프의 회전수를 작게 하여야 한다.

13 1단계 BOD는 탄소계 BOD이고, 2단계 BOD는 질소계 BOD이다.

14 THM은 염소 과다주입 시 발생한다.

15 합리식 공식 $Q = CIA$를 보면 지하수의 유입은 관련이 없음을 알 수 있다.

16 질소와 인을 동시에 제거하는 방법으로는 A^2/O법(혐기 무산소호기법)이 있다.

17

경사	매설 깊이	거내 속도	집수공		
			유입 속도	지름	면적당 개수
1/500	5m	1m/s	3cm/s	10~20mm	20~30개

18 전처리공정에는 물리적 처리시설과 화학적 처리시설이 있다. 물리적 처리시설에는 대형 부유물질처리를 위한 스크린과 침전성 물질처리를 위한 침사지가 있고, 화학적 처리시설에는 pH중화가 있다.

19 급수관을 공공도로에 부설할 경우 다른 매설물과의 간격을 30cm 이상 확보한다.

20 슬러지 처리순서 : 생슬러지-농축-소화-개량-탈수-건조-최종 처분

토목기사 실전 모의고사 제4회 정답 및 해설

01	02	03	04	05	06	07	08	09	10
③	③	③	①	②	①	③	③	③	①
11	12	13	14	15	16	17	18	19	20
①	④	④	①	④	②	③	②	①	③

1 도·송수는 최소동수경사로 하며, 시점의 저수위와 종점의 고수위를 기준으로 하여 동수경사를 산정한다.

2 $V_0 = \dfrac{Q}{A} = \dfrac{1,000}{500} = 2.0 \text{m/h}$

3 계획하수량은 20년을 원칙으로 하므로 계획우수량 산정에 있어 하수관거의 확률연수는 10~30년으로 보는 것이 합리적이다.

4 하수관로의 개·보수계획 시 불명수량 산정방법

구분	주요 인자	산정방법	분석방법 검토
물 사용량 평가법 (Water Use Evalua -tion)	• 일평균 하수량 • 상수사 용량 • 지하수 사용량 • 오수전 환율	침입수량 (m³/day) = 건기평균유 량(m³/day) −〔물사용량 (m³/day)× 오수전환율 (70~90%)〕	• 해당지역 월별 상수 및 지하수사용량 산정오차 • 상수요금이 부과 되지 않는 사용량 에 대한 고려 필요 • 오수전환율의 부 정확(이론적으로 는 정확하지만, 실 질적으로는 오차가 크다.)
일 최대 -최소유량 평가법 (Max.-Min. Daily Flow Compar -ison)	• 일 최대 하수량 • 공장폐 수량(상 시발생)	침입수량 (m³/day) = 일 최소 하수량(m³/ day) − 공장 폐수량(m³/ day)(24시간 조업)	• 처리구역 내 폐수 배출업소 및 발생 량에 대한 상세조 사 필요(공장폐수 배출량은 일정) • 도시에 적용 시 실 제보다 과대 산정 (야간 인구 유량 배출량을 고려하 지 않음) • 침입수량은 항상 일정하며 유량의 변화는 전적으로 가정하수에서 기 인한다고 가정
일 최대유량 평가법 (Maximum Daily Flow Compar -ison)	• 일 최소 하수량	침입수량 (m³/day) = 일 최소유량의 최대(m³/day) − 일 최소 유량의 최소 (m³/day)	• 일 최소유량시점 의 야간활동인구 유량과 공장폐수 발생량을 '0'으로 가정 • 야간생활하수발 생량 및 상시폐수 발생량이 반영되 지 않음 • 실제보다 과대 산 정(야간 인구유 량배출량을 고려 하지 않음) • 지하수위의 영향 으로 장기간의 측 정이 요구됨(1년 이상의 기간 요구)
야간 생활하수 평가법 (Night time Domestic Flow Evaluation)	• 일 최소 하수량 • 야간 발 생하수 량 • 공장폐 수량(상 시발생)	침입수량 (m³/day) = 일 최소 하수량(m³/ day) − 공장 폐수량(m³/ day)(24시간 조업) − 야 간발생하수 량(m³/day)	• 미국 대도시의 1960 년대 설계기준값 사용 • 국내 하수발생특 성에 비교해 볼 경 우 맞지 않음 • 일 최소유량에서 공장폐수와 야간 활동인구에 의한 유량을 차감(일 최소유량의 일부 차지)

5 인구추정방법 중에서 이론곡선식에서 K는 포화인구를 의미한다.

6 염소살균력의 세기는 클로라민 < OCl⁻ < HOCl 순이다.

7 도수는 가급적 자연유하로 하는 것이 좋으므로 가능한 한 높은 곳에 위치하여야 한다.

8 H_2S는 용존산소의 결핍으로 혐기성 미생물에 의하여 황화합물(황산염 등)을 환원시켜 발생한다.

9 $\dfrac{V_2}{V_1} = \dfrac{100 - W_1}{100 - W_2}$

$\dfrac{1/3 V_1}{V_1} = \dfrac{100 - 95}{100 - W_2}$

$\therefore W_2 = 100 - 15 = 85\%$

10 전염소처리는 원수의 수질이 나쁠 때 침전지 이전에 주입하는 것으로 산화·분해작용이 주목적이고, THM의 발생을 억제하지 못하며 잔류염소가 발생하지 않는다.

11 ②는 축류펌프와 사류펌프에 대한 설명이고, ③은 축류펌프에 대한 설명이다.

12 상수도계통도는 수원-취수-도수-정수-송수-배수-급수이다.

13 경사는 하류로 갈수록 완만하게 유속은 빠르게 한다.

14 펌프의 구경 $d = 146\sqrt{\dfrac{Q}{V}} = 146 \times \sqrt{\dfrac{0.94}{2}} = 100.1\,\text{mm}$

15 조류의 제거에는 Micro−strainer법을 이용한다.

16 비교회전도의 N_s값이 클수록 토출량이 많은 저양정 펌프이다.

17 격자식 배수관으로 관망의 수리 계산이 매우 복잡하다.

18 $480,000\,\text{L/day} = \dfrac{480,000\,\text{L}}{1,440\,\text{min}}$

$\therefore \dfrac{480,000\,\text{L}}{1,440\,\text{min}} \times 40\,\text{min} = 13,333\,\text{L} = 13.3\,\text{m}^3$

19 상수침사지 내에서의 평균유속은 2~7cm/s이다.

20 $T = t + \dfrac{L}{V} = 5 + \dfrac{600}{1 \times 60} = 15\,\text{min}$

$\therefore Q = \dfrac{1}{360} \times 0.9 \times \dfrac{3,300}{15 + 17} \times 200 = 51.56\,\text{m}^3/\text{s}$

토목기사 실전 모의고사 제5회 정답 및 해설

01	02	03	04	05	06	07	08	09	10
①	④	④	②	②	③	①	③	③	④

11	12	13	14	15	16	17	18	19	20
①	②	④	①	②	③	②	④	④	①

1 오수관거는 계획시간 최대오수량으로 한다.

2 제시된 그림에서 CD구간은 잔류염소량이 감소해 염소요구량이 증대하는 결합잔류염소구간이며, D는 파괴점이고, DE구간은 유리잔류염소구간이다.

3 일반적인 BOD : N : P의 농도비는 100 : 5 : 1이다.

4 자정작용은 생물학적 작용이 주작용으로, DO의 영향을 가장 잘 받는다는 것을 상기하자.

5 ㉮ 질소 제거법 : 무산소호기법(anoxic oxic)
㉯ 인 제거법 : 혐기 호기법(A/O법-anaerobic oxic)
㉰ 질소와 인 동시 제거법 : A2/O법(혐기 무산소 호기법)

6 맨홀은 관이 합쳐지거나 분기되는 곳에 설치한다.

7 $t = t_1 + \dfrac{L}{60V} = 7 + \dfrac{500}{60 \times 1} = 15.33\,\text{min}$

$I = \dfrac{3,500}{15.33 + 10} = 138.18\,\text{mm/h}$

$\therefore Q = \dfrac{1}{3.6} CIA = \dfrac{1}{3.6} \times 0.7 \times 138.18 \times 2.0 = 53.7\,\text{m}^3/\text{s}$

8 ① 도수는 자연유하식으로 한다.
② 도수로는 관수로를 택한다.
④ 송수는 펌프압송식으로 한다.

9 대장균검사는 검출방법이 용이하며 타 병원균 존재 유무 추정이 가능하기 때문에 오염수 판정에 사용한다.

10 kW일 경우

$$출력 = \frac{9.8QH}{\eta} = \frac{9.8 \times 300 \times 25}{0.85 \times 0.8}$$

$$= \frac{9.8 \times 300 \times 10^{-3} \times 25}{0.85 \times 0.8} = 108.1 \text{kW}$$

11 관경의 산정에 있어서 시점의 저수위와 종점의 고수위를 기준으로 하여 동수경사를 산정한다.

12 흡입관경을 작게 하면 유속이 빨라져 공동현상이 발생하기 쉽다.

13 주입량 $= C[\text{mg/L, ppm}] \times Q[\text{m}^3/\text{day}] \times \frac{1}{순도}$

$$= 20 \times 10^{-3} \times 500 \times \frac{1}{0.05} = 200 \text{L/h}$$

14 압력수조식은 저수조에 물을 받은 다음 펌프로 압력수조에 넣고, 그 내부압력에 의하여 급수하는 방식이므로 공기압축기를 필요로 하지 않는다. 단, 큰 설비에는 공기압축기를 설치해서 때때로 공기를 보급하는 것이 필요하다.

15 $SDI \times SVI = 100$

16 $P_n = P_0(1 + r)^n$ 에서 연평균 인구증가율은 r 이고, $t = 2004 - 2000 = 4$ 이므로

$$r = \left(\frac{P_0}{P_t}\right)^{\frac{1}{t}} - 1 = \left(\frac{12,200}{10,900}\right)^{1/4} - 1 = 0.02857$$

17 펌프 선정 시 펌프의 무게(중량)는 고려하지 않는다.

18 관거의 단면형상은 원형 또는 직사각형을 표준으로 하고, 소규모 하수도의 경우에는 원형이나 계란형을 표준으로 한다.

19 펌프의 결정기준은 대수는 줄이고 동일용량의 것을 사용하며 가급적 대용량의 것을 사용한다.

20 비피압지하수는 천층수로서 천정, 심정이 있고, 피압지하수는 심층수로 굴착정을 통하여 양수한다.

토목기사 실전 모의고사 제6회 정답 및 해설

01	02	03	04	05	06	07	08	09	10
③	②	①	③	③	②	①	③	④	③
11	12	13	14	15	16	17	18	19	20
③	①	③	②	①	④	①	④	①	④

1 하수슬러지 처리순서는 농축 - 소화 - 탈수 - 건조 - 최종 처분이다.

2 마이크로스트레이너법은 조류의 제거방법이며, 색도제거는 전염소처리, 오존처리, 활성탄처리가 있다. 또 와포자충속이라는 물병균(Cryptosporidium)은 수영장 물속에 있는 수인성 세균으로 염소로 소독한 수영장에서도 수일간 생존한다.

3 저수지를 수원으로 하는 상수시설의 계통도는 취수탑 - 도수관로 - 여과지 - 정수지 - 배수지이다.

4 하수처리의 소화과정은 슬러지 안정화가 목적이다.

5 고지대에는 우수조정지를 설치하지 않다.

6 접합정은 종류가 다른 관 또는 도랑의 연결부, 관 또는 도랑의 굴곡부 등의 수두를 감쇄하기 위하여 그 도중에 설치하는 시설을 말한다.

7 $L_t = L_a(1 - 10^{-kt})$

$$155 = L_a \times (1 - 10^{-0.2 \times 5})$$

$$L_a = 172.2 \text{mg/L}$$

$$L_t = 172.2 \times (1 - 10^{-0.2 \times 4}) = 144.9 \text{mg/L}$$

$\therefore$ 4일 후 남아 있는 BOD $= 172.2 - 144.9$
$$= 27.3 \text{mg/L}$$

8 계획시간 최대오수량은 계획 1일 평균오수량의 1시간당 수량의 1.3~1.8배를 표준으로 한다.

9 $V_s = \dfrac{(\rho_s - \rho_w)gd^2}{18\mu} = \dfrac{(s-1)gd^2}{18\nu}$ 에서

$V_s \propto (s-1)$에 비례하므로

$\dfrac{V_1}{V_2} = \dfrac{1.8-1}{1.2-1} = 4$

10 급수인구 추정을 위해서는 최소 과거 20년간의 연간 인구증감을 고려하여야 한다.

11 최초 침전지의 월류위어의 부하율은 일반적으로 $250\text{m}^3/\text{m} \cdot \text{day}$로 한다.

12 공동현상의 발생을 방지하기 위해서는 흡입관이 물에 잠기도록 낮게 하여야 한다.

13 $A = \dfrac{Q}{V} = \dfrac{40,500\text{m}^3/\text{day}}{150\text{m}/\text{day}} \times \dfrac{1}{6} = 45\text{m}^2$

14 $Q = 800\text{m}^3/\text{h} \times \dfrac{1\text{h}}{60\text{min}} = 13.33\text{m}^3/\text{min}$

$\therefore N_s = N\dfrac{Q^{1/2}}{H^{3/4}} = 1,500 \times \dfrac{13.33^{1/2}}{7^{3/4}} = 1,273\text{rpm}$

15 $f = \dfrac{K_2}{K_1}$

여기서, K_1 : 탈산소계수
K_2 : 재폭기계수

16 취수관거는 취수관의 부속물이다.

17 분류식이 합류식에 비하여 일반적으로 관거의 부설비가 많이 든다.

18 관거의 접합 중 관저접합은 가장 나쁜 시공방법이지만 매설깊이가 얕고 토공량이 작으며 공사비를 줄일 수 있어 가장 많이 시공하는 방법이다. 또한 펌프를 이용한 배수에도 유리한 방법이다.

19 $N_s = 1,050 \times \dfrac{\sqrt{10}}{40^{3/4}} = 208.8$

20 오존은 소독의 지속성을 의미하는 잔류효과가 없다.

토목기사 실전 모의고사 제7회 정답 및 해설

01	02	03	04	05	06	07	08	09	10
③	①	①	②	③	③	④	①	③	④
11	12	13	14	15	16	17	18	19	20
③	②	①	②	④	③	④	②	②	③

1 ① 도수는 자연유하식으로 한다.
② 도수로는 관수로를 택한다.
④ 송수는 펌프압송식으로 한다.

2 $V_0 = \dfrac{Q}{A} = \dfrac{h}{t}$

$\dfrac{450\text{m}^3/\text{day}}{A} = \dfrac{4\text{m}}{12\text{hr}}$

$\therefore A = 56.25\text{m}^2$

3 펌프의 흡입구경

$D = 146\sqrt{\dfrac{Q}{V}}\ [\text{mm}]$

4 THM은 염소의 과다주입으로 인하여 발생한다.

5 수리상 유리한 단면은 $h = \dfrac{b}{2}$이므로

$\therefore R_h = \dfrac{bh}{b+2h} = \dfrac{b \times \dfrac{b}{2}}{b+2 \times \dfrac{b}{2}} = \dfrac{\dfrac{b^2}{2}}{2b} = \dfrac{b}{4} = \dfrac{28}{4} = 7\text{m}$

6 $N_s = N\dfrac{Q^{1/2}}{H^{3/4}} = 1,160 \times \dfrac{8^{1/2}}{4^{3/4}} = 1,160$

7

경사	매설 깊이	거 내 속도	집수공		
			유입 속도	지름	면적당 개수
1/500	5m	1m/s	3cm/s	10~20mm	20~30개

8 황산알루미늄(=명반=황산반토)은 정수처리공정에서 가장 많이 사용하는 응집제이며, 철염류인 황산제1철은 폐수처리과정에 사용된다. PAC는 응집제로서 가격이 비싸 잘 사용하지 않는다.

9 장시간 포기법은 잉여슬러지량을 크게 감소시키기 위한 방법으로 BOD-SS부하를 아주 작게, 포기시간을 길게 하여 내생호흡상으로 유지되도록 하는 활성슬러지변법이다.

10 급수관을 지하층 또는 2층 이상에 배관할 경우에는 각 층마다 지수밸브와 함께 진공파괴기 등의 역류 방지밸브를 설치하고, 배관이 노출되는 부분에는 적당한 간격으로 건물에 고정시킨다.

11 전염소처리를 하여도 THM은 발생한다.

12 펌프의 특성곡선은 양정, 효율, 축동력과 토출량의 관계를 나타낸 곡선이다.

13 상수침사지 내에서의 평균유속은 2~7cm/s이다.

14 정수방법의 선정 시 고려사항은 수질목표를 달성하는 것이다. 도시의 발전상황과 물 사용량의 고려는 배수시설과 보다 연관성이 있다.

15 계획시간 최대오수량은 계획 1일 최대오수량의 1시간당 수량의 1.3~1.8배를 표준으로 한다.

16 초기 우수를 처리장으로 유입시켜 처리하는 방식은 합류식이다.

17 탁도의 기준단위는 NTU이다.

18 메탄은 혐기성 소화공정을 통하여 발생하는 부산물이다.

19 접합정(junction well)은 종류가 다른 관 또는 도랑의 연결부, 관 또는 도랑의 굴곡부 등의 수두를 감쇄하기 위하여 그 도중에 설치하는 시설이다.

20 부영양화가 되면 조류가 발생하여 투명도는 저하된다.

토목기사 실전 모의고사 제8회 정답 및 해설

01	02	03	04	05	06	07	08	09	10
②	④	①	①	②	③	③	①	③	②

11	12	13	14	15	16	17	18	19	20
②	④	③	②	③	③	①	④	④	①

1 계획 1일 평균급수량은 중소도시의 경우 계획 1일 최대급수량의 70%, 대도시의 경우 85%이다.

2 격자식 배수관망은 제수밸브가 많이 필요하며 시공이 복잡하다.

3 $a = \dfrac{1}{\text{기울기}} = 3{,}000$

$b = \dfrac{\text{절편}}{\text{기울기}} = \dfrac{1/150}{1/3{,}000} = 20$

$\therefore I = \dfrac{a}{t+b} = \dfrac{3{,}000}{t+20}$

4 $L_t = L_a(1 - 10^{-kt})$

$155 = L_a \times (1 - 10^{-0.2 \times 5})$

$L_a = 172.2 \text{mg/L}$

$L_t = 172.2 \times (1 - 10^{-0.2 \times 4}) = 144.9 \text{mg/L}$

$\therefore$ 4일 후 남아 있는 BOD $= 172.2 - 144.9 = 27.3 \text{mg/L}$

5 계획오수량은 생활오수량, 공장폐수량, 지하수량의 합으로 산정한다.

6 상수도의 계통도는 수원→취수→도수→정수→송수→배수→급수 순이다.

7 $N_s = N\dfrac{Q^{1/2}}{H^{3/4}} = 1{,}160 \times \dfrac{8^{1/2}}{4^{3/4}} = 1{,}160$

8 응집제 투입을 통한 약품침전을 거치게 되면 급속여과시설로 간다.

9 일부분이 동수경사선보다 높은 경우 조치방법
㉮ 상류측 관경을 크게 한다.
㉯ 접합정을 설치한다.
㉰ 감압밸브를 설치한다.

10 $\frac{V_2}{V_1} = \frac{100 - W_1}{100 - W_2} = \frac{100 - 99}{100 - 98} = \frac{1}{2}$

11 하수도시설의 계획목표연도는 20년을 원칙으로 한다.

12 $N_s = N\frac{Q^{1/2}}{H^{3/4}} = 3,000 \times \frac{1.7^{1/2}}{(300/6)^{3/4}} = 208 ≒ 210회$

여기서, H : 전양정(다단펌프인 경우는 1단당 전양
정으로 한다.)

13 완속여과는 여과의 속도가 느리므로 손실수두도 작다.

14 ㉮ $200m^3/day \div 500gBOD/m^3 = 100,000BOD/day$

㉯ $100,000BOD/day \div 50gBOD/인 \cdot day = 2,000인$

∴ 최소 계획인구수 $= 10,000인 + 2,000인$
$= 12,000인$

15 축류펌프는 가장 저양정이면서 비교회전도가 가장
크다.

16 $\overline{DE}$구간에서는 저수지의 수위가 하강한다.

17 압력수조식은 저수조에 물을 받은 다음 펌프로 압력
수조에 넣고, 그 내부압력에 의하여 급수하는 방식이

므로 공기압축기를 필요로 하지 않는다. 단, 큰 설비
에는 공기압축기를 설치해서 때때로 공기를 보급하
는 것이 필요하다.

18 $A = \frac{Q}{Vn}$

∴ $Q = AVn$
$= (120 \times 5 \times 6 + 120 \times 4 \times 6) \times 1$
$= 6,480m^3/회$

19 오존처리의 특징
㉮ 염소에 비하여 높은 살균력을 가지고 있다.
㉯ 수온이 높아지면 용해도가 감소하고 분해가 빨라
진다.
㉰ 맛, 냄새, 유기물, 색도 제거의 효과가 우수하다.
㉱ 유기물질의 생분해성을 증가시킨다.
㉲ 철 · 망간의 산화능력이 크다.
㉳ 염소요구량을 감소시킨다.

20 계획 1일 최대급수량은 상수도시설(취수, 도수, 정
수, 송수, 배수, 급수)의 설계기준이 되는 수량으로,
연간 1일 급수량의 최대인 날의 급수량이다.

토목기사 실전 모의고사 제9회 정답 및 해설

01	02	03	04	05	06	07	08	09	10
③	④	③	③	②	④	①	②	②	②
11	12	13	14	15	16	17	18	19	20
③	②	①	④	②	①	①	④	①	④

1 관의 평균유속
㉮ 우수 · 합류관 : $0.8 \sim 3m/s$
㉯ 오수 · 차집관 : $0.6 \sim 3m/s$
㉰ 도 · 송수관 : $0.3 \sim 3m/s$

2 Jar-Test 시 응집제를 주입한 후 급속교반 후 완속
교반을 하는 이유는 발생된 플록을 깨뜨리지 않고 크
기를 성장시키기 위해서이다.

3 질소와 인 동시 제거는 A2/O법이다.

4 $Q = AV$

$V = \frac{Q}{A} = \frac{0.7}{\frac{\pi \times 0.4^2}{4}} = 5.57m/s$

$h_L = f\frac{l}{d}\frac{V^2}{2g} = 0.03 \times \frac{100}{0.4} \times \frac{5.57^2}{2 \times 9.8} ≒ 11.87m$

∴ $P_p = \frac{13.33Q(H + \sum h_L)}{\eta}$
$= \frac{13.33 \times 0.7 \times (30 + 11.87)}{0.8} ≒ 489HP$

5 상수도시설의 설계기준은 계획 1일 최대급수량으로
한다.

6 Stokes법칙 $V_s = \frac{(s-1)gd^2}{18\nu}$ 에서 주어진 조건이 모
두 같으므로 비중 s를 비교하면

$\frac{2.5 \times 0.5 + 0.9 \times 0.5}{2.5} \times 100\% = 68\%$

7 질소화합물의 질산화과정은 $NH_3-N \rightarrow NO_2-N \rightarrow NO_3-N \rightarrow N_2$이다.

8 염소소독의 단점
⑦ 색도 제거가 안 된다.
⑭ THM이 발생한다.
⑭ 곰팡이 냄새 제거에 효과가 없다.
⑭ 바이러스 제거에 효과가 없다.

9 관저접합은 가장 나쁜 시공법이지만, 굴착깊이를 얕게 하고 토공량을 줄일 수 있어 가장 많이 시공한다. 또한 펌프의 배수지역에 가장 적합하다.

10 자정작용은 생물학적 작용이 주작용으로, DO의 영향을 가장 잘 받는다는 것을 상기하자.

11 공동현상을 방지하려면 펌프의 회전수를 작게 하여야 한다.

12 $N_s = N\dfrac{Q^{1/2}}{H^{3/4}} = 1,100 \times \dfrac{8.33^{1/2}}{10^{3/4}} = 564.56 \fallingdotseq 565$
여기서, $500\text{m}^3/\text{h} = 8.33\text{m}^3/\text{min}$

13 합리식은 우수유출량 산정식이다.

14 MPN은 100mL 중 이론상 있을 수 있는 대장균군의 수이다.

15 IP는 유효저수량 또는 필요저수량으로 종거선 중 가장 큰 것으로 정한다.

16 $t = t_1 + t_2 = 4 + 15 = 19\text{min}$
$\therefore Q = \dfrac{1}{3.6}CIA = \dfrac{1}{3.6} \times 0.6 \times \dfrac{6,500}{19+40} \times 4 = 73.4\text{m}^3/\text{s}$

17 $A = \dfrac{Q}{Vn} = \dfrac{750}{1 \times 150} = 5\text{m}^2$
여기서, $Q = 5,000$인$\times 150\text{L/}$인$\cdot\text{day}$
$\qquad = 750,000\text{L/day} = 750\text{m}^3/\text{day}$

18 색도 제거법에는 전염소처리, 활성탄처리, 오존처리가 있다.

19 주입량 $= \dfrac{CQ}{\text{순도}} = \dfrac{60 \times 10^{-6} \times 48,000}{0.06} = 48\text{m}^3/\text{day}$

20 ①, ② 하류로 갈수록 유속은 빠르게, 경사는 완만하게 한다.
③ 오수관로의 최소유속은 0.6m/s이다.

토목산업기사 실전 모의고사 제1회 정답 및 해설

01	02	03	04	05	06	07	08	09	10
④	④	①	①	③	①	④	④	①	①

1 하수는 혐오시설에 속하기 때문에 가급적 배출지역에서 먼 곳을 선정한다.

2 여과지와 침전지의 형상은 직사각형을 표준으로 한다.

3 부영양화의 원인물질은 질소(N)와 인(P)이다.

4 상수도의 계통도순서 : 수원-취수-도수-정수-송수-배수-급수

5 색도 제거방법으로는 전염소처리, 오존처리, 활성탄처리방법이 있다.

6 N_s가 크면 저양정펌프, N_s가 작으면 고양정펌프이다.

7 염소요구량=(염소주입농도−잔류염소농도)
$\qquad \times Q \times \dfrac{1}{\text{순도}}$

$9.2 = (x - 0.5) \times 2,500$
$\therefore x = 24.25\text{kg/day}$
※ 문제에 순도값이 주어지지 않았기 때문에 공식에서 순도값은 산정되지 않는다.

8 살균력의 세기는 오존 > $HOCl$ > OCl^- > 클로라민 순이다.

9 계획오수량은 생활오수량, 공장폐수량, 지하수량, 기타로 구성된다.

10 공동현상의 방지대책
⑦ 펌프의 회전수를 작게 한다.
⑭ 손실수두를 작게 한다.
⑭ 펌프의 설치위치를 낮게 한다.
⑭ 흡입관의 손실을 작게 한다.

토목산업기사 실전 모의고사 제2회 정답 및 해설

01	02	03	04	05	06	07	08	09	10
②	②	③	②	①	④	④	②	①	②

1 상수침사지의 유속은 2~7cm/s이다.

2 취수시설은 계획 1일 최대급수량이 기준이며, 계획취수량은 계획 1일 최대급수량에서 5~10% 더 추가한다. 보기에 정답이 없으므로 가장 적절한 답으로서 계획 1일 최대급수량이 된다.

3 비교회전도는 클수록 성능이 좋지 않은 것이며 공동현상이 발생하기 쉽다.

4 취수탑은 하천수의 취수방법이다.

5 주입량 $= CQ \times \dfrac{1}{순도}$

$= 25mg/L \times 1,000m^3/day$

$= \dfrac{25 \times 10^{-6}kg}{10^{-3}m^3} \times 1,000m^3/day = 25kg/day$

※ 문제에 순도값이 주어지지 않았기 때문에 공식에서 순도값은 산정되지 않는다.

6 $Q_{in} = Q_{out}$

각 폐합관에서 $\sum h_L = 0$, 미소손실 무시

7 계획오수량은 생활오수량, 공장폐수량, 지하수량의 합으로 산정한다.

8 수격현상은 관의 급속한 개폐로 인하여 관내 압력이 급상승 또는 급하강하는 현상을 말한다.

9 ㉮ 유출BOD의 농도 $= 200 \times (1 - 0.95)$

$\qquad\qquad\qquad\qquad = 10mg/L$

㉯ 유출SS의 농도 $= 150 \times (1 - 0.9)$

$\qquad\qquad\qquad\qquad = 15mg/L$

10 성층현상은 수심에 따른 수온변화가 가장 큰 것이 원인이다.

토목산업기사 실전 모의고사 제3회 정답 및 해설

01	02	03	04	05	06	07	08	09	10
④	①	①	②	③	③	①	③	②	②

1 슬러지처리의 목적
㉮ 유기물을 무기물로 바꾸는 안정화
㉯ 병원균 제거
㉰ 부피의 감량
㉱ 부패 및 악취 제거

2 $\dfrac{V_2}{V_1} = \dfrac{100 - W_1}{100 - W_2}$

$\dfrac{V_2}{30} = \dfrac{100 - 98}{100 - 94}$

$\therefore V_2 = 10m^3$

3 Jar-test의 목적은 적정 응집제 주입량과 최적pH의 결정이다.

4 성층현상은 수심에 따른 수온변화가 가장 큰 것이 원인이다.

5 MLSS는 포기조 내의 부유물질을 의미한다.

6 망상 또는 격자식은 구조가 복잡하여 관로 해석이 쉽지 않다.

7 침전효율 $E = \dfrac{V_s}{V_0} \times 100 = \dfrac{V_s t}{h} \times 100 = \dfrac{V_s A}{Q} \times 100[\%]$

8 하수도시설계획의 목표연도는 원칙적으로 20년이다.

9 우수조정지의 설치장소는 우천 시 계획하수량을 넘을 경우 우수토실을 개방하므로 하수처리장의 처리능력과는 무관하다.

10 하수관정부식의 원인은 황화수소가스(H_2S)이다.

토목산업기사 실전 모의고사 제4회 정답 및 해설

01	02	03	04	05	06	07	08	09	10
②	①	③	③	④	②	①	①	④	③

1 대규모 공사에 가장 많이 이용되는 하수관거 형상은 직사각형 또는 장방형이다.

2 최초 분해지대에서는 호기성 미생물이 번식하게 된다.

3 취수문은 일반적으로 농업용수 취수에 적합하다.

4 펌프대수는 줄이고 동일용량의 것을 사용하며 대용량의 것을 사용하는 것을 원칙으로 한다.

5 분류식 하수관거는 강우 초기에 우수가 처리되지 않은 채 방류되는 단점이 있다.

6 경도는 물의 세기를 나타낸다.

7 $SDI \times SVI = 100$이므로 $SDI = \dfrac{100}{SVI} = \dfrac{100}{150} = 0.67$

8 미생물을 활용한 생물학적 처리인 호기성 및 혐기성 소화에서는 높은 온도를 필요로 한다.

9 상수도의 3요소 : 수량, 수압, 수질

10 하수도의 목적에서 요구하는 기본적인 요건은 오수의 배제, 우수의 배제, 오탁수의 처리와 침수에 의한 재해 방지이다.

토목산업기사 실전 모의고사 제5회 정답 및 해설

01	02	03	04	05	06	07	08	09	10
④	①	③	②	②	②	③	③	①	②

1 상수도계통도는 수원－취수－도수－정수－송수－배수－급수이다.

2 직각식 또는 수직식은 하천유량이 풍부하고 하천이 도시의 중심을 지날 때 하수를 신속히 배제할 수 있는 방식이다.

3 격자식 배수관으로 관망의 수리 계산이 매우 복잡하다.

4 수면적부하 $= \dfrac{Q}{A} = \dfrac{h}{t} = \dfrac{3.5\text{m}}{3 \times \dfrac{1}{24}\text{day}} = 28\text{m}^3/\text{m}^2 \cdot \text{day}$

5 지표수는 지하수보다 오염가능성이 높다. 여기서 ①, ③, ④는 지하수이다.

6 자외선소독은 소독의 지속성이 없다.

7 비교회전도가 작으면 고양정펌프이다.

8 여과의 손실수두는 완속여과보다 급속여과가 크다.

9 부영양화의 원인물질은 N, P, 즉 질소와 인이다.

10 침사지는 모래를 침강, 제거하기 위한 시설이다.

토목산업기사 실전 모의고사 제6회 정답 및 해설

01	02	03	04	05	06	07	08	09	10
④	④	④	④	②	①	④	①	③	④

1 중금속은 생물학적 처리로 처리할 수 없다.

2 ㉮ 평수위 : 1년을 통하여 185일은 이보다 낮지 않은 수량과 수위

㉯ 저수위 : 1년을 통하여 275일은 이보다 낮지 않은 수량과 수위

㉰ 갈수위 : 1년을 통하여 355일은 이보다 낮지 않은 수량과 수위

3 대장균군을 오염지표로 널리 사용하는 이유는 검출시험 방법이 용이하고 타 병원균 추정이 가능하기 때문이다.

4 ㉮ 급수보급률 $= \dfrac{급수인구}{총 인구} \times 100\%$

$$= \dfrac{4만}{5만} \times 100\% = 80\%$$

㉯ 1인 1일 평균급수량 $= \dfrac{2,000,000 \text{m}^3}{40,000\text{인} \times 365\text{day}}$

$$= 0.137 \text{m}^3/\text{인} \cdot \text{일}$$

5 상수도의 모든 시설 계획은 계획 1일 최대급수량을 기준으로 한다.

6 저수조식 급수방식은 배수관의 수압이 소요압력에 비해 부족하거나, 일시에 많은 수량을 사용할 경우, 항시 일정한 급수량을 필요로 하는 경우에 바람직하다.

7 $t = t_1 + \dfrac{L}{V} = 29\text{min}$

$$I = \dfrac{2,347}{t+41} = \dfrac{2,347}{29+41} = 33.53 \text{mm/h}$$

$$\therefore Q = \dfrac{1}{3.6} CIA = \dfrac{1}{3.6} \times 0.85 \times 33.53 \times 5 = 39.6 \text{m}^3/\text{s}$$

8 응집제로 가장 많이 쓰는 것은 명반(황산반토, 황산 알루미늄)이다.

9 ㉮ 상수도용 침사지의 평균유속 : 2～7cm/s

㉯ 하수도용 침사지의 평균유속 : 0.3m/s

10 계획오수량 = 생활오수량 + 공장폐수량 + 지하수량 + 기타 배수량

여기서, 생활오수량 = 1인 1일 최대오수량 × 계획인구

토목산업기사 실전 모의고사 제7회 정답 및 해설

01	02	03	04	05	06	07	08	09	10
④	④	③	①	②	①	③	④	④	③

1 오수관의 유속범위는 0.6～3.0m/s이다.

2 인구추정 중 등비급수법은 $P_n = P_0(1+r)^n$ 이다.

3 합류식 하수관거는 하수의 수질변동이 크다.

4 하수침사지의 평균유속은 0.3m/s이다.

5 $Q = \dfrac{1}{3.6} CIA$

$$= \dfrac{1}{3.6} \times 0.6 \times \dfrac{70\text{mm}}{2\text{hr}} \times 2\text{km}^2 = 11.7 \text{m}^3/\text{s}$$

6 $\text{SVI} = \dfrac{V}{C} \times 1,000 = \dfrac{320}{2,000} \times 1,000 = 160 \text{mL/g}$

7 $V_0 = \dfrac{Q}{A} = \dfrac{h}{t} = \dfrac{3.5\text{m}}{\dfrac{4}{24}\text{day}} = 21 \text{m}^3/\text{m}^2 \cdot \text{day}$

8 합류식 관거는 오수와 우수를 함께 배제함으로 시간 최대오수량과 계획우수량의 합으로 한다.

9 대장균을 검사하는 이유는 검사가 용이하고 간편하며 대장균을 이용하여 타 병원체의 존재를 추정할 수 있기 때문이다.

10 $C = \dfrac{C_1 Q_1 + C_2 Q_2}{Q_1 + Q_2} = \dfrac{30 \times 3.6 + 200 \times 0.81}{3.6 + 0.81} = 61.2 \text{mg/L}$

여기서, $70,000 \text{m}^3/\text{day} = 0.81 \text{m}^3/\text{s}$

토목산업기사 실전 모의고사 제8회 정답 및 해설

01	02	03	04	05	06	07	08	09	10
③	②	①	④	③	③	③	③	①	③

1 합류식 관거는 계획시간 최대오수량+계획우수량으로 한다.

2 침사지는 2지수 이상으로 설계한다.

3 수원 선정 시 고려사항으로 계획취수량은 최대갈수기에도 확보 가능해야 한다.

4 혐기성 소화에 의한 슬러지 분해과정은 가수분해단계 → 산생성단계 → 메탄생성단계이다.

5 살균에 사용되는 것은 보통 염소, 오존, 자외선이다.

6 합류식 하수관거는 우수와 오수를 함께 배제하기 때문에 수질변동이 비교적 크다.

7 $V_o = \dfrac{Q}{A} = \dfrac{h}{t} = \dfrac{3.2}{2.7} \times 24 = 28.44 \text{m}^3/\text{m}^2 \cdot \text{day}$

8 1지의 크기는 균등한 여과와 역세정이 되도록 150m^2 이하로 한다.

9 $Q = \dfrac{1}{3.6} CIA = \dfrac{1}{3.6} \times 0.8 \times \dfrac{4,000}{15+30} \times 5 = 98.77 \text{m}^3/\text{s}$

여기서, $t = t_1 + t_2 = t_1 + \dfrac{L}{V} = 5 + \dfrac{1,200}{2 \times 60} = 15 \text{min}$

(300초=5분)

10 펌프 선정 시 고려사항은 가능한 한 대수를 줄이고 동일용량의 것으로 대용량으로 선택한다.

토목산업기사 실전 모의고사 제9회 정답 및 해설

01	02	03	04	05	06	07	08	09	10
④	④	②	①	③	③	④	③	①	③

1 성층현상과 전도현상의 원인은 수온(온도)이다.

2 급속여과지는 시설이 복잡하다.

3 kW단위이므로

$P = \dfrac{9.8 Q(H + h_L)}{\eta} = \dfrac{9.8 \times 0.15 \times (20 + 0)}{0.7} = 42 \text{kW}$

4 ㉮ 급수보급률 $= \dfrac{18,600}{20,000} \times 100 = 93\%$

㉯ 1인 1일당 평균급수량 $= \dfrac{1,860,000 \times 10^3}{18,600 \times 365} = 274 \text{L}$

5 $V = \dfrac{\pi \times 8^2}{4} \times 3 = 150.8 \text{m}^3$

$\therefore t = \dfrac{V}{Q} = \dfrac{150.8}{\dfrac{2,000}{24}} = 1.8 \text{hr}$

6 관정접합는 굴착깊이가 깊어지고 토공량이 많아지는 단점이 있다.

7 플록을 깨뜨리지 않고 크기와 강도를 증가시키기 위하여 완속교반한다.

8 취수문은 취수구시설에 스크린, 수문 또는 수위조절판을 설치하여 일체가 되어 작동한다.

9 ㉮ 오수관의 유속범위 : 0.6~3m/s
㉯ 우수관의 유속범위 : 0.8~3m/s

10 오수관로의 최대유속은 3m/s이다.

저 자 약 력

박재성

- (주)한국건설안전기술 이사
- 충북보건과학대학교 산학협동위원
- 중소기업청 평가위원
- 한국방재협회 평가위원
- 지능계발연구원 원장
- 전, 충북보건과학대학교 토목과 조교수

토목기사 · 산업기사 필기 완벽 대비

핵심시리즈❻ 상하수도공학

2002. 1. 10. 초 판 1쇄 발행
2025. 1. 8. 개정증보 28판 1쇄 발행

지은이 | 박재성
펴낸이 | 이종춘
펴낸곳 | **BM** (주)도서출판 **성안당**

주소 | 04032 서울시 마포구 양화로 127 첨단빌딩 3층(출판기획 R&D 센터)
　　　| 10881 경기도 파주시 문발로 112 파주 출판 문화도시(제작 및 물류)

전화 | 02) 3142-0036
　　　| 031) 950-6300

팩스 | 031) 955-0510
등록 | 1973. 2. 1. 제406-2005-000046호
출판사 홈페이지 | www.cyber.co.kr
ISBN | 978-89-315-1166-6 (13530)
정가 | 25,000원

이 책을 만든 사람들

책임 | 최옥현
진행 | 이희영
교정 · 교열 | 문 황
전산편집 | 전채영
표지 디자인 | 박원석
홍보 | 김계향, 임진성, 김주승, 최정민
국제부 | 이선민, 조혜란
마케팅 | 구본철, 차정욱, 오영일, 나진호, 강호묵
마케팅 지원 | 장상범
제작 | 김유석